排版造型

白井敬尚

从国际风格到古典样式再到*idea*

排版造型　白井敬尚

从国际风格
到古典样式
再到 *idea*

組版造形　白井敬尚

国際様式から
古典様式へ
そしてアイデアへ

Typographic Composition
Yoshihisa Shirai

from International Style
to Classic Style and to *idea*

张弥迪 编　　刘 庆 译

湖南美术出版社
·长沙·

白井敬尚

Yoshihisa Shirai

平面设计师，武藏野美术大学视觉传达设计专业教授。1961年生于日本爱知县丰桥市。在株式会社Grace（宫崎利一团队，1981—1987年）、株式会社正方形（清原悦志主理，1987—1998年）工作之后，于1998年成立白井敬尚形成事务所，从事书籍设计、编辑设计、展会宣传等以字体排印为中心的设计工作。1996年至2011年，参与Ryobi Imagix字体部品牌设计；2005年至2014年，担任设计杂志*idea*的艺术总监（诚文堂新光社）。2017年、2019年分别在ggg、ddd画廊举办“排版造型　白井敬尚”展览。

CONTENTS

目录

序言

吕敬人

我是*idea*杂志的忠实读者，认识白井敬尚是从他设计的这本世界著名的设计杂志开始的。喜欢这本杂志是因为每一期都有新鲜切入点的主题或鲜活且深入分析的内容，当然还有优雅奇幻的图文编排，并且每一期格式都不同。编排采用与文本相对应的整体设计，于是我特别关注作为该杂志设计总监的他所独有的设计语言和设计语法。每每读完一期，又对下一期充满期待。2008年第327期*idea*是由总编辑室贺清德先生策划主持、白井操刀设计的中国书籍设计专辑，全书的叙事结构、字体编排、图形布阵、用纸格局等，恰如其分地反映出中国设计作品的特色，华风四溢又不失现代语境。他的设计对于排版生成过程的方法与思考，在传统与前卫、秩序与演化、尺度与活力、汉字与西文等诸多方面都有着极佳的把控，令我十分佩服。

2019年敬人书籍研究班第12期即将开课，我早就有意请白井先生前来上课，幸得室贺先生的介绍，白井先生允诺前来任教。为了课程教学的细化安排，我特意赴日拜访。白井先生的事务所地处武藏野吉祥寺，是东京近年来十分火热的打卡地，经常在日本电影中出镜。白井工作场所淹没在地铁站附近十分繁华的商业街里，一座老楼拾级而上，长廊一隅便是白井先生的事务所，室内所有墙面被书架占领，桌上、地上堆满书，夹缝空隙处便是正在设计编排的草图或海报。屋子虽拥挤却井井有条，如同他完美主义的设计。白井先生看上去比他的实际年龄还要年轻，谦和平实、严谨专一，是一位学者型的设计师。他把课程主题、workshop内容、展陈方式细细道来。我一边记下课程要点，一边浏览他厚厚的一册册八开的设计笔记簿，里面夹着每一本书的设计思考，文本铺叙、页面构成无不经过详尽和反复的构想，并逐页画出分镜头草图。回国后不久，他来到北京敬人纸语任教，课程和展览大受学员们的欢迎，编排设计的理念令大家茅塞顿开，他认真敬业的教授付出深深打动了每个学员。课程结束，大家拥挤在教室门口恋恋不舍地与他挥手道别的场景至今难以忘怀。

本书编者张弥迪就是这期学员中的一个，他是白井敬尚的忠实粉丝，专门奔他而来参加本期研究班。课程中弥迪抓住空隙进行讨教采访，并决意在中国举办白井先生个展和出版他的作品集。之后又先后两次赴日专程与先生策划运筹。功夫不负有心人，他克服突如其来的疫情干扰，对作品进行精心的编辑整合，展览进展顺利，《排版造型》也即将付梓，弥迪经历多难时期终于实现初衷意愿，深表祝贺。

在书籍设计研究班教学过程中，白井先生与国内的设计师谈及最多的问题是，怎样的字体选择适用于文本而得到最佳的阅读？什么是网格设计？如何经营网格做出与众不同又生动的版面设计？也有人表示读过一些有关网格系统专业的书，但仍是雾里看花，摸不着头脑。这回《排版造型》的出版真是给大家一个解疑的好机会。文稿我已先睹为快，弥迪让我为此书作序，我以粗浅的认识谈以下三点感受与大家分享。

一、字体文脉的寻根追源，排版造型的要义

白井先生对语言的虔诚态度，书中的字里行间无处不在，他认为文字是令人肃然起敬的对象。X轴、Y轴体现东西方文字的构成原理，白井先生将西方字体排印史与日文书刊设计实践两者并重，理解书不仅仅是信息的堆积，也是制作书籍的人们身体运动的轨迹、生存的轨迹。阅读与设计对应接受与递出，与平面设计不同，它既有内涵的高度，又有理解的深度。要从空间中读出时间，感受"语言"的图景，传递书籍阅读的期待与魅力，这是他赋予字体排印以"排版造型"的意义。

白井先生的排版设计得宫崎利一先生启蒙，受益于清原悦志先生的熏陶，求索实践中与约瑟夫·米勒-布罗克曼的《平面设计中的网格系统》、赫尔穆特·施密德的《今日文字设计》等众多理论相遇，进而探究将瑞士字体排印基础转换到日文排版。他在设计过程中理清文本字体及各款字体间的关系，并就字体、字距、行距、栏距、页边距、字身、比例、单位、每行字数、行数、字面率、字偶间距、页面构成、表记方式、文体特征、图片经营、场景切换、印张形态以及字面造型（着墨性）和字腔空白（不着墨性）的质感均匀度等一大堆要素的认知，构建将这些要素作为语言造型注入产生阅读有效性、易读性、艺术性的版面整合的设计方法论，犹如一个指挥家把这些要素当作一个个音符有序合理、有节奏变化地导入五线谱的网格系统中，演奏出一曲完整而生动的乐章。

书中强调编排语法的形成与字体一样，因"文化"意义的不同而导致书写风格、字体的差异，并体现到排版和造型，从而得出所谓"字体""排版""书籍设计"的造型结果。他认为书籍排版是语言传达给读者的一种辅助行为，要防止"蕴含着危险的视觉优先"而把文字单纯当作造型物。他指出排版造型就是为读者制造"读下去"的契机，获取"语言"流畅性的传送，而非为"设计"而设计，阻隔读者与文本的交流对话，这才是设计师应尽的义务和版面造型的要义，这给我留下深刻的印象。

二、网格设计，秩序中的自由

白井先生在多个大学传授网格设计课程，并在创作实践中积累了丰富经验。本书清晰扼要地阐述了网格系统的历史脉络，我觉得了解历史的来龙去脉十分重要。它经历了由十四世纪《阿布鲁佐圣经》手抄本到古登堡活字印刷《四十二行圣经》，通过版面字体、格式、灰度不断塑造经典样式。十九世纪末英国"艺术与工艺运动"的引领者莫里斯在版面的设置上采用文字数值化的版面控制法，为之后的现代字体排印引导出一种科学性的思考方式，随后又影响到二十世纪初先锋艺术家埃尔·利西茨基等从静态二维到动态三维的组字方式，"栏"的设定为"网格系统"的形成带来契机，并促进包豪斯的艺术家、建筑家们构建了重视功能性、动态平衡的排印体系，其代表人物扬·奇肖尔德指出："一个良好的比例并不是靠感觉就能获得的，是基于哥特时代、文艺复兴时代的追求而形成的黄金分割比例。"古典主义精神一直被现代字体排印艺术家继承并衍展着，至今仍受用不尽。

从单一文字传递到多语种、多体例载体的出现，是为了适应"信息共享"的语言环境，为控制同一页面上多种文字交错、图像文字并用，信息的层级化、复杂化更促使网格系统理论的形成，瑞士的卡尔·格斯特纳成为应用网格系统的设计师代表。上世纪八十年代瑞士平面设计师约瑟夫·米勒-布罗克曼撰写出版了《平面设计中的网格系统》，解释页面排印合理化、秩序化、组织化、体系化、统一化和均衡化的设计思维与方法论，成为全球网格设计的教科书。

白井先生没有生搬硬套模仿欧洲的网格系统，把瑞士的设计当作教条简单地转换成日文排版。他认为重要的不是网格系统本身，而是首先在页面上想要实现什么东西来打动读者，故而要分析原著来思考

版面构成、书籍样式，再具体到使用的字体、字号、栏宽、行数、标题的空隙、段首的缩进、页眉、页码、整体灰度等等，创造文本舒适的生存状态。此时，编辑设计则通过网格制约各种繁复和不确定的信息要素，统一于逻辑的调性，细化的网格又能使文本的编排更加灵动，在秩序化、标准化的格局下又能自由自在进行编排与变化。他认为网格系统只是一个基准，而不是规则，网格可以成为设计师的参考线，但不要被固化和束缚。通过网格系统的活用进行信息构造设计，在用手和眼的设计感觉和理性控制之间找到一个平衡点，做出既有秩序又富有动态的版面设计，使文本得以重生，这是白井排版造型理念给予我的启示。

三、编辑设计，书籍生命的诞生

本书的最大特点——刊有大量书籍和杂志设计过程的记述。一本书的诞生，从构想到执行，巨量的草图，无数的尝试，反复的沟通……每一本书的生成都有十月怀胎的辛苦，并一一留下书籍生命诞生的痕迹，与其说这是白井先生的一种设计方法，毋宁说这是一种工作态度，令我感慨和感动。

idea 总编辑室贺清德先生请白井担任该杂志设计总监十年，感触良多。他谈到白井先生在有限的时间内，不是屈服于主题单纯地改变风格，而是在对每位对象人物和该领域的历史、社会背景深入了解的基础上，"必定"要把自己的独立思考注入设计中去，同时会把作者、编辑等所有的参与者拉进来，从策划、构成到设计，不惜将资源不断分享给大家，一起完成"共同的作业"。我似乎看到他不甘于平庸而全身心投入编辑设计，不断挖掘视觉素材，寻觅旁征博引资料以丰富文本叙述结构，不断与编辑切磋沟通的忙碌身影。室贺指出"设计本身即是编辑，是对作品内容进行再设计，是书籍样式的再度诠释，使其兼具阅读性和美感。而编辑的参与，使一本书有了脊梁骨，最后的造型不会强加给读者"。

书籍设计师也可称作视觉编辑，设计会介入编辑领域的工作。作者在书中提及EVE丛书、*idea*杂志、《梵蒂冈教皇厅图书馆展 书籍的诞生：从手抄本到印刷》《横尾忠则全装帧集》《三岛典东的线次元》《在儿童书籍的海洋里畅游》等几十本书的设计经历，记下了许多十分宝贵的设计思考和图形实录。"对书籍格式的再思考""页面设计中的规范化与数值化""网格的细化、解体与回归""在*idea*中灵活运用网格系统""了解排版的原理""字距""全神贯注于字体排印""与编辑者的相遇和变化"……这些平实的并不高大上的标题足够吸引我，也是我经常在设计中遇到的问题或疑点，书中都有简短扼要且明了的文字解读和大量视觉图像的分析。为书做装帧打扮不太难，但要想做一本耐看且有深度、内外皆优的好书并不容易，白井先生的设计可让我们有诸多反思和感悟。

弥迪兄慧眼识珠，把中文版《排版造型》介绍给中国的读者，全书既有理论，又重实例，绝非纸上谈兵。用大白话来说，全是干货。此书对于正在学习平面设计的学生来说确是一本实用的指导教材，同时也是为专业设计师创作实践提供借鉴学习的参考读物。"不知足"永远是往前走一步的动力，探寻专业达人之道，解惑、排疑、助推自己，相信读此书是件益事。

由衷感谢白井先生一直以来对中国设计师群体的竭诚支持，再次感谢他在敬人书籍研究班的教学付出。我想用著名评论家臼田捷治先生对白井先生的评点作为本文的结束："白井敬尚用没有丝毫尘埃的'透明语言'，胸中满含纯洁的使命感，将西欧字体排印融会贯通，而去体现版面样式背后所蕴含的深奥理法，与杉浦康平先生一样"，"他遵守着做书的严谨条理，以文本为起点，充分发挥文字所隐藏的力量，切实地不断扩大作品的广度，回望遗产又超越潮流的现代主义志向，为理想创造着书籍设计的终极美。"

是为序。

2020年秋于北京竹溪园

旅伴

室贺清德

进入二十一世纪，出于各种因缘巧合，我开始担任一份老设计杂志的编辑工作。尽管制作工序已经开始数码化，但平面设计界却丝毫没有意识到电脑背后涌动的技术所带来的东西，只是依靠“战后日本”的惰性在前进。

首先需要突破共同幻想的“业界”，与现实对接。而作为头绪，大家开始关注一个叫做“字体排印”的森林，因为它能贯穿古今东西的文化。就在那时，我开始四处寻觅，希望能找到一位拥有智慧和技术的伙伴一起涉猎这片森林。

而我首次遇到白井先生，是在某次字体排印的研讨会上。工作室被大量字体排印相关书籍所占据的他，发布的作品纯度之高，与我所认识的广告、出版、数码行业的人都不一样。

也是因为我年轻无知吧，去拜托这样一位兼具学者和匠人气质的人来从事一份双月刊的定期刊物工作。编辑经验浅薄、只知道一些廉价的数码方法的我，认为十分钟就能改好的“就那么一点”的红字修改，居然被等上大半天，最后发现需要修正的反而是自己。

与白井先生合作时对“红字”的分量，与印刷品制作的分工、责任分配方式是相通的。当时正好开始流行collaboration（共同合作）这个词，而我后来才知道，其实对于我们来说的“共同合作”，说得极端一些，是为了共享工作而立下的一种协约，以及互相了解相互不可侵犯的领域。

编辑部每期都会拿来风格迥异的内容，毫无疑问，这简直就像是差劲的醉客强行要求一位古典钢琴家去弹奏日本演歌一样。但是，白井先生在有限的时间内，不是屈服于主题单纯地改变风格，而是站在对象人物和领域的历史、社会背景的基础上，一定要将自己的独立思考注入设计的根本理念中去。

设计杂志里视觉化的页面本来就是一种“双重构造”，设计本身即是编辑，而又要对设计作品进行设计。白井先生在这样一个特殊的空间里拉上作者、编辑一起，发出进步的声音。不是去解决或表现，而是用设计进行批评。

如果说前途渺茫而甘心落后于时代的媒体在这个时期依旧多少给予了读者一些滋养的话，那就真应该要感谢一直耐心地与我们坚持合作下来的白井先生。

不仅是设计，在整体策划和结构方面，白井先生也不惜将其见解和资源不断分享给我们。他的设计帮助*idea*杂志获得了很高的评价。

这些评价并不像“由日本人进行的正统西式字体排印实践”这样带有殖民倾向，而是因为他让全球化进程中所留下的孤岛确凿地发出了固有的音响，而这才是设计史上闪亮的一点。

一起共同合作十年之余的白井先生，依旧在继续拓展其作品的广度，在继承其师清原悦志，以及阿尔杜斯、扬·奇肖尔德、恩地孝四郎等先驱们精神的同时，将其视野朝向未来。

原载于《ggg books 124　白井敬尚》，2017年，DNP文化振兴财团

水平与垂直

郡淳一郎

我无法忘记通过《设计的现场》1997年6月那期第一次知道白井敬尚时的惊诧。里面有幅插图展示了《字体排印的领域》（河野三男著，朗文堂）一书中用本明朝M排的一行里每个字都以0.1Q单位进行字号与字距调整；还有他的肖像照，看不出是哪个时代，简直是近代日本知识青年的典型形象；以及他所说的那句“即使我自己死了，书还会留下来。所以，不是设计要这样那样的问题，而是要将书的最佳状态呈现给读者”。

第二年出版的《书籍与活字》，在黄金比例的巨大开本的封面上压印着采自图拉真大帝石柱碑拓的原书名；而在护封上，位于正中央的原书名尺寸超小，仅有与日文名之间的连接号是朱红色；在留有富足余白的正文里，所有的字距都经过视觉微调。对文字历史的敬意、自我否定的禁欲主义、彻底的完美主义，那位青年说的话在此得到了十足的体现。而这本书是清原悦志去世后在设计事务所“正方形”工作十年后的白井独立后的第一件作品，我后来才知道他当时是三十七岁。

活版印刷作为近代日语的人文和文艺底层构造，逐渐被电子照排取代，而仅仅十几年后又要被桌面出版所淘汰，就是在这样一个时间点。这与石川九杨《中国书法史》（『中国書史』）、府川充男《排版原论》（『組版原論』）、铃木一志《分页图书的基本手册》（『ページネーションのための基本マニュアル』）（均为1996年）一样，都是一种尝试：在活字与排版的数码化这一地基在面临液化之时，从事书籍制作的有志之士们各抒己见，以各自的方法从历史里搜集各种素材，自己努力地要搭起脚手架。

在手机开始能接入互联网的1998年，白井敬尚将构成书籍的要素一个一个地仔细分析之后，努力地将它们本应有的最初形态构建出来。也就是说，在那之前浮游着各种各样的设计，而在漂来即去的日文书籍设计中，是白井站出来指出：“直角坐标系的原点O是在这里！”坐标的纵轴横轴，就是日文和西文各自的构成原理，也可以是历时的“文字语言”与共时的“声音语言”，即“历史”与“现在”的一种终极性象征。

（到现在再义愤填膺地谴责这本书的翻译，与指出《解体新书》的翻译错误一模一样，都是没有意义的。这是因为，在热情的驱动下，他们一直想解释清楚日本人一直在无意识中运用的“书籍”的身体构造与功能，而努力抓住了从时空那一端伸出的手，这本书即是他们获得的第一份果实。书籍不仅仅是信息的堆积，也是制作书籍的人们身体运动的轨迹，是生存的痕迹。）

从那以来，白井敬尚一直将西文字体排印史研究与日文书籍设计实践二者并重。X轴与Y轴，即阅读与制作，也对应接受与递出。与那些脑子里只有“现在”这一水平面的平面设计师不同，他具有书籍设计的高度和深度。室贺清德在设计杂志*idea*中首次设置艺术总监时就选择了他，想必也是因为室贺看到了他正处于组成设计水平与垂直的交点位置。

在*idea*与室贺十年的合作，为他在《书籍与活字》的骨架上增添了强健的肌肉。最近二十年里，阅读、写作的基础从书籍的页面转移到了液晶屏幕上，文言也不断被白话溶解，而白井敬尚却将其对语言的虔诚和对设计全身心投入的夙愿，耿直坦荡地坚持了下来。白井用其设计不断地证明，文字不是一脸嫌弃、撇嘴轻视，或者来回抚摸、随意摆弄的玩物，而是应该肃然起敬、蕴含深意的对象。

白井敬尚的作品里保持着设计初心的气息，带着出版人纯净的心灵。而他精神上的纯洁性一直深深地打动着我们。

原载于《组版造型　白井敬尚》展览册，2017年，ggg画廊

自序

白井敬尚

从古以来，我们日本人曾一直过着没有书面语言的生活。书面语言是公元四世纪末从中国传入的，活字版印刷术亦然。日本的字体排印，是在幕府末年到明治初期这期间，通过上海传入的。古今东西的各种文明传入这个岛国，然后日本人按照自身的方便，对其进行改造并使用至今。

日本的气候属于温带，温暖湿润、四季分明。国土狭长，不用太费力就能从河海山野里找到食物，要生存下去也不需要太多的知识和智慧。同代之间自不必说，即便要传给后辈、下一代，单用口头传承即可，无需记录保存。然而，拥有富饶的大自然的同时，却是地震、风雨、海啸、火山等自然灾害的频发，因此即便记录保存下东西，在大自然的面前也是无能为力。但在被清空之后，日本有很强的修复力和再生能力。不同于西方的理性，日本的精神性本质认为，自然并非一个要尽力探清道理并加以克服的对象，而是应该敬畏、尊重，并与其共存、共生。“理”（道理、语言）总有一天会消逝，这一点本身是流淌在我们日本人血液中的一种“理”。而在我的心里，总有一种存在不断膨胀：应该有“某种东西”不为这种“理”所束缚。

所谓设计、所谓字体排印，会不会与日本的精神气质无法调和？经常说“用语言无法表达、说不尽道不明”“写的东西终究……”云云，无论是对声音语言还是对书面语言，我们日本人到底有多大的信任？声音语言里的声色、表情、动作、手势、态度或言谈、举止，书面语言里的字号、字重、轴线、灰度、样式、空间、痕迹……这两种语言都是由像这样的“非语言”信息所支撑起来的。

在了解字体排印后，我坚信正是字体排印才是语言设计、传达设计的根本所在，因此我才不断地努力学习这种视觉控制的方法。而这种设计也正是由于有了“书面语言”与“现代”这片土壤才能成立。

设计很难。设计要在“学习”与被“流行”“技术”所淹没的时代环境中发挥作用，时代性不能太超前，也不能落后。即便非常幸运地获得了自己独特的造型语言（设计风格＝手法＝思考），那也不过是一时之事。时代不会停歇，总是在不停变幻。无论是字体、造型、空间还是印刷术，其实世间万物都在流动之中，而我们正是在这样的环境里做设计。在时代中做设计，是不是就意味着被时代的潮流所吞噬呢？

要嫌我太过傲慢，那也没有办法。但我觉得这个世界上真正好的东西其实并不多。时代潮流里有社会的基准、生活的基准、美的基准、品质的基准，如何将这些与自己的基准相协调呢？

长年来，我在做设计时，都努力不要形成一个具有自己偏好字体、偏好空间、偏好方法的“型”（模式、样式）。但这只是努力，并没有明确的意识，所以从结果来看，应该说终究还是形成了自己的风格。对前人的尊重，从另一个角度说，也是要避免重蹈前人的覆辙，以及自己的覆辙。做好失败的准备，在每一份作品里尝试加入一些新东西。但即便是这样，由于有自己眼睛、手头习惯，以及空间把握、思维定式，要从这些自己的小框架范围里突破出去非常之难。而且突破之后，又真的能获得自己所认为的好东西吗？……

若要不怕误解地直说，我认为设计就是要看“能不能想得到”。

站在教育者的立场，可能又会说一些漂亮话：要针对设计的对象，经过调查、采访、观察、体验、记录、分类、分析、整理、思考的构建，并且编辑这些工序，对这整个过程以及这当中锤炼出的内容，做出“设计”这一行为，才是所谓的理论。但是，从以技术实践为生的角度，我又会想，在实现目的、用途、功能的同时，在与这一连串工序相关的一些非本质的现象里，也就是在所谓没用的、粗糙的、淘汰掉的东西里，可能存在着“某些东西”能锤炼出本质。开会讨论时作者和编者的态度、举止、眼色、声色，编辑从包里拿出的稿件和资料，编辑部的室内，作者的研究室、书架、服装等等，这些东西一直会在我脑海里循环浮现。创意会在走在路上或者是在泡澡时这些意料之外的时候浮现出来。这对我来说才是设计的关键所在。

合理的设计具有说服力。但至少就我个人来说，并不觉得那是设计的关键。在最后输出之前，无论是选择字体（当然会顾及历史轴线和功能性）还是确定排版样式、构建网格，实际上都是在依照其各自的场合，结合实际情况，将“动手”这一肢体行为（无意识）与理性（有意识）相结合，再将最终结果作为设计呈现出来。或者，是动手（鼠标）、用眼睛对空间进行控制的这种肢体行为与感觉的调和。

书籍不是单靠设计师能够独立完成的。工作室里的工作人员自不用说，制作的时候还需要有很多协助制作者。这其中，对我来说最亲近、最重要的搭档就是编辑。如果读者能对我的作品给予好评，那么至少其中有一半都是编辑的功劳。他们的出生、教育背景、素养、世代、思想、哲学、思考方式、感觉、感性都不一样。但是我觉得，当在与他们协作的过程中想要一起渡过的那些难关以及无数次跌倒后的伤痕，作为痕迹总结出来时，书籍才从“知识”的框架中解放出来，焕发出书籍本身的魅力。

在最后，向对这本作品集以及同期举办的展览进行策划、立项、运营、管理、推进的张弥迪先生，以及他在中日双方的朋友们致以衷心的感谢。

平面设计师　白井敬尚

造
ggg
The 362nd ginza graphic gallery Exhibition
Typographic Composition, Yoshihisa Shirai
ギンザ・グラフィック・ギャラリー第362回企画展
白井敬尚
2017. 9. 26 TUE–11. 7 TUE
www.dnp.co.jp/foundation
組
形
組
版
形
造
版

組
形
造
版
造!!!
白井敬尚
形
組
版
白井敬尚
組

第1章

排版造型

文字排版是通过字体、字号、字距、行距、栏宽、版式来做出形状。本展标题所谓的“排版造型”是指包括在页面上将这种文字排版进行摆放配置、构成的空间在内的各种造型。尽管可以将“排版造型”替换成“字体排印”这一设计术语，但是我想，把焦点再集中一些会更易于理解，因此为这次策划展的名字配上了“排版造型”这个词。

二十世纪八十年代初左右，当我还懵懂不清时，就开始涉足字体排印的世界。标志、美术字、活版印刷术、字体及其历史、书籍设计等等，在字体排印范畴内的这些内容都非常有魅力，但其中最吸引我的还是文字排版。比起活字本身的美，文字活字排出其状态的质地和造型、构成与构造，以及这样的排版所描绘出的纸面上的风景，对于我来说比任何造型作品都显得更有魅力。

字体排印中的造型，是为达到易认与易读而形成的结果，排版造型本身并没有语言传达的本质。但是，包括字体形状在内的各种排版的造型中，存在着时代的感性和技术、历史的记忆、身体能感知到的具有压倒性量的非语言信息。文本被这些非语言信息赋予“形状”之后，就能发挥出其作为视觉语言的功能。

读者在阅读文本后，会自行发挥内部想象力，在脑海中想象、描绘出各种场面或情景。对于语言传达来说，理想的“图景”应该像这样由读者分别自行描绘而成，这个过程中可能并没有排版形状可介入的余地。但是，可是，尽管如此，我依然还是想对排版的形状再多讲究一下。翻过书页的一瞬间、阅读文本前的一瞬间，仅仅的那一点时间里，排版会与读者邂逅。就在那时，文本是否充满了期待和预感——我觉得排版造型的意义，都集中在这一点上了。

本展的主题是“排版造型”。因此，展品几乎都是黑白的对开页面。在这个页面里，有字体选择、线面构成的排版、根据不同浓度字号进行的信息层级设置、通过活用网格系统进行的构造设计、对古典书籍格式的引用、与图片关系的构成等等，如果您可以看出设计师所尝试的各种细致的操作和关注点，作为制作者就真是喜出望外了。

而且，在本展构成上，还展示了一些不是自己的作品。这些是在作品制作过程中有形、无形或者直接、间接地成为参考的一些资料。先人们积累而成的知识和造型，在改变形态后再度变为书籍而得以重生。

本文为ggg画廊“排版造型　白井敬尚”展览序言，2017年

chick
corea

now
he
sings
now
he
sobs

奇克·柯瑞亚，
Now He Sings, Now He Sobs
唱片册

—

自主创作，1987年，
297 mm × 297 mm，三折
主要使用字体：石井中黑体、Typos（TY66为主），Univers 45、55、65（E102-14、24、34）

—

这是沉迷于瑞士字体排印时自主创作的一件作品，用剪贴方法调整字距，还有各种对网格的试错。我尝试将内容含义用位置、造型和空间加以关联。扉页受到了北园克卫设计的影响，当时真是年轻气盛。

Chick Corea,
Now He Sings, Now He Sobs
Liner Notes

—

Self-initiated work, 1987,
297 mm × 297 mm, barrel-fold
Typefaces: Ishii Chu Gothic, Typos (TY66 defined as normal weight), Univers 45, 55, 65 (E102-14, 24, 34)

—

This is a self-initiated work which is strongly influenced by Swiss typography. The letter-spacing was adjusted using the cut-and-paste method and the grid system was determined through trial, error, and iteration. I endeavored to associate the content and meaning of this project through using the position, form and space. While I was designing the title page, in the rashness of my youth, I kept the style of Katué Kitasono's works in mind.

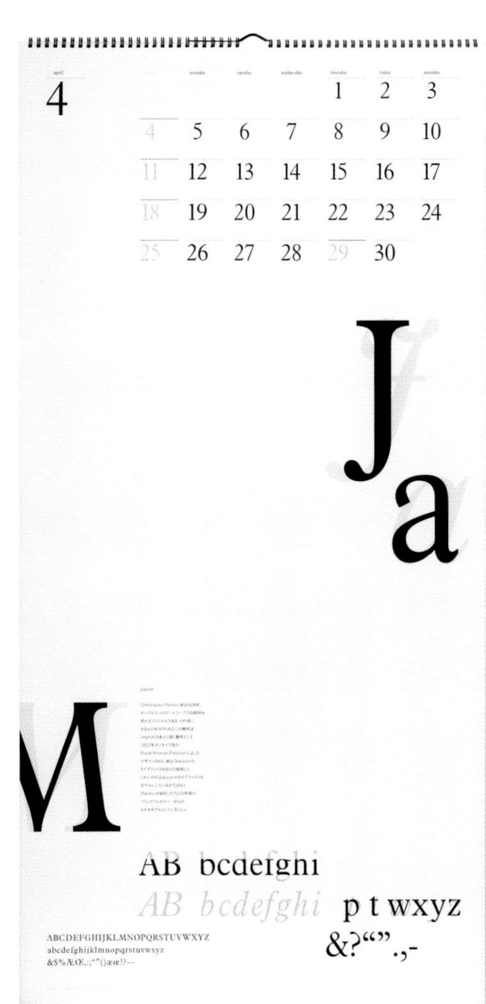

Old Style Roman 1993
Transitional & Modern Roman 1994

—

株式会社正方形，1992年，1993年，
360 mm × 720 mm，
300 mm × 600 mm，
电子照排：Studio Wing
西文排版输出：Type Cosmique
印刷：大日本印刷
主要使用字体：Monotype Bembo、Adobe Garamond、Bitstream Bodoni、Now GM、Univers（E102为主）、其他，每月使用不同主题字体

—

这是1993、1994年版的正方形公司的年历，由设计团队内部策划制作。刊载的内容是每周一上午公司内部举办的西文字体学习会的成果。1993年的主题是旧式罗马体。西文是电脑输出，日文使用的是电子照排，用1/32 em单位进行了调整。

Old Style Roman 1993
Transitional & Modern Roman 1994

—

Seihokei Corporation,
1992, 1993, 360 mm × 720 mm,
300 mm × 600 mm
Phototypesetting: Studio Wing
Latin Typesetting Output:
Type Cosmique
Printing:
Dai Nippon Printing Co., Ltd.
Typefaces: Monotype Bembo, Adobe Garamond, Bitstream Bodoni, Now GM, Univers (E102 defined as normal weight) etc., the calendar uses a different themed typeface each month.

—

This is Seihokei's company calendar for the year 1993 & 1994. It was planned and produced by the members of the design team and the contents were the result of a study group with my colleagues which examined Latin typefaces every Monday. The previous year's theme was "Old Style Roman Typefaces". Using digital data output for the Latin typefaces and phototype-setting for the Japanese typefaces, then we adjusted them to fit a structure based on the 1/32 em unit.

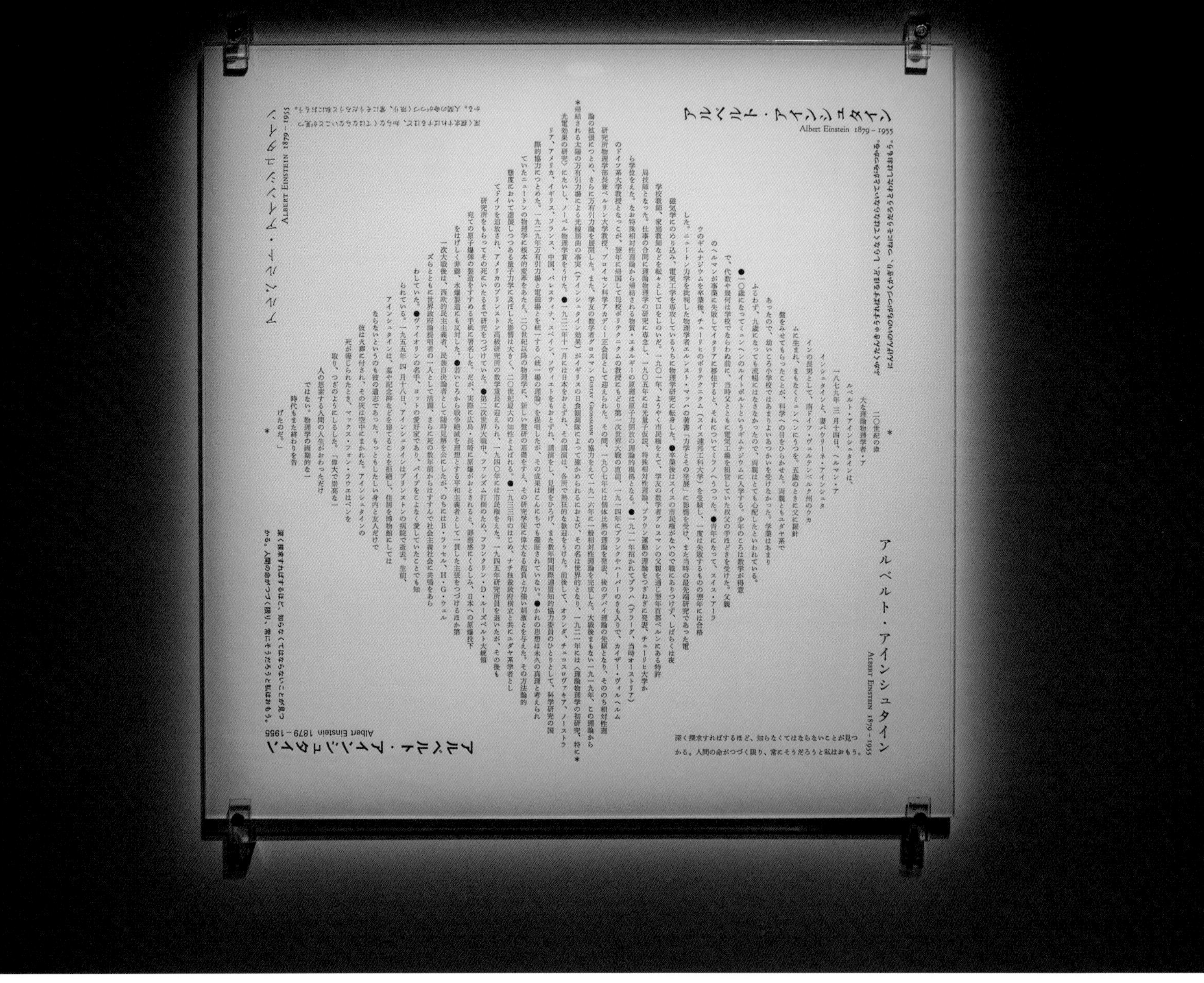

大日本印刷　活字排版

—

1999年

策划：大日本印刷

C&I事业部年史中心

—

这是大日本印刷迎接创业125年而制作的排版。他们问我能否用活字做成类似纪念碑的物件，结果（与期待相反）我直截了当地正面回答的结果就是这个排版。我挑选了大日本印刷公司所有代表性的日文和西文活字字体，做出了这样一个设计，当成印刷品或者当成实际的活字排版都很吸引人。

Typesetting for Dai Nippon Printing

—

1999

Projected by Dai Nippon Printing Co., Ltd., C&I Division Annual Center

—

This typographic work was produced in honor of the 125th anniversary of Dai Nippon Printing Co., Ltd. Their initial commission was that I produce a kind of monumental object made with movable type. In answering their request, I made this project using hot metal typesetting. I selected some representative Japanese and Latin typefaces from Dai Nippon Printing's collection, aiming to acheive eye-catching design not only as printed matter but also as a typographic composition that has physicality.

《〈赫尔曼·察普夫的设计哲学〉
译文易读性的追求》单页

—

朗文堂，1996年，A4

使用字体：本明朝，Optima

—

这是根据西野洋先生在《〈赫尔曼·察普夫的设计哲学〉译文易读性的追求》中展开的方法论而制作的单页。我在设计时，包括字距数值等细节都严格遵守了他的方法。单页正面出血的黑条可以感受到二十世纪八十年代瑞士字体排印的风格。

Leaflet for *Pursuit of a Readability in a Translated Text in the Case of "Hermann Zapf & His Design Philosophy"*

—

Robundo Publishing Inc., 1996, A4

Typefaces: Hon Mincho, Optima

—

This leaflet was designed using the method proposed by Hiroshi Nishino in his book *Pursuit of a Readability in a Translated Text in the Case of "Hermann Zapf & His Design Philosophy"*. I followed his method toward typographic composition in detail, including his numerical values for letter-spacing. One can find a trace of Swiss typography from the 1980s in the black expanse which runs across the bottom of the front side of the pamphlet.

typography archive 4 case study

"ヘルマン・ツァップのデザイン哲学"翻訳テクストにおける可読性の追求　西野 洋

A4判 64ページ 中綴じ　定価3000円[本体2913円] ISBN4-947613-43-2 C0070

石垣をひとつひとつ積みかさねる努力を[推せんのことば]—— この国のタイポグラフィの底の浅さが指摘されて久しい。それは欧州における550年と、この国の130年ほどの、近代タイポグラフィの歴史の深浅の結果として語られることが多い。しかし近頃私はこの問題に関していささか疑問をもっている。それはむしろことばとそのあらわしかたに関して、この国ではそう大きなこだわりを持っていないことと関係するのではないかと思いだしている。四方を海にかこまれて、ほぼ単一の民族が、単一のことばをもって会話をしていることは、この国にあっては自明の理とされている。日本に生まれて日本語を話すことに、すこしも疑問をもたないですむ、世界でもまれな国である。

本来、国が国であることとは、あるいは国家の統一とは、同じことばをはなす、はなさせることにあったとされる。戦国七雄のひとつの秦が、はじめて中国を統一したときに、始皇帝がまず手をつけたのは全土におけることばとその表記の統一であった。その結果として、篆書と隷書を、15年間というみじかい治政のあいだに、この王朝は創りだした。フランスにあっては、1539年にフランソワ一世による「ヴィレール・コトレーの勅令」によって、オック語やバスク語などの使用が禁じられて、フランス語がラテン語にかわって公用語に制定されたという。この勅令によって、タイポグラフィは黄金時代をむかえることができた。「印刷術はドイツでうまれ、イタリアで成長し、フランスで爛熟した」といわれるゆえんとなったできごとである。ことばがあって、はじめて文字印刷術、タイポグラフィが発生するのである。フランスにおけるラテン語のように、かりもののことばを使っているあいだは、ほんとうのタイポグラフィは育たなかったということであり、この国がことばの問題にあまりに無頓着であったため、深い沼地にはまっているのが現状かもしれない。

私たちのことばは、膠着語とよばれている。それはニカワでことばがべたべたとくっつくように、接辞や助詞・助動詞などが文法的な関係をしめす言語である。要するに歯ぎれの悪いことばなのである。日中二千年の交流の結果、日本語だと思っていることばが、ナマの中国語である場合も多い。[謹賀新年]は[つつしんで新しい年をいわいます]が日本語なのであり、[絞首刑]とは、[首をしめて殺す刑罰]なのである。即読法という、はやく書物をよむという技術があるが、あれなどは要するに、文章からニカワのようなものをのぞいて、すなわち漢字のひろいよみのことである。ここにいたって、漢字であらわすことばと、ひらがなであらわすことばと、カタカナであらわすことばが、それぞれ相対的意味あいや重さをことにしていることに気付かされる。

医学であろうと工学であろうと、およそ研究者集団にあっては、具体的な事例を分析・研究して、そこから一般的な原理・法則をみちびきだす努力がなされている。ひるがえってこの国のデザイン界にあっては、美学論争をこのみ、しかも理性的思惟にいたるよりも、感性的経験でそれをとらへ、たんなる美醜・好悪の次元にまでおちることが多いようにみえる。はて、デザインとは感覚・感性で伝達しあって十全のものであろうか — という論争などない。その必要性は皮膚感覚ではとらえられても、埋火のように灰にうずめて、触れもせずここ数十年やってこれた。幸せなときはすでに終ったか……。このような風土のもとにあっては、個々の事例からまなぶという麗しい習慣は生まれない。むしろ新素材・新技術を求めてさまようか、借りもののアイディア・ソースを、春の野面に蝶をおう少年のようにさがすのみになる。それを正統化するのは便宜主義と商業主義である。

「いわずもがな」という。近頃のサッカーでは「アイ・コンタクト」というそうだ。「眼は口ほどにものをいい」なのか。この国では、みんなが黒い髪をして扁平な顔立ちをしている。お互いの前提にはいつも「ネッ、わかるでしょう。わかってくれるでしょう。あなたと私は同じ日本人なのだから……」という思考放棄にも似た行動形態がひそんでいる。この国のことばはまた「ことのは」とよばれ、軽やかで、浮遊するものとしてとらえられる。議論はこのまれない。それは彼我の相異をことあげし、違いを際立たせるからだ。むしろこの国では、彼我の一致点をさがし、調和的まとまりという、あいまいさの中にあることを好むようにみえる。「ことのは」は自立することはなく、空中にフワッと浮いた状態が好まれる。この国では言語や哲理を語ることは、青くさい書生論として忌みきらわれている。

禅のことばに「不立文字」「只管打坐」がある。仏道の真意とは、心から心に直接伝えられるもので、ことばや文字では伝えられないとしたものであり、道元にあっては、仏行としての実践を、ただひたすら座禅することをもとめたものである。禅の深遠なる理念を軽んずるつもりはないが、俚俗にあっては「以心伝心・沈黙は金・眼は口ほどにものをいい」などと都合よく解釈されている。ことばが軽んじられてきた風土は、思いのほか荒涼としたものであった。▸

朗文堂 160 新宿区新宿2-4-9 phone 03-3352-5070 facsimile 03-3352-5859

《〈赫尔曼·察普夫的设计哲学〉
译文易读性的追求》
西野洋著，朗文堂，1996年
书籍设计：西野洋

Das ist echte, das ist reinste, das ist neue Typographie. Mein Entschluß ist gefaßt: bei diesem Pionier will ich studieren.... der Weg nach Basel

This is real, this is pure, this is new typography. My mind is made up: this is the pioneer to teach me.... the road to Basel

これこそ真実。これこそ純粋。これこそ新しいタイポグラフィだ。私の心は決まった。これこそ私の師とすべきパイオニアだ… Basel e no michi

concept and design Helmut Schmid Robundo

Basel e no michi にちなんで ——————

はやいものです……。ヘルムート・シュミットさんとのおつきあいも20年をこえました。おりにふれて、かれは学生時代のこと、教師と著作『*typography*』についてあつく語ったものです。

アルゲマイネ ゲヴェルベシューレ バーゼルという舌をかみそうな名前の工芸学校がありました。50年代から60年代にかけて、この学校にエミール・ルーダーというタイポグラフィの教師がいました。

その著作『*typography*』は70年代にとてもよく読まれた本でしたが、意外にこの学校とこのひとのことは知られていないようです。

ルーダーはのちに学長になったひとですがこのひとがこのんで実験室とよんだ特別講座は、夜学で、定員は2〜3人という超ミニマムなものでした。現在のバーゼル スクール オブ デザインとよばれている学校からは想像もできない、特殊なタイポグラフィの実験と創造の場所でした。ですから修学期間もまちまちでしたし、終了生が何人いたのかも、30人程度と想像されるだけで、正確な数はルーダーなきいまとなっては分りません。

ところで、シュミットさんはふり返って深く考えてみようという思いをこめて『タイポグラフィック リフレクション』というデザイン実験誌を自費で発行されています。その創刊号は「ベルリンの壁崩壊の日を記念として、ベルリンとベルリン市民に謝意を表す」ために89年に発行されました。

4年ほど前でしたでしょうか……。『タイポグラフィック リフレクション』でエミール・ルーダーとその教え子たちによる特別号を考えていると聞かされました。 編集者とはまいやしい考えをする人種で、その瞬間に（あっ、これは卒業生アルバムになるな……）と考え、気のない返答をしたと思います。

関西へ出かけるたびに、シュミットさんの家をたずね、ちかくのインド料理屋のカレーをたべるのが楽しみです。おいしくカレーをたべている最中に、『*Baselenomichi*』と題されたオーラフをはじめて拝見しました。おもわず「ナン」がノドにつっかえるほど驚いことを覚えています。（凄いぞこれは……）。ただシュミットさんの『タイポグラフィ トゥディ』はおろか、ルーダーの『*typography*』などまったく知らない若者がふえたデザイン界にどのようにこの本が受けとられるか、漠然とした不安がありました。それから2年ほど、シュミット・スタジオのマックは、どれほどのダウン・ロードを繰り返したのでしょう。なんどもラフが大阪と東京をいきかいました。そして4月2日、シュミット夫妻は全ページの版下入稿のため小社を訪れました。

それはなんと表現すればよいのでしょう。とても印象にのこる一日でした。 スイス・タイポグラフィとは、こんなに自由でのびやかで簡潔にして優美だったのか……という驚きです。そして初老期にさしかかりつつある卒業生が寄せた文章の、なんとみずみずしく新鮮なのでしょう。

ノンブルは花の蜜を狩る蜂のように誌面を自由に駈けめぐります。組みあげられたテクストは壁をなすのではなく、やさしくことばそのものをつたえます。（こんなスイスみたことないなあ……）。わたしは入稿そっちのけで、嘆声をあげ、ためいきをついたのです。

その夜、ちいさなレストランでパーティ。「キリストのなみだ」という赤ワインは、このささやかなうたげに、とてもふさわしいものでした。

「いまね、とっても本をつくりたいんだ。でも本をつくると貧乏しちゃうから、〇〇製薬や××堂でいっしょうけんめい仕事するよ。本をつくりたいんだ」

ワイングラスに映ったシュミットさんの瞳はまるで少年のように明るく輝いていました。

90ページにルーダーのデザインによる切手の図版があります。 最初は特色3色で校正しましたが、プロセス4色と補色1色に変更になりました。 もともと切手には偽造防止のために複製しにくくする工夫がなされています。 そのため小社のスタッフには苦心がありました。

「パチパチに似せて、文句がでないかなァ」

そんなことを呟きながら、印刷本機の刷り出し立ちあいに、スタッフは向かったのです。写真と洋紙もこだわりの対象でした。 テストでは200線のスキャン、墨と補色の2色を提案しましたが、数度のテストを経て、133線の墨だけというやや粗めのスキャンを実施しました。洋紙はダル系のもの、微塗工系のもの、はやりのヴァンヌーボなどさまざまを提案しましたが、塗工紙のなかではその含有量のすくない、ダイヤホワイト菊判横目76.5キロのものを使用しています。

そんな こんなで、すべてはシュミットさんの手で、取材から編集・デザイン・アートワークがなされました。 わたしどもでは製版以降をお手伝いしただけです。そこでこの本は「発行:ヘルムート シュミット デザイン 発売:朗文堂」となりました。

もうまもなく、『*Basel e no michi*』は完成します。ぜひともみなさんもこの本をお手にしていただき、よろこびをともにしていただけたらと思います。デザイン書不振のおりから東京では青山ブックセンター六本木・新宿店と小社で、大阪では天神橋の西日本書店でごらんいただけます。

《通往巴塞尔之路》单页

—

朗文堂，1997年，95mm×209mm

使用字体：Ryobi黑体，Univers

—

一切多余的事情都不做。用单栏贯通版面是此作品的造型理念。正面也同样。我曾考虑用本书的关键字一行到底，但是由于词汇不同，因此将每行稍微错开，与护封的设计互相呼应。

Leaflet for *The Road to Basel*

—

Robundo Publishing Inc., 1997,
95mm x 209mm

Typefaces: Ryobi Gothic, Univers

—

Never pursue efforts which are non-essential. The concept behind the composition of this leaflet is the application of a single block of text running through all of the associated pages. Perhaps the keywords associated with this project might be "a single straight line", as I correlated the pamphlet design with the design of the book jacket by shifting the position of lines of text to match the text's differences in meaning.

《通往巴塞尔之路》

赫尔穆特·施密德著，朗文堂，1997年

设计：赫尔穆特·施密德

《字体排印的领域》

—

河野三男著，朗文堂，1996年，B5
编辑：片盐二朗
印刷、装订：田中制本印刷
使用字体：本明朝，Bodoni（E20-24, 25）、Univers45（E102-14）

—

这本书是河野三男先生针对typography（字体排印）这个词原本为何意这一主题，认真调查分析了古今东西方文献而写成的力作。正文排版采用Ryobi的电子照排机RECS，分页之后再用剪贴法进行字距调整。排版方式为单栏，引用部分缩进三格。栏宽是通过研究横排时保证长文阅读不易疲劳的字数之后决定的。本书并没有遵循威廉·莫里斯所提倡的书籍比例，将订口增大，不追求对开页的一体感，而是优先考虑单页的易读性。后来知道恩地孝四郎做的《书籍的美术》的排版也是将订口增大时，我非常惊讶。仅在书脊加入的书名，用JustSystems排版专用机“大地”进行了字号和位置调整。

The Field of Typography

—

Mitsuo Kono, Robundo Publishing Inc., 1996, B5
Editing: Jiro Katashio
Printing & Binding: Tanaka Binding & Printing
Typefaces: Hon Mincho, Bodoni (E20-24, 25), Univers 45 (E102-14)

—

This book, the fruit of many years' labor by Mitsuo Kono, focuses on an examination of the original meaning of the word "typography", completed through his diligent survey and analysis of ancient and modern literatures from various countries. I used Ryobi's computer typesetting equipment "RECS" for typesetting and submitted the hard copy for printing. Adjustments to the letter-spacing were done after the characters were imposed. I chose a column-based layout and added a 3 em indent for the quotations in the text. The design was largely informed by academic studies that had been under-taken that determine what size column-width reduces visual fatigue from reading long Japanese texts typeset horizontally. The inner margin is wide, enhancing readability as well as making the book easier to produce. Books having wide inner margins are in opposition to the theory of book proportion proposed by William Morris, but afterwards, I surprisingly discovered that writer and designer Koshiro Onchi's *Hon no bijutsu* (*The Art of the Book*) also has a wider inner margin for its book proportions. The book's spine typesetting was done using the "Daichi" typesetting machine developed by JustSystems Corporation and allowed for adjustment of character sizes and optical balance.

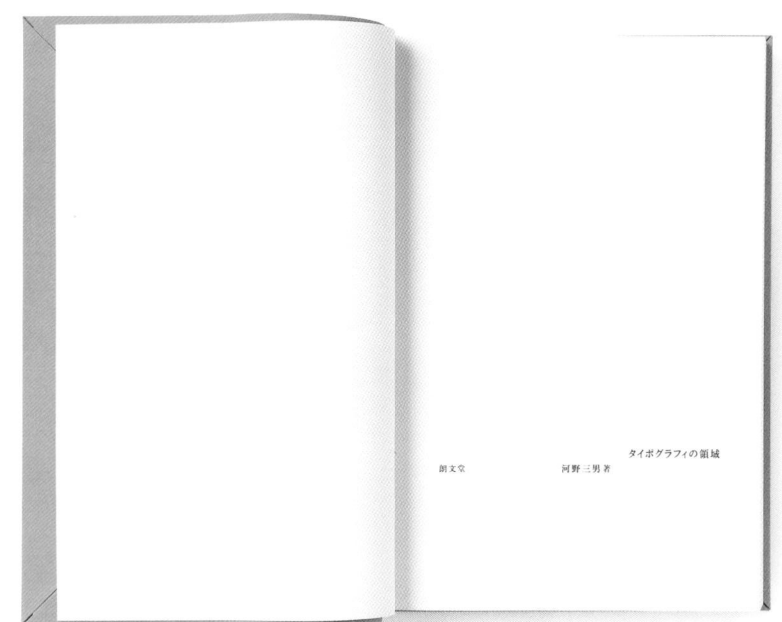

タイポグラフィの領域　河野三男著　朗文堂

《字体排印的领域》宣传单

—

朗文堂，1996年，A4

使用字体：本明朝，Bodoni

—

与前一张宣传单一样，此张也是由片盐二朗先生撰稿。我在设计时直接采用了《字体排印的领域》的封面设计的颜色。这段时期的空间处理相对比较单纯，空白多的地方也顶多只有两处。在设计时大部分的地方只留一处单纯的空间。

Flyer for *The Field of Typography*

—

Robundo Publishing Inc., 1996, A4

Typefaces: Hon Mincho, Bodoni

—

Like the flyer shown on the left, this text was written by Mr. Jiro Katashio. I used the same color as the cover design of the book *The Field of Typography.* I approached the design of the margins with the intent of making the project feel uniform.

本書の紹介に多言は不要かもしれません。この本こそ「見本帳の中の見本帳」とされる権威ある存在で、その評価は不動です。本書は初めにB5判の上製本で1953年に刊行されて、現在は大判並製化して、第4版10刷りになっています。
本書には15世紀からの活字の歴史がギッシリと詰まっています。その最大の特長は世界の活字を網羅した圧倒的な数量とその資料性にあります。それぞれの書体にはAからZまでの印影のほかに、短かいコメントがついています。その内容は「誰が、いつ、どこで、どの鋳造所によって、何を目的として、どんな特徴のある書体を作ったか」につきます。解説はそっけないほど簡潔ですが貴重です。
書体には歴史や民族性や風俗が脱けがたく付着しているために、好悪や美醜といった即感印象だけでは不十分であり、その構造と背景を読みとく必要があるからです。欧米のデザイン事務所でこの本を「机の上」でよくみかけます。彼らと較べると、私たちはアルファベットに対する親近性に大きな差があります。だからこそこうした見本帳に親しむことで、彼我の距離を少しでも縮めることができるのでしょう。

ENCYCLOPAEDIA OF TYPE FACES
欧文書体百科辞典

BLANDFORD社発行 ピンカス・ジャスパート他編　20x30cm 416ページ ソフトカバー
テキスト/英語　定価9600円［本体9320円］

この本はイギリスの印刷史研究家のサラと、グラフィック・デザイナーのゴードン・ロックレッジ夫妻という、タイポグラフィ大好き人間が作ってしまった、楽しくて役に立つハンドブックです。この本は1991年に初版がほぼ自費出版のかたちで出されて予想外の反響をよびました。それは主としてサラの書体への暖かい視線と、無邪気ともみえるほどの好奇心と、丹念で堅実な資料検証によりました。
ここには175人の書体デザイナーの人柄や生いたち、書体設計の系譜と理念が、平易で明解に、生き生きと語られています。グーテンベルグやアルダス・マヌティウスにはじまり、ネビル・ブロディやズザーナ・リッコにいたる書体デザイナーの芳名録が満天の星のように輝きます。そしてモノタイプやペイニョ活字鋳造所という、消えていった名門鋳造所への熱い思いと同時に、アドビをはじめ新興のデジタル・タイプ・ファウンダリーへの強い期待もにじませています。この本は読むというよりは「引く」という感覚で、固有名詞が出るたびに当ると面白いでしょう。
そこではきっとタイポグラフィの新しい地平を発見できると思います。

handbook of type designers: a biographical directory
書体デザイナーと活字鋳造所の人と歴史

Sarema press社発行 サラ・ロックレッジ他著　12x21.5cm ハードカバー
テキスト/英語 図版多数　定価6600円［本体6408円］

本書は書店では販売致しません。お申し込みは小社へ直接お願いします。
ご送付は荷傷みをさけるため、宅配便の料金受取人払いを使います。

朗文堂 160 新宿区新宿2-4-9 phone 03 3352-5070 facsimile 03 3352-5859

プロの秘密書開陳

欧文書体に関する二冊の本を紹介します。一冊は権威と定評ある「書体百科辞典」です。もう一冊は今話題の、便利で時をえた「書体何でも百科」のようなハンドブックです。両書ともイギリスで刊行されたもので、互いに強い関連性があります。「書体百科辞典」で確認された書体デザイナーや活字鋳造所は、ほとんど全て「何でも百科」に平易で簡明に紹介されています。したがってこの両書は、欧文タイポグラフィの基礎をなすものですし、書体に対する視線をきたえて、分析評価と総合判定のための必須の書物ともいえるでしょう。

ENCYCLOPAEDIA OF TYPE FACES
欧文書体百科辞典

handbook of type designers: a biographical directory
書体デザイナーと活字鋳造所の人と歴史

近刊予告 タイポグラフィの領域
河野三男 著

書物の推せん文とは、刊行前に校正ゲラを2〜3枚渡されるだけなので、あたり障りのない論評をしてお茶を濁すのが普通である。しかし今回は全文を渡されて読みふけってしまった。読んだのではない。読み耽ったのである。読んでいる最中に何度か鳥肌が立った。それは感動もあれば、おののきのときもあった。著者・河野三男は実に丹念に論をすすめるが「切れば血の出るような」鋭い論考が妖しい光を放って、私に何度か「刃を突きつけてくる」ように思えたからだ。久しぶりに歯ごたえのあるデザイン評論を読んだ。読みおえて、この人は真底タイポグラフィが好きなんだなと思った。

私がはじめて河野を意識したのは、もう十年ほど前、冷房もない大学のキャンパスで行なわれた「タイポグラフィ・サマー・ゼミナール」の会場であった。彼は聴講者の一人として熱心にメモをとり、時折鋭い質問を発していた。暑い会場の中で彼のまわりだけすずやかな風がふいているように見えた。

この人は含羞の人であり粘着力の強い人である。寡黙ではあるが芯のつよい人でもある。彼がタイポグラフィに接近したのは、やはり編集者という職業と、外国の大学出版局に長く勤めていたことと無縁ではないだろう。原書に触れる機会の多かった河野は、仕事仲間と原書を輪読して学ぶ会「印傳徒」を作っていた。対象は「美しく読みやすい書物を作るため」であって、やはりタイポグラフィが中心命題であった。その名にこめられた「一歩退がる」精神によってこの会を知る人は少ないが、実は翻訳者の間では異彩を放つ存在として知られていたのである。「印傳徒」が休業状態になっても河野はタイポグラフィを中心に命題にすえて、編集実務と読書経験をたった一人で積み重ねてきた。「タイポグラフィ」の大きな魅力のとりことなった河野は、そのことばが語られる人によって微妙に力点を異にしていることに気付き「タイポグラフィとは何であったか、何であるのか、そして何であり得るのか」という、ことばの意味領域に関心が向かっていったようである。

序章は主題の明示である。つまり「タイポグラフィ」ということばの概念を明確にするために、そのことばの捉え方の変遷と、それを支える思想の諸相を概視し、新たな意味領域を設定することが宣言される。

第1章での河野は、厳格な言語学的手法で主題語に迫る。そこでは辞典類の分析が中心である。正直に告白すると私はこの章でやや息切れ状態になった。そこに河野は巧みな牽制球を投じてくる。「文字を読むとは、心の中で音読することです。心の中での自問自答であり、内向する知の行為でもあり、知の鍛練でもあるわけです。いい換えれば文字と時間、文字と精神の持続した交流でもあります。精神の摩擦をともない、それと根気よくつき合い、のりこえていく作業です。この時文字情報は単なることばの意味にとどまらず、思考の契機や挑発となって、人の眼は幾度となくそのことばや行の上を往復します。この種の読む行為には一種の覚悟とか、主体的な選択があるはずです」。

河野は「まえがき」の中でこの章は無視しても差し障りはないと述べているが、牽制球のおかげで背筋を伸ばして読了する。主題語は辞典類の中では意外なほど振幅が少ないという新鮮な発見がある。

第2章にいたって、河野は初めて読者を「書物の森」へといざなう。そこには20年余にわたって河野をとらえてきた書物がうっそうと生い茂っている。まずドイツ人ホールンシューフが「全能の神からの贈りものの中でも、タイポグラフィこそあらゆる称賛と感嘆に値する」として「神からの贈り物」タイポグラフィが語られる。続いてモクソン、ディドー、フールニエ、アップダイク、バスカービルなどの印刷史に燦然と輝く著名人の言説が紹介される。ここに紹介される書物を私はほとんど読んでいないが、河野自身の丁寧でツボを心得た翻訳によって、いつの間にか数百年も前のタイポグラファと呼吸を共にさせられていた。いよいよウィリアム・モリス、エマリ・ウォーカーといった世紀末のタイポグラファの登場である。河野は控え目ながらこれらタイポグラフィの開拓者たちに熱い視線を送りつづけている。

今世紀に入ると、モホリ・ナギ、エル・リシツキー、ヤン・チヒョルトが活躍をはじめる。グラフィック・アートの始動であり、バウハウスの胎動であり、徹底した機能性の追求であった。しかし河野はここで「しばし待て。産業主義への抵抗もあった」として、エリック・ギルやビアトリス・ウォードやスタンレー・モリスンといった、イギリスの頑固さに支えられたタイポグラフィも丹念に追跡する。モリスンの名著『First Principle of Typography』の一言一言が腹に重く響いてくる。「タイポグラフィを定義すれば、それは特定の目的にしたがって印刷材料を適切に配置する技であり（略）気のきいたタイポグラフィの余地などない」「タイポグラフィの伝統とは、基本的なものに対する全員の合意をいい換えたものであり、幾世紀にわたって試みられ、誤りを犯し、そして正されて今日あるものである」。これらの紹介によって、おそらくこの国でもモリスンやウォードの再評価が求められるはずだ。

1950年代に入るとスイス・スタイルが始動する。エミール・ルダーはナギやチヒョルトの流れと、ギルやモリスンの系譜との統合を試みていた。印刷方式も活字版印刷主流から写植・オフセット印刷へ変革の年代であった。この章で河野はカリグラフィとレタリングを検証して、タイポグラフィの領域内にあるものか否かを問うている。同様に近年多用される「フォント」ということばの背景も調べて「フォントグラフィ」ということばの可能性を検証している。いずれも興味深い指摘である。

第3章は20世紀後半、すなわち私たちの時代である。ここでは550年の近代タイポグラフィの歴史が、化学や電子工学の発展によって変革を迫られている状況がつぶさに分析されている。まず「助走から離陸へ」として、はじめて日本人のタイポグラファ・佐藤敬之輔が愛情をこめて紹介される。しかし河野の暖かい視線は1973年に発表された「タイポグラフィをこう考える」という座談会紹介の前では一変する。河野はここでの発言を「原義重視派」「広義包容派」「異見独自派」に分類したうえで、「タイポグラフィに、はっきりした定義づけみたいなのは無いほうがよい」とする見解に対して「典型的かつ象徴的に認識の浸潤の程度を露呈するもの」として断罪している。定義づけないほうがよいとは「タイポグラフィなる名称・概念はもはや意味をなさない、存在しないという過激な解釈にも通じます。グラフィック・デザインの現場からは小難しい議論はやめよう。実践こそ全てだと聞えてきます。それは目先だけの利益に流された意見であり、思考の放棄につながりかねないゆえに、容易に与みすることはできかねます」。と警告している。考えさせることの多い一節である。

河野の書物探索はさらに深みをます。つぎに分析されるのはヘルムート・シュミットの『typography today』である。ここに言説を展開した7人の論文は、隅々まで河野によって読み解かれている。ここで河野はいよいよタイポグラファの使命は「表現なのか再現なのか」態度表明をせよと鋭く迫る。ピート・ツヴァルトのことばが印象深い。「新しいタイポグラフィは、最も簡潔で装飾性の少ない合理的な書体に満足すべきだ。どんな場合でも高圧的で個性の強い特異な記号たる書体は避けるべきである。その勿体ぶった性格は、タイポグラフィなる実用的作業に反するのである。文字というものはそれ自体退屈であればあるほど、タイポグラフィには使い道が多いのである」。ここで私は唐突にチヒョルトのことばに戻らされる。チヒョルトは1959年にこう述べたそうである。「私はノイエ・ティポグラフィと国家社会主義やファシズムの教義とのあいだに衝撃的な類似を発見しました。タイプフェイスを容赦なくせまくすることに明白な類似があります。ゲッベルスのあの政治的統制と、行の軍隊的配列とには相似があります」。

晩年のチヒョルトを襲ったこの感慨を、別の角度から明解に描写していたのはオトル・アイヒャーであった。氏の著書『typographie』には、ウルムの精神と理念/ローティス書体の波紋/ウィトゲンシュタインへの献辞/アートの自由とタイポグラフィ/アナログは異端であるのか/国家と市民の間で/ナチの再来を防ぐために/情報社会と市民の家畜化/情報の本質とは――こうした刺激的な柱を用いて河野は近代タイポグラフィの抱えた命題を次つぎに明示して解析していく。ここではもう河野はアイヒャーと一体となって、筆鋒は鋭さをまし、読むものにぐいぐいと迫ってくるように思える。

- タイポグラファは、文字書体やタイポグラフィを政治によって明示された社会的な活動として認識すべきである。
- タイポグラファは、他の人以上に自分がどの立場にいるのかを宣言せざるを得ない。
- 我々は初めて進歩が必ずしも進歩を引きおこすものとは限らない時代に入っている。
- 情報社会は完全に我々を家畜化してゆくであろう。我々は飼いならされた家畜よりは豊かで肥えるであろうが、それは家畜小屋の中でのことである。
- 幻想のもつ神秘的な力は、本物の体験、つまり現実への要求が弱まるにつれて勢いを得る。

この節のまとめとして河野はタイポグラフィとコミュニケーションとの問題にたいする新しい解答を提示して、現代の情報とよばれるものが、大量流通手段によって麻痺されて切り離され、ことばの一面たる記号機能のみが張りつけられて目や耳に突入してくると警告している。「タイポグラフィはそれでも、これらの新しい環境によって出現することばや文字と密接に関わりながら生き残っていくのでしょうか」とあくまで河野は慎重である。

カール・スワンの『Language and Typography』では可視言語（visible language）と、視覚言語（visual language）が厳密に定義されていて参考になった。この国ではこの分野の研究は全く手がついていないことを反省させられる。黙読における声/視線と音声の走行性/残影と余韻などの節は、河野が主題語だけではなく、広く国語学、言語学、意味論、記号学などを研さんの結果もたらした論究である。

電子工学の発展がもたらしたタイポグラフィの変化に関して用意された節は「石の書字板を破壊せよ」「デジタル・パラダイス」である。ここではいわゆるニュー・ウェイヴの論客であるマイケル・ドーブやリック・ポイナーに対して、一歩も退かず堂々とした論陣を張っている。それは謙虚で物静かな河野のどこから発するのだろうと思わせるに十分な、堅固で精緻な構成で、野太い肉声である。視認性と可読性への疑問/体制派への挑戦/表現主義の記名性/特殊化・個別化してゆく視認性/デザイナーと自己主張/スイス・スタイルの空間秩序/北米の改革派と脱構築/西欧の改革派と脱中心/自我の戯れ――などが用意された柱である。改革派による、タイポグラフィから工芸的伝統の呪縛をといて、デザイナーたちの創造性への挑戦を認めるべきである、とする主張に十分耳を傾けつつ、改革派の憎悪の対象となった視認性とスイス・タイポグラフィという二極を再検証して、独自の反論を導き出すに至る。その道程で徒然草の一節が語られる。「よき細工は、少し鈍き刀をつかふという。妙観が刀はいたくたたず」。多分読者は驚きと共に、大きな共感か反発なくして、この60ページをこえる2つの節を通ることはできないだろう。

終章にあたる第4章は主題語の新たな定義である。その紹介は私の任を越えるが、終結部で河野は、この国のタイポグラフィにたいして燃えるように熱いメッセージを贈っている。その柱には「この国のタイポグラフィの発展のために」とあった。

冒頭に記した通り、私はこの書物を読み耽ったのである。その最中にこれはデザイン書なんだと何度か自己確認した。まぎれもなくこの本はデザイン評論集であり、タイポグラフィの知の領域を照射したものであった。可視言語システムの伝達に関する基本概念が不抜の批評精神によって確立したものといえる。この国のデザイン界で、建築に続いてタイポグラフィが造形言語を確立したともいえる。タイポグラフィを語るにあたって、共通基盤をなし必ず通過すべき記念碑的な書物の誕生に、力いっぱい拍手を送りたい。

エボリューション・グラフィックス　飯山 元二

近刊予告

タイポグラフィの領域

河野三男著　B5判 上製本 320ページ

著者プロフィール
河野 三男　昭和24年（1949）東京生まれ　オックスフォード大学出版局 東京支社勤務

編集部より：『タイポグラフィの領域』は最後の編集作業に入っております。
ご案内は改めてさしあげますが、飯山元二氏の長文の推せん文をご紹介しました。ご期待下さい。

《评传　活字与埃里克·吉尔》

—

河野三男著，朗文堂，1999年，
127mm×188mm
题字：日文为岩田正楷书体的修整改刻，西文采用的是埃里克·吉尔木版雕刻文字（Cranach Press版*Daphnis and Chloe*，1930年）。

Typeface and Eric Gill:
A Critical Biography

—

Mitsuo Kono, Robundo Publishing Inc., 1999, 127 mm x 188 mm
Cover Typefaces: Revised version of Iwata Sei-Kaishotai for the Japanese text. Digital reproduction of Eric Gill's carved wood letters (published in *Daphnis and Chloe*, Cranach Press, 1930).

← 《专业人士秘密文书公开》宣传单

—

朗文堂，1996年，A4
使用字体：本明朝，Bodoni

—

从1996年到1998年左右为止，这期间我比较常用“大地”排版机，这份宣传单也是如此。而且当时的撰稿者——朗文堂的片盐二朗先生写的文章非常长，令我觉得从好的意义上说，字数本身也能决定排版造型的方向性。

← Flyer for *The Disclosure of Professional Secrets*

—

Robundo Publishing Inc., 1996, A4
Typefaces: Hon Mincho, Bodoni

—

Between 1996 and 1998, I often used the "Daichi" typesetting machine for projects, so was the case with this flyer. During that time, Jiro Katashio, the founder of Robundo Publishing Inc., wrote a number of lengthy texts which I was tasked with designing. Dealing with longer texts helped to direct my approach to typographic composition.

MEISTER
BUCH
DER
SCHRIFT
Jan Tschichold
—
ヤン
チヒョルト
書物
と
活字
朗文堂

MEISTERBUCH DER SCHRIFT

Ein Lehrbuch von *Jan Tschichold* mit vorbildlichen Schriften und Alphabeten aus Vergangenheit und Gegenwart

—

ヤン・チヒョルト

書物と活字

《书籍与活字》

—

扬·奇肖尔德著，朗文堂，

1998年，205mm×330mm

日文版翻译：菅井畅子

编辑：片盐二朗

使用字体：本明朝，Sabon

题字：日文为上海中华书局丁三在制作的聚珍仿宋体及森泽宋朝体的改刻，西文则是采录自扬·奇肖尔德的图拉真罗马体。

—

本书是二十世纪代表性的德国字体排印师扬·奇肖尔德晚期代表作的日文版。我尽可能地分析研究了原著，以及奇肖尔德所提倡的书籍比例，在他的方法论基础上，综合考虑横排日文排版方式而设计了版式。经常有人认为，无论是日文还是西文，传统而保守的排版方式里是没有设计师插手的余地的。通过体验奇肖尔德的作品，我再次深切感受到了通过视觉进行控制的重要性。编辑要求将原著里集中于书末的字体解说和图片放到前面同一页里，以便读者可以一边看图一边阅读文字，为此我的解决办法是在页面范围内将版心上下拉大。正文使用的本明朝M是将照排时代的字稿直接数码化，视觉平衡方面稳定感不强，因此我主要针对这一点进行了调整。另外，由于没有绘制小假名，因此假名之间的字距过紧，我便以全角密排为前提进行了字距调整。

Meisterbuch der Schrift
[Shomotsu to Katsuji]

—

Jan Tschichold, Robundo Publishing Inc., 1998, 205 mm × 330 mm
Japanese Translation: Nobuko Sugai
Editing: Jiro Katashio
Typefaces: Hon Mincho, Sabon
Cover Typefaces: Juzhen Fangsong-tai by Ding Sanzai, Zhonghua Book Company in Shanhai and revised version of Morisawa Song-cho for the Japanese text. Trajan Roman Type by Jan Tschichold for the Latin alphabet.

—

This is a Japanese translation of the book *Meisterbuch der Schrift*, written by Jan Tschichold, one of the most influential German typographers of the 20th century, and it is a representative work of his later career. I analyzed and studied the format of the original book and the book proportions proposed by Tschichold himself as far as I could. Based on Tschihold's method, I designed the format to fit Japanese horizontal type-setting. Whether using Japanese text or Latin text, there is a seeming lack of interest in adapting and applying traditional modes of typography to contemporary works. By tracing Tschihold's works and methods, I was keenly reminded of the importance of visual control. The editor asked me to allow readers to give the illustrations equal weight during the reading experience. To accommodate this request, I combined the descriptions of the typefaces—included at the end of the original book—with the illustrations of typefaces in the same compositions while making the vertical height of the composition taller, all while considering the book's size. Regarding the typeface Hon Mincho M, the design of the digital font file was similar to the original characters in the era of phototypesetting, so not much modification was needed. I adjusted the balance of each letterform to make the whole composition visually appropriate. At that time, the typeface Hon Mincho Small Kana had not been released as of yet, so the narrow letter-spacing between each Kana character was adjusted glyph-by-glyph, based on the full-width forms of Chinese characters.

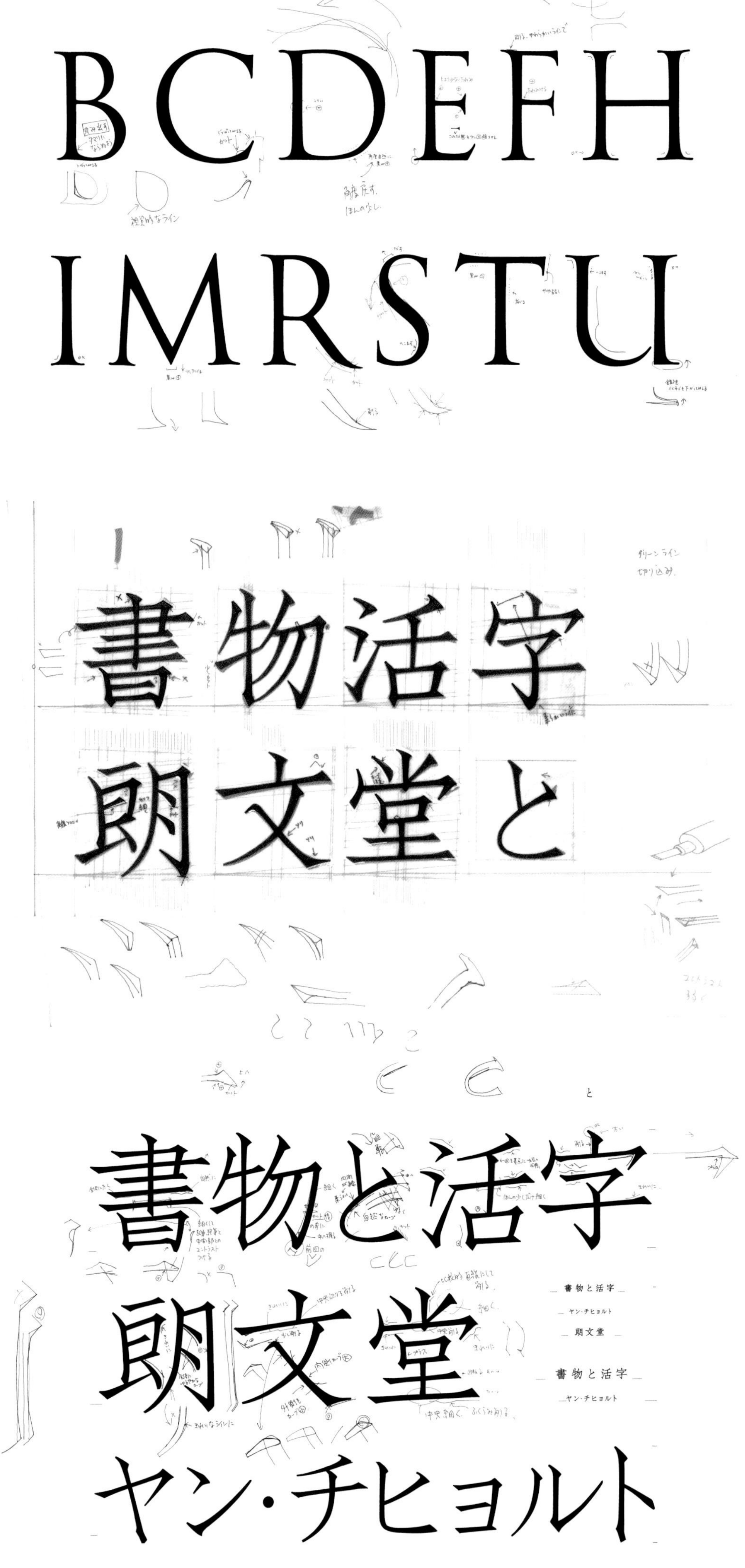

ドイツに生まれ、近代エディトリアルデザインを確立したヤン・チヒョルトは、そうふるい時代のひとではありません。しかしこのひとほどまた、多くの栄光と伝説と誤解につつまれ、それでなおあまたの信奉者をかかえているひとも珍しいかもしれません。チヒョルトがアシンメトリーを推奨し、左右対称のレイアウトを攻撃した、激しい近代主義者であったことは、良く知られています。しかしそれはまた、ドイツを不幸な全体主義がおおっていた時代の、あまりに若く、勢いこんだ、20代のチヒョルト像ともいえます。戦後しばらくチヒョルトは、イギリスの「ペンギン・クラシックス」のデザイン・システムの修整をしただけで、奇妙な沈黙にふけりました。しばらくして1952年に発表されたのが『マイスター ブッフ ディ スクリフト』すなわち本書『書物と活字』でした。

この本の想定読者を著書はサイン、グラフィック、広告、タイポグラフィ、印刷、彫刻、建築に関係するすべての専門家および学生と、みずから規定しています。ともするとわたしたちは、書体に関する認識にかけ、アルファベットとも、あまりに気やすく付き合っているのかもしれません。しかし本書においては書体にぬけがたく付着する歴史・言語・民族性・風俗・宗教を思いしらされます。さらにいえば、著者が提唱する、タイポグラフィの知の領域を、あまりに軽視してきたのかもしれません。

チヒョルトは円熟し、ぶあつい教養にもとづいて、筆鋒するどく読者にせまります。チヒョルトのことばは激烈で、なさけ容赦もありません。あるひとにとっては、空中に高鳴るムチの響きのようでしょうしまた腹立たしく、我慢ならないものかもしれません。記述し、記載し、語りつがれることば……。本書はそんなことばをつづる文字と活字の、かぎりない魅力の世界へ、読者をいざなうものです。

forma virgultum brachium
forma virgultum brachium

mimi

unumwunden unumwunden

FGHIJKLM
NOPQ
RSTUVW
XYZ

MEISTERBUCH DER SCHRIFT
Ein Lehrbuch von *Jan Tschichold* mit vorbildlichen Schriften und Alphabeten aus Vergangenheit und Gegenwart

ヤン・チヒョルト
書物と活字

朗文堂

文字百景

063

020
スタンリー・モリスン
黒光りの足跡——その三
河野三男

042
John Cageのタイポグラフィ

053
Penguin Composition Rules, 1947

012

001

047

021

011
museum plantin-moretus

073

049

068

034
Arrighi Chronicle 1522–1527

009

《文字百景》

—

朗文堂，1995—2000年，
B6，骑马订装订
封面题字：美登英利
正文使用字体：本明朝，
Garamond（E-42为主）

—

这是由设计师、编辑、活字印刷者等十八位撰稿人编写的一百期字体排印论集。书籍造型比例为齐头高腰。为便于存档，订口偏大。排版系统从手动照排机开始向电子照排机、JustSystems的专用排版机“大地Pro System 30”、电脑排版机演进。如果作者为设计师，则排版也由其本人负责。因此使用的字体千差万别，而且横排竖排混杂，但是一百期保持了统一的格式。

Moji Hyakkei

—

Robundo Publishing Inc.,
1995–2000,
B6, Saddle-Stitched Binding
Title Lettering: Hidetoshi Mito
Typefaces: Hon Mincho, Garamond
(E-42 defined as normal weight)

—

Pamphlets featuring 100 essays on typography written by 18 contributors including designers, editors, printers, and others. The proportion of the book format features a generous bottom margin and its text is aligned along the top margin. The inner margin setting has a wider area for marginalia. These books were made during the transitional phase from analog photo-typesetting equipment to computer-based typesetting equipment, to the use of a special-purpose machine called the "Daichi Pro System 30" developed by JustSystems Corporation, to DTP typesetting with computers. When a contributor was a designer, the contributor took on the typesetting. This led to a wide variety of typefaces being used, as well as the typesetting's orthographic direction. Despite the wide variety of approaches, one hundred pamphlets were produced consistently using the same format.

“杉明朝体　杉本幸治制作硬笔风细明朝”字体包装盒

—

朗文堂，Typo Design Arts，
2010年，120mm×120mm
字体设计：杉本幸治

—

杉明朝的包装盒是想尽量展示杉本先生硬派的字体风格。话说回来，ggg展览的标题文字“排版造型　白井敬尚”就是以这个杉明朝的字重为基准制作的本明朝超细体。ddd展使用的则是藤田活版→晃文堂→之后Ryobi公司主设计师岛野猛先生一路继承而来的黑体为基础的Ryobi黑体细体。设计师则是同时继承了杉本、岛野两位先生真传的字体设计师米田隆先生。

"Sugi Minchotai: Kouhitsu Style Thin Mincho Designed by Koji Sugimoto"
Package Design for the Typeface

—

Robundo Publishing Inc.,
Typo Design Arts, 2010,
120mm x 120mm
Type Design: Koji Sugimoto

—

It is noted that the typeface used for the title of the exhibition, "Typographic Composition Yoshihisa Shirai", held at ggg gallery is Hon Mincho Extra-light which refers to the specific weight of the typeface Sugi Mincho. In the case of exhibition held at ddd gallery, I selected the typeface Ryobi Gothic and used the Thin-weight which is based on a Gothic typeface designed by Takeshi Shimano. Mr. Shimano worked for a variety of companies including Fujita Kappan, Kobundo, and Ryobi Printing Machine Sales Company and was very much influenced by the tradition of each. Both of the digital typefaces were designed by the type designer Takashi Yoneda. Mr. Yoneda has assumed the important responsibility of digitizing and extending the work started by Mr. Sugimoto and Mr. Shimano—the digital results complement the original works in a superb manner.

“杉本幸治谈本明朝”演讲会小册子

—

2006年，A4
主办：朗文堂、新宿私塾
协办：Ryobi Imagix公司
后援：字体排印学会
使用字体：本明朝，Venetian T

—

这是本明朝设计师杉本幸治先生讲座的一本小册子，正反两面散落着图片与文字信息，是想在设计中加入一种“各种各样的东西在演讲会上都能听到”的期待感。

Pamphlet for the lecture
“Koji Sugimoto talks about Hon Mincho”

—

2006, A4
Organized by Robundo Publishing Inc., Shinjyuku Shijyuku
Sponsorship: Ryobi Imagix Co., Ltd.
Support: Society of Typography
Typefaces: Hon Mincho, Venetian T

—

Pamphlet for a lecture by Mr. Koji Sugimoto, the designer of the typeface Hon Mincho. The illustration, information and composition on the front and back covers of the pamphlet were designed with my expectations of what Mr. Sugimoto's lecture might be about in regards to the backstory of the typeface and its design.

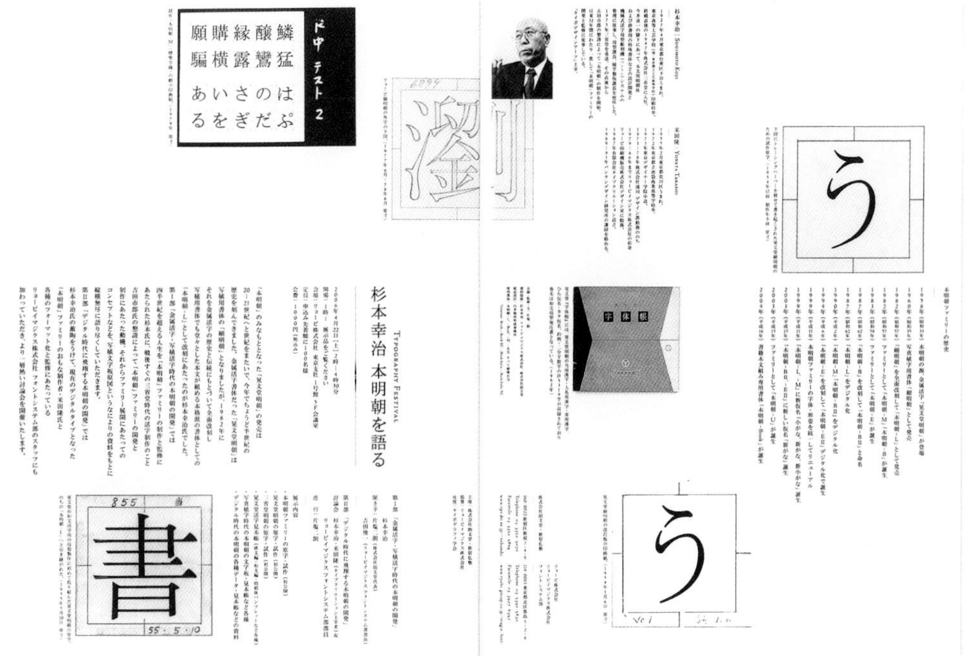

ピエール・シモン・フールニエ
『タイポグラフィの手引き』第1巻「一般比例対照表」
パリ、1764－66年
—
PIERRE SIMON FOURNIER
"Table Générale" *Manuel Typographique*, Tome 1,
Paris, 1764－66

『タイポグラフィの手引き』の第1巻に示されている「一般比例対照表」は、フールニエが既に1737年および1742年に発表していた対照表と基本的には同じものであるが、旧来の活字のボディの大きさの名称と彼の提唱したポイント単位によるボディの大きさの数値表記との対照を、より分かりやすく示したものである。例えば、この表で、Ciceroは12ポイントに対応し、同時にそれは、Nompareilleのボディ2つ分に相当し、またはParisienneとMignoneを足した大きさにも相当することを示している。（表中の「－」は複数個の同一ボディの大きさに相当する場合を、「＝」はそれぞれ一つ以上の異なるボディの組み合わせに相当する場合を区別している）。p. 2－3は『タイポグラフィの手引き』第1巻のタイトルページ。

4

TABLE GÉNÉRALE
DE LA PROPORTION
des différens Corps de Caractères.

ÉCHELLE FIXE
de 144 points Typographiques.

Nomb.	Corps.	Points.
1	Parisienne.	5
2	Nompareille.	6
3	Mignone.	7
4	Petit-texte.	8
5	Gaillarde.	9
6	Petit-romain. – 2 Parisiennes.	10
7	Philosophie. = 1 Parif. 1 Nompareille.	11
8	Cicéro. – 2 Nomp. = 1 Parisienne, 1 Mignone.	12
9	Saint-Augustin. – 2 Mignones. = 1 Nompareille, 1 Petit-texte.	14

5

138	TABLE	
Nomb.	Corps.	Points.
19	Triple-canon. – 2 Trifmégifte. – 3 Paleftine. – 4 Gros-romain. – 6 Cicéro. – 8 Gaillarde. – 9 Petit-tex. – 12 Nompareilles. = 1 Gr. texte, 1 Double-canon. = 1 Petit-canon, 1 Gros-canon. + 1 Gros-tex. 2 Petit-canon. + 1 Nomp. 3 Gros-parang. + 1 Cic. 3 Petit-parangons. + 6 Petit-rom. 1 Cic. + 1 Petit-tex. 4 Gros-tex. + 2 Petit-tex. 4 Saint-auguft. + 1 Nomp. 6 Philofophies. + 2 Nomp. 6 Petit-rom. + 1 Gaill. 9 Mignones. + 1 Mignone. 13 Parif.	72
20	Grosse-nompareille. – 4 Paleftines. – 6 Gros-tex. – 8 Cicéros. – 12 Petit-tex. – 16 Nompareilles. + 1 Paleft. 1 Triple-canon. + 2 Petit-parang. 1 Double-canon. + 1 Petit-texte, 2 Gros-canons. + 1 Paleft. 2 Trifmégiftes. + 1 Cic. 3 Petit-can. + 1 Pet.-tex. 4 Gros-par. + 1 Nomp. 5 Gros-rom. + 1 Cic. 6 Saint-aug. + 1 Petit-tex. 8 Philof. + 1 Nomp. 9 Petit-rom. + 1 Nomp. 10 Gaill. &c.	96

本研究の目的は、活字または文字の大きさを測定・指定する際の参照基準としての活字のボディがもつ特徴的な性質および技術的な制約をはっきりと理解することであり、また、その理解から、活字書体デザインにおけるいかなる展望を獲得することができるかを知ることであった。

活字ボディの大きさに対する近代化、合理化および標準化の歴史的成果を検討した。また、タイポグラフィにおける技術的な変化が活字のボディの基本的な性質にどのような影響を与えたか、写真植字の出現にともなう物理的なボディの喪失ということを、活字の大きさの標準化の歴史的過程との関係においていかに解釈すべきか、についても考察した。

今日のデジタル・フォント技術においては、活字書体デザインに対する制約はより少なくなっている、そのことが必ずしも活字のボディを測定するという伝統的な方法の廃止を要求するものではないことを、本研究の結論として示した。

10

11

《皮埃尔·富尼耶〈字体排印手册〉（第一卷）"不同字身比例表"1764—66》
—
山本太郎著，2008年，
102mm×170mm
印刷：清文社（伊藤嘉津郎）
使用字体：小塚明朝、Minion
—
本书是山本太郎先生为纪念获得字体排印学会主办的第一届本木昌造奖而发行的，使用了富尼耶的花型装饰。正文使用的是山本先生参与设计的小塚明朝，西文使用的是Adobe公司代表性的字体Minion。

Pierre Simon Fournier's Manuel Typographique (Tome 1) "Table des Proportions" 1764–66
—
Taro Yamamoto, 2008,
102mm x 170mm
Printing: Seibun-sha (Kazuo Ito)
Typefaces: Kozuka Mincho, Minion
—
This book was published to celebrate Taro Yamamoto being awarded the 1st Motogi Shōzō Prize by the Society of Typography. I used printers' flowers designed by Pierre Simon Fournier, the text type Kozuka Mincho which was co-developed by Yamamoto himself, and Adobe's representative Latin typeface Minion.

《西文字体百花事典》

—

组版工学研究会编，朗文堂，
2003年，A4
编辑：白井敬尚
编辑协助：杉下城司
题字：伊藤惠
使用字体：本明朝、游筑五号假名、筑地GM、Ryobi黑体、Kizahashi，Sabon Next 等
题字：东京筑地活版制造所后期四号楷书复刻

—

《西文字体百花事典　普及版》

—

组版工学研究会编，朗文堂，
2013年，A4

—

《西文字体百花事典》是以用于教育现场为前提而编撰的一本教科书，共550页。书中刊载的字体都是较为通用的，分为26个项目，按照客观史实进行解说。内容的执笔委托了十二位字体排印造诣深厚的友人前辈。统一表记、整合年代等各个项目、搜集图片及其说明、校对等等，这些编辑工作都是看样学样地进行，从最初策划到最后发行花费了近三年时间。由于是介绍西文字体的书籍，本来用横排也许更合适，但我后来觉得这本书更偏向是一本读物，以易读性为主体，便选择了竖排双栏。而与日文字体混排的西文字体，则是配合各个项目内容而分别选择合适的不同字体。

An Encyclopedic Collection of Typefaces

—

A Society for Researching Typesetting technology (Ed.), Robundo Publishing Inc., 2003, A4
Editing: Yoshihisa Shirai
Cooperation (Editing): George Sugishita
Cover Typefaces: Megumi Ito
Typefaces: Hon Mincho, Yu Tsuki 5-go Kana, Tsukiji GM, Ryobi Gothic, Kizahashi, Sabon Next, and etc.
Typeface for the book cover is reproduced of the Tokyo Tsukiji Type Foundary's Late 4-go Kaisho-tai

—

An Encyclopedic Collection of Typefaces (Popular Edition)

—

A society for Researching Typesetting Technology (Ed.), Robundo Publishing Inc., 2013, A4

—

The 550-page *An Encyclopedic Collection of Typefaces* was created for educational use. Typefaces for general use were introduced, with each falling within 26 classifications and included descriptions of each typeface based on objective observations and historical facts. I asked twenty colleagues and acquaintances who have a detailed knowledge of typography to contribute to the project. It took three years from the initial planning stages to final publication. The editorial process included a unification of terms and dates, an integrity check, collecting accompanying illustrations, writing captions, and proofreading, etc., each was a valuable lesson in learning by doing. As the book is devoted to Latin typefaces, it seemed most appropriate to use horizontal orthography, however taking readability into account, I utilized vertical two-column typesetting. In order to ensure a harmonious design and smooth reading experience, I selected various Latin typefaces appropriate to subjects within the text and integrated them with the Japanese typesetting.

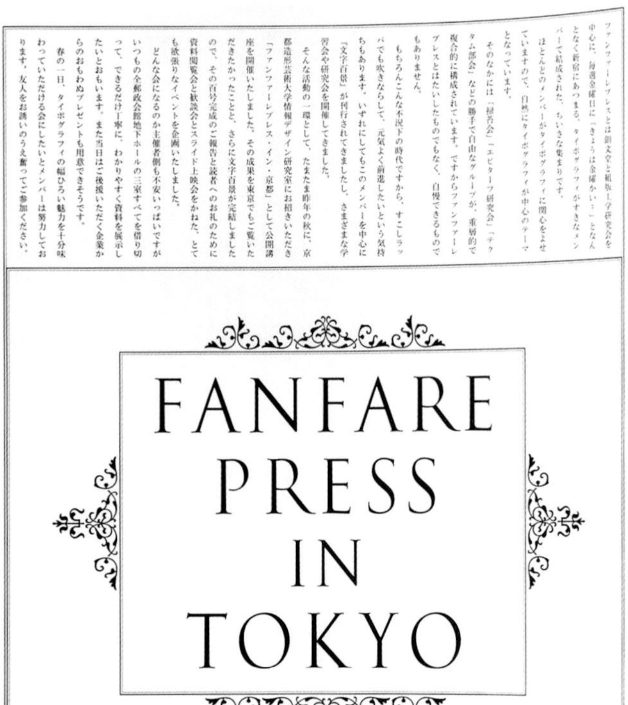

023

"FANFARE PRESS IN TOKYO"
活动小册子

—

2001年，A4
主办：朗文堂、Fanfare Press
使用字体：本明朝小假名、游筑36pt假名、Now MM，Cresci、Poliphilus、Blado

—

2000年前后，我对文艺复兴时期字体特别感兴趣，只要有机会就会尽量使用那一类的字体、碑文和装饰。这个封面装饰也是将乔万尼·弗朗切斯科·科雷西的书法教程扉页上的装饰加以活用。西文字体用的是数码版的科雷西字体。

Pamphlet for the event
"FANFARE PRESS IN TOKYO"

—

2001, A4
Organized by Robundo Publishing Inc., Fanfare Press
Typefaces: Hon Mincho Small Kana, Yu Tsuki 36pt Kana, Now MM, Cresci, Poliphilus, Blado

—

Around the year 2000, I became very interested in typefaces designed in the Renaissance Era. At every possible opportunity, I attempted to use typefaces, scripts, and ornaments from that period. The ornaments used on this book cover were traced from the title page of a textbook written by calligrapher Giovanni Francesco Cresci and the Latin typeface used is a digital revival based on Cresci's scripts.

p.24–25
Ryobi字体广告系列
"Blooming Typefaces from Ryobi 1–20"

—

Ryobi Imagix 字体系统部，1996–1998年，A4
使用字体：本明朝小假名、Now GM、Univers（共通）、Sun M、Fine B、Ryobi古印体（暂名）、Woody GM、筱M、本明朝B II、Ryobi Gothic B、M II、L II、E II、Now MM、Now GE

—

从西野洋先生接过来的Ryobi Imagix字体广告系列，全部由片盐二朗先生撰稿。每期对不同内容的文字进行排版，这种方式对我后来的工作影响很大。

p.24–25
Advertisement series for Ryobi Typefaces
"Blooming Typefaces from Ryobi 1–20"

—

Ryobi Imagix Co., Ltd., Font System Division, 1996–1998, A4
Typefaces: Hon Mincho Small Kana, Now GM, Univers (commonly used), Sun M, Fine B, Ryobi Koin-tai (tentative name), Woody GM, Shino M, Hon Mincho B II, Ryobi Gothic B, M II, L II, E II, Now MM, Now GE

—

An advertisement series for the various typefaces which were developed by Ryobi Imagix Co., Ltd. My design for this series follows the legacy of previous designs created by Mr. Hiroshi Nishino. All of the texts were written by Mr. Jiro Katashio. I discovered later that it was an essential and foundational work for me as a designer, as my designs used only typographic composition in order to express the meaning of each text.

文は遣り度し 書く手は持たぬ

有るをば有るとし 無きをば無きとし
ただこころをまっすぐに やはらかにもち
ありのままなるこころもち
仏意めいりょにもかなうとみえたり
冥慮

春山萬花之艶
秋山千葉之彩

四季 道元禅師
春花
夏
秋月
冬雪冷

大和古寺風物誌
古寺巡礼
浄瑠璃寺の春

まっすぐなるもの地面に生え
するどき青きもの地面に生え
凍れる冬をつらぬきて
そのみどり葉光る朝の空路に
なみだたれ
なみだをたれ
いまはや懺悔をはれる肩の上より
けぶれる竹の根はひろごり
するどき青きもの地面に生え

汚れっちまった悲しみに
今日も小雪の降りかかる
汚れっちまった悲しみに
今日も風さえ吹きすぎる
汚れっちまった悲しみは
たとえば狐の革裘
汚れっちまった悲しみは
小雪のかかってちぢこまる
汚れっちまった悲しみは
なにのぞむなくねがうなく
汚れっちまった悲しみは
倦怠のうちに死を夢む
汚れっちまった悲しみに
いたいたしくも怖気づき
汚れっちまった悲しみに
なすところもなく日は暮れる……

本明朝物語の口ごもり（一）

本明朝物語の口ごもり（二）

「あたらしい器には、あたらしい酒を」

愛

言文書活字版紙刷読

のむやゆアタテル

サボテン島

ボン書店・野田書房・江川書房・やぽんな書房といった、昭和初期のプライベートプレスの試みがついえたあと、個性的でキラリと光を放つ、小出版社が誕生しました。

★

あるじの名は志茂太郎、おもて向きの顔は酒店・伊勢勝のあるじだったと伝わります。「アオイ書房」は伊勢勝のなかに設けられ、稀代の趣味人・書痴・タイポグラファとして活躍したひとです。

★

『サボテン島』というちいさな詩集がのこされました。詩は北園克衛、ブックデザイン（書容構成）は恩地孝四郎によります。恩地はこの本に写植組版をもちいて、鮮烈に、シャープに、モダンに構成をしています。

★

志茂はこの詩集を「本邦初の、部数を予定せぬ限定出版」、つまり「完全予約制」として発売しました。このみずみずしく、あまりに美しい詩集の刊行部数は結局170部でした。石神井書林の内堀弘氏はこの数字を「心にしみる数字である」と最近しるしています。

★

刊行者と著者とデザイナーが、まっとうに組みあい、まことに「凄い」書物をつくっていた時代、つまりこの国の1930年代と、繊細で、うちふるえるような情感をいだきつつ、終生バサラ者を演じつづけた趣味人、志茂太郎に興味をもっています。

★

ところでこのタイトルの『サボテン島』。恩地の数多い書籍装本のなかではめずらしくゴシック体で書かれました。北園の詩にはゴシック体がふさわしいと思ったのでしょうか……。恩地の制作期間は一年をこえたということです。

★

170部、昭和13年につくられた詩集が『サボテン島』です。

あなたのための
靴を
白い毛糸で
編みましょう
もし靴下が
やぶけたら
赤い毛糸で
つぎましょう
けれど
遠い旅の夜に
あなたの心が
破れたら
あたしは
どうしてつぎましょう

本は文明の旗だ

その旗は当然美しくあらねばならない。美しくない旗は、旗の効用を無意味にしたり薄弱にする。美しくない本は、その効用を減殺される。すなわち本である以上美しくなければ意味がない。美しい本とは華美な本という意味ではない。極めて簡素な形、本としての一番簡単な形として、白表紙に活字だけというようなものであっても、そのやり方で美しいのとそうでないものとに別れる。つまり、この場合にはレイアウトが問題の鍵となる。むろん製本や印刷、紙質も関係してくるが文字の配りかたの巧拙が一番影響するのはいうまでもない。そしてそこが一番変化の幅がある所でもある。活字の配置、その大小、その書体、それらの扱い方で美を表現することができる。

慶祝 制作弐拾年

ナウ・ファミリー 制作開始 二十年

南国の空青けれど

blooming typefaces from ryobi

菱

RYOBI

造

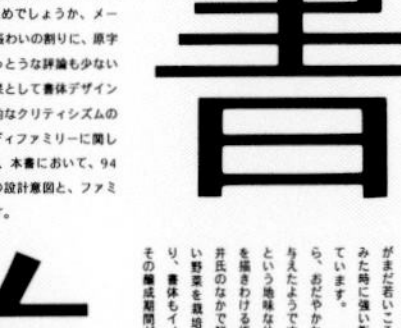

美

揃

形性という視点からみれば、なんの優劣もないのですが自己完結している書の世界では、まことに多士済々、作品紹介も論説もにぎやかです。　それに反して印刷用文字活字の世界は、それが使われてはじめて、その存在が明らかになるためでしょうか、メーカーのカタログの一見華やかな賑わいの割りに、原字制作者からの見解の公開や、まっとうな評論も少ないようにみうけます。　それは結果として書体デザインの創造性を弱め、立体的で建設的なクリティシズムの喪失に連なっています。　ウッディファミリーに関しては、制作者の水井正氏自らが、本書において、94年2月から6回にわたって、その設計意図と、ファミリー構成の概念を公表しています。

体をつくることと、野菜を育てることとは、どこかが似ているのだそうです。　ウッディの構想は、水井氏がまだ若いころに、ヘルマン・ツァップのオプチマをみた時に強い衝撃をうけたことがはじまりだったとしています。　オプティマの一見シャープでありながら、おだやかなぬくもりと新鮮な造形が、ある啓示を与えたようです。　雑誌のタイトルなどの書文字制作という地味な仕事のなかで、一本の平筆で文字の抑揚を描きわける術を体得し、ウッディの構想は徐々に水井氏のなかで鮮明になっていったようです。　おいしい野菜を栽培するためには、土壌づくりが大切であり、書体もイメージと構想があって、試作を重ねる、その醸成期間が重要だと述べています。

しく可読性にすぐれた、そして新しい和文書体——これが水井氏における「書体設計人心得」だそうです。しかし「美」という相対的尺度によるしかない世界に身を投じたひとの常として、この概念を満たすのは容易なことではないはずです。　「和文書体のデザインは単調で、根気の塊りその物、一口でいえば面白くない仕事なのです。　それでも制作意欲を支えているのは、一つの社会的責任を担っているという、自負心があるからでしょう」。　つまり書体設計には、優れた造形感性と、高い技術も欠かせませんが、むしろそれより、社会・文化に影響をおよぼす行為として書体設計を位置づけ、自己創作性を重んじた造形活動者としての心構えが大切だとしています。

えることが書体設計の眼目だと、かつてこのひとが語ったことがありました。　前後、左右に細かく目をくばり、揃えることに徹する。　そして心が揺れると書体の最終形態が揃わないともいいます。　「書体を創作し、その完成度を高めるためには、一文字ずつ丹念に、前後左右に気を配りながら、納得できるまで修整を繰り返す。　それには永い時間が必要ですが、後日それは結果として表われるものと信じています」。印刷用文字＝活字とは、それぞれが自立していて、相互に組みあわせて用いられます。　その利便性は、裏返すと偶発性との終りのない闘いになります。　文字の中心軸、黒味、濃度、寄り引きなどに細心の注意を払うなかから新しい書体が誕生してきます。

響といえば、ツァップはオプチマをフィレンツェの碑文彫刻に強い刺激をうけて制作したということです。1958年にステンペル活字鋳造所から発売されたオプチマは、活字学者を分類上ひどく悩ませました。「stressed sans」と分類したもののやはり落着きがわるく、近頃はジョアンナやパーペチュアなどと共に「碑文系」とされることもありますが、ツァップ自身は「serifless roman」だと述べています。　フィレンツェのルネッサンスの碑文書風がツァップの手によってよみがえり、それがこの国の水井正氏に影響を与えて、ひとつの書体ファミリーを生みだしました。思えば、まことに書体の途は、悠久の大河にも似て、とうとうと世界を貫流しているのかもしれません。

blooming typefaces from ryobi　6

菱

書体名
ウッディGM
文字種
JIS第1・2水準ほか
非漢字をふくむ約8000字
原字制作者
水井 正

原字デザイナーの水井正氏（Mizui Tadashi）は、1932年三重県に生まれ、1961-77年主に出版社の雑誌・ポスターなどのタイポグラフィワークに携わった。1977年からは書体デザインに専念し、ナウ・ファミリーのゴシックと明朝シリーズを中心に活躍中である。ウッディファミリーは、しなやかでシャープ、そして木肌のあたたかい味わいをイメージして名づけられたという。

書き文字時代の平筆技法を活かして、横線は細く、縦線や払いを太く描きわけている。エレメント各部にはその名の通り木工のイメージを援用して、新鮮で可読性のある新領域のファミリーの開拓に成功している。すでにGB・GEのウエイトも公表されており、ファミリーの完成がまたれる。

オトル・アイヒャーのローティス活字がきっかけで、サンセリフ（ゴシック体）の資料をあつめたことがありました。　レタリングの技法書はともかく、もともと活字を研究対象としてとらえることのすくないこの国や中国には、めぼしい資料はみあたりませんでした。

アングロ・アメリカンでは、アップ・ダイクやスタンリー・モリスンなど活字に関する文献は多いものの、ことサンセリフになると、ほとんど論及がみられません。

欧州でも状況は似たようなものです。ヘルベチカの制作者のマックス・ミーディンガーは、「わたしはだまされた」という、謎めいたことばを残しただけです。ユニバースの原作者のアドリアン・フルティガーですら、プレジデントやメリディエンなど、ローマン体への論及は多いものの、ユニバースをふくむサンセリフとなると、論調は重くて、ほんの数行を記録するのみでした。

やはりこの資料が多いのはドイツでした。ドイツではローマン体をアンティカとよび、サンセリフを「なにかが欠けていて、すこし気持ちの悪い文字」という意味で、グロテスクとよびます。これらの書体群と、ドイツ印刷書体・フラクツールに関しては、とても立派な研究書が残されています。

しかしこれらの書物にあたっているうちに、書体と技術、さらには近代産業や近代そのものと文字のありようを考えさせられたのですから、不思議です。

バウハウスの時代に、ヨーゼフ・アルバースは意外な記録をのこしています。「文字の形は簡単なほど読みやすいという考えは、初期の構成主義者の固定観念でした。それが何かドグマになって現代のタイポグラファも、いまだにこんな考えにしたがっています。しかしこの見解は間違っていることがわかりました。なぜかというと、わたしたちは文字を読むのではなく、ことばをよみとるのです。ことばといえば、全体としての単語、つまり　単語のイメージ　なのです。……サンセリフは本文用の書体としてではなく、絵の複製がまだ石版によって印刷されていたころ、その図版の説明用として石版工が片手間につくりだしたものです。またサンセリフは、とても貧弱な単語のイメージしかつくり出しません」。

壮年期のヤン・チヒョルトもやはり意外な記録をのこしています。「わたしはノイエ・ティポグラフィと、国家社会主義やファッシズムの教義とのあいだに、衝撃的な類似を発見しました。タイプフェイスを容赦なくせまくすることに明白な類似があります。ゲッベルスのあの政治的統制と、行の軍隊的配列とには相似があります」。「ボドニは同時代に盛んに行なわれていた、銅版に書かれた文字の影響が明確です。繊細で鋭いセリフは、版を頻繁に回転させることを避け、彫版技術にあった　簡単なフォルム　から発生しています」。「銅版からの影響によってモダン・ローマンが登場したように、版材が重かった石版から、サンセリフが登場しました。文字のセリフは除かれ、すべての線が視覚的におなじ太さにみえるように設計され一八三二年頃から石版の版下にあらわれ、金属活字にもいつの間にか登場しています」。

戦災にあったフーツラの復刻、ヘルベチカやユニバースの新刻がひと段落した一九六八年に、ベルトルド社のタイプ・ディレクタのギュンタ・ランゲ氏は「グロテスク論」という小論を『ノイエ・グラフィーク』によせ、それこそ一刀両断にフーツラを切ってすて、返す刀で機能偏重としてヘルベチカに切りつけ最後にフーツラの悪しきファミリー概念を過重に展開したものとして、ユニバースを攻撃しています。

ともするとわたしは、俗耳になれた「サンセリフの時代」と、この世紀のタイプシーンを捉えがちでした。しかしこれらの論文をよんでいるうちに、「まてよ」と踏みとどまざるを得ませんでした。ハーバート・バイヤーの「ユニバーサル」を幕明けとして、絢爛と咲きほこるかにみえる「サンセリフ」にも、まだまだ論考が必要なのかもしれません。

それにしても……この国のタイプシーンに、まともな思考の表明がすくないのは何故なのでしょう。どんな稚拙なことばでもよいと思うのです。まずタイプ・デザイナー自身が飾らずに、肉声による造形言語を発してほしいのです。わたしたちはそれを記録し、分析し、つたないながらも後世の研究資料としてのこせればとおもっています。

ところで、チヒョルトがノイエ・ティポグラフィから、ヨーロッパの伝統に帰っていった年代を、いつのまにかわたしもむかえました。シンメトリカルな作品の時代、チヒョルトのことばは極端にすくなくなっています。若いころの能弁さと、鋭い舌鋒はかげをひそめています。そしてむしろ書体の分析と研究に没頭し、ついに名作活字の「サボン」を残しました。「サボン」はギャラモンやグランジョンを研究してもたらされたものです。そんな心境がすこしは分る年齢になった気がします。そんな意味で、この国のゴシック体に関する記録も、できるだけ発掘していきたいと考えています。

最後に近代と機能のありかたを考えるうえで参考になる、向井周太郎氏の文章を紹介します。「バウハウスの業績は、これまで機能主義とモダニズムの観点からのみ捉えることが一般的でした。しかしその運動の内部には、むしろモダニズムの否定にもとづく、その超克の試みや、思想が胚胎していました。その観点から、バウハウスは現代の課題に照らして、もういちど捉え直さねばならないのです」。

blooming typefaces from ryobi　11

菱

書体名
ゴシックMⅡ
文字種
JIS第1・2水準ほか
非漢字をふくむ約11000字
原字制作者
リョービイマジクス
情報システム部

ゴシックMは、ゴシックB・Eにつづいて1971年5月に写植活字として発売され、その後の電子活字化にあたり数千文字の書きたしと修整が加えられて1986年9月からは、ゴシックMⅡとよばれています。リョービ・ゴシックファミリーは当社の社内開発によるもので、骨格の基本は金属活字時代の見文堂ゴシックにありますが、ゴシックMⅡでは

比較的ちいさな文字サイズで使われることに配慮して、ふところを絞りぎみにし、濃度をきびしく検討しましたので、小見出しから本文用までの幅広い用途を備えた、ヌケとキレのよいゴシック体といえます。現在は写植活字ばかりではなく電子情報化され、各種のフォーマットで販売されて好評をいただいております。

花あしび

「ああ、こんなところに馬酔木(あしび)が咲いてゐる。」と僕はその門のかたはらに、丁度その門と殆ど同じくらゐの高さに伸びた一本の灌木がいちめんに細かな白い花をふさふさと垂らしてゐるのを認めると、自分のあとからくる妻のはうを向いて、得意さうにそれを指さして見せた。

「まあ、これがあなたの大好きな馬酔木の花？」妻もその灌木のそばに寄つてきながら、その細かな白い花を仔細に見てゐたが、しまひには、なんといふこともなしに、そのふつさりと垂れた一と塊りを掌のうへに載せたりしてみてゐた。

どこか犯しがたい気品がある。それでゐて、どうにでもしてそれを手折つて、ちよつと人に見せたいやうな、いぢらしい風情をした花だ。云はば、この花のそんなところが、花といふものが今よりかずつと意味ぶかかつた万葉びとたちに、ただ綺麗なだけならもつと他にもあるのに、それらのどの花にも増して、いたく愛せられていたのだ。

『花あしび』「浄瑠璃寺の春」より（堀辰雄　青磁社　1946）

なつかしい書物との再会が、うれしい出逢いをうみました……。

もうずいぶん前のことです。わたしが多感な思春期のころに読みふけったのは、堀辰雄（1904–53）の美しい書物でした。どういう訳かこのひとの書物は、簡素でリリカルなものが多く、文庫本にあきたらずに、父の蔵書を持ちだしては、ひどく叱られたものでした。

そんな一冊が『花あしび』というちいさな書物で、戦火に埋もれかけた小品を、戦後すぐにまとめた、それは簡素で美しい書物でした。そのなかでも好きなのが、野の仏を描いた「樹下」という小品と、大和路に早春をたずねた「浄瑠璃寺の春」という作品でした。作者は昭和十七年の四月に、浄瑠璃寺のちいさな山門のかたわらに、咲きこぼれる花あしびをたずねています。その折のよろこびと感動が、戦後すぐの作品集に『花あしび』という愛らしい名前を与えたのでしょうか……。

雪ふる町にうまれたわたしは「馬酔木」を知らないで育ちました。しかしその灌木がかおりたつ風のなかに、しろいちいさな花をふさふさとつけることだけを、この小説から夢のように描いていました。

ずっとこのひとの作品を読みつづけた訳ではありません。忙しい時代のなかで、ひとなみに慌ただしく生きてきました。そして最近、いくつかの偶然がかさなって、なつかしい『花あしび』を手にいれることができました。そしてうれしいことに、堀辰雄の奥さま、多恵夫人にお会いすることができました。

このひとは、わたしの裡ではいまなお、小首を傾げて「まあ、これがあなたの大好きな馬酔木の花？」……とあどけなく問う、新妻であり続けたひとでした。

コロコロとよく笑われるひとでした。相当のご高齢ですが、車を運転してどこにでもお出かけになる活発な方です。そしてふたりが愛した信濃追分のあかるい林のなかに、すがすがしくひとりでお住まいになっています。

浅間の焼石を無雑作に積みあげた門標に、ただ「堀」と記されただけの標札をみつけたときの、うちふるえるようなよろこびは、どうしてもことばになりません。そして多恵夫人の客間と居間での数時間は、なにを伺い、なにを話し、なにを拝見したのか、夢うつつにさだかではありません。

「主人はね、結核さえ患っていなかったら、自分で出版社をやりたいっていってたのよ」

堀辰雄の美しい書物とは、名もないちいさな版元からの刊行物に集中しています。そうした版元の編集者は、このあかるい林のなかに作者をたずね、おのずからよき感化をうけ、かくも哀しいまでに美しい書物を残したのでしょうか……。

「ホラホラ、本はあとにして。はやくしないと珈琲がさめちゃうわよ」

多恵夫人の声はあくまで若く、はなやいでいました。

blooming typefaces from ryobi　19

菱

書体名
ナウMM
文字種
JIS第1・2水準ほか
非漢字をふくむ約8000字
原字制作者
水井 正

ナウMMは、このファミリーの本格的な本文用書体として、十分なる調査と準備をかさねて開発されました。その発売開始は1990年7月からでその後も字種の追加と修整をかさね、なおかつ電子組版用の各種フォーマットへの対応も進めております。この書体は横線が太めで誌面にひきしまった印象をあたえることができます。その反面ゆったりとおおらかにとった

フトコロによって、黒すぎずに、明るく、モダンな表情に組みあげることができます。また太い横線とハライの先端まで緊張のみなぎった明確な線質によって、やさしく気品のある組版表情も得られると思います。ナウMMはあたらしい時代のあたらしいことばを運ぶのに好適な本文用書体としてご好評をいただいております。

ノイエ・タイポグラフィの信仰と現実　ヤン・チヒョルト

Glaube und Wirklichkeit　JAN TSCHICHOLD

ノイエ・タイポグラフィは、まだ他のなにものにも取って代わられた訳ではない。しかしノイエ・タイポグラフィは、広告のみに適しているということはすでに証明された。書物のためにそして文学のためには、ノイエ・タイポグラフィはまったく不適当である。

新しいまたは機能的なノイエ・タイポグラフィは、産業製品を広告するのには適している。それでもなおかつその表現の手段は限定されている。それはもっぱら厳格な明快さと、純粋さを得ようと努力するからである。

わたしはついにノイエ・タイポグラフィが、実は幸福な19世紀の機械文明礼賛者が獲得しようと努力した、あどけない進歩の達成にすぎないことに気付いた。

多くの仕事とりわけ書物は、ノイエ・タイポグラフィの単純化するという手法にたいしてはあまりにも複雑である。すべてのベテラン・タイポグラファは知っているが、おおきな問題として、与えられたテキストを崩さずして、このように統制された配置は不可能なのである。つまりそこにはタイポグラファの恣意的で勝手な解釈が入ることが避けがたいのである。

しかしながらわたしの提唱したノイエ・タイポグラフィが、あるひとにとっては魅力となったり、ある種の創造欲をかきたてた側面は理解しないでもない。しかし残念ながらそれは創造ではなく、やはり無秩序な欺瞞行為であり、著者からも読者からも支持されることはなかった。あまりにもつらいことではあるが、そろそろこの難題を正視して、立ち向かう勇気を持とうではないか。

伝統的なタイポグラフィの方法による書物のデザインが、よい基礎に従うことは「時計を後退させる」ことではない。マックス・ビルの主張にはさまざまな危惧があるが、いっそう危険なのが、ビルのインデント（字下がり）をしないという主張である。

さらにビルは余分な行をつくってパラグラフ（段落）を特徴づける。これはテキストの解釈において大きな妨げとなるし、僭越になることもある。さらに重要なことは、改行が最終行にあった場合、新しいページにおいて、読者に新しいパラグラフの認識を保証しないのである。それは著者の意向に反するだけではなく、読者にとってはただ迷惑な介在者としてタイポグラファが存在することになる。　JAN TSCHICHOLD より抜粋

桜の咲くころになると、毎年美術大学や専門学校の卒業制作が送られてきます。おおかたは微笑ましくみるのですが、ここ数年の環境のきびしさを反映してか、学生の意識にすこし変化がみられるようです。ときおり丹念な資料調査にもとずく論文や、独創的な実験の成果に驚くことがあります。

ところで京都芸術短期大学ヴィジュアルデザイン専攻科の谷田学美さんの卒業制作は『*a study of SABON*』と題され、ヤン・チヒョルトの「サボン」という活字の研究が、80ページの堂々たる上製本にまとめられたものです。

活字そのものの分析は、時代背景や、周辺技術と切り離して語ることはできません。谷田さんもチヒョルトが若い頃に提唱したノイエ・タイポグラフィと、ドイツにおける戦前・戦後の社会情勢をまず丹念におっています。そして谷田さんが発見して訳出したのが、1946年6月、マックス・ビルの論文に反撃して発表した「ノイエ・タイポグラフィの信仰と現実」と題する論文でした。

その主な内容はご紹介した通りですが、ここでのチヒョルトは、ビルを攻撃するだけではなく、鋭い攻撃の矢を自らにも放っています。つまりノイエ・タイポグラフィにおける機能主義が、時としてテキストにたいする専制と傲慢さにおいて、ナチズムと通底するものがあったとして、自らの過去の主張を否定したのです。

チヒョルトは近代エディトリアルデザインの開拓者と讃えられるわりに、あまり紹介されてきませんでした。この人がやっかいなのは、ある時を機として、変容とか変節ともしるされるおおきな変化をしたためのようです。後半生のチヒョルトは面子を捨て、攻撃を覚悟して、その飛躍をなしとげたのです。

この短くてとても重要な論文は衝撃的でした。これこそこの国の貧しいチヒョルト論におけるミッシングリングともいえる見落とされていた論説であり、みんながうっすらと気付きながらあえて無視してきたテーマかもしれません。

若い世代の知的好奇心は貪欲です。谷田さんもまずサボンに興味をもって、それを造りだしたチヒョルトとその時代背景・言説に関心がひろがっていったようです。

それにしても爛漫の桜をおそう、春のあらしのように衝撃的な「卒業制作」ではありました。

blooming typefaces from ryobi　20

書体名
ナウGE
文字種
JIS第1・2水準ほか
非漢字をふくむ約8000字
原字制作者
水井 正

ナウGEは、このファミリーの5番目の書体として1986年に完成、87年1月に発売となったものです。重量感をもちながら張りがあってふところの広いしかも使途の広い書体といえるでしょう。また小さい級数でもヌケがよく、明るさを保つ書体だと評価されてきました。ナウGEの設計ではとくに画数の増減による線率の強弱が配慮されています。

縦・横・斜めの線が多くなるなど画数によって押さえの線と、ヌケる線の微妙なバランスに十分な配慮が払われました。またゆったりとおおらかな、そして黒みがたちすぎないあかるくシャープな雰囲気を誌面にもたらすことができます。ナウ・ファミリーのディスプレー書体は幅ひろく使えるのが特長です。

Digital Typefaces for Professionals
OpenType for the Macintosh and the Windows
和字 Revision 9
創文堂・欣喜堂

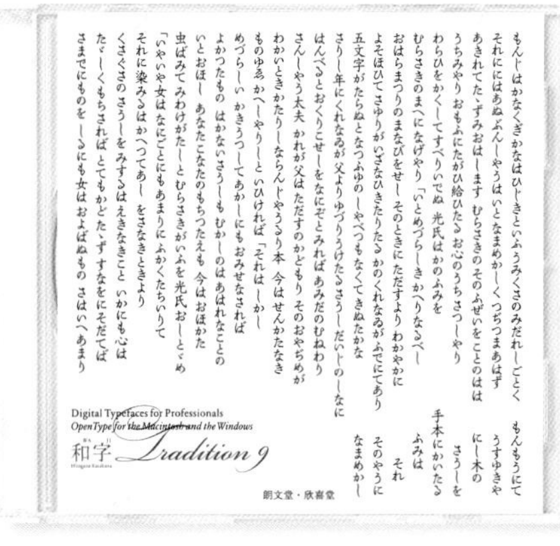
Digital Typefaces for Professionals
OpenType for the Macintosh and the Windows
和字 Tradition 9
創文堂・欣喜堂

いろは
Digital Typefaces for Professionals
OpenType for the Macintosh and the Windows
和字 Succession 9
創文堂・欣喜堂

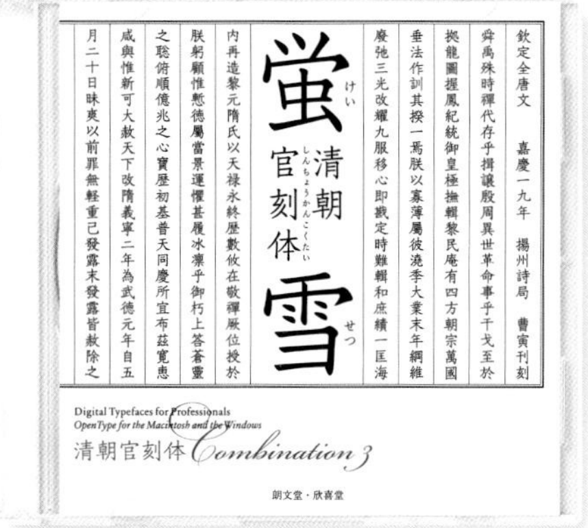
蛍雪
清朝官刻体
Digital Typefaces for Professionals
OpenType for the Macintosh and the Windows
清朝官刻体 Combination 3
創文堂・欣喜堂

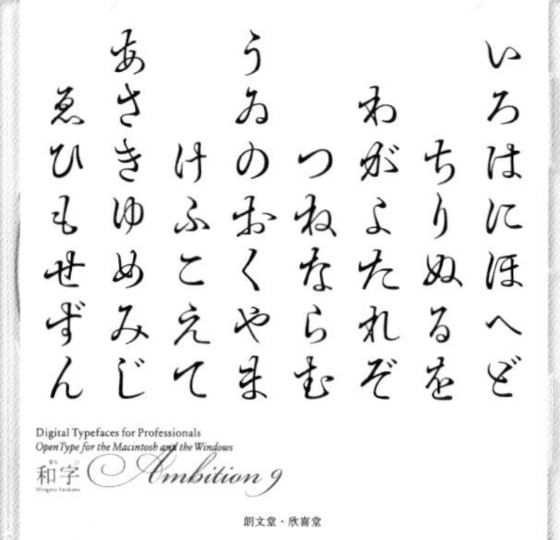
いろはにほへど
ちりぬるを
わがよたれぞ
つねならむ
うゐのおくやま
けふこえて
あさきゆめみじ
ゑひもせずん
Digital Typefaces for Professionals
OpenType for the Macintosh and the Windows
和字 Ambition 9
創文堂・欣喜堂

龍爪
四川宋朝体
Digital Typefaces for Professionals
OpenType for the Macintosh and the Windows
四川宋朝体 Combination 3
創文堂・欣喜堂

Digital Typefaces for Professionals
OpenType for the Macintosh and the Windows
和字 おいはなぶさ Family 7
創文堂・欣喜堂

何時も活字の見本を造る時
に一番考へるのは文章で有
ります漢字の美から云へば
漢文ですが余り堅く成るの
と書体変りで不足する文
字も有り理想としては最初
から一貫したる適当な文章
が欲しいのですが活字の大
小書体に依りて面倒が生じ
大体が活字の書体を見て買
ふのが主で活字を多く採用
して頂く事が眼目ですから
文が面白いために肝心の活
字書体の方がお留守になっ
Digital Typefaces for Professionals
OpenType for the Macintosh and the Windows
和字 おいくれたけ Family 9
創文堂・欣喜堂

たたた
たたた
たたた
Digital Typefaces for Professionals
OpenType for the Macintosh and the Windows
和字 たおやめ Family 7
創文堂・欣喜堂

今田欣一"和字系列"字体包装

—

朗文堂、欣喜堂，2002年开始，
120mm×120mm、对折
字体设计：今田欣一
主要使用字体：本明朝，Sabon、Sabon Next、Bickham Script

—

这是自2002年开始为字体设计师今田欣一先生每款新发表字体连续制作的字体包装系列。原本并没有对整个系列的识别进行整体策划，但是这样展陈起来看，我觉得今田先生的字体风格和我对空间把握的习惯很搭配，很自然地构建出了这个系列的视觉识别。

Package design for the typeface "Waji Series" by Kinichi Imada

—

Robundo Publishing Inc., Kinkido,
2002– , 120 mm x 120 mm,
folded in half
Typeface Design: Kinichi Imada
Typefaces: Hon Mincho, Sabon, Sabon Next, Bickham Script

—

Since 2002, I have continually designed the packaging series for every typeface developed and released by the type designer Mr. Kinichi Imada. Although I did not initially intend to create a visual identity for the series of releases, the combination of Imada's calligraphic style and my approaches to the assorted compositions using generous margins has generated an unintentional, yet pleasing identity for the series.

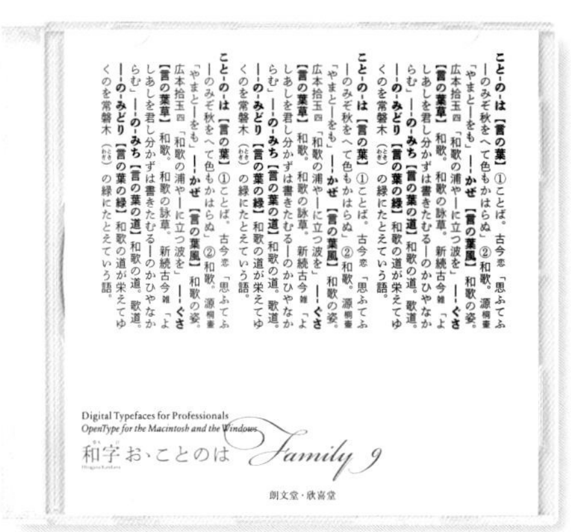

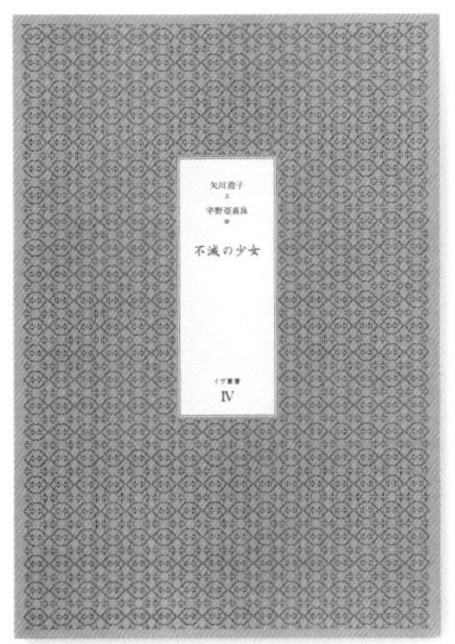

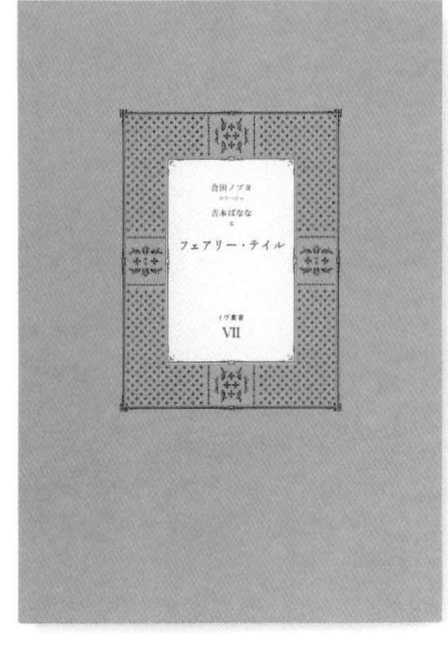
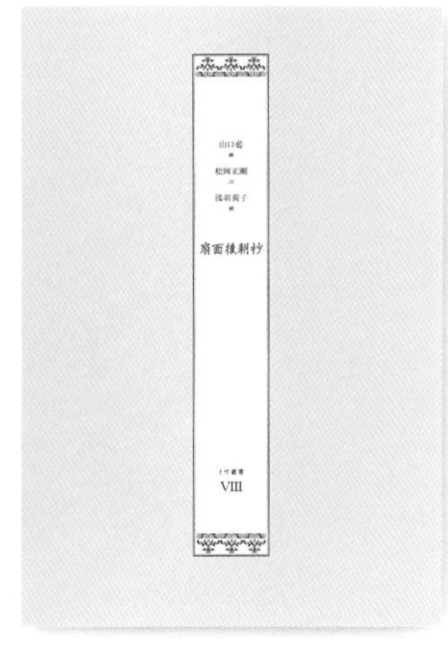

EVE Collection (Vol. I–X)

—

Gallery EVE, 2000–2007, A4
Editing: Jun-Ichiro Khori
Cover Typefaces: Hon Mincho Small Kana, Monotype Baskerville

—

This collection of catalogues was published on the occasion of an exhibition at Gallery EVE based in Kyodo, in Tokyo's Setagaya ward. An artist's works and the writer, or a text related to the artist, were to be combined in a piece of printed matter in this exhibition. However, there was no set compositional format, much less a typographic theme. The identity of this collection was created under the editorship of Mr. Jun-Ichiro Khori, with the identity being comprised of printers' flowers on each cover.

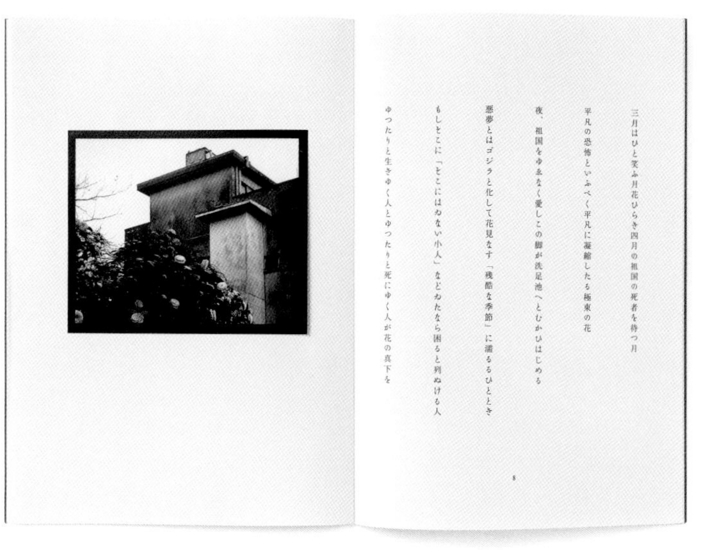
三月はひと笑ふ月花ひらき四月の祖国の死者を待つ月
平凡の恐怖といふべく平凡に凝縮したる極東の花
夜、祖国をゆゑなく愛しこの脚が洗足池へとむかひはじめる
悪夢とはゴジラと化して花見なす「残酷な季節」に濡るるひととき
もしそこに「そこにはゐない小人」などゐたなら困ると列ぬける人
ゆつたりと生きゆく人とゆつたりと死にゆく人が花の真下を

8

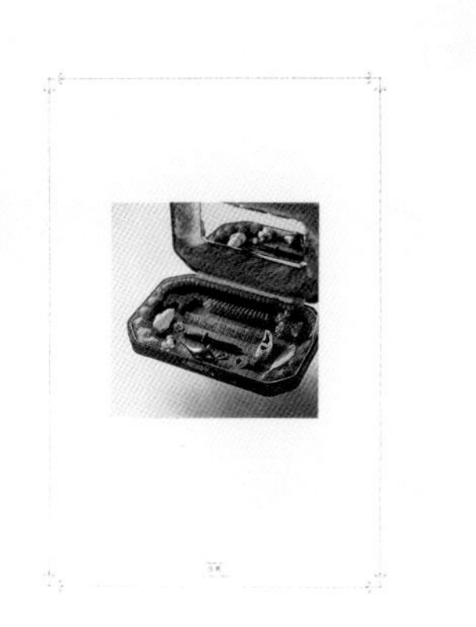

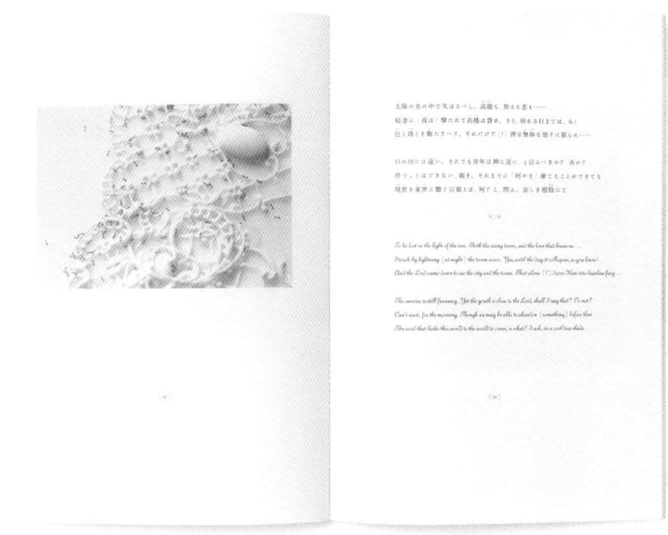

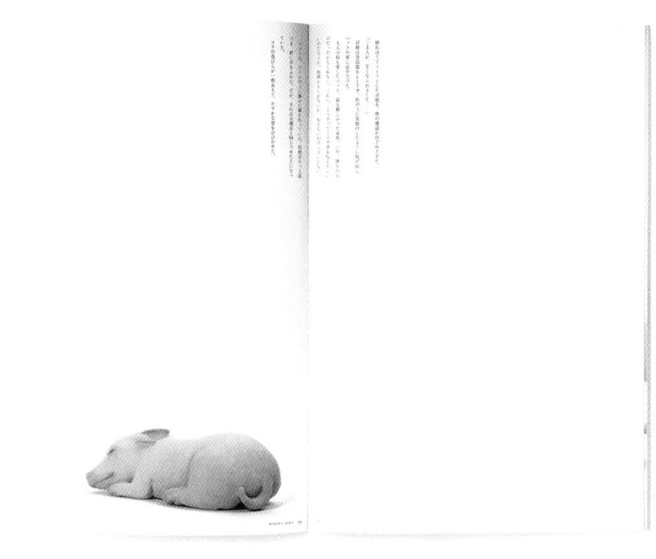

EVE丛书

EVE画廊，2000—2007年，A4
编辑：郡淳一郎
封面使用字体：本明朝小假名，Monotype Baskerville

EVE丛书I《墓地后的花屋抄》
仙波龙英（短歌），荒木经惟（照片），2000年
EVE丛书II《夜晚、青春、巴黎，还有月色！》
John Colier（作），中西秀男（译），山本雅子（画），2000年
EVE丛书III《遇见》
上原三千代（木心干漆），石津千寻（Anagrams），2001年
EVE丛书IV《不灭的少女》
矢川澄子（文），宇野亚喜良（画），2001年
EVE丛书V《洪水的忘却》
四方田犬彦（文），胜本充（Objet），2001年
EVE丛书VI《画面上的云》
沢渡恒（诗、小品、散文、设计），2002年
EVE丛书VII《童话》
合田信代（Collage），吉本芭娜娜（文），2002年
EVE丛书VIII《扇面后朝抄》
山口蓝（画），松冈正刚（词），浅羽英子（译），2002年
EVE丛书IX《百花残，可见可闻……》
西山美奈子（美术），石井辰彦（短歌），佐藤纮彰（译），2003年
EVE丛书X《月之光》
星新一（小说），土屋仁应（雕刻），2007年

这套丛书的版权属于位于世田谷区经堂的EVE画廊，是该画廊依照展览而刊行的图文集。我们的理念是将艺术家的作品与艺术家相关的作家或文字相组合，做成二者的“纸上展览会”的形式。因此并没有整套丛书共通的正文样式，也没有基本字体。封面的花型装饰和郡淳一郎先生的编辑是这套丛书的个性所在。

关于EVE丛书的书籍制作与活字排版设计

白井敬尚

EVE丛书是由几位作家合作而成的图文集，由绘画、摄影、造型、雕塑等视觉作品与诗、短歌、小说、散文等文字作品构成。这套丛书提出了一个方针：尽管有编辑来保证这十册的共通点，但前提是每册都要有其独自个性。所谓丛书，如果要定义成是『按照一定形式持续发行并集合起来的一套图书』，那么通常必须要设定一套固定的格式框架。但是在EVE丛书中，由于每册都有个性完全不同的视觉图片和文字作家出现，所以我预想，设置一套固定格式可能会成为一种障碍。

因此我决定，除了A4开本、三十二页锁线装、扉页、版权页等这些作为容器功能的图书体裁以外，对于所使用的活字字体、排版样式及其规范、是否加页码页眉及其位置这些其他的元素，完全不做固定设置。

具体地说，我是以无需太多计划的乐观态度开始就进行设计，等到第一篇《墓地后的花屋抄》的结构设计时才考虑与之后九册是否连续的问题。但是我想，这种宽松的设定对之后展开每一册的自由度和独立性反而非常有效。

正文活字字体的选择

在制作中，最必须考虑的是正文所使用活字字体的选择。这是因为，选择正文用活字字体，是确立整体印象之后需要直接面对的具体制作工序的第一步，而这第一步的活字字体选择将会从视觉方面给书籍设计与书籍本身的个性进行定位。

不仅是书籍，在制作印刷品时，没有比选择活字字体更难的事情了。但是，如果是字数超过一定量的长文，根据易读性(readability)和易认性(legibility)，活字字体在视觉上的合适度、所需的文字种类、输出环境等各种条件，可选项自然会受到限制。

但是EVE丛书几乎没有这样的限制。编辑要求我更多地根据书籍的性格和目的，主动地去选择字体。这套书里活字字体的选择标准，会从文本和视觉图片的内容、形态及几位作家的指向性等方面选择一个重点，而依照每篇内容这个重点会有所不同。

如果按照前面那些条件，最先筛选出的会是明朝体活字，这些都是活字印刷术传入之后在日本改刻并被标准化的字体。但是，如果要抛开各种条件去选择，就没有多少理由选择明朝体活字了，可选范围反而一下子变得很窄。

特别是第一篇的短歌，虽然我用明朝体活字、软体楷书类活字试排了一下，但是这些经过标准化、精致化的活字字体过于静谧，不仅无法完全体现文本流露出的情感和身体感，连文本中原本蕴含的那些必不可少的杂音也一并抹杀掉了。

因此，我只好用消极的排除法，拿几种活字字体试排之后再进行选择。在此恕我直言，这种情况是当前日文正文用活字字体匮乏的字体环境所造成的结果。如果像西文字体那样，能分成威尼斯体、旧体、过渡体、现代体这样好几类，而且每一类都有丰富的正文字体，那么就要用相反意义上的排除法了。

也有不用排除法选择字体的例子，典型的就是第八册《扇面后朝抄》。

第八册使用的字体Naniwa是字体设计师今田欣一先生制作的『和字Revision 9』中收录的数码字体之一。这款字是以江户中期净琉璃文字为源流的字体的一种复刻再生。

『和字Revision 9』中不仅有对原本明朝体金属活字的复刻，还有章草系列的金属活字，以及木活字、雕版字体等这些之前没有被顾及的刊本类雕版字体，尝试着将其再生为现代正文用活字字体，是引导这类字体开发的一个划时代项目。

而实际使用Naniwa排了之后，这款活字字体所具有的历史与其形态风格相符，用于第八册的图片视觉和文本，比预想的要搭配得多。而且由于还有英文译文，能让人联想到『吉利支丹版』[译注]的刊本版式。这一构想的实现，如果没有这款活字字体是无法做到的。

这种『依照活字字体的特征推导排版形式』的做法不仅是针对第八册，也是不对整套EVE丛书设置一个固定形态贯穿始终而带来的另一个优点。

译注：日本的『吉利支丹版』特指十六世纪末到十七世纪初以日本为中心的天主教耶稣会刊行的印刷品。

原文载于 *idea* 第二九七期，第一三八—一三九页。

原文还有一节《关于印刷花饰》，请见本书第一三二页。

所谓字体排印，即“活字印刷术”，无论是金属活字（或称“铸造活字”“铅字”，metal type）、照排活字（照相排版用活字，photo type）还是电子活字（数码活字、字型，digital type/font），自活版印刷术诞生的五百五十多年以来，一直都是通过使用“活字”组成语句进行排版、印刷，将文本描写、再现出来的一种技艺。

金属活字是将铅、锑、锡等的合金倒入模具中制作而成的。照排活字是将文字的负片作为被摄体，使用光学技术在相纸上曝光、显影之后制成印刷用的底版。电子活字则是将文字形状的相关信息在电脑的帮助下调用、生成而来的。

总之，“活字”是指用文字的复制原型，即依照规范化后的字“型”［即模具（type）］以“能重复再生出同样形象”为前提而制作出的通用文字。

活字与活字排版都是在规范化的基础上加以控制而成形的。在排版的成形过程中，由于金属活字要对四棱柱的金属块（字身）进行排列组合，因此需要以一个统一规格为大前提。原则上，如果不依照这个规格进行倍数、分数等计算控制，就无法做成物理实体的实际印版。

照排活字是利用镜头放大、缩小的比率来决定字号，而字距、行距则是通过齿轮的咬合量进行控制。

而到了电子活字，从字体设计到包括字号、行距在内的全部信息，都是通过0和1的电子信息进行管理、控制。

同样，页面设计也要通过数值进行控制。首先从纸张大小、开本开始谈，就已经涉及数值的范畴，只要是以量产为前提，自然就需要规范化。而且，将排好的文字摆放在页面的什么位置，亦即版心的设置，这最终也是要用数值决定的。也就是说，字体排印不仅仅涉及活字本身如何制作，还必须要考虑其是否能适应排版、页面构成、印刷直至书籍制作等后续流程，是一个用数值、规范控制的行业。

タイポグラフィ——言語造形の規格化と定数化の軌跡

字体排印——语言造型规范化与常数化的轨迹

白井敬尚

此文刊载于一桥大学语言社会研究科2008年3月发行的
学术期刊《言语社会》第二期特辑“人文无双”

“文字”的数值化与几何性构成

对文字本身进行规范化、数值化的尝试，起源于意大利文艺复兴时期。究其滥觞，可追溯到意大利古都维罗纳的费利切·费利恰诺（1433—约1479）。他是一位考古学者、古罗马大写字母（碑文）研究家，同时还是一位书法家、印刷商。

费利恰诺研究了意大利东北部城市拉韦纳（Ravenna）等地的古罗马碑文，并于1463年发表了依此形成的罗马大写字母绘制方法（图1）。他相信古罗马人是使用了尺规作图的数学性法则描绘出罗马大写字母的，于是尝试将其再现出来。费利恰诺将正方形分成八份，将字母的竖画（字干）宽度定为正方形边长的1/10，绘制出了几何性的罗马大写字母。

在那之前的十五世纪五十年代，建筑家莱翁·巴蒂斯塔·阿尔贝蒂（1404—1472）曾留有他用与费利恰诺同样的作图法制作的罗马大写字母碑文（图2），但是他的分析、作图法的相关资料是否保留至今依旧不明。

继费利恰诺之后是帕尔马的书法家达弥阿努斯·摩宇路斯（意大利名为“达米亚诺·达·莫伊莱”）。他于1483年出版了《论字母》（*Alphabetum*）一书（图3），分析了罗马大写字母。他以正方形、正圆及其对角线为基准值，将字干的宽度设为正方形边长的1/12，然后在各个字母下方附上了解释字与图之间的比例关系、几何学比例的短文。

生于托斯卡纳的数学家弗拉·卢卡·德·帕乔利（1445—1517）以1509年发行的《神圣比例》（*Divina proportione*）而闻名。他对罗马大写字母的分析和绘制理论给后世留下了巨大的影响。（图4）帕乔利将字干的宽度设为正方形边长的1/9，将摩宇路斯制作的正方形、正圆、对角线的方法进一步细化。另外，他还展示了制作衬线的圆弧，向世人证明了罗马大写字母是可以依照几何形态构成的。后来，帕乔利还在《神圣比例》的书稿中写到，这些都是他同辈同乡的朋友莱奥纳多·达·芬奇教给他的。

近年来，美国芝加哥的纽伯里图书馆藏的通称为“纽伯里字母”的罗马大写字母手稿成为人们议论的话题[1]。

这份手稿制作于1464年到1525年间，尽管制作者不详，有些研究者推测其可能是达·芬奇制作的。真相虽无法考证，但看过这些用丰富的细节、科学分析的方法进行视觉化的罗马大写字母（图5），就会恍然大悟并且相信，这应该是那位写下“绘画简直就是科学”的人绘制的。

1525年，德国纽伦堡的画家、美术理论家，北方文艺复兴最著名的艺术家阿尔布雷希特·丢勒（1471—1528）也跟随其后，在其著作《量度四书》（*Underweysung der Messung*）中详述了帕乔利的理论，并绘制了罗马大写字母和哥特字母（图6）。

在学者、艺术家们不断对罗马大写字母进行分析的同时，以写字为本行的书法家们也一并开始以书法教材的形式发表了罗马大写字母的写法[2]。

就像这样，不仅是研究碑文的学者，书法家、建筑家等艺术家们也都同样地将罗马大写字母放到正方形中进行分割，用尺规作图加以规范化，尝试再现、重构这些字母。

*

那么在此，笔者想略微提一下一个根本性问题：为何他们如此纠结于罗马大写字母本身？E. P. 戈德施米特在其著作《文艺复兴的印刷书籍》（*The Printed Book of the Renaissance*）中，对此简洁地做了如下叙述[译注1]：

> （前略）他们对（罗马碑文）的主要兴趣，也许是因为迫切想找到古拉丁语的正确拼法。他们并不是没有意识到，其实他们手头经典的中世纪手抄本里往往有粗暴、随意的拼写，篡改了原文。他们希望据此能找到正确的拼法，因为古罗马人所看到的是同样的石碑。（中略）
>
> 因此，类似我们今天对古代碑文感兴趣一样，加上他们还有在古董、

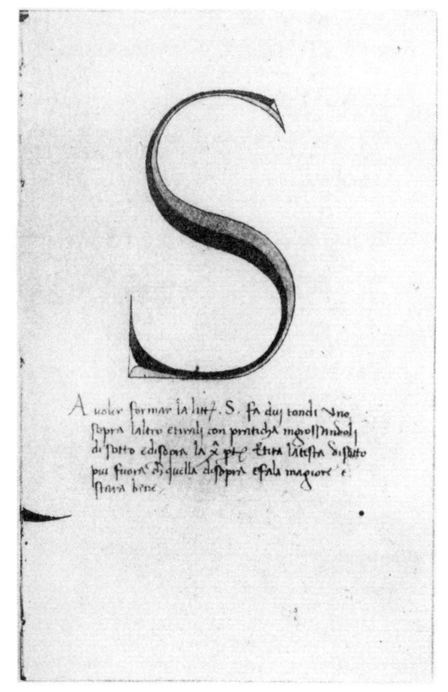

图1 费利切·费利恰诺制作的古罗马碑文分析图（1463）

ABCD
EFGHIL
MNOPQ
RSTV
XY
Z

图2 莱翁·巴蒂斯塔·阿尔贝蒂制作的碑文（约1450）

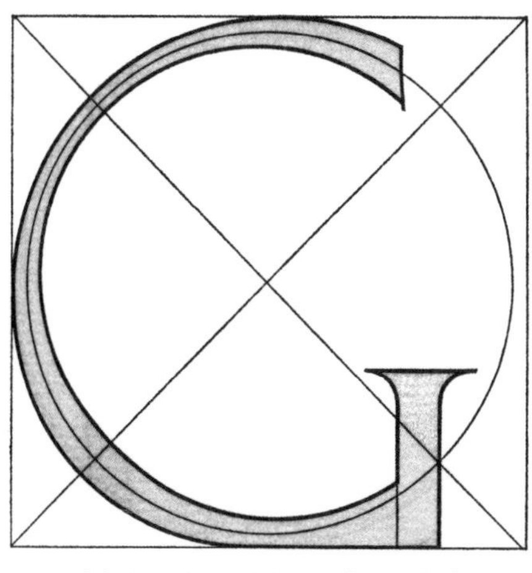

图3 选自达弥阿努斯·摩宇路斯《论字母》（1483）

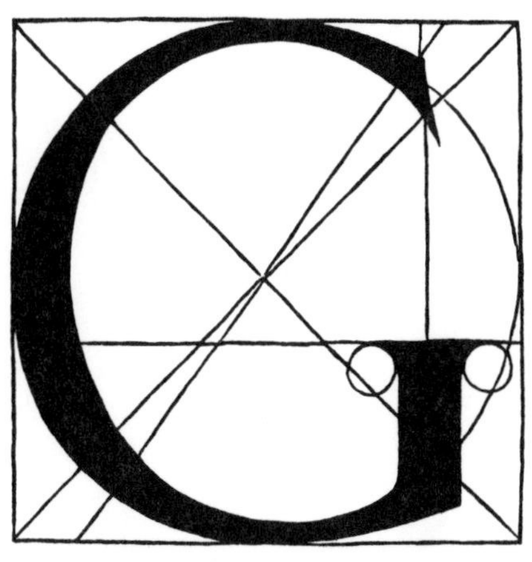

图4 用卢卡·帕乔利的几何性构成制作的罗马大写字母（《神圣比例》，1509）

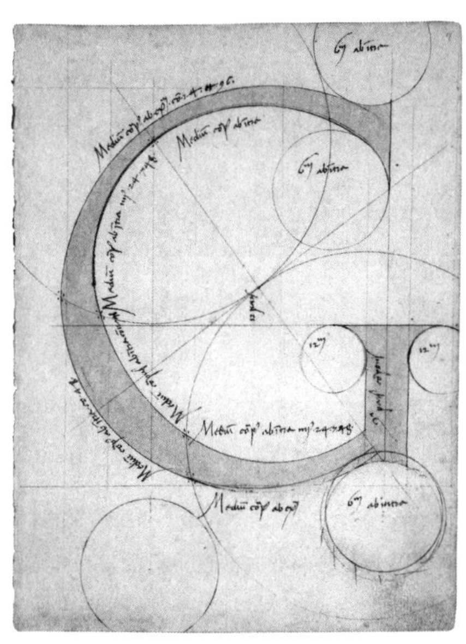

图5 纽伯里图书馆藏的纽伯里字母（1464—1525）

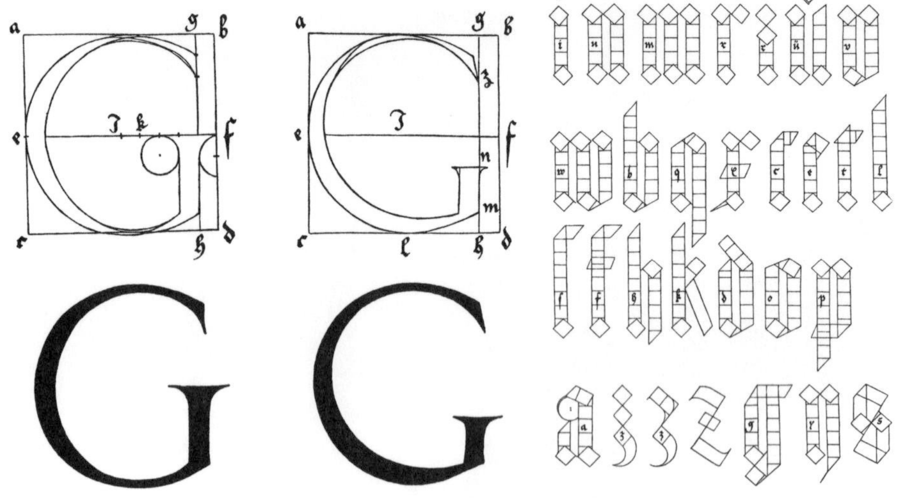

图6　阿尔布雷希特·丢勒的罗马大写字母与哥特字母（《量度四书》，1525）

图9　若弗鲁瓦·托里（1529）

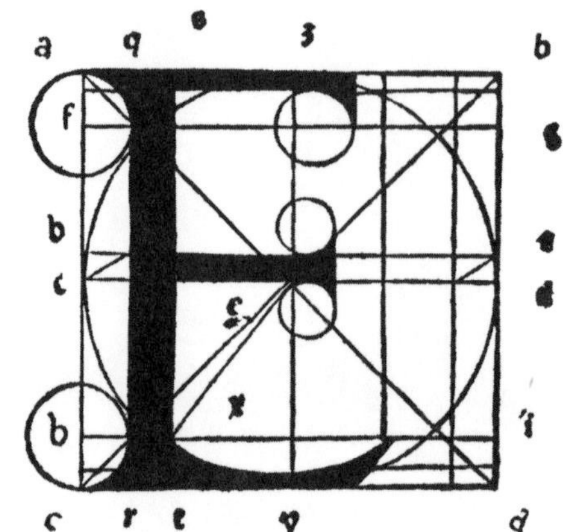

图7　西吉斯蒙多·凡蒂（1514）

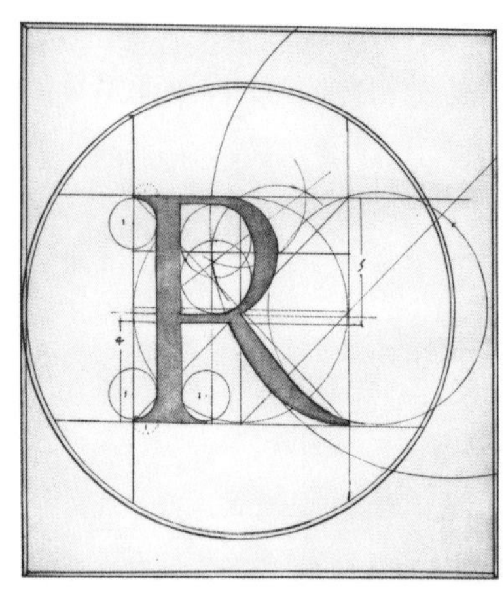

图10　詹巴蒂斯塔·帕拉蒂诺（1550）

1. *Typography papers 6,* The Newberry alphabet and the revival of the roman capital in fifteenth-century Italy, Nicolete Gray, Hyphen Press, London, 2005
2. 1514年，出生于费拉拉（Ferrara）的西吉斯蒙多·凡蒂被认为是最早发布写字、书法相关著作的人。在其著作《书法理论与实践》(*Theorica et practica...de modo scribendi fabricandique omnes literarum species*)中，他对帕乔利的理论进行了应用推广（图7）。1517年，米兰的书法家弗朗切斯科·托尔涅洛在其著作《古典大写字母的书写方法》(*Opera del modo de fare le littere maiuscole antique*）中，将正方形横竖各细分为18单元格，尝试制作罗马大写字母(图8)。罗马教皇厅书记官、书法家卢多维科·得利·阿里吉1527年在其著述的书法教材《小品》(*La Operina*）中，将人文主义者当时用于速记的章草体“人文主义意大利草体”（Humanist Italic Cusive，或称“仿尚书院体”Chancery Bastarta）与罗马大写字母一起印刷。而1526年有佛罗伦萨的詹巴蒂斯塔·韦里尼，1529年在巴黎有引入意大利文艺复兴艺术的万能人文主义者若弗鲁瓦·托里在其著述的《花田》（*Champfleury*）中，也刊载了横竖各分割成十个单位的罗马大写字母的制作法（图9）。罗马的书法家詹巴蒂斯塔·帕拉蒂诺也在1550年留下了带有细致分析的罗马大写字母（图10)。1554年，威尼斯的书法家韦斯帕夏诺·安菲亚雷奥在其著作里刊载的大量写字范帖中，就有横向分成八单元格的罗马大写字母作图法（图11）以及针对哥特字母的小写字母用尺规作图法的分析展示（图12)。

译注1. 作者原文引用自国文社2007年高桥诚翻译的日译本『ルネサンスの活字本』。此处汉译是本文译者从英文原作直接翻译而来。

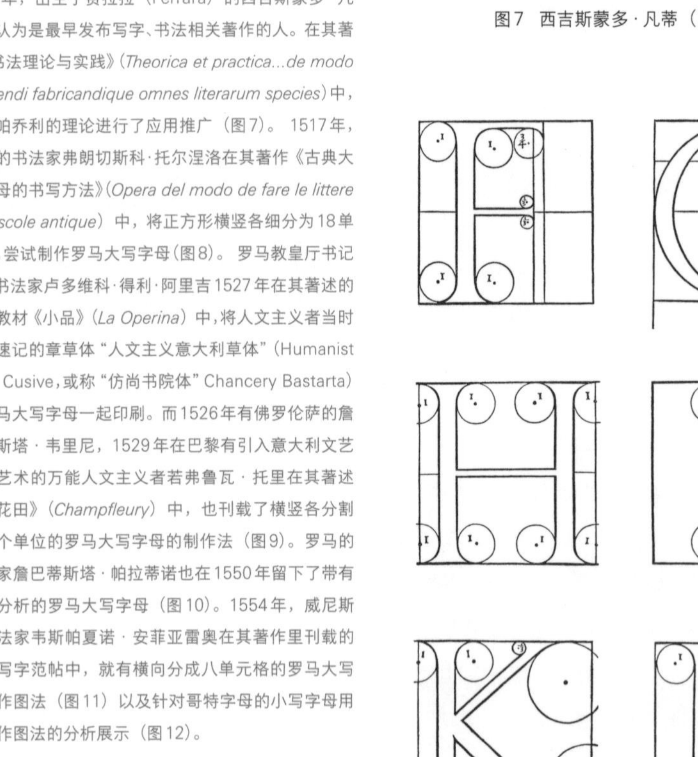

图8　弗朗切斯科·托尔涅洛（1517）

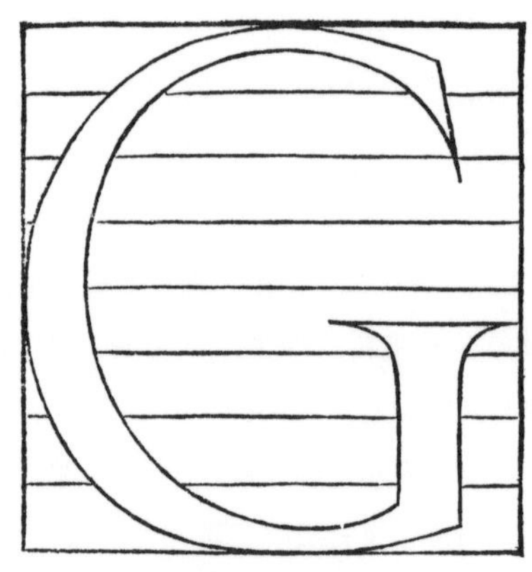

图11　韦斯帕夏诺·安菲亚雷奥的罗马大写字母（1554）

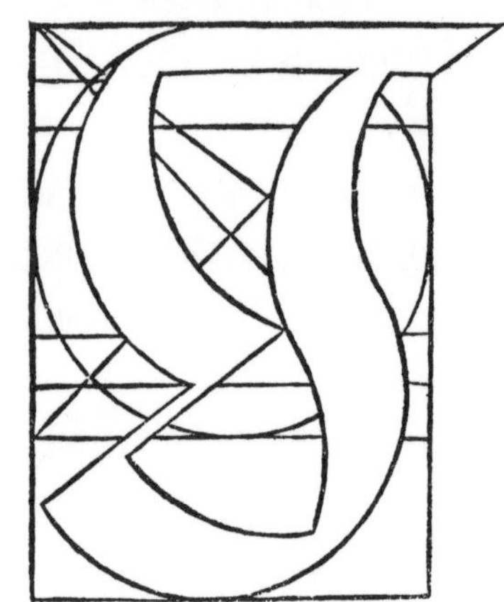

图12　哥特字母（1554）

历史研究方面等其他目的，人文主义者们搜寻了大量古代碑文，并且非常精确、认真地加以复制，并结集成册，制作成精美书写、精确复制的手抄本，其中一些留存至今，为我们保存下了那些原件已遗逸的重要古碑文的一些相对可靠的图像。

＊

数值化之后再还原成几何形态，这并不是只限于罗马大写字母。对于人文主义者们来说，可以进行视觉表现的各种图像表达，特别是古希腊罗马的造型物品，都是非常合适的研究对象，因此都对它们进行了科学的、数学的分析。

这是因为，他们认为“美的都是古典的，古典的都是美的”，而且古罗马人就这样设定了“绝对性的美”“真实的比例”的基准。

拥有这样的思想的人就是人文主义者(humanist)。这些人文主义者执着于科学分析性思考，不是以中世纪以来所坚信的那种不透明的上帝力量，而是要将古罗马时期培养出来的那些以黄金分割为代表的普遍性的人类智慧，科学地用理论武装起来。这种执着可以说就是这一思想的象征。而且，这些理论也的确有确凿的根据。因为当时重新发现了欧几里得等人的著作，几何学的领域也有了显著的进步。另外还有不能忘记的一点是，十三世纪之后，欧洲引进了带有数字“零”和可以书写小数的阿拉伯数字，并替代了罗马数字。

“必以数求道。有数即可知全也。”写下这句话的，是人文主义者皮科·德拉·米兰多拉[3]。

对于人文主义者来说，数值换算是一种学问。文艺复兴思想意味着思想、知识、美的普及与共享，而这一学问也是其中的一个侧面。

但是，尽管有文艺复兴的这一思想作为背景，在雕刻制作金属活字字模所需要的字冲时，刻字师们对于那些用几何学构成的罗马大写字母的形象，并不是毫无批判地一味接受。

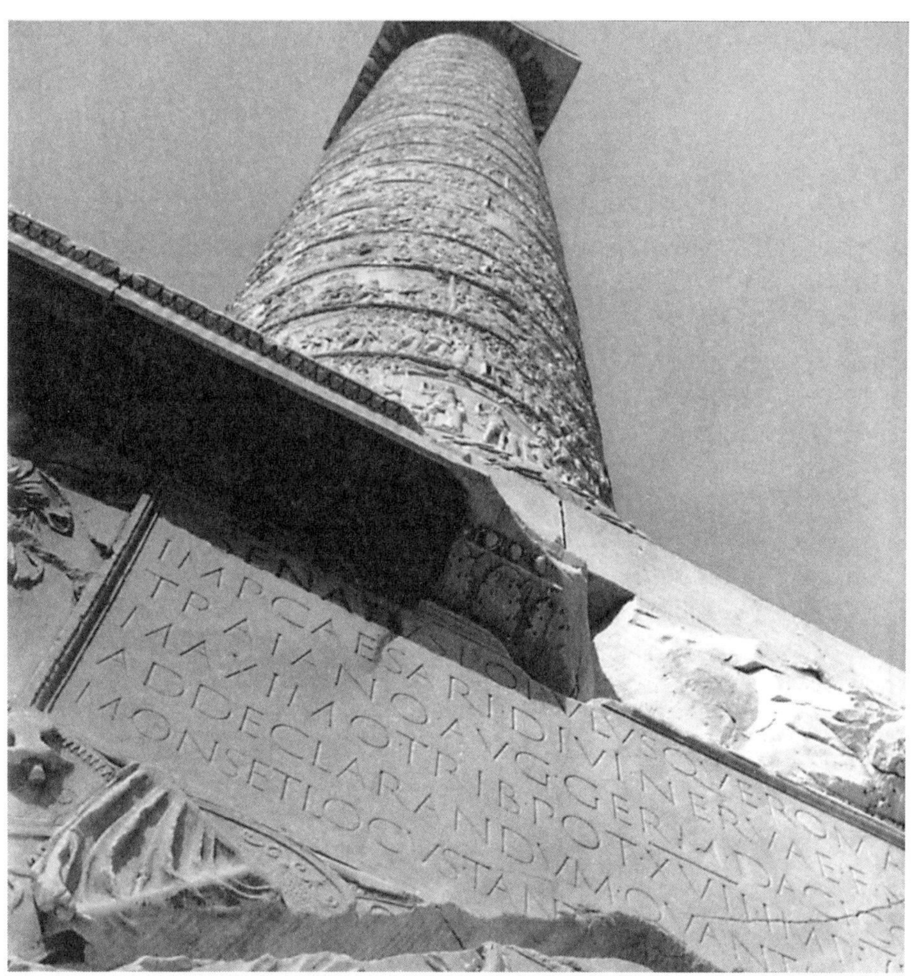

图13　图拉真大帝的纪念碑基座上的“图拉真大帝碑文”(113)

字冲雕刻师以人文主义小写体为基础制作了活字的小写字母字体，而在寻找与其搭配的大写字母时，选用了古罗马大写字母[4]。

但是，字冲雕刻师在制作活字字体时，要考虑骨架、平衡、字宽、灰度，以及与小写字母搭配时的整合性等各个方面，并综合制作合适的活字排版所需的各个要素。他们以工匠特有的眼力和手法，并在服从制作工程中技术性经验规范的基础上，雕刻罗马大写字母的活字字冲。也就是说，尽管其目的不是制作活字，但对于真正制造活字的现场来说，那些数值化的罗马大写字母制法都是纸上谈兵。

＊

3. 皮科·德拉·米兰多拉（1463—1494），哲学家、作家，据称是佛罗伦萨柏拉图学院中学识最高的人。而且，他青年时期与阿尔杜斯·马努提乌斯是朋友。作为威尼斯的出版、印刷商，马努提乌斯运用“活字和书籍”具体实现了人文主义本身。

4. 拉丁字母中的大写字母与小写字母原本来自不同的体系。小写字母的历史是安色尔体→卡洛琳体→人文主义小写体这样的手写体系，而大写字母则是以文艺复兴时期再次发现的罗马大写字母的碑文雕刻为谱系的。在文艺复兴时期，大小写字母的体系得以结合，今天我们看到的拉丁字母的罗马体活字的形象才得以确立。活字印刷术的创始者约翰内斯·古登堡依照手抄本《圣经》所使用的哥特体手写体Textur制成活字进行再现，在《圣经》、典礼、免罪符等处作为宗教用字体使用。后来随着活版印刷术逐渐传播，意大利使用的活字字体的主流则都是以富有进取精神的人文主义者们使用的手写字体（人文主义者小写体）为基础进行活字化的罗马体。对于新时代的文字，也就是适合印刷古希腊罗马文艺的字体，人文主义者们选用了罗马体。换句话说，人文主义者的文字即“罗马体活字”也可以成为“文学用的活字字体”。在很早就对曾被称作黑科技的活版印刷感兴趣的人文主义者，将自己的文字套用这项新技术，灵活运用“书籍”这一既有的媒体加以推广。字体排印史中，一般会把活跃在威尼斯的法国人尼古拉·让松（约1420—1481）作为罗马体活字的先驱。后来，使用“罗马体活字”以及将被称作“人文主义意大利草体”、用于速记的手写字做成“意大利体活字”，并将文艺复兴文学解放于世的，是人文主义者、印刷出版商阿尔杜斯·马努提乌斯（1449—1515）。
5. 枢机黎塞留公爵阿尔芒·让·迪·普莱西（1585—1642），天主教会神职人员、法国政治家。1622年被任命为枢机，从1624年起直至去世一直任路易十三的首相。1635年，为保护母语而创建法兰西学术院。他保护文艺，劝说路易十三扩建卢浮宫，成为各国的典范。他还支持现代报纸的前身“公报”，用于发布政府的官方消息。
6. 法兰西科学院是路易十四以促进、保护法国国内科学研究为目的于1666年创立的。院士们由天文学家、解剖学家、植物学家、化学家、几何学家、工程师、医师、物理学家构成。

逐渐地，有人对人文主义者对大写字母的数值化、几何学分析提出了异议。

他就是梵蒂冈教皇厅图书馆的书记官乔万尼·弗朗切斯科·科雷西（约1534—约1614）。他指出，作为所有拉丁字母的起源的罗马图拉真皇帝的纪念柱（公元113年建立）基座上的碑文，通称“图拉真大帝碑文”（图13）就不是用人文主义者所谓几何性规范的笔法制作的（图14）。

科雷西著作《多字范本》（*Essemplare di più sorti lettere*）于1560年发行，后来又几度重版。他在书中提到“罗马大写字母没有必要用圆形和方形构成”，即便使用工具，但最终还是应该要靠人的“眼”和“手”进行描绘。也就是说，身体性要恢复其主权。但是，由于他的这一想法脱离了人文主义的理念，最终被视为异端。

继科雷西之后担任梵蒂冈教皇厅图书馆书记官的是卢卡·奥尔费伊（生卒年不详）。奥尔费伊在西斯笃五世（1585—1590年在位）推进的“罗马城市改造计划”中担任了碑文用字体的监修工作。

奥尔费伊于1585年制作的碑文设计图，现在留有手稿和铜版印刷两种版本。这两种都是用科雷西风格将图拉真罗马体夸张处理的造型。

用圆规描绘的手稿版的罗马大写字母（图15）中，以九格单位为基准，笔画造型很粗壮。而另一份则是用凹版技法制作的细致的铜版印刷，用十等分的单位定出圆规的基点和圆弧来绘制罗马大写字母。（图16）

献给西斯笃五世的这两种罗马大写字母被称作Sixtine，被用于罗马的街头和建筑物。也就是说，我们可以把Sixtine称作罗马城市改造计划的一款定制字体。

因为是定制字体，就需要形状统一。虽然受了科雷西的熏陶，但奥尔费伊依旧灵活使用了几何形态。这一举动的背景，体现了“规范化”的必然性。

活字的数值化与几何构成的规范化

1517年，以马丁·路德的《九十五条论纲》为开端的宗教改革浪潮，一瞬间就席卷了十六世纪的欧洲大陆。逐渐地，又出现了镇压新教的天主教会势力的反攻。

为了打击新教势力，法国动用了各种各样的手段。其中之一，就是路易十三王朝的枢机黎塞留[5]于1640年在卢浮宫内创建的皇家印刷局。其目的就是赞誉国家荣耀、宣扬天主教并促进文艺的发展。

继路易十三之后，路易十四于1693年下令法兰西科学院[6]制作一套新活字。科学院组建了一个委员会，几经磋商，用尺规对圆形进行分割，制作出了细密的图纸

图14　乔万尼·弗朗切斯科·科雷西制作的罗马大写字母（1560）

图15　卢卡·奥尔费伊的手稿（1589）

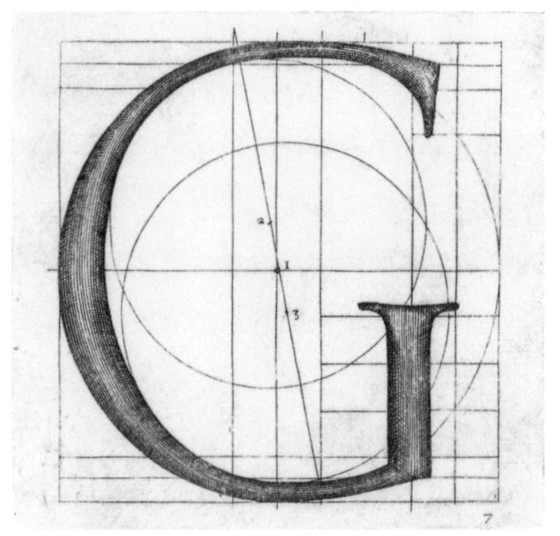

图16　铜版印刷的罗马大写字母（1589）

原稿，内容是用几何学构成的大写字母和小写字母的罗马体与意大利体。设计者是数学家尼古拉·若容[译注2]等三人，铜版雕刻则是由路易·西蒙诺制作。

图纸的大写字母是纵8格、横6—8格单位的方形，而小写字母则被分为纵向15格、横向7—12格单位，每个单位又再分成6份，即是用48×48＝2304的网格去生成字体的设计（图17）。这个精度可以说是接近电子级别了。

法兰西科学院将这款设计出来的字体命名为“国王罗马体”（Romain du Roi），并令皇家印刷局的字冲雕刻师菲利普·格朗容（1666—1714）制作成活字。

但是，格朗容并没有精确地依照这份图纸进行字冲雕刻。作为一位手艺人，格朗容揣摩了数学家若容的理论和精神，与意大利文艺复兴的刻字师傅们一样，边用眼看边动手制作出了活字字冲（图18）。

制作活字时数值（理想）与工艺（现实）之间的矛盾，在那之后也一直连绵持续到后世的电脑时代。

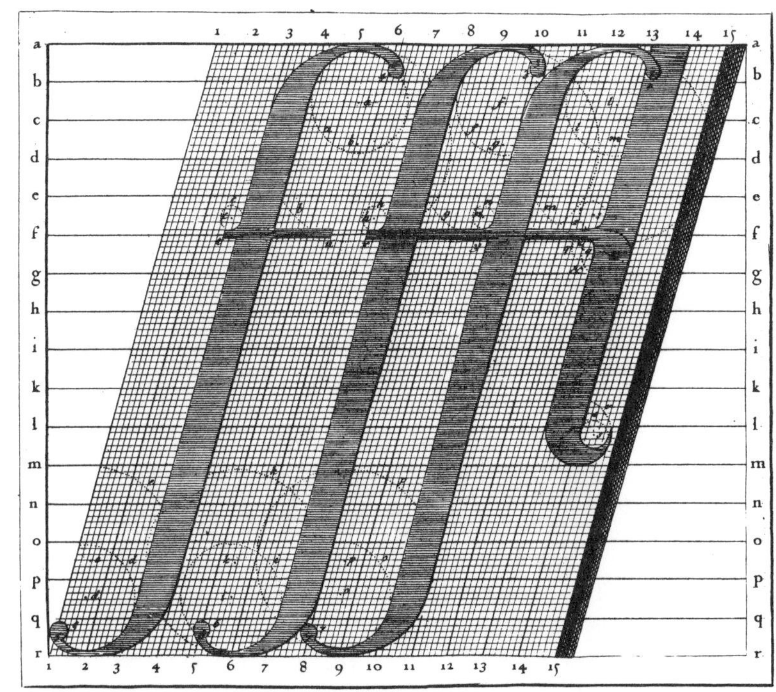

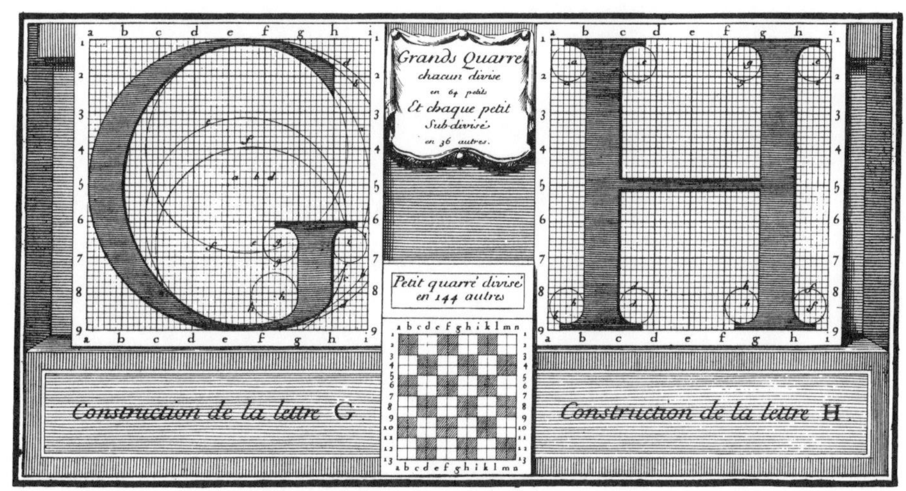

图17　法兰西科学院的数学家尼古拉·若容等人制作的“国王罗马体”设计图，由路易·西蒙诺负责铜版雕刻（1693）

铸字与排版中计量单位的基准和体系化

首次将活字制造中的字号（即“字身大小”[7]，body size）以及活字排版制作时的计量单位作为一个规范体系进行标准化的，是法国洛可可时期活跃在巴黎的活字制造商皮埃尔-西蒙·富尼耶（1712—1768）。

话虽如此，并不是说在富尼耶之前的活字制造商们在铸字和排版时就没有规范。因为如果没有规范，从物理实体来说是无法进行活字排版的。但是，这个标准规范根据不同铸字厂而异。活字制造与排版、印刷，直至书籍制作、出版都是自家一手操办，当时是家庭手工业的时代，并没有太多标准化的问题。活字的大小、字体的种类（大致的罗马体、意大利体是有的）较少也是主要原因之一。

但是随着时代的发展，铸字与印刷逐步出现了分工，对活字流通的需求逐渐增大，就出现了“兼容性”“共享”的问题。这是因为在印刷所排版时需要混用不同铸字厂的活字，如果物理实体的“字身大小”不统一就无法排版。因此在当时，对于排版、印刷业者来说，解决字号不一是一个非常切实的课题。

富尼耶于1737年发表了“比例对照表”（Table des proportions des differens caracteres de l’imprimerie），列举了不同字

译注2. 作者此处直接引用了河野三男先生的论文。但译者查遍了法兰西科学院花名册，并没有找到一位名叫尼古拉·若容的院士，这位数学家应该是雅克·若容。

7. “字身大小”是指支撑字面的四棱柱的大小，而不是指文字本身即“字面”的大小。

8. 关于点制，《字体排印学会会刊01》（字体排印学会，2007）中，山本太郎的论文《关于字体排印中文字大小的考察》里有详细叙述。

号之间的比例关系。他设定了不同字号之间的比例关系，目的就是要消除混用不同字号活字的不整合现象。

他将一法寸（pouce，原意为“拇指”）分为12份并定为1法分（ligne，原意为“线”），再设1法分等于6点（point），将单位体系化。这就是沿用至今的点制[8]单位的原型。

富尼耶将此系统再次刊载到1742年发行的《印刷活字样本册》（*Modèles des caractères de l'imprimerie*，图19）上，并于1764年将此“比例对照表”进一步扩展的点制系统发表在《字体排印手册》（*Manuel typographique utile aux gens de lettres*，图20）中。该系统被他后一代的铸字商弗朗索瓦-安布鲁瓦兹·迪多（1730—1804）所继承。

由于与法国标准的法尺之间的关系不甚精确，导致富尼耶的系统精度不佳。而被后世称作“迪多点”的系统则对其进行了重新整理。

迪多点作为法国、瑞士、德国等欧洲大陆活版印刷的标准值普及至今，直至近年计算机普及之前，一直被广泛使用。顺便提一下，若用公制单位换算，1点等于0.3759毫米。

到了十九世纪末，在美国以富尼耶系统为源流而制定的点制系统被称作“英美点”。

英美点是将1英寸分为72份，设定1点等于0.3514毫米。英国于1905年开始使用此数值，日本在1908年之后，以报社为中心逐渐开始采用，在使用金属活字的活版印刷制作现场它被当做标准值，并一直使用至今。

后来，现在由计算机控制的、被称作

ABCDEFGHIJKLMNOPQRSTUVWXYZ
ABCDEFGHIJKLMNOPQRSTUVWXYZ
1234567890.,;:()[]«»?!
abcdefghijklmnopqrstuvwxyz
ct ff fi ffi fl ffl &

ABCDEFGHIJKLMNOPQRSTUVWXYZ
ABCDEFGHIJKLMNOPQRSTUVWXYZ
1234567890.,;:()[]«»?!
abcdefghijklmnopqrstuvwxyz
ct ff fi ffi fl ffl &

图18 经菲利普·格朗容制作成活字的“国王罗马体”（1702）

TABLE DES PROPORTIONS DES DIFFERENS CARACTERES DE L'IMPRIMERIE.

Par S. P. FOURNIER, Graveur & Fondeur de Caractéres d'Imprimerie.

<table>
<tr><th>Nombre</th><th>Corps.</th><th>Echelle de deux pouces.</th><th>Lignes.</th><th>Points.</th></tr>
<tr><td>1</td><td>PARISIENNE.</td><td>. . . . .</td><td></td><td>5</td></tr>
<tr><td>2</td><td>NOMPAREILLE.</td><td>. . . . .</td><td>1</td><td></td></tr>
<tr><td>3</td><td>MIGNONE.</td><td>. . . . .</td><td>1</td><td>1</td></tr>
<tr><td>4</td><td>PETIT-TEXTE.</td><td>. . . . .</td><td>1</td><td>2</td></tr>
<tr><td>5</td><td>GAILLARDE.</td><td>. . . . .</td><td>1</td><td>3</td></tr>
<tr><td>6</td><td>PETIT-ROMAIN.</td><td>—— 2. PARISIENNES. . . . .</td><td>1</td><td>4</td></tr>
<tr><td>7</td><td>PHILOSOPHIE.</td><td>—— 1. Pariſienne, 1. Nompareille. . . . .</td><td>1</td><td>5</td></tr>
<tr><td>8</td><td>CICERO.</td><td>—— 2. NOMPAREILLES. ‖ 1. Pariſienne, 1. Mignone. . . . . . .</td><td>2</td><td></td></tr>
<tr><td>9</td><td>SAINT-AUGUSTIN.</td><td>—— 2. MIGNONES. ‖ 1. Nompareille, 1. Petit-Texte. . . . . . .</td><td>2</td><td>2</td></tr>
<tr><td>10</td><td>GROS-TEXTE.</td><td>—— 2. PETITS-TEXTES. ‖ 1. Pariſ. 1. Philoſophie. | 1. Nompareil. 1. Petit Romain. | 1. Mignone, 1. Gaillarde. ‖ 2. Pariſ. 1. Nomp.</td><td>2</td><td>4</td></tr>
<tr><td>11</td><td>GROS-ROMAIN.</td><td>—— 2. GAILLARDES. | 3. Nompareilles. ‖ 1. Nomp. 1. Cicéro. | 1. Mign. 1. Philoſoph. | 1. Pet. Text. 1. Pet. Rom. ‖ 2. Pariſ. 1. Pet. Text. ‖ 1. Pariſ. 1. Nomp. 1. Mignone.</td><td>3</td><td></td></tr>
<tr><td>12</td><td>PETIT-PARANGON.</td><td>—— 2. PETITS-ROMAINS. | 4. Pariſiennes. ‖ 1. Nomp. 1. Saint-Auguſtin. | 1. Pet. Text. 1. Cic. | 1. Gaill. 1. Philoſoph. ‖ 2. Pariſ. 1. Pet. Rom. | 2. Nomp. 1. Pet. Text. | 2. Mign. 1. Nomp. ‖ 1. Pariſ. 1. Nomp. 1. Gaill. | 1. Pariſ. 1. Mignon. 1. Pet. Text.</td><td>3</td><td>2</td></tr>
<tr><td>13</td><td>GROS-PARANGON.</td><td>—— 2. PHILOSOPHIES. ‖ 1. Nomp. 1. Gros-Texte. | 1. Pet. Text. Saint-Aug. | 1. Pet. Rom. 1. Cic. ‖ 2. Pariſ. 1. Cic. | 2. Nomp. 1. Pet. Rom. | 2. Mign. 1. Pet. Text. | 2. Pet. Text. 1. Nomp. ‖ 1. Pariſ. 1. Nomp. 1. Philoſoph. | 1. Nomp. 1. Mign. 1. Gaill. ‖ 2. Pariſ. 2. Nomp. | 3. Pariſ. 1. Mignon.</td><td>3</td><td>4</td></tr>
<tr><td>14</td><td>PALESTINE.</td><td>—— 2. CICEROS. | 3. Petits-Textes. | 4. Nompareilles. ‖ 1. Nomp. 1. Gros-Romain. | 1. Pet. Text. 1. Gr. Text. | 1. Pet. Rom. 1. Saint-Aug. ‖ 2. Pariſ. 1. S. Aug. | 2. Nomp. 1. Cic. | 2. Mignon. 1. Pet. Rom. | 2. Gaill. 1. Nomp. ‖ 1. Pariſ. 1. Mign. 1. Cic. | 1. Pariſ. 1. Gaill. 1. Pet. Rom. | 1. Nomp. 1. Mign. 1. Philoſoph. | 1. Nomp. 1. Pet. Text. 1. Pet. Rom. | 1. Mign. 1. Pet. Text. 1. Gaill. ‖ 2. Pariſ. 2. Mign. | 3. Pariſ. 1. Gaill.</td><td>4</td><td></td></tr>
<tr><td>15</td><td>PETIT-CANON.</td><td>—— 2. SAINTS-AUGUSTINS. | 4. Mignones. ‖ 1. Nomp. 1. Gros-Parangon. | 1. Pet. Text. 1. Petit-Parangon. | 1. Pet. Rom. 1. Gr. Rom. | 1. Cic. 1. Gr. Text. ‖ 2. Pariſ. 1. Gr. Rom. | 2. Nomp. 1. Gr. Text. | 2. Mign. 1. S. Aug. | 2. Pet. Text. 1. Cic. | 2. Gaill. 1. Pet. Rom. | 2. Pet. Rom. 1. Pet. Text. | 2. Philoſoph. 1. Nomp. ‖ 2. Pariſ. 2. Gaill. | 2. Nomp. 2. Pet. Text. | 2. Pariſ. 3. Nomp. | 3. Nomp. 1. Pet. Rom. | 4. Pariſ. 1. Pet. Text. ‖ 1. Pariſ. 1. Mign. 1. Gr. Text. | 1. Nomp. 1. Pet. Text. 1. S. Aug. | 1. Pariſ. 1. Gaill. 1. S. Aug. | 1. Pariſ. 1. Philoſoph. 1. Cic. | 1. Nomp. 1. Pet. Rom. 1. Cic. | 1. Mign. 1. Gaill. 1. Cic. ‖ 2. Nomp. 1. Mign. 1. Gaill. | 2. Mign. 1. Nomp. 1. Pet. Text.</td><td>4</td><td>4</td></tr>
<tr><td>16</td><td>TRISMEGISTE.</td><td>—— 2. GROS-ROMAINS. | 3. Cicéros. | 4. Gaillardes. | 6. Nompareilles. ‖ 1. Pet. Text. 1. Petit-Canon. | 1. Cic. 1. Paleſtine. | 1. S. Aug. 1. Gr. Parang. | 1. Gr. Text. 1. Pet. Parang.
(On peut encore augmenter de beaucoup l'aſſemblage de ce Corps & des ſuivans.)</td><td>6</td><td></td></tr>
<tr><td>17</td><td>GROS-CANON.</td><td>—— 2. GROS-PARANGONS. | 4. Philoſophies. ‖ 1. Pet. Text. 1. Triſmégiſte. | 1. Gr. Text. 1. Pet. Canon. | 1. Pet. Parang. 1. Paleſtine.</td><td>7</td><td>2</td></tr>
<tr><td>18</td><td>DOUBLE-CANON.</td><td>—— 2. PETITS-CANONS. | 4. Saint-Auguſtins. | 8. Mignones. ‖ 1. Cic. 1. Gr. Canon. | 1. Pet. Parang. 1. Triſmég.</td><td>9</td><td>2</td></tr>
<tr><td>19</td><td>TRIPLE-CANON.</td><td>—— 2. TRISMEGISTES. | 4. Gros-Romains. | 6. Cicéros. | 8. Gaillardes. | 12. Nompareilles. ‖ 1. Gr. Text. 1. Doubl-Canon. | 1. Pet. Can. 1. Gr. Can.</td><td>12</td><td></td></tr>
<tr><td>20</td><td>GROSSE-NOMPAREILLE.</td><td>—— 4. PALESTINES. | 8. Cicéros. | 12. Petits-Textes. | 16. Nompareilles. ‖ 1. Paleſt. 1. Triple-Canon.</td><td>16</td><td></td></tr>
<tr><td></td><td>Tous les Caractéres doivent avoir dix lignes & demie géométriques de hauteur en papier, ſuivant les Reglemens; ou onze lignes trois points, meſure de l'Echelle.</td><td>*Les Caractéres de l'Imprimerie n'ayant point eu juſqu'à préſent d'ordre parfait, (les Corps étant plus forts ou plus foibles, ſuivant les Imprimeries) je leur donne ici un corps fixe & une correſpondance générale; en conſervant, autant que j'ai pû, les forces de corps ordinaires: ce qui a été approuvé des perſonnes les plus expérimentées dans l'Art. Et pour l'éxécution, j'ai fait une Echelle que je diviſe en deux pouces, le pouce en douze lignes, & la ligne en ſix points; où il faudra prendre exactement le nombre de lignes & de points que je marque pour chaque Corps.*</td><td></td><td></td></tr>
</table>

图19 皮埃尔–西蒙·富尼耶刊载于《印刷活字样本册》中的“比例对照表”（缩小版，1742）

TABLE GÉNÉRALE DE LA PROPORTION *des différens Corps de Caractères.*

ÉCHELLE FIXE *de 144 points Typographiques.*

Nomb.	Corps.	Points
1	PARISIENNE.	5
2	NOMPAREILLE.	6
3	MIGNONE.	7
4	PETIT-TEXTE.	8
5	GAILLARDE.	9
6	PETIT-ROMAIN. – 2 Pariſiennes.	10
7	PHILOSOPHIE. = 1 Pariſ. 1 Nompareille.	11
8	CICÉRO. – 2 Nomp. = 1 Pariſienne, 1 Mignone.	12
9	SAINT-AUGUSTIN. – 2 Mignones. = 1 Nompareille, 1 Petit-texte.	14

图20 1764年富尼耶在《字体排印手册》中将“比例对照表”进一步扩展而成的点制系统（原尺寸）

“DTP点”的点制系统将1英寸精确地切分，设定1点等于0.3528毫米。这成为计算机中计量单位的国际标准。

铸字在数值上的规范化和标准化，不仅仅是简单的所谓“合理化”，以提供便利，而是从“量产的规范产品→流通→工业”这一意义上最终导向了近代化。从历史过程来看，将富尼耶的业绩说成是“为即将到来的工业革命进行了预备”也不为过。“字型”是从“型”进行量产而制成的规范产品，这个词实际上还有超越语言沟通的另一层含义。

进一步说，对活字进行规范、标准化、量产化后，通过流通（普及），也同时进一步巩固了其“书写语言”的地位。“书写语言”的巩固是指拼写、标点、语法等这些语言书写方法的确立。活版印刷术的传播途径，与意大利语、法语、英语等语言的书写方法的确立，在年代顺序上如出一辙。

＊

回过头来看日本的活版印刷术，可以说是在幕府末期到明治初期这段时间内引进的。

非常遗憾，被称作日本活字印刷始祖的本木昌造（1824—1875）并不是一位能与活版印刷创始者约翰内斯·古登堡相提并论的人物。他在长崎曾做过荷兰语翻译，后来在出岛将他之前见过的活版印刷引进日本，并为其普及和发展做出了重大贡献。

日本的活版印刷术，从活版印刷用的设备到其周边器材、技术、字体设计（虽然

9. 很多人并不知道，本杰明·富兰克林其实也是一位为美国活版印刷黎明期做出贡献的出色印刷商。他以印刷业起家，闻名之后，参与了科学研究、公共行政事业。1757年开始到《独立宣言》发布前的1775年期间，他被派驻英国，在工作之余还访问了约翰·巴斯克维尔、威廉·卡斯隆等在印刷史上流芳后世的英国主要铸字商。回国后，他参与了美国《独立宣言》起草委员会，还负责了《独立宣言》实际上的印刷和监制。因此《独立宣言》是用卡斯隆的活字印制的。而且，在《独立宣言》发布之后，他作为驻法全权公使驻法八年，也访问了迪多、富尼耶等当地主要的铸字商。

10. 当时，字号的名称并非用字号表示，而是用Great Primer（18pt）、Pica（12pt）、Small Pica（11pt）、Long Primer（10pt）、Brevier（8pt）、Minion（7pt）、Ruby（5.5pt）等名称。

译注3. 因为英文字母Q的发音与日文汉字“级”的发音相同，所以能进行这一转换。

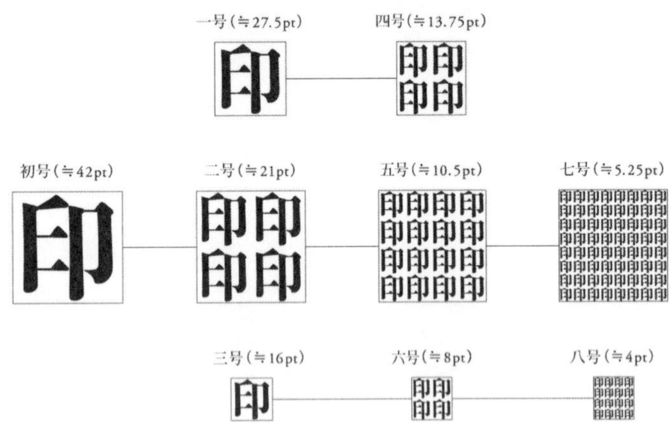

图21　号数制活字体系（原尺寸）

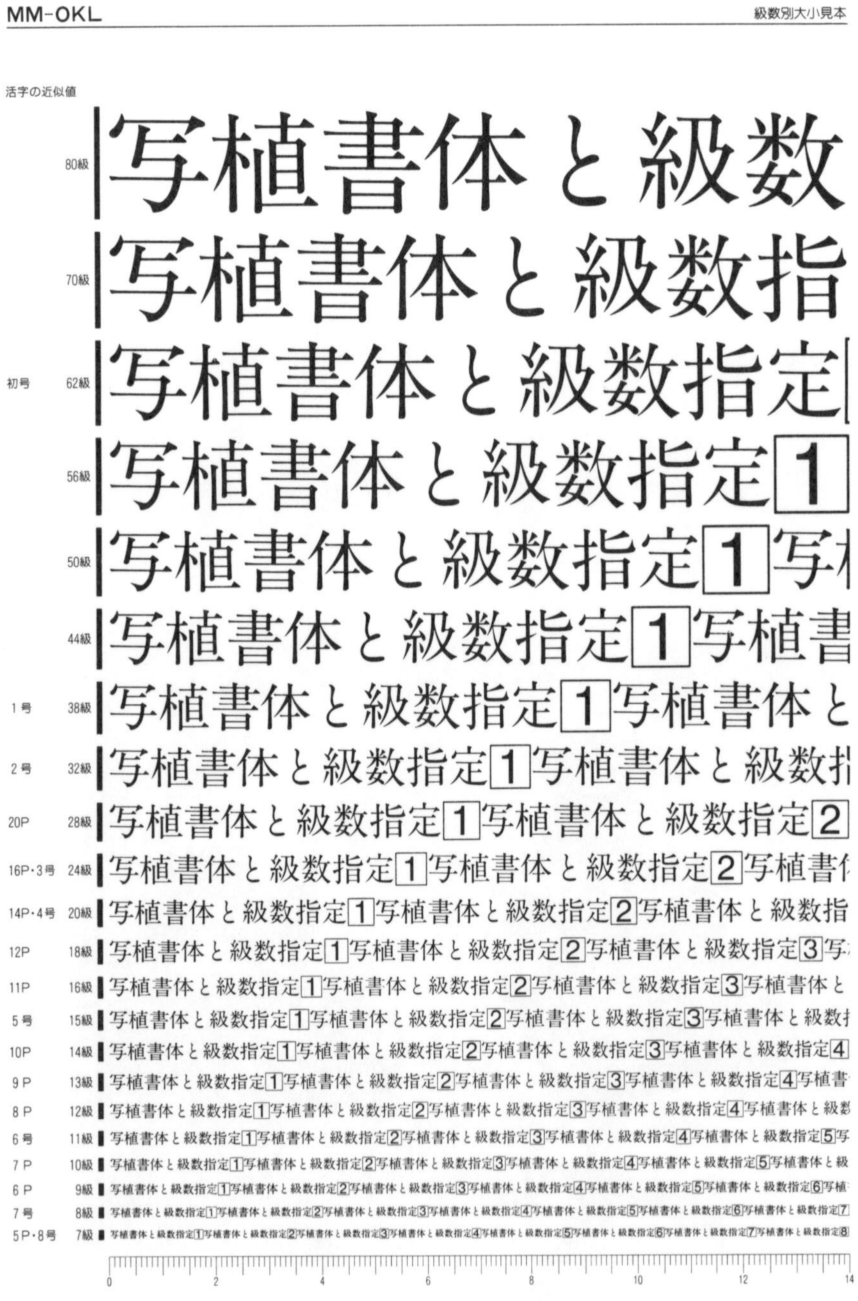

图22　虽然照排的字号体系中采用的是公制单位的“级”，但其体系也模仿了号数制和点制的倍数体系（缩小图）

这里暂不包括假名字体），这些“实物”“技术”几乎全都是从国外引进的。

可以说其中大部分是美国传教士经由上海，或者是从美国本土直接拿过来的。引进设备与周边器材，也意味着“字号”被一起引进。

在美国，活字字号规格的统一是美国活字协会于1886年完成的。因此本木昌造引进日本的是统一之前的字号体系。

在统一规格之前，一半以上的美国铸字厂常用的字号是当时行业最大的麦凯勒-史密斯-乔丹公司（Mackellar, Smiths and Jordan, Letter Founder）所采用的系统——约翰逊派卡（Johnson pica）。

“约翰逊派卡”这个字号体系，与本杰明·富兰克林[9]（1706—1790）担任驻法全权公使时从富尼耶的铸字厂购买了一套印刷器材这一事实具有历史性的关联。也就是说，源于富尼耶的点制系统最终进入了日本。

于是，本木昌造将字号[10]的倍数关系替换成“号”（图21）并展开了运用。

在日本，统一规范后的“英美点”虽然是从明治末期（1908年）之后才开始采用的，但在金属活字印刷现场，则一直是之前的号数制与英美点制二者并用。后来，JIS标准将1点定义成0.3514毫米的英美点，则是1962年的事情了。

作为金属活字的新一代的排版机——日文用照相排版机的专利是森泽信夫与石井茂吉两人于1924年提出的。在这五年后的1929年，早期的实用机正式完成。照相排版最初虽然也采用了英美点，但后来依照公制，改成用“级”（图22）这个单位。

所谓“级”是1毫米的四分之一，即以0.25毫米为1级的单位，当今日文的桌面排版软件也是将其与点制并用。

四等分即为quarter，缩写为Q，可转换成日文汉字“级”[译注3]，这成为照排的设置基准值。照相排版是以这个0.25毫米为基本单位进行字号、字距、行距的设定后进行排版的。

活字制造中的单位系统

工业革命之后，各种生产活动都进入了在大规模工厂的大量生产时代。其中，活字制造和印刷产业则打头阵，不断推进设备的大型化和自动化。

自创始以来，活版印刷的活字制造工序，都需要在模具中倒入铅合金，一个一个地铸造活字，再由人工编排出来，这需要耗费巨大的劳力和时间。

但是1838年美国的小戴维·布鲁斯（1802—1892）发明了手摇式铸字机——"布鲁斯铸字机"。尽管只是手摇式，但依旧极大提高了生产效率。

1885年，旅美德国人奥特马尔·默根塔勒（1854—1899）发明了以"行"为单位铸造活字的机器"莱诺自动铸排机"（图23）；而1887年，同是美国人的托伯特·兰斯顿（1844—1913）则发明了以"字"为单位，从活字铸造到排版都能完成的"蒙纳自动铸排机"（图24），并于1889年完成了实验机的制作。

这些自动活字铸排机的目的都是更快并自动地铸造字宽不同的拉丁字母字符。因此，它们都考虑了如何建立一个更合理高效的系统。

蒙纳的系统里将一个全身（em，一比一的正方形）均分为18份（莱诺机则分成19份），不同字宽的字符具体的排版宽度（set width）则要分配在这十八等分的单位上，通过数值管理进行活字铸造。（图25）

比如小写字母i、j、l占5/18单位，a、c、e为8/18单位、大写字母M、W则为18/18单位。也就是说，每个字符的设计制作都有一个性质，即需要根据设备的情况服从制约。另外，这个单位系统还被用于字距调整。

单位系统里把一个全身切分得越细，其精度自然就越高，字体设计就越接近自然的形态。因此，随着时代的发展，单位系统不断细分化，字体设计的精度也逐渐提高。

之前讲述了人文主义者们如何切分罗马大写字母，但是单位系统的主要目的是要对使用机械的铸字排字工程进行合理化，这一点与文艺复兴时期的分割法为罗马大写字母的几何构成而绘制的参考线有本质性的区别。

日文照相排版也运用了单位系统。

照相排版中并没有金属活字那样真正的实体尺寸（字身）。照相排版使用粘贴在玻璃版字盘上的类似负片的字体，通过镜头的放大、缩小率决定字号后，用光学处理的方法印在相纸上。因此在字体设计时为了设置活字大小，需要一个虚拟的字框，即"虚拟字身"。

照相排版中，日文字体的虚拟字身与金属活字的四棱柱一样都是正方形（一比一的全身活字）。然后将一个全身纵横十六等分（后来变成三十二等分）而成的"单位"（unit）用来设置日文照相排版系统中西文字体的字宽（图26）。

不仅西文，日文同时受0.25毫米单位的控制，还可以依照级数分别对应的十六或者三十二等分的单位进行字距调整。

这一单位系统继续被新一代的系统无限细分。

1984年，苹果电脑公司的Macintosh个人电脑登场，带来了信息传达构造性的

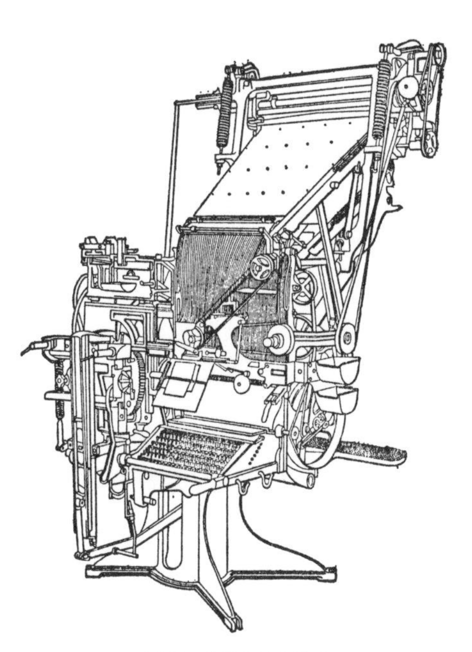

图23 莱诺自动铸排机

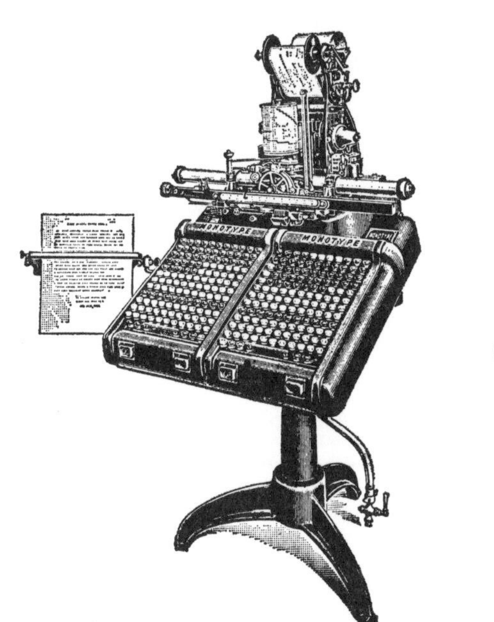

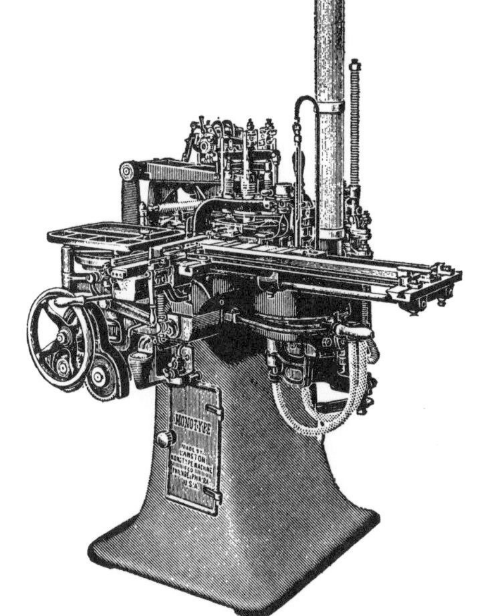

图24 输入文字用的蒙纳键盘（左）和蒙纳自动铸排机（右）

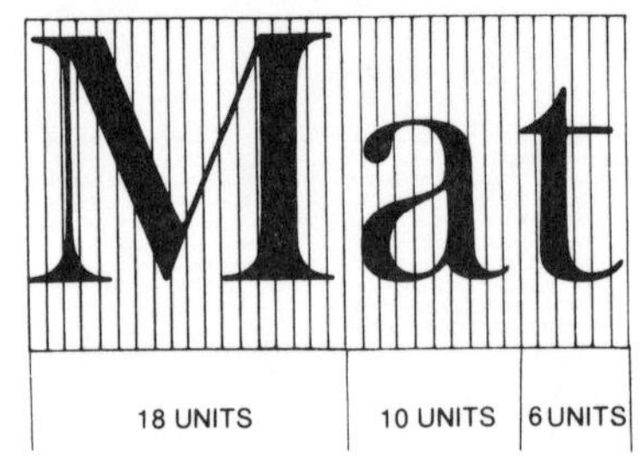

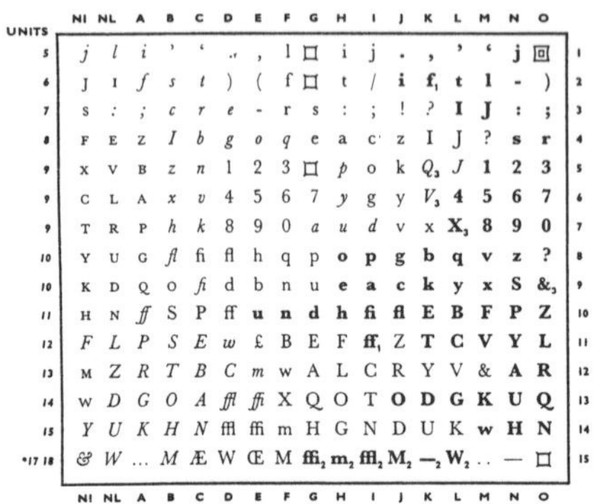

图25　蒙纳机为18单位系统。具体的单位数根据不同字体而异。上图为Scotch Roman，下图为Baskerville

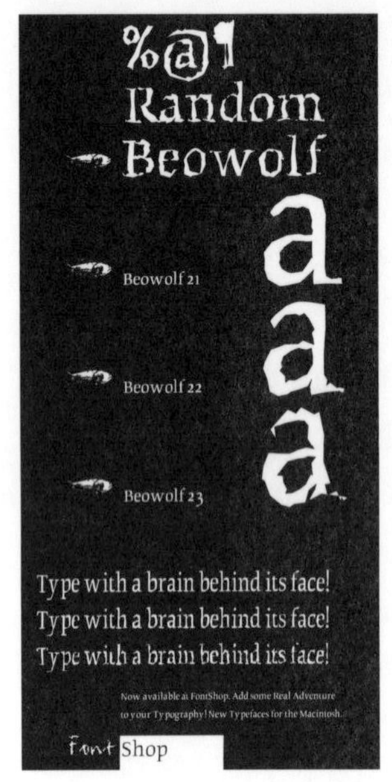

图28　埃里克·范布洛克兰与于斯特·范罗叙姆设计的Beowolf字体。Beowolf的骨架是以非常正统的罗马体（右）为基础的

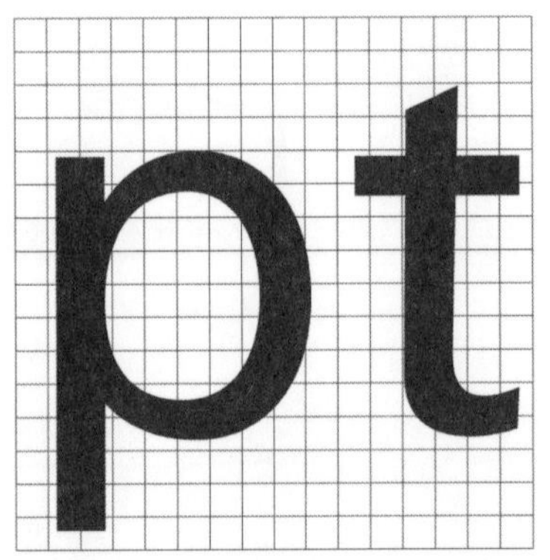

图26　照相排版中的十六等分单位

图27　数码字体中1000网眼的单位系统（部分）

革新。以文字排版来说,之前一直被印刷、排版业者等专业独占，而现在不仅面向设计师、编辑，甚至向一般公众都开放了。

无论是机械铸造的金属活字，还是在照相排版时代活字制作和排版中可供调整的单位,都没有细致到超过两位数。因此,制作者们为了寻找理想字形与机械限制的整合性节点,需要倾注很多不必要的精力。

因此就有一种论调指出，从某种意义上说，在不受机械束缚的时代里，为人工排版设计活字反而是更理想的。

但是，到目前为止，作为个人电脑中的印刷用字体（数码字体）的基准，即使字号都设为纵横1000网格（1000网眼）(图27)，也能在字体格式中作为电子信号保存下来。而在排版软件中，也能够以1/1000的单位进行字距调整。再进一步，数码字体的制作现场甚至可以大大超过这个基准（如15000网眼等等）进行字体开发，然后再压缩成1000网格的字体格式进行生成。

先人们曾经所追求的数值化、定量常数化、规范化自不必说，其精度不仅早已远远超过人类“眼”力和“手”力的范围，似乎也已经轻松超过了纸面上油墨转印这一物理性的再现范围（比如虽然能在屏幕上用数值表现，但实际印刷因过于细密而无法再现的极细水线等等）。文艺复兴之后，众多的字体排印师孜孜不倦追寻的理想的字体设计以及字体排印的那些制约，全都清扫一光。

实际上，在个人电脑出现之后，数码字体加速度式地增长。原先金属活字、照排活字中不可能实现的字体，比如需要连笔、纤细的手写体，具有手写氛围的书法类字体、古典字体的复刻，以及以图拉真碑文为代表的罗马大写字母的碑文类字体、保留有笔刷等笔具氛围的笔刷类字体等等，大概迄今为止几乎能想到的所有字形，都可以套到1000网格的字体格式中，实际做成电脑字体。

那么这样一来，在文艺复兴之后，经过五百五十多年扩展而来的字体排印的数值（理想）与技艺（现实）的矛盾是不是就可以因此而宣告结束了呢？

1990年出现了一款用电脑程序制作的Beowolf字体(图28)，它每在电脑屏幕上出现一次,每个字符的形态都会发生变化。

这款字体由荷兰的年轻字体设计师埃里克·范布洛克兰与于斯特·范罗叙姆设计。可以说他们是已经厌倦了先人们所追求的、用人类的理性可以进行控制的字体

设计，才做出了Beowolf。

由于字形过于奇特，Beowolf被当做粗劣作品，最终沦为一个时代的流行字体，无法摆脱其被消费掉的命运。但是，这一奇特设计的背后，却存在着一些能动摇字体排印根基的问题。

其一，活字的定义是以规范化的字“型”（模具）重复地以同样形象再生出来的通用文字，而Beowolf这款字体的造型却是变化的，脱离了这一定义。

另一点，影响文字活字印刷表现的油墨晕出及飞白部分的不可预测、不可控制的情况（噪点）本来已经被电脑克服，而现在反而通过电脑程序再次控制，表现出了这些不可预测、不可控制的情况，或者说，它表现出了包括“做字的人类所书写”这一文字“身体性”在内的所有这些不规则节奏。从这两点来说，Beowolf的出现其实是最有冲击性的。

从踏入这一堪称为偷尝禁果的未知领域，Beowolf的出现已经过去了十八年。但是直到现在，这个领域里依旧没有看到提及Beowolf的论文。

页面设计中的规范化与数值化（一）

书籍格式

前文叙述了文字、活字设计与排版中的数值、常数化、规范化的概要，接下来考察活字字体被排在纸面上定型时的数值、常数化、规范化的概况。

早在活版印刷发明之前的手抄本时代，在页面上记载文字的样式（书籍格式）采用的是被称作“栏”的样式。这几乎是由文字作为文本构成的“书籍”的共通点，哪怕承载文本的物体本身不是纸、皮革，而是石头等矿物，也依旧存在“栏”这一概念。

活版印刷的创始者古登堡模仿当时的手抄本，不仅模仿活字字体的设计，也模仿了“双栏”这一书籍格式（图29）。原则上活字排版技术是从“如何使用机器合理高效地复制当时的手抄本”开始的。

在十九世纪末，出现了一位人物，前无古人地论述了书籍格式的重要性。他就是英国艺术与工艺运动倡导者、社会主义活动家威廉·莫里斯（1834—1896）。他对设计的影响，在各个领域都说不尽道不完。

而在字体排印领域也是如此。他还实际创办了一家私人印刷所——科尔姆斯科特出版社（Kelmscott Press），从事活字字体排版、印刷、书籍制作等等。无论东西方都有大量研究著作记述着莫里斯在字体排印领域的事迹。

虽然有些抽象，但莫里斯首次提出了页面排版位置的设定方法。

他写道：“文字排版时的版心，订口（书籍中央装订线）处的余白必须最窄，天头（上部）比其稍微大一些，切口（书籍左右外侧）再大一些，地脚（下部）要再大一些。中世纪的书籍，无论是手抄本还是印刷本，都没有脱离这个规则。……这些间隔和位置，是制作优美书籍中最重要的问题。”他还说，以对开为单位作为一个文本块来看很重要。（图30）

莫里斯之后，直接受到他影响的是英国的爱德华·约翰斯顿（1872—1944）。

直到今日，约翰斯顿也是作为近代书法鼻祖而广为人知的一位人物。他在著述《书写、装饰与做字》（*Writing, Illuminating and Lettering*，1906；日译版『書字法·装飾法·文字造形』，远山由实译，朗文堂，2005）中针对古典书法进行了具体、详尽的解说，作为一本书法教科书，它被翻译到世界各国，是一本自出版以来直到现在也不断再版的名著。

约翰斯顿在其著作的一节中，针对书籍格式提出了以下的具体数值：

> 页边距是作为文本与其他部分分开的不可欠缺的余白部分，它对于令文字更加易读并保持美观非常重要。比起窄边距，宽边距的问题可能更少，但是空得太宽也会产生逆反效果。
>
> ……各页面中文本与边距的比

图29　约翰内斯·古登堡的《四十二行圣经》的正文排版（1450—1455）

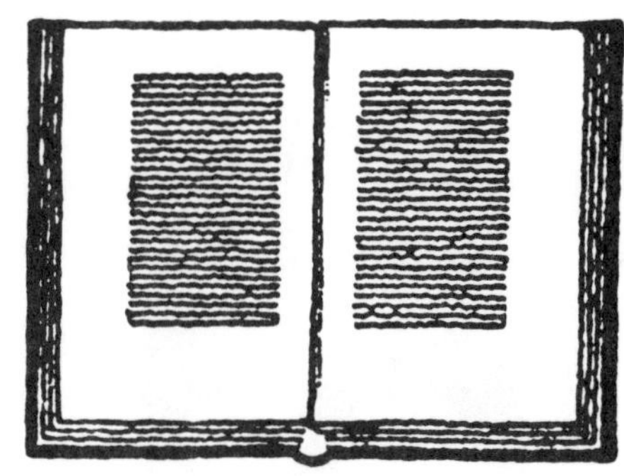

图30　威廉·莫里斯的版心设置

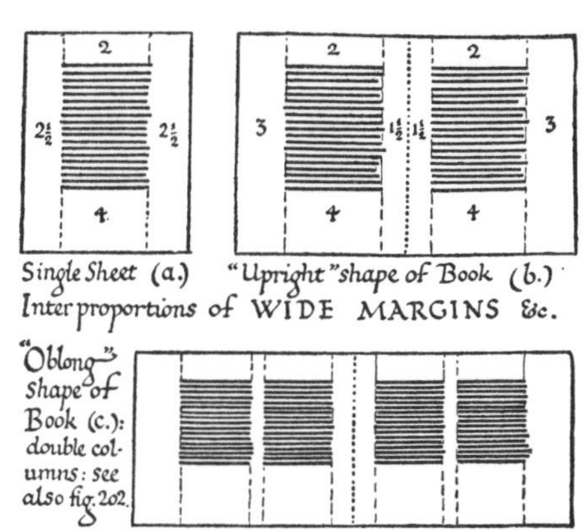

图31　爱德华·约翰斯顿的页面中的比例（1906）

例，要依照情况决定，可以说很大部分要依靠感性。因此，事先准备好几种页面尺寸及与其对应边距的格式会更方便。

其他各部分与页边距的比例要遵循传统。也就是说地脚[4]为天头[2]的两倍，而两侧的切口[3]通常取天头和地脚之间的值。

看一个对开的两页时，文本看起来要有成两栏并排的效果。位于中央的左右两页的两个订口部分要看成一个统一的空间，因此，应将订口做成切口的一半左右，这样两页拼一起后就与切口几乎相等了。早期手抄本的页边距比例，大致上为订口1.5、天头2、切口3、地脚4。这样适当配置足够的页边距，书籍能变得非常易用且变得优美。（图31）

将约翰斯顿提出的这个书籍格式的细节进一步数值化、图形化的，是二十世纪字体排印师扬·奇肖尔德（1902—1974）。

奇肖尔德出生于德国莱比锡，学习过书法和传统字体排印。1923年，他在魏玛被包豪斯所打动，在其前半生展开了所谓现代风格的字体排印（图32）。

由于纳粹的迫害，他逃亡到瑞士巴塞尔，并在后半生以该地为中心进行活动，又回归到了以传统样式为基础的字体排印（图33）。他将字体排印中两个非常有效的样式分别进行了理论化和体系化，并且进一步地将这些理论具体化到一个新的高度。直到现在，奇肖尔德依旧是一位经常被提及、讨论的人物。

奇肖尔德在其一生中制作了大量文学作品的书籍设计，其中最广为人知的是企鹅图书公司的作品。

他为企鹅图书制定了公司专用的活字字体选择方法和排版规则——《企鹅排版规则》（图34）。另外，他还制作了企鹅图书各个系列的书籍格式，以保持高品质又能大量生产为前提，展开了具有合理性却又有泛用性的设计（图35A、图35B）。

图32　奇肖尔德编辑设计的《字体排印通信特刊》之“字体排印基础”（1925）

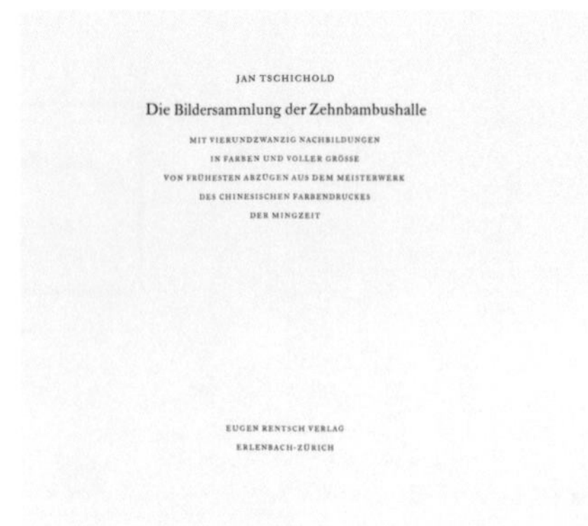

JAN TSCHICHOLD

Die Bildersammlung der Zehnbambushalle

MIT VIERUNDZWANZIG NACHBILDUNGEN
IN FARBEN UND VOLLER GRÖSSE
VON FRÜHESTEN ABZÜGEN AUS DEM MEISTERWERK
DES CHINESISCHEN FARBENDRUCKES
DER MINGZEIT

EUGEN RENTSCH VERLAG
ERLENBACH-ZÜRICH

图33　奇肖尔德晚年制作的《十竹斋书画谱》（1970）

Penguin Composition Rules

TEXT COMPOSITION

All text composition should be as closely word-spaced as possible. As a rule, the spacing should be about a middle space or the thickness of an 'i' in the type size used.

Wide spaces should be strictly avoided. Words may be freely broken whenever necessary to avoid wide spacing, as breaking words is less harmful to the appearance of the page than too much space between words.

All major punctuation marks – full point, colon, and semicolon – should be followed by the same spacing as is used throughout the rest of the line.

INDENTING OF PARAGRAPHS

The indent of the paragraph should be the em of the fount body.

Omit indents in the first line of the first paragraph of any text and at the beginning of a new section that comes under a sub-heading. It is not necessary to set the first word in small capitals, but if this is done for any reason, the word should be letter-spaced in the same way as the running title.

If a chapter is divided into several parts without headings, these parts should be divided not only by an additional space, but always by one or more asterisks of the fount body. As a rule, one asterisk is sufficient. Without them it is impossible to see whether a part ends at the bottom of a page or not. Even when the last line of such a part ends the page, there will always be space for an asterisk in the bottom margin.

PUNCTUATION MARKS AND SPELLING

If this can be done on the keyboard, put thin spaces before question marks, exclamation marks, colons, and semicolons.

Between initials and names, as in G. B. Shaw and after all abbreviations where a full point is used, use a smaller (fixed) space than between the other words in the line.

Instead of em rules without spaces, use en rules preceded and followed by the word space of the line, as in the third paragraph above.

Marks of omission should consist of three full points. These should be set without any spaces, but be preceded and followed by word spaces.

I

图34　《企鹅排版规则》（1947）

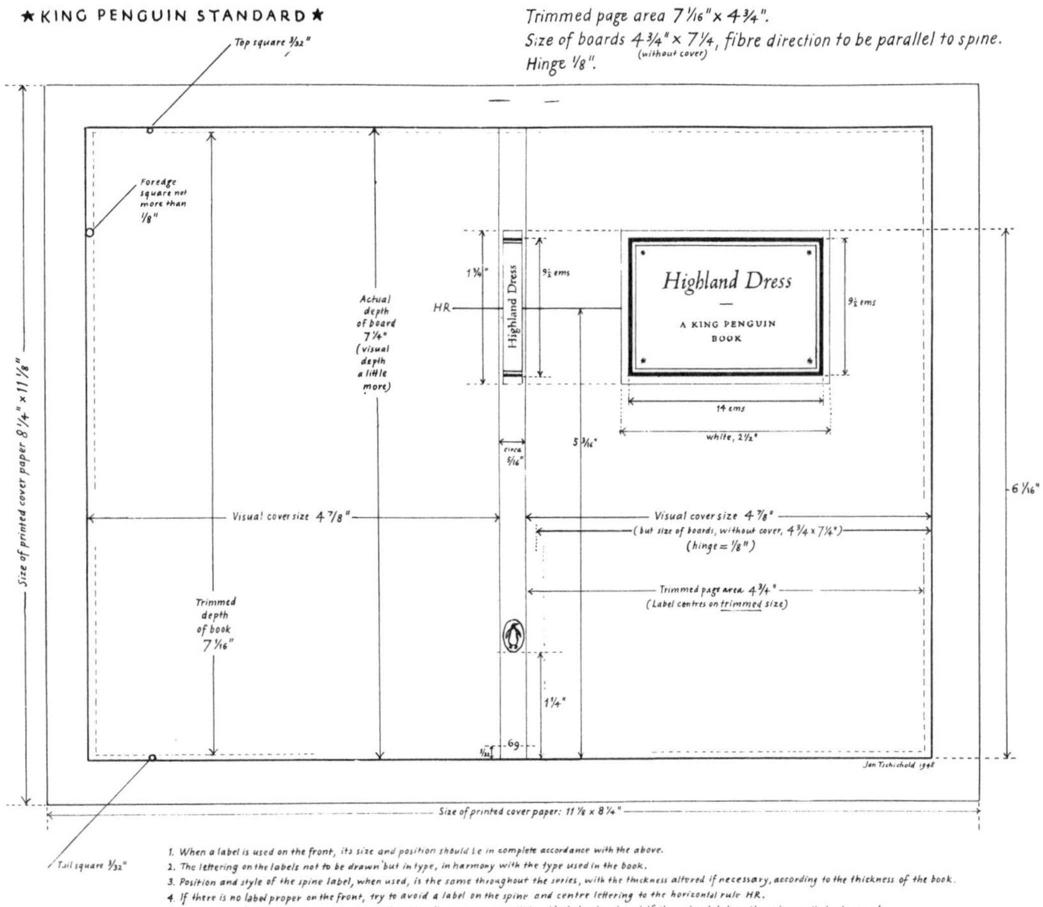

图35A “王企鹅”采用的设计标准图纸和封面设计格式（1948）

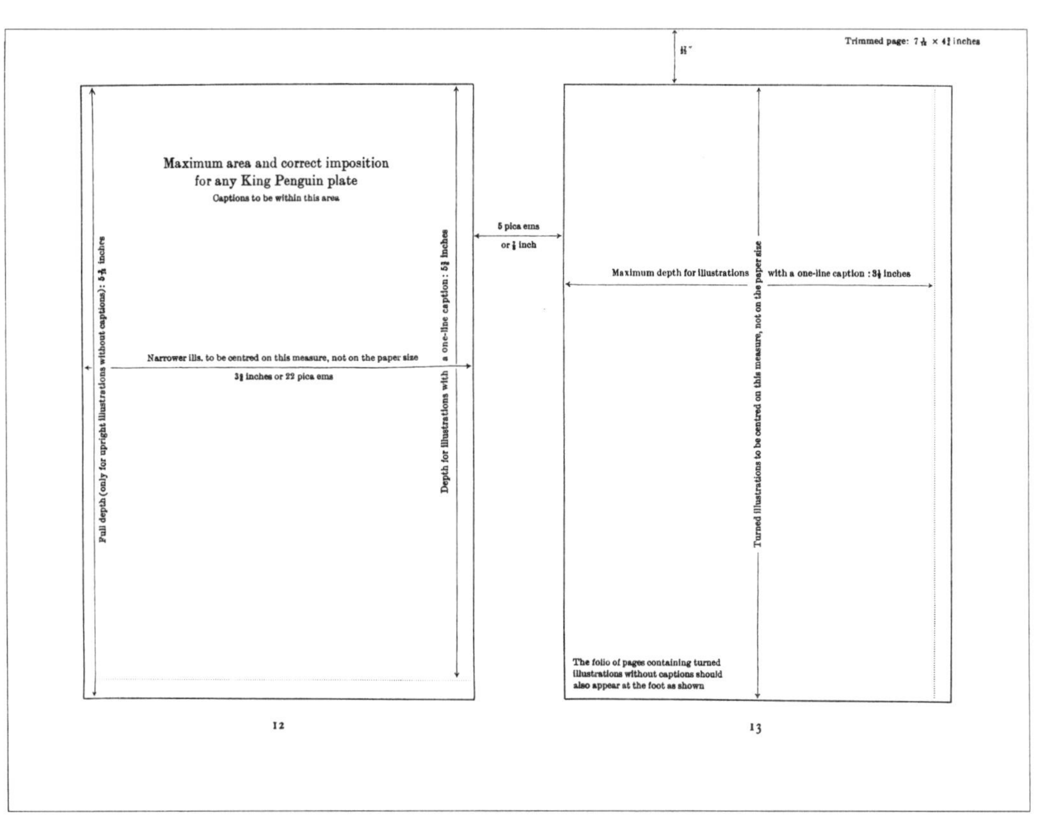

图35B “王企鹅”采用的页面最大版面和该系列通用的标题版格式（1948）

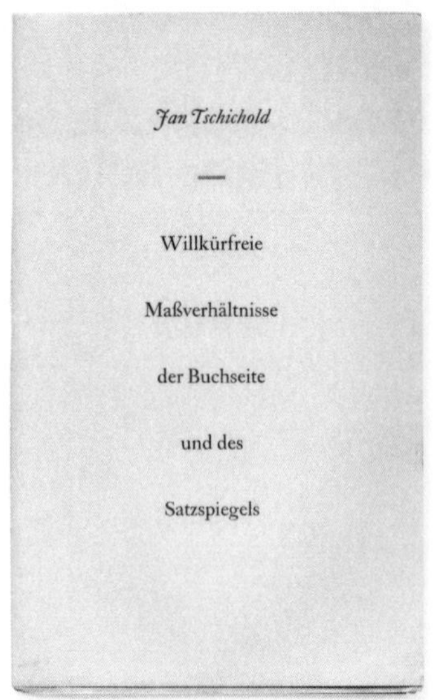

图36 《页面与版心的理性比例》(1962)

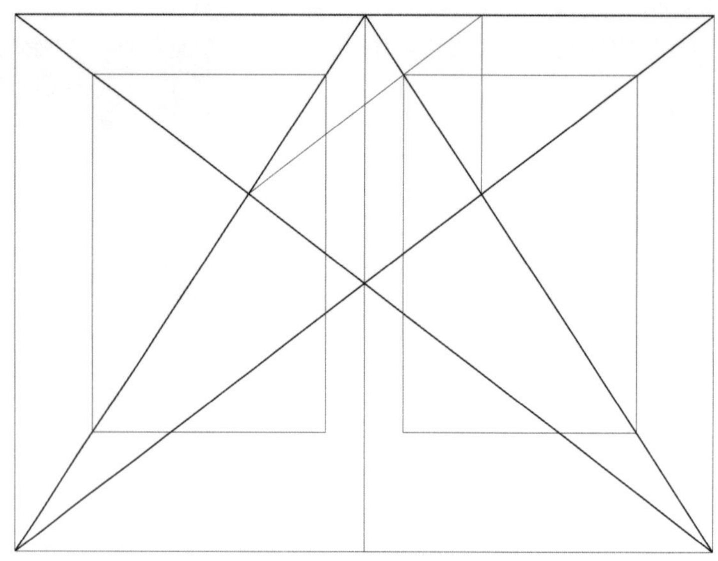

图37　维拉尔·德·奥纳库尔的和谐分割法（十三世纪前半叶）

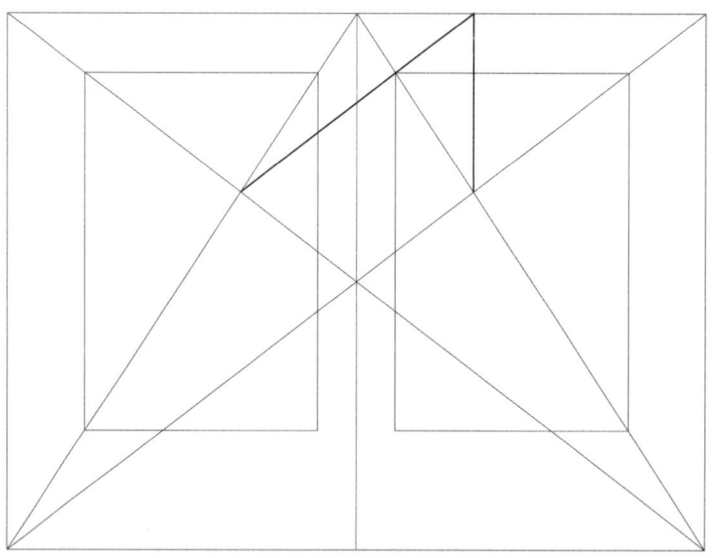

图38　范德格拉夫九步分割法（1946）

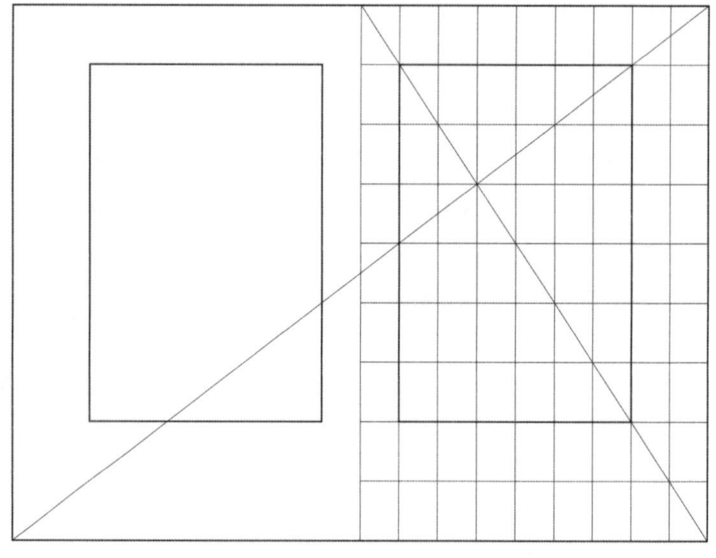

图39　劳尔·罗萨里沃的页面纵横九分法（1961）

1962年，奇肖尔德公开了他自己经过彻底调查、解析的书籍样式设定基准值和规范图纸，这就是《页面与版心的理性比例》（*Willkürfreie Maßverhältnisse der Buchseite und des Satzspiegels*，1962；日文版为『紙面と版面の明晰なプロポーション』，武村知子译，收录于*idea* 2007年第321期）（图36）一书。

他在分析了历代书籍后，尝试着重构了有用的书籍格式常数和规范图纸，将在美学领域中已经讨论殆尽的审美要素用常数、图纸表现出来。

奇肖尔德在书中对包括哥特晚期手抄本工匠维拉尔·德·奥纳库尔的页面构成图在内的和谐分割法(图37)，以及与他同一时期的研究者范德格拉夫（图38）、劳尔·罗萨里沃（图39）等的分割法都做了具体的图示，并尝试将这些应用拓展，并作为具有泛用性指标的书籍格式展示出来。

但这顶多只能算是基准值，而不是绝对值。这是因为，字体的种类和字号以及字重（粗细）、字距、词距、行距、行长等页面中各种元素的关系都不尽相同，可以有指标，但是不可能是绝对值。

因此奇肖尔德在其著作中指出，对无法数值化的常数，要靠“眼”和“手”来保证优质书籍的匀整形态。

DIE NEUE TYPOGRAPHIE

L. MOHOLY-NAGY

Die Typographie ist ein Instrument der Mitteilung.
Sie muß eine klare Mitteilung in der eindringlichsten Form sein.
Die Klarheit muß besonders betont werden, weil dies das Wesen unserer Schrift gegenüber den urzeitlichen Bildschriften ist.
Unsere geistige Einstellung zu der Welt ist individuell-exakt (bzw. diese individuell-exakte Einstellung ist heute in der Wandlung zu der kollektiv-exakten), im Gegensatz zu der alten individuell- und später kollektiv-amorphen.
Also zu allererst: eindeutige Klarheit in allen typographischen Werken. Die Lesbarkeit — die Mitteilung darf nie unter einer a priori angenommenen Ästhetik leiden. Die Buchstabentypen dürfen nie in eine vorbestimmte Form z. B. Quadrat gezwängt werden.
Der Druck korrespondiere mit dem Inhalt durch seine den optischen und psychischen Gesetzen untergeordnete Gestaltung.
Wesen und Zweck eines Druckes bestimmen den hemmungslosen Gebrauch aller Zeilenrichtungen (also nicht nur horizontale Gliederung), aller Typen, Schriftgrade, geometrischen Formen, Farben usw.
Mit der Elastizität, Variabilität und Frische des Satzmaterials soll eine neue typographische Sprache geschaffen werden, deren Inanspruchnahme nur der Gesetzmäßigkeit des Ausdrucks und seiner Wirkung unterliegt.
Das Wichtigste für die heutige Typographie ist die Verwendung der zinkographischen Techniken, die mechanische Herstellung von photographischen Reproduktionen in allen Formaten. Was die unexakte Urbildschrift der Ägypter begonnen hat, welche damals ein jeder nach Tradition und persönlicher Fähigkeit deuten konnte, führt die Einbeziehung der Photographie in das heutige Druckverfahren zu ganz exaktem Ausdruck. Bücher (meist wissenschaftliche) mit photographischen Reproduktionen existieren heute schon, aber die Photographien sind darin nur sekundäre Erläuterung zu dem Text. Die Entwicklung überwindet auch diese Phase, und die kleinen wie großen Photographien werden in dem Text an die Stelle heute noch immer individuell interpretierbarer Begriffe, Ausdrücke gesetzt. Die Objektivität der Photographie befreit den bisher rezeptiven Menschen z. B. von den Krücken einer persönlichen Beschreibung und er wird zur Formung einer eigenen Meinung mehr gezwungen sein, als je.
Man könnte sagen, daß eine derartige Verwendung der Photographie in kurzer Zeit dazu führen muß, einen wesentlichen Teil der Literatur durch den Film zu ersetzen. Die Entwicklung geht tatsächlich dahin (wie heute z. B. durch den Gebrauch des Telephons viel weniger Briefe geschrieben werden, als früher). Es ist kein Einwand, daß der Film einen größeren Apparat braucht. Dies ist nur scheinbar so; der Film wird bald eine ebenso geläufige Technik sein, wie jetzt der Buchdruck.
Eine ebenso wesentliche Veränderung wird durch das Einbeziehen der Photographie bei dem Plakat erzielt. Das Plakat muß alle psychischen Momente des sofortigen Wirkens in Anspruch nehmen. Durch die richtige Verwendung des photographischen Apparates und der verschiedenen photographischen Techniken: Retusche, Decken, Übereinanderkopieren, Verzerrung, Vergrößerung usw. ist der größte Wirkungsbereich geöffnet.
Die zwei neuen Möglichkeiten für das Plakat sind 1. die Photographie, mittels welcher wir heute den größten und frappantesten Erzählungsapparat besitzen, 2. die kontrastierend-eindringlich verwendete Typographie mit den unzähligen Variationen der überraschenden Buchstabenanordnung, der gleichen und gemischten Typen, verschiedenen Satzmaterialien Farben usw. je nach der Forderung der Wirkung.

图40　莫霍利-瑙吉·拉斯洛自己撰写的“新字体排印”文本和排版（左，1923）与埃尔·利西茨基的著作《艺术的主义 1914—1924》（右，1925）

Neue Grafik
New Graphic Design
Graphisme actuel

图41《新平面设计》(1958)

页面设计中的规范化与数值化（二）

网格系统

以往的书籍格式只考虑了单栏、双栏、三栏等纵向分栏，而现在的版式则会从纵横双向进行细致切分，并能支持照片、插画（视觉信息）与文本（语言信息），这样诞生的就是被称作“网格系统”的一种格子状的参考线。

由于受纳粹迫害，有很多周边各国的平面设计师都逃亡到中立国瑞士。网格系统就是由他们在第二次世界大战之后确立起来的一个系统。他们通过网格系统将视觉信息和语言信息统一起来，进一步地将技术和美学同时关联起来，展开了具有分析性、功能性的富有秩序的设计。

在网格系统形成的背景里，有被称作“新字体排印”这一功能性、合理性的字体排印的存在。它派生自以荷兰风格派、包豪斯等为代表的二十世纪初先锋艺术运动潮流。

“新字体排印”是俄罗斯构成主义埃尔·利西茨基（1890—1941）、包豪斯的莫霍利-瑙吉·拉斯洛（1895—1946）、约斯特·施密德（1893—1948）、赫伯特·拜尔（1900—1985）以及荷兰的皮特·茨瓦特（1885—1977）等提倡并实践的现代字体排印（图40）。

在“新字体排印”中所提倡的是，字体排印必须具有功能性且要符合目的性，因此，不使用留有历史、宗教、民族气息的罗马体，而要使用无机的无衬线体。要摒弃古典性的中轴对齐，而要进行能适应时代与生活的运动性的、具有能动性的非对称排版。要将作为新时代视觉信息的照相技术和字体排印的视觉效果相融合，符合工业规范的标准化。

将这些目标理论性地组织成语言后加以体系化的，正是年轻的扬·奇肖尔德。

二十世纪四十年代后半期发行了首次利用网格的印刷品，尽管网格在其中还只是辅助性的。虽说网格系统尚未成熟，但也基于规则性的原则对排版、图片进行摆放配置，具备了页面、版式的均一性，将题材客观地进行处理等这些新一代现代字体排印的特征。

将网格系统的作用更为具体地展现出来的，是1958年刊行的瑞士平面设计杂志《新平面设计》（图41），设计师为汉斯·诺伊堡（1904—1983）、里夏德·保罗·洛泽（1908—1988）、约瑟夫·米勒-布罗克曼（1914—1996）等。他们后来都逐渐地成为引领瑞士的设计潮流的设计师。

《新平面设计》的目的是要将德、英、法三种文字与图片等视觉信息放到同一页面里进行视觉性的融合。他们从活字字号

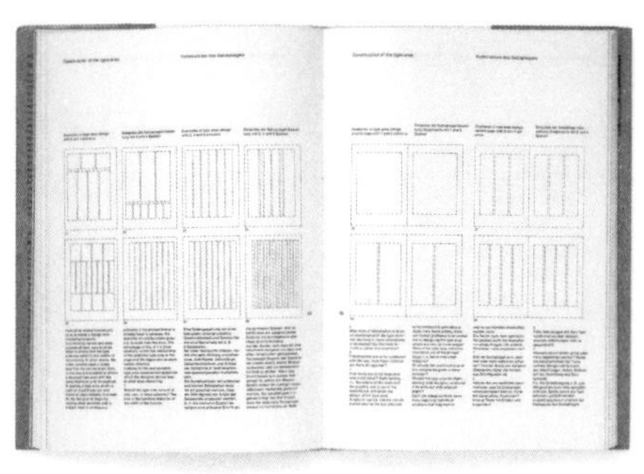

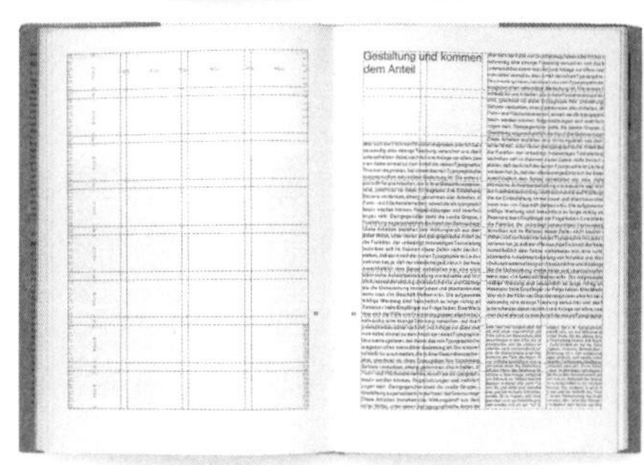

图42　约瑟夫·米勒-布罗克曼《平面设计中的网格系统》的封面和正文（1981）

译注 4. 这两段引用了《平面设计中的网格系统》中文译本（上海人民美术出版社2021年修订版，徐宸熹、张鹏宇译，杨林青、刘庆监修）的译法。

与行距导出单位长度，并依此切分页面，基于数学性的秩序，开始灵活使用网格。

布罗克曼后来将网格系统总结成《平面设计中的网格系统》(图42，Niggli，1981）一书，对其制作方法和使用方法进行了解说，并提出了网格系统的如下理念[译注4]：

> “有意于系统化和清晰化”“有意于洞察本质、浓缩精华”“有意于培养客观性而非主观性”“有意于将创作和生产技术过程合理化”“有意于将造型、色彩和材质等要素相结合”“有意于对平面和空间进行建筑性统筹”“有意于采取积极、前瞻的态度”“认识到教育的重要性”……

另外，他还指出了以下优点：

> “用视觉传达的手段，构建基于事实的论证”“系统化、逻辑化地将图文素材构建起来”“用图文手段，让组织方式更具有节奏感、统一感”“让视觉信息的结构更透明、更具紧张感”……

由于网格系统具有这些特性，因此原来几乎没有以语言信息为主的书籍会使用网格。与此相对，它更多地被用于以视觉信息为主的杂志、图录、商品目录等小册子，还有海报、广告、促销用品、展板、导视系统等时代所追求的新媒体中。

二十世纪六十年代之后，使用网格系统的设计席卷了世界各国。而日本也不例外，随即挪用了这个方法论。

但是网格系统作为一种技法，在导入时如果不仔细地灵活运用，会导致页面单调。也就是说，在读者看来，翻开每页都会觉得雷同，页面非常生硬、单调。另外，对于设计师来说，尽管单纯依照网格进行版式设计非常高效，但是一旦想要脱离这个框架，网格瞬间会变得难以驾驭，成为死板的制约。最终，很多设计师将这种死板归咎于欧洲的合理主义，并对其产生了厌恶和忌讳。

尽管如此，导致死板的制约、生硬单调的页面的关键原因并不是在网格系统本身。因为网格系统只是帮助制作版式的一个参考线，并不能保证设计一定优质。也就是说，正如奇肖尔德在《页面与版心的理性比例》中所述，“对无法数值化的常数，要靠‘眼’和‘手’来保证优质书籍的匀整形态”，对网格系统来说也是一样的。

构成页面的各种要素无法用数值化的语义与句法、语用等的关联去构成，最终还是必须靠视觉进行控制。

布罗克曼等人活跃的地点是瑞士的苏黎世。而几乎在同时、同一国家的巴塞尔，有一位教师以巴塞尔设计学校为基地，对字体排印中视觉控制的可能性进行了不断尝试，他就是埃米尔·鲁德（1914—1970）。

鲁德使用发布于1957年的无衬线字体Univers，向世人证明，他能够将以往稳定在静态的二维空间中的纸面空间，模拟出三维效果，并做出具有动态平衡的纸面。

Univers是1957年阿德里安·弗鲁提格（1928—2015）设计的一款无衬线字体。这是最早的一款从设计伊始就以字体家族[11]展开为前提而设计的字体。

11. 字体家族，是囊括了活字字体一个设计中派生出来所有变体的总称。不仅包括一般的罗马体和意大利斜体，还包括从细到粗的字重变化（细Light、常规Regular、中粗Medium、半粗Demibold、粗Bold）以及正体、长体、变体等字宽变化。

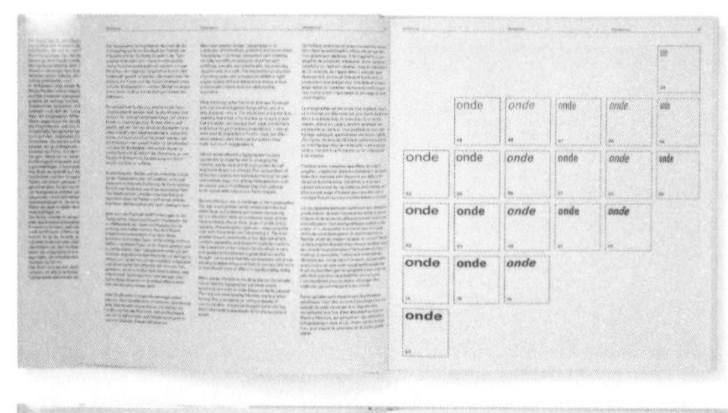

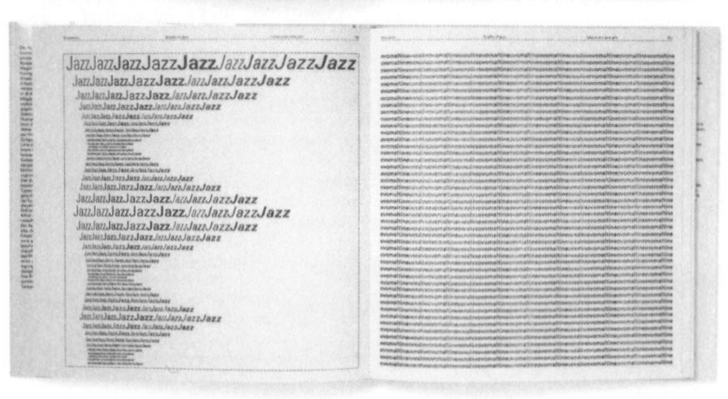

图43 埃米尔·鲁德制作的《文字设计》（1967）这本字体排印的教科书中刊载了大量用视觉控制字体排印的实例。刊载图片是Univers字体家族（上）以及使用Unviers的灰度阶调（下）

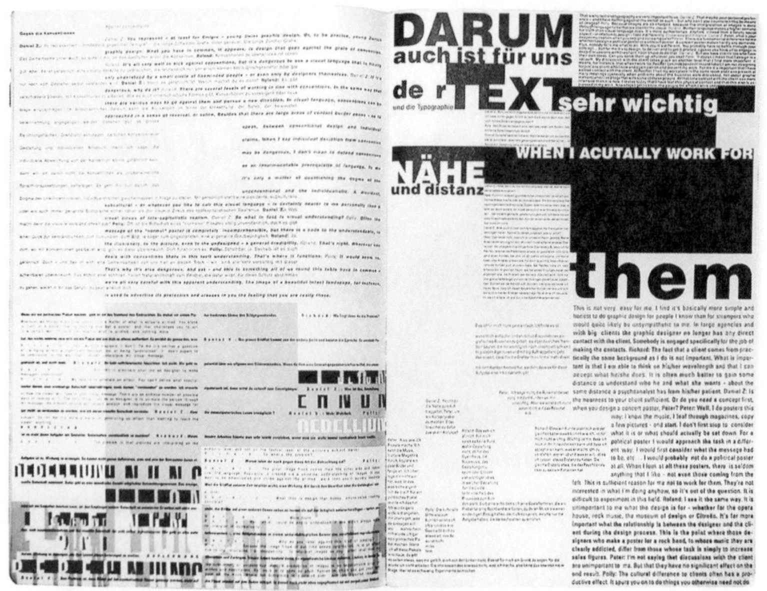

图44 祖扎娜·利奇科与鲁迪·范德兰斯制作的《移民者》杂志正文。“新浪潮字体排印”由开始使用电脑的一代人牵头，在二十世纪八十年代后半期开始到九十年代中期成为一个世界性的潮流（1984—2005）

这款字的特征是，用它排英、法、德等采用拉丁字母的不同文种，都能得到没有破绽、灰度均匀的版面，做到了以往仅用一款字体无法达到的效果。而且Univers具有从Light到Bold的字重，是一款极具视觉性的字体，能将版面的灰度阶调实现均等渐变。

在设计这款均质的字体时，弗鲁提格虽然对字干宽度等进行了一定程度的常数化，但对于印刷部分的“黑”与未被印刷的“白”之间的灰度平衡，几乎都是靠眼和手进行设计的。

鲁德则最大限度地发挥了Univers具有的特性，通过网格系统加以视觉控制，成功地制作出了动态、有透视感的页面（图43）。在从二十世纪六十年代到八十年代期间的欧美各国，像这样深受巴塞尔、苏黎世影响，活用网格系统的设计层出不穷。

八十年代中期之后，继鲁德之后在巴塞尔设计学院执教的是沃尔夫冈·魏因加特（1941—2021）。在他用胶版印刷进行实验性的字体排印的强烈影响下，又随着个人电脑的出现，网格不断地层叠化，而且被无限细分，最后终于达到从网眼纸到点阵程度的细化。

于是，结合解构主义的潮流，网格系统一下子走向瓦解。这在设计的领域中被称为“新浪潮字体排印”（图44）。

鲁德所展示的页面空间，使用不靠视觉控制的图层功能和三维功能就可以简便地实现。视觉信息与语言信息在数字化的支持下不断叠加，文本变为图像，图像作为视觉“语言”在画面上与文本成为对等的元素。

而且，图像还能变成动画，还可以加上声音信息。这正是布罗克曼所提出的网格系统理念之一——“视觉信息与语言信息的统合”，甚至还被这些实现超过了。布罗克曼所写的书名是《平面设计中的网格系统》而不是《书籍设计中的网格系统》的理由之一就在此。

之后的字体排印的进展

旨在视觉信息和语言信息的统合的现代字体排印在加速进化的同时，传统的字体排印在那之后情况如何呢？

话说回来，所谓传统性的字体排印，到底指的是什么？

我们一般说“读书”时，是指阅读文本本身。当然读者可以从视觉信息去进一步“读取”信息，但那是视觉信息的接收方在将其语言化，而不是在直接阅读语言本身。因此，我在这里暂且将传统性的字体排印定义为“以语言信息为主的字体排印”进行论述。

以语言信息为主的字体排印，需要从印刷出来的文本里读取内容。没有印在页面上的视觉信息以及声音信息，则要依靠读者内心的对话和想象力去进行补充。也就是说，在以语言信息为主的字体排印里，留有“不足信息”这一奢侈的空间余地。因此可以说，这个余地要靠读者自身去填充，而文本只是临时的一种实现[12]。

在现代字体排印中，为了填补这一余地，会准备照片、插画这些视觉信息，还要限定特定的接受方式。制作方要以能动的态度，让视觉信息和语言信息进行视觉控制。

与“以语言信息为主的字体排印”不同，这才是“新字体排印”与“现代字体排印”的发展进程，它们都依靠单向性的信息传达来发挥效力，很少留有接受者介入的余地。

尽管如此，“以语言信息为主的字体排印”和“现代字体排印”的分界线依旧非常模糊。这是因为，从根本上说，不同接受者的接受方式千差万别。

*

1996年，移居美国的捷克字体设计师祖扎娜·利奇科（1961— ）与生于荷兰的平面设计师兼编辑鲁迪·范德兰斯组成的二人设计团队“埃米格雷”（Emigre，意为“移民者”）发布了一款名为Mrs Eaves

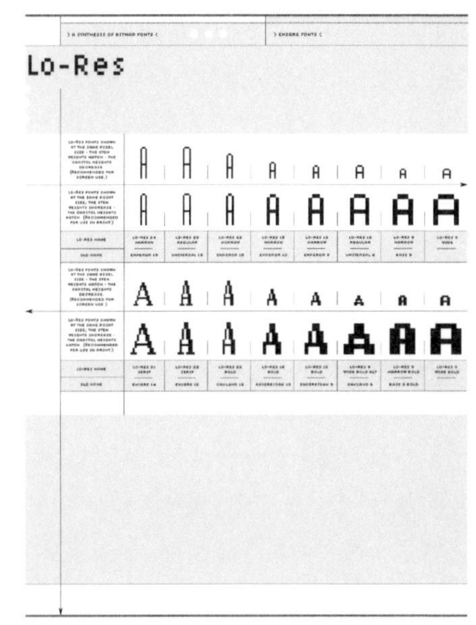

图45 祖扎娜·利奇科设计的Lo-Res家族。设计于1985年，并于2001年改刻

12. 但是，印刷出的文本并不是纯粹的语言信息。这是因为，文本里带有字体的种类、字距、行距、行长等排版样式，还有其摆放位置和边距，另外还有页码、页眉页脚（与页码一起印刷的章节名的部分）。这些是文本，同时也是视觉信息。篇、章、节等构成文本的页面展开要素在一定意义上也是视觉性的。另外还有“纸张”的视觉和触觉及拥有嗅觉的物理性的承载体，还有护封、扉页、环衬、书签等的存在。对此，读者是针对一个整体的“书籍”的存在，在有意识的或无意识的感知中进行阅读。

13. 点阵字体是指将字体拥有的字形信息预先用点的数据保存，可以用于直接在屏幕上显示输出的数码字体。

14. 轮廓字体是将字形信息用轮廓（用具有方向和长度的矢量）数据保存，根据显示、输出时所需的字号进行计算，转换成点阵数据。与点阵字体相比，它需要花费更多处理时间，但是文字放大缩小时不会产生锯齿。

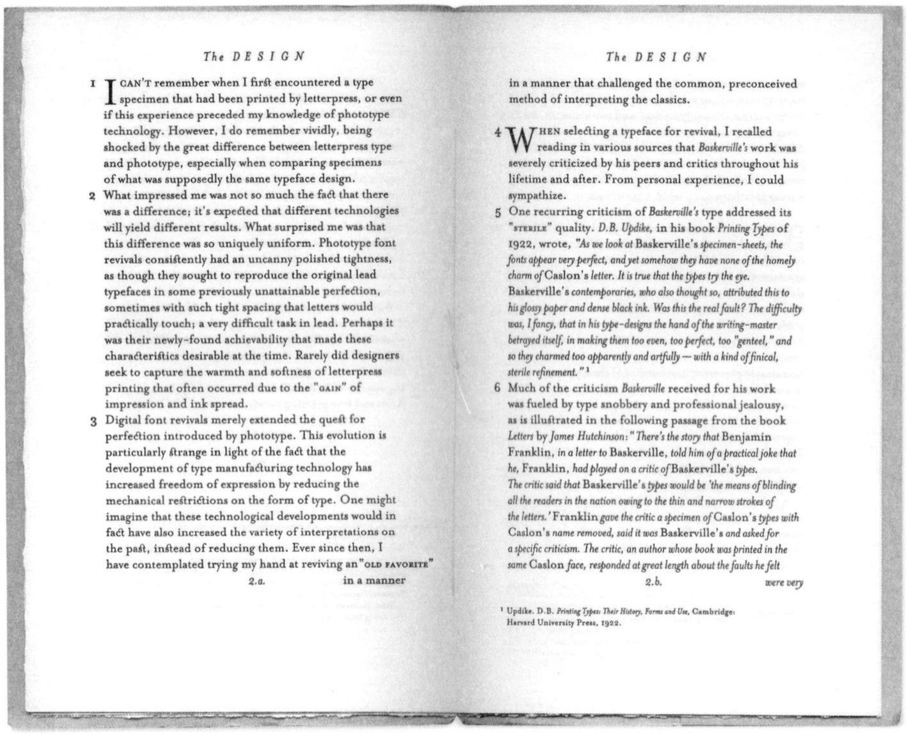

图46　刊载了古典式排版样张的Mrs Eaves字体样本册（1996）

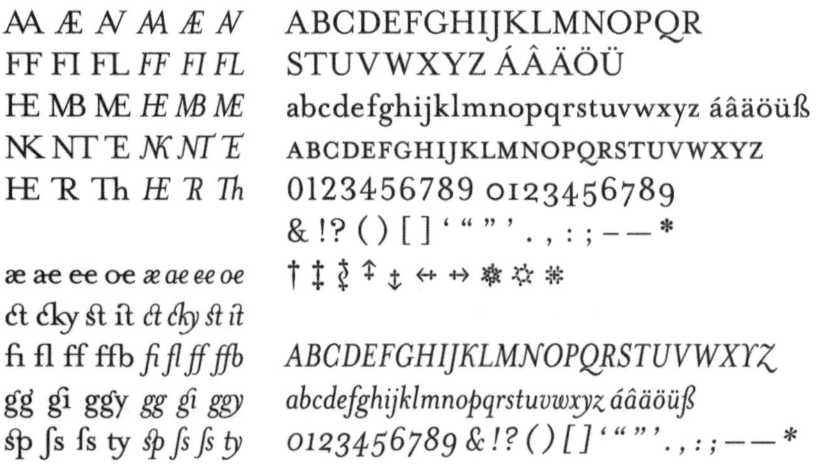

图47　Mrs Eaves中除了通常的罗马体、意大利斜体、小型大写字母之外，还有堪称多余的上百种的合字

的数码字体。

他们在二十世纪八十年代中期用Macintosh电脑制作了大量的数码字体。其中还有一款顾及当时数码环境，令人感到既有“自虐性”又有谐谑性的模拟点阵字体[13]的Lo-Res（低分辨率），这款字的出现令人十分震撼。（图45）

当时已经是1000网格的轮廓字体[14]进入实用的时代，他们却故意用粗糙的点阵字体，他们声称这符合数码时代读者“眼睛的习惯”。

他们在自己创办的媒体——设计和字体排印杂志《移民者》里使用这些字体。他们这份杂志里所展开的，便是之前介绍的“新浪潮字体排印”。他们也是引导这个潮流的先驱。

之前一直只设计独创性字体的祖扎娜·利奇科在1996年首次制作了一款古典性字体，即复刻了Baskerville的Mrs Eaves（图46）。

Baskerville是以英国约翰·巴斯克维尔（约1706—1775）为源流的一款活字字体，这是颇受好评的一款书籍正文用字体，从二十世纪初到现在，字体厂商都会用切合当时的技术将其复刻一遍。

利奇科在制作这款Mrs Eaves时，宣称自己要再次回到纸面的字体排印，将以古典字体配合现代读者的时代性和需求，运用最新的数码技术复刻（改刻）出一款必须依靠数码技术才能实现的字体。

在Mrs Eaves这款字体里含有大量的合字(图47)，都是通过Ligature Maker这一应用软件生成的。其正文排版的拟古典性甚至可以说有些过分。通过在这款字体中的尝试，她向世人展示了在正文字体开发中还有多种多样的可能。

之前只是安逸地、单纯地将以往字体（金属活字、照排活字）替换成数码格式的字体设计界，后来对于正文字体开发有了一些新角度：我们本来的需求是什么？实现需求又应该如何灵活使用电脑？在这之后，字体设计师们开始重新审视古典字体，并依照现代性的诠释进行改刻。

*

英国企鹅图书在2004年发行了“企鹅图书·伟大思想”(Great Ideas) 系列。(图48)这个系列复刻了从古典到近代的名著，是所谓的“简装书”，是非常普通的读本（以语言信息为主的字体排印）。

此系列使用的字体既不是金属活字，也不是照排活字，而是一款叫Dante的数码字体。Dante源自文艺复兴时期的人文主义者、印刷出版商阿尔杜斯·马努提乌斯在其印刷厂使用的罗马体，它于1946—1956年被改刻成为金属活字，并于近年数码化。

“企鹅图书·伟大思想”的排版方式依照传统性字体排印的样式，乍一看完全没

Niccolò Machiavelli

XVII

Cruelty and compassion; and whether it is better to be loved than feared, or the reverse

Taking others of the qualities I enumerated above, I say that a prince must want to have a reputation for compassion rather than for cruelty: none the less, he must be careful that he does not make bad use of compassion. Cesare Borgia was accounted cruel; nevertheless, this cruelty of his reformed the Romagna, brought it unity, and restored order and obedience. On reflection, it will be seen that there was more compassion in Cesare than in the Florentine people, who, to escape being called cruel, allowed Pistoia to be devastated. So a prince must not worry if he incurs reproach for his cruelty so long as he keeps his subjects united and loyal. By making an example or two he will prove more compassionate than those who, being too compassionate, allow disorders which lead to murder and rapine. These nearly always harm the whole community, whereas executions ordered by a prince only affect individuals. A new prince, of all rulers, finds it impossible to avoid a reputation for cruelty, because of the abundant dangers inherent in a newly won state. Vergil, through the mouth of Dido, says:

> Res dura, et regni novitas me talia cogunt
> Moliri, et late fines custode tueri.*

* 'Harsh necessity, and the newness of my kingdom, force me to do such things and to guard my frontiers everywhere.'

70

The Prince

None the less, a prince must be slow to believe allegations and to take action, and must watch that he does not come to be afraid of his own shadow; his behaviour must be tempered by humanity and prudence so that over-confidence does not make him rash or excessive distrust make him unbearable.

From this arises the following question: whether it is better to be loved than feared, or the reverse. The answer is that one would like to be both the one and the other; but because it is difficult to combine them, it is far better to be feared than loved if you cannot be both. One can make this generalization about men: they are ungrateful, fickle, liars, and deceivers, they shun danger and are greedy for profit; while you treat them well, they are yours. They would shed their blood for you, risk their property, their lives, their sons, so long, as I said above, as danger is remote; but when you are in danger they turn away. Any prince who has come to depend entirely on promises and has taken no other precautions ensures his own ruin; friendship which is bought with money and not with greatness and nobility of mind is paid for, but it does not last and it yields nothing. Men worry less about doing an injury to one who makes himself loved than to one who makes himself feared. For love is secured by a bond of gratitude which men, wretched creatures that they are, break when it is to their advantage to do so; but fear is strengthened by a dread of punishment which is always effective.

The prince must none the less make himself feared in such a way that, if he is not loved, at least he escapes being hated. For fear is quite compatible with an absence

71

图48 2004年刊行的“企鹅图书·伟大思想”的正文排版，其排版依照传统性样式，中轴线对齐

有什么出奇的地方。这里没有采用新奇的字体，也没有采用崭新的排版方式。但是，使用的字体是从古典字体改刻而来的数码字体，排版也是用电脑支持的应用软件。而这种字体排印的状况，与目前日本的文库本、单行本都是一样的。

采用的虽然是最新的技术，但字体排印却与以往无异。“以语言信息为主的字体排印”真的是什么都没有变吗？

不，其实是有变化的。字体排印虽然是微小的变化，但这依旧是一种进展。

＊

语言需要依靠活字才能被记录下来。

仅凭这一点，就需要字体排印的存在。仅为了这一点，字体排印师在古登堡以来的五百五十多年里，倾注了大量的时间和劳力。

而在这背后，必定存在着数值化、定量常数化、规范化的努力，与此同时，也存在着支持它们的“眼”和“手”的身体。

作家、读者们几乎都是在不知不觉中直接接受着它们。当然，这不是在否定其存在，我觉得反过来不如说，这种“不知不觉”是一种幸福。但是，数值化、定量常数化、规范化是近代社会所支持的一种根本思想，从这种意义上甚至可以说，活版印刷（字体排印）就是近代化本身的一部分。正因为如此，我才希望大家至少要对此有些了解。

各个领域都还在继续讨论“现代”，比如说“现代已经结束了。不，还没有结束”“所谓现代，所谓现代主义，所谓现代性”等等，但从来没有涉及字体排印。

而要将文本付诸印刷时，几乎都会选择明朝体。属于“现代体”的明朝体，从明治初期以来就一直使用至今。大家也不会意识到，现在使用的这款明朝体，是从目前已经轻松超过两百款的明朝体中挑选出来的一款。是的，连现在这段文字本身也是如此。这就是一直支撑着语言社会的字体排印所具有的无穷魅力。

主要参考文献（正文中已注明之外的）

1. 『欧文字体百花事典』、組版工学研究会編、朗文堂、2003
2. 『イラストレーションの展開とタイポグラフィの領域』、“タイポグラフィ” 片塩二朗、河野三男、白井敬尚 角川書店、1998
3. 『西洋字体の歴史　古典時代からルネサンスへ』、スタン・ナイト著、高宮利行訳、慶應義塾大学出版会、2001
4. 『日本の近代活字　本木昌造とその周辺』、近代印刷活字文化保存会、2003
5. *idea* 321号特集 “ヤン・チヒョルトの仕事”、誠文堂新光社、2007
6. *idea* 314号特集 “エミグレ”、誠文堂新光社、2006
7. 『ルネサンス百科事典』、マーガレット・アストン編、樺山紘一監訳、三省堂、1998
8. 『ルネサンス百科事典』T・バーギン、J・スピーク編、別宮貞徳訳、原書房、1987
9. 『理想の書物』、ウィリアム・モリス著、ウィリアム・S・ピーターースン編、川端泰雄訳、晶文社、1992
10. 『小野二郎著作集2 書物の宇宙』、小野二郎著、晶文社、1986
11. *Type & Typographers*、組版工学研究会監訳、朗文堂、1992
12. 『印刷事典』日本印刷学会編、大蔵省印刷局、1961
13. “Trajan Revived”, *ALPHABET* No. 1 (1964), James Mosley, James Moran Ltd for The Kynoch Press., 1964
14. *SCRITTI DI GIOVANNI MARDERSTEIG Sulla Storia dei Caratteri e Della Tipografia*, Edizioni Il Polifilo, 1988
15. *Of the Just Shaping of Letters Albrecht Durer*, Translated by R. T. Nichol, Dover Publications Inc., 1965
16. *Pacioli's Classic Roman Alphabet,* Stanley Morison, Dover Publications Inc., 1994
17. *Das Alphabet des Damianus Moyllus Parma um 1483*, Edited by Jan Tschichold, Uberreicht von Bucherer, Kurrus & Co, 1971
18. *Das Schreibbuch des Vespasiano Amphiareo*, Edited by Jan Tschichold, Dr. Cantz'sche Druckerei, 1975
19. *CRESCI, Essemplare di piu sorti lettere, 1578,* Giovanni Francesco Cresci, Edited by A. S. Osley, Nattali & Maurice Ltd., 1968
20. *Il Perfetto Scrittore (Rome, 1570)*, Giovanni Francesco Cresci, Miland publishers, 1972
21. *ALFABETO Delle Maiuscole Antiche Romane DI LUCA ORFEI*, Edizioni Il Polifilo, 1986
22. *La Réforme de la typographie royale sous Louis XIV: Le Grandjean*, André Jammes, Editions Promodis, 1985
23. *Rookledge's International Handbook of Type Designers: A Biographical Directory*, Ron Eason et al., Sarema Press Ltd., 1991
24. *Monotype News Letter No. 68*, The Monotype Co., Ltd., 1962

第2章

网格构造

所谓网格系统，主要是指在页面构成时使用的一种格子状的参考线。设计师要将文字、图片等语言信息和视觉信息按照册子整体或者是分成单元进行控制时，会经常灵活运用网格。而且这其中还蕴含着一个活字排版“构造原理”，即字号、行距是构成排版时所必需的元素。

正如活字字体和排版会随时代而呈现出不同面貌一样，网格系统也是在当时的历史环境中诞生并发展而来的。在此我想通过西方书籍的排版造型历史，俯瞰一下活字字体对排版产生的影响，以及网格系统是经过怎样的过程形成、发展，并被应用、推广开来的。

网格系统不仅仅是分割页面的手法而已，而且并不是说用了网格系统就会产生制约，或者就能保证做好页面版式。只有加上眼睛的感觉控制，网格才能有效地发挥功能。

本文摘自白井敬尚《活字与网格系统——书籍格式的形成》，
载《文字讲座》，诚文堂新光社，2009年

活字与网格系统
——书籍格式的形成

白井敬尚

原载于《文字讲座》，《文字讲座》编辑委员会编，诚文堂新光社，2009年1月30日发行

所谓网格系统，主要是指在页面构成时使用的一种格子状的参考线。设计师要将文字、图片等语言信息和视觉信息按照册子整体或者是分成单元进行控制时，会经常灵活运用网格。而且这其中还蕴含着一个活字排版“构造原理”，即字号、行距是构成排版时所必需的元素。

正如活字字体和排版会随时代而呈现出不同面貌一样，网格系统也是在当时的历史环境中诞生并发展而来的。在此我想通过西方书籍的排版造型历史，俯瞰一下活字字体对排版产生的影响，以及网格系统是经过怎样的过程形成、发展，并被应用、推广开来的。

尽管如此，为了让文章脉络更为清晰，我按照自己的方式组织语言，牵强之处在所难免，望见谅。

那么首先，我就针对网格系统是如何形成的这一问题，通过回溯历史的脉络来谈。

从手抄本继承而来的书籍格式

在活版印刷术发明之前，书籍里记载的文字都是靠手写的。比如《圣经》这些书籍，都是经教会的抄写员之手，写下文字后以“手抄本”的形式流传下来。看看公元四世纪的梵蒂冈《圣经》的手抄本（图1），正文是单页三栏的样式。也就是说，我们由此可知，在公元四世纪的时候“栏”的概念就已经形成了。

接下来一下子跳到一千年后，我们来看看十四世纪后半叶在意大利制作的《阿布鲁佐圣经》（图2）。这也是手抄本，但文字是用一种叫做black letter，即所谓的“哥特体”的字体书写的。这里的文本是双栏式。

到了十五世纪，终于出现了近代金属活字印刷术。近代金属活字印刷术的创始人约翰内斯·古登堡的《四十二行圣

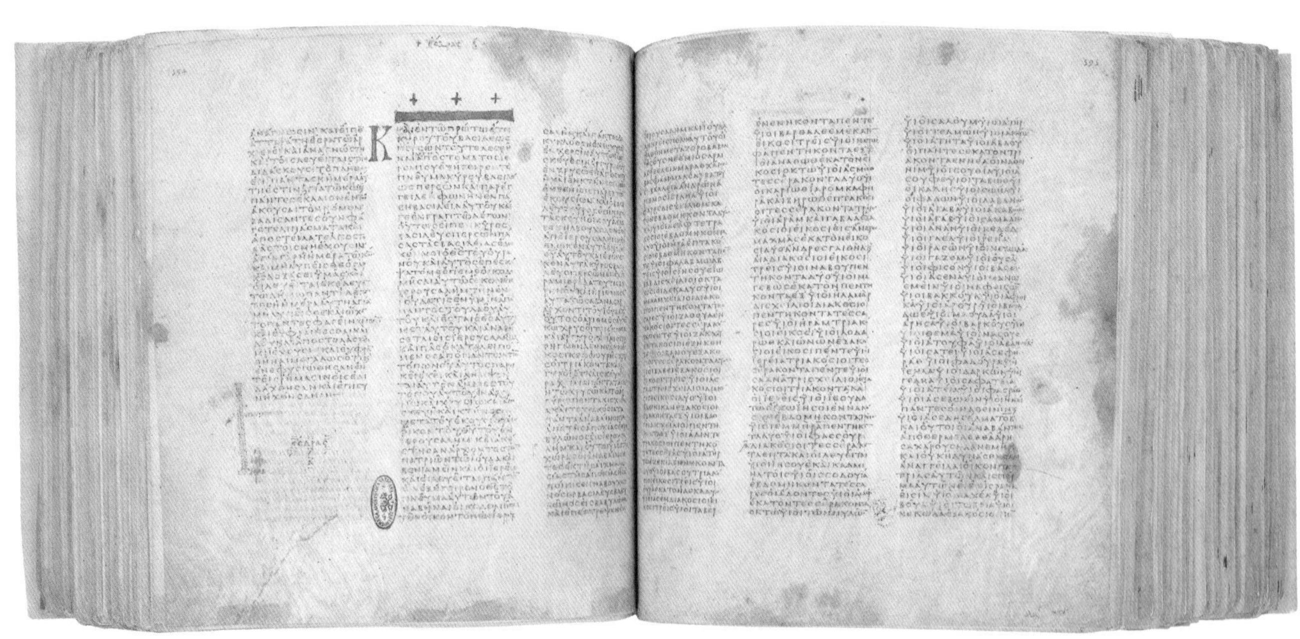

图1　梵蒂冈《圣经》手抄本乙种本（希腊文），埃及、巴勒斯坦（四世纪）

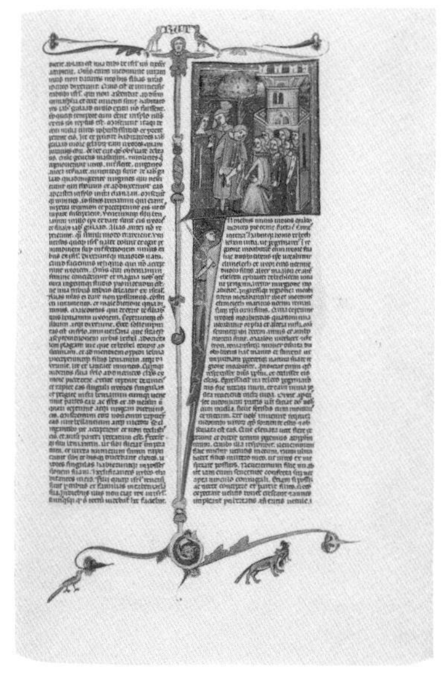

图2 《阿布鲁佐圣经》，手抄本，意大利，十四世纪后半叶

图3 《四十二行圣经》，古登堡，德国（1450—1455）

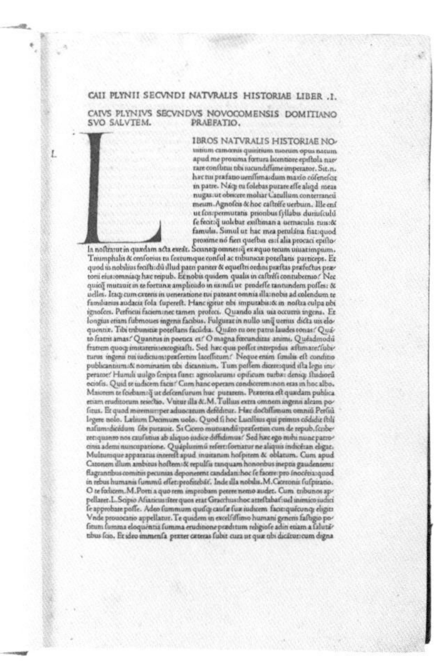

CAII PLYNII SECVNDI NATVRALIS HISTORIAE LIBER .I.

CAIVS PLYNIVS SECVNDVS NOVOCOMENSIS DOMITIANO SVO SALVTEM. PRAEFATIO.

图4 《普林尼博物志》，尼古拉·让松，意大利（1472）

经》（图3），一般认为是在1450—1455年左右制作的。虽然首字母（initial）和彩饰（illumination）都和手抄本一样是手工上色的，文字却是用铸造的金属活字印刷而成。看这种双栏式页面，我们就可以知道，他照样沿用了手抄本中所使用的书籍格式和字体，只是换用了活版印刷这一复制方法进行页面的构成。也就是说，字体和版式并不是随着活版印刷而诞生的，应该看作是对手写时代的一种继承。

1472年，在意大利文艺复兴最繁盛的时期，在威尼斯出版了《普林尼博物志》（图4），由法国活字厂商同时也是印刷、出版商的尼古拉·让松制作。这本通栏的《普林尼博物志》为什么到现在还要拿出来一直说呢？这是因为，罗马体是现在正文字体的主流，而这本书是“用罗马体编排的最早期印刷品的象征”，而且其完成度很高。在让松之前，正文活字都是用哥特体排的。改用罗马体排版就意味着，之前黑乎乎的印刷页面一下子变得轻快明亮。正因如此，作为black letter（所谓“黑体”）的反义词，罗马体也被称为white letter（所谓“白体”）。

活字排好后的页面浓度（或称“阶调”），在字体排印术语里称作Color，这个词通常情况下是“色彩”的意思，但在西文字体排印中是指排版的“灰度”。让松实现了灰度均一、明亮的印刷页面。这提示我们，罗马体中的黑白平衡，也就是印刷着墨部分的“黑”与不着墨部分的“白”的平衡，这二者对于排版来说非常重要。这是字体排印史上划时代的一件大事。

1499年，阿尔杜斯·马努提乌斯主理的阿尔杜斯工房制作了《寻爱绮梦》（图5），其中能够看到之前未曾有过的排版，具有显著的特征。尽管文本采用的是基本的通栏，但在“将排版做成造型”这一点上，阿尔杜斯工房有其独自的特征。比如该工房特有的排版会采用称作“半菱形缩进”（half diamond indentation）的方式制作扉页、章首和章尾，形成倒三角形。在阿尔杜斯工房的排版中，到处可以看到像这样在造型上所花费的心思，一些排版方式从现代的角度来看依旧具有很大魅力。

1568—1573年，尼德兰（今荷兰、比利时等地）的克里斯托夫·普朗坦制作的《多语对译圣经》（*Biblia Polyglotta*）（图6）中，用希腊文、拉丁文、希伯来文等各种语言文字对译，传达上帝的教诲。这里的重点不是单纯地将正文排版分为三栏，而是在于，针对在同一页面中的不同文种用“三栏”这种分栏方式加以控制。

图5 《寻爱绮梦》，阿尔杜斯·马努提乌斯，意大利（1499）

这是1791年詹巴蒂斯塔·博多尼制作的《贺拉斯作品集》（图7）的扉页。博多尼的这个排版也是划时代的。之所以这样说，是因为博多尼不是单纯地用不同活字字号构建出扉页，而是可以说，通过缜密设置的活字字号和行距，成功地在二维世界的页面中模拟出了从浅到深再从深到浅的三维空间。至少据我所见，在直到二十世纪初为止的书籍里，除了博多尼的以外就没有见过这样的排版。

进入十九世纪之后，原先作为家庭手工业的活版印刷，经过十八世纪后半叶以英国为中心的工业革命之后，通过机器被迅速地工业化。我们可以看到，不仅是铸字、印刷，造纸机械的精度也不断提高，印刷品的质量不断上升。虽说如此，但这并不意味着排版造型上也得到了进化。虽然行对齐等排版的技术性精度得到了极大提高，但正文排版依旧是采用“两端对齐”这种行头行尾对齐的排版方式，行头用首字母、标题居中、配以花型装饰活字的所谓“古典样式”的排版。（图8）到此为止，以上讲的就是所谓的古典、传统排版的谱系。

对书籍格式的再思考

那么，下面我们以两个方向轴来看看十九世纪末到二十世纪初现代字体排印的动向。

最早出现的是在十九世纪末的英国积极推进“艺术与工艺运动”的威廉·莫里斯。他自己设立的科尔姆斯科特出版社印制的《乔叟作品集》（图9），除了排好的文字之外，全部都填满了用木版印刷的装饰。他有意要对十九世纪发展过度的工业主义敲响警钟，因此采用了这种手工艺般的字体排印和装帧，对中世纪、文艺复兴风格进行复兴，不限于室内装修和纺织品，也在字体排印方面不断实践。

比如针对现代罗马体一边倒的十九世纪正文字体设计状况，他进行了重新思考，自行对尼古拉·让松的罗马体进行复刻，并命名为黄金字体（Golden Type）。与此同时，在版心的设置上，也就是天头地脚、订口切口的边距设置上，他提倡用数值化的方法进行控制，为之后的现代字体排印引导出了一种科学性的思考方式。这样的思路，后来被爱德华·约翰斯顿以及扬·奇肖尔德等人继承下来。

之后登场的是二十世纪初俄罗斯先锋艺术的代表性艺术家埃尔·利西茨基。（图10）在这些先锋艺术家出现之前，印刷术一直是一项专业技艺，属于外人无法介入的领域，但是从这个时代之后，就有不同领域的人开始涉足字体排印。利西茨基的作品与之前的那些字体排印作品具有决定性的不同之处：他将以往那些只作为语言而存在的字体排印，当做可供观赏的元素呈现出来。利西茨基等当时的几位前卫艺术家将之前已经确立起来的字体排印暂时置于一旁，开始追求单用眼睛看就能理解的表达方式。

同样是利西茨基，这是他在1923年创作的作品《为声音》（图11）。这是以放声朗读为前提制作的十三首诗歌，语言变成图画，图画即是语言。活字水线等元素以纵横倾斜等

图6 《多语对译圣经》，克里斯托夫·普朗坦，尼德兰（1568—1573）

Q.

HORATII

FLACCI

OPERA

PARMAE

IN AEDIBVS PALATINIS

MDCCXCI

TYPIS BODONIANIS.

图7 《贺拉斯作品集》，詹巴蒂斯塔·博多尼，意大利（1791）

DR. HAMMOND'S LETTER

TO MR. GARTHWAIT, THE PUBLISHER OF THE FIRST EDITION.

SIR,

YOU needed not any intercession to recommend this task to me which brought its invitations and reward with it. I very willingly read over all the sheets, both of the DISCOURSE and the DEVOTIONS annexed, and find great cause to bless God for both, not discerning what is wanting in any part of either, to render it, with God's blessing, most sufficient, and proper to the great end designed, the spiritual supplies and advantages of all those that shall be exercised therein. The subject matter of it is indeed what the title undertakes, THE WHOLE DUTY OF MAN, set down in all the branches, with those advantages of brevity and partitions, to invite, and support, and engage the reader, that condescension to the meanest capacities, but withal, that weight of spiritual arguments, wherein the best proficients will be glad to be assisted, that it seems to me equally fitted for both sorts of readers, which shall bring with them a sincere desire of their own, either present or future advantages. The *Devotion part* in the conclusion is no way inferior, being a seasonable aid to every man's infirmities, and hath extended itself very particularly to all our principal concernments. The *Introduction* hath supplied the place

c

图8 《为人之尽责》，奇兹威克出版社，英国（1842）

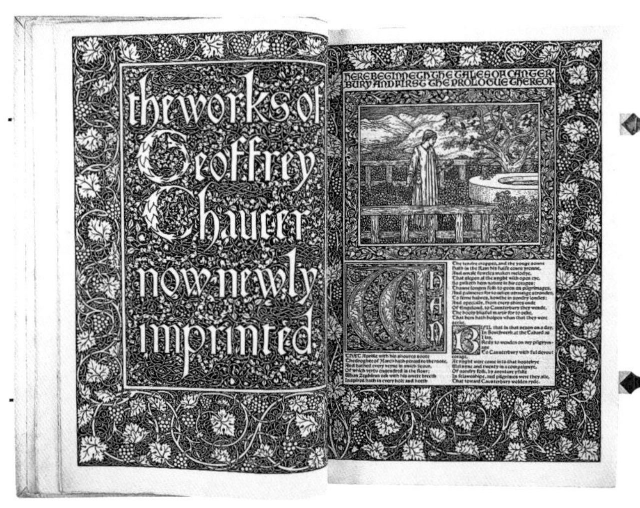

图9 《乔叟作品集》，威廉·莫里斯，科尔姆斯科特出版社，
英国（1896）

图10 《两个正方形的故事》，埃尔·利西茨基，
俄国、德国（1922）

图11 《为声音》，埃尔·利西茨基，
俄国、德国（1923）

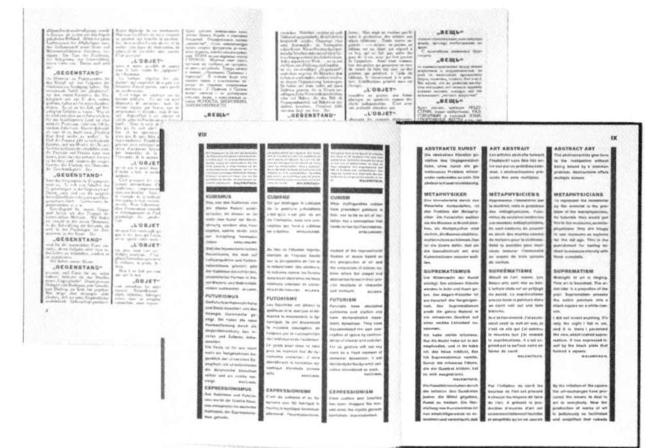

图12 《新闻》(1922) 与《艺术的主义 1914—1924》(1925)，
埃尔·利西茨基

各种方式组合，而且页面开始从二维向三维发展。之前的传统字体排印都是静态的，而利西茨基则是将动态元素放入页面之中。于是在这之后，“字体排印设计”开始发生了剧烈的变化。

这也是利西茨基制作的书籍《新闻》(*Вещи*，1922年）和《艺术的主义1914—1924》(*Die Kunstismen / The Isms of Art*，1925年）的正文排版（图12)。在这里，利西茨基采用了三栏对不同的语言文字进行控制的手法。《新闻》是德、法、俄三语，而《艺术的主义1914—1924》是德、法、英三语。“用栏控制多文种”这一方法，早在十六世纪普朗坦的《多语对译圣经》里就已经出现，这种用“栏”的控制方法，也成为后来网格系统形成的一个契机。

聚集在包豪斯的莫霍利-瑙吉·拉斯洛、赫伯特·拜尔、约斯特·施密德，还有荷兰风格派（De Stijl）的艺术家、建筑家们，开始将这一动向用语言表述出来。比如莫霍利-瑙吉在1923年发表了一篇名叫《新字体排印》(图13）的论文，提倡重视功能性、动态平衡的字体排印。实际上，这里的标题用无衬线体，作者名也是从下往上，这都是之前从未有过的排版方式，虽然正文排版采用的是传统排版的罗马正体，但是标题的排法却是左齐右不齐的非对称形式。

在莫霍利-瑙吉的《新字体排印》发表两年之后，当时一个23岁的年轻人深受包豪斯展打动，发行了一本名叫《字体排印通信》(*Typographische Mitteilungen*）的杂志（图14)。他就是扬·奇肖尔德（当时还叫伊万·奇肖尔德)。正是奇肖尔德将先锋艺术家们的字体排印以成体系的、易于理解的方式，介绍给了还在闭塞环境中的印刷业者。

这份杂志里不仅有利西茨基、瑙吉的作品，还刊载了皮特·茨瓦特等人的大量作品。瑙吉在里面还写了一篇“Typo-Photo”的文章。(图15）Typo-Photo意为“照片与活字”。这个时期的摄影技术已经普及，因此将照片与文字放置在同一个页面里的需求也越来越大。当然，在那之前传统的字体排印里，也会将木版、铜版的图片与文字组合到一起，但绝大多

L. MOHOLY-NAGY

DIE NEUE TYPOGRAPHIE

Die Typographie ist ein Instrument der Mitteilung.
Sie muß eine klare Mitteilung in der eindringlichsten Form sein.
Die Klarheit muß besonders betont werden, weil dies das Wesen unserer Schrift gegenüber den urzeitlichen Bildschriften ist. Unsere geistige Einstellung zu der Welt ist individuell-exakt (bzw. diese individuell-exakte Einstellung ist heute in der Wandlung zu der kollektiv-exakten), im Gegensatz zu der alten individuell- und später kollektiv-amorphen.
Also zu allererst: eindeutige Klarheit in allen typographischen Werken. Die Lesbarkeit — die Mitteilung darf nie unter einer a priori angenommenen Ästhetik leiden. Die Buchstabentypen dürfen nie in eine vorbestimmte Form z. B. Quadrat gezwängt werden.
Der Druck korrespondiere mit dem Inhalt durch seine den optischen und psychischen Gesetzen untergeordnete Gestaltung. Wesen und Zweck eines Druckes bestimmen den hemmungslosen Gebrauch aller Zeilenrichtungen (also nicht nur horizontale Gliederung), aller Typen, Schriftgrade, geometrischen Formen, Farben usw.
Mit der Elastizität, Variabilität und Frische des Satzmaterials soll eine neue typographische Sprache geschaffen werden, deren Inanspruchnahme nur der Gesetzmäßigkeit des Ausdrucks und seiner Wirkung unterliegt.
Das Wichtigste für die heutige Typographie ist die Verwendung der zinkographischen Techniken, die mechanische Herstellung von photographischen Reproduktionen in allen Formaten. Was die unexakte Urbildschrift der Ägypter begonnen hat, welche damals ein jeder nach Tradition und persönlicher Fähigkeit deuten konnte, führt die Einbeziehung der Photographie in das heutige Druckverfahren zu ganz exaktem Ausdruck. Bücher (meist wissenschaftliche) mit photographischen Reproduktionen existieren heute schon, aber die Photographien sind darin nur sekundäre Erläuterung zu dem Text. Die Entwicklung überwindet auch diese Phase, und die kleinen wie großen Photographien werden in dem Text an die Stelle heute noch immer individuell interpretierbarer Begriffe, Ausdrücke gesetzt. Die Objektivität der Photographie befreit den bisher rezeptiven Menschen z. B. von den Krücken einer persönlichen Beschreibung und er wird zur Formung einer eigenen Meinung mehr gezwungen sein, als je.
Man könnte sagen, daß eine derartige Verwendung der Photographie in kurzer Zeit dazu führen muß, einen wesentlichen Teil der Literatur durch den Film zu ersetzen. Die Entwicklung geht tatsächlich dahin (wie heute z. B. durch den Gebrauch des Telephons viel weniger Briefe geschrieben werden, als früher). Es ist kein Einwand, daß der Film einen größeren Apparat braucht. Dies ist nur scheinbar so; der Film wird bald eine ebenso geläufige Technik sein, wie jetzt der Buchdruck.
Eine ebenso wesentliche Veränderung wird durch das Einbeziehen der Photographie bei dem Plakat erzielt. Das Plakat muß alle psychischen Momente des sofortigen Wirkens in Anspruch nehmen. Durch die richtige Verwendung des photographischen Apparates und der verschiedenen photographischen Techniken: Retusche, Decken, Übereinanderkopieren, Verzerrung, Vergrößerung usw. ist der größte Wirkungsbereich geöffnet.
Die zwei neuen Möglichkeiten für das Plakat sind 1. die Photographie, mittels welcher wir heute den größten und frappantesten Erzählungsapparat besitzen, 2. die kontrastierend-eindringlich verwendete Typographie mit den unzähligen Variationen der überraschenden Buchstabenanordnung, der gleichen und gemischten Typen, verschiedenen Satzmaterialien Farben usw. je nach der Forderung der Wirkung.

图13 《新字体排印》，莫霍利－瑙吉，匈牙利、德国（1923）

图14 《字体排印通信》，伊万（扬）·奇肖尔德，德国（1925）

数依旧是以文字为主题。因此，将文字与图片以对等元素放入页面的定式做法成为必然，是有这样一个动向作为背景的。

然后，与此同时，为了超越国家、民族、宗教、语言、传统等框架的新时代设计，即所谓国际主义风格与功能主义等为代表的现代主义思想，都反映到了字体排印上。奇肖尔德的这份杂志上也提示了这一点。

同样也刊载在《字体排印通信》中的《字体排印基础》（*Elementare Typographie*）（图16）这篇文章里，扬·奇肖尔德总结了“新字体排印”的十条原则，高调地宣告比如“信息必须以最短小、最精炼、最有力的形式”“要使用无衬线字体”“要有目的性”译注1等项目。

在三年后的1928年，奇肖尔德将“新字体排印”的理论进一步体系化，结集成书（图17）。这本书的页面从头到尾，虽然排版依旧是两端对齐，但段首不缩进，正文仅用无衬线字体。页码使用的粗无衬线体，让其成为带有强调重点的包豪斯风格的设计。

书中刊载的图片是他自己制作的海报，在展示了图文一体化的同时，也能看出其对透视性构成手法的一些尝试。

针对那个时代这可以说是过激的动向，字体排印研究家肯尼思·菲茨杰拉德指出：“平面设计史中很不幸的一面是，这个领域距离文字书写和阅读越来越远。由于对语言抱有敌意，或者也可能是对视觉性要素有所偏爱，设计师总是把文艺当做要提防的对象。这一点，从把‘现代’的东西当成‘视觉语言’作为抽象性思维进行宣传的时候就已经开始，于是

译注1：此处中文依照德文译出。此处日文原文引用的日文翻译与奇肖尔德的原文德文略有差异。德文原文为“Die Mitteilung muss in kürzester, einfachster, eindringlichster Form erscheinen.”“Elementare Schriftform ist die Groteskschrift” “Die neue Typographie ist zweckbetont.”

图15 《字体排印通信》中的《照片与活字》一文，莫霍利－瑙吉，匈牙利、德国（1925）

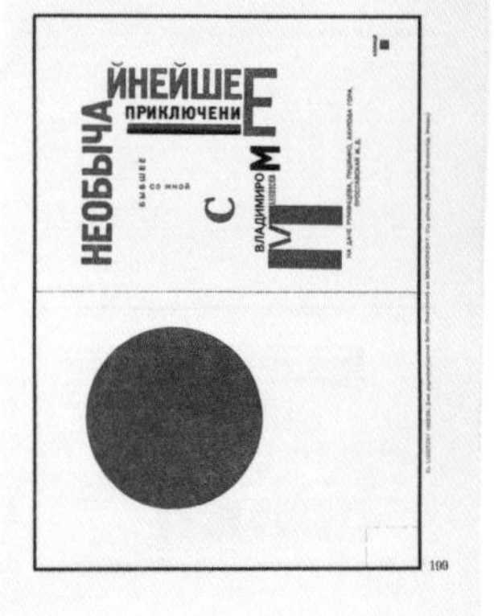

图16 《字体排印通信》中的《字体排印基础》一文，伊万（扬）·奇肖尔德，德国（1925）

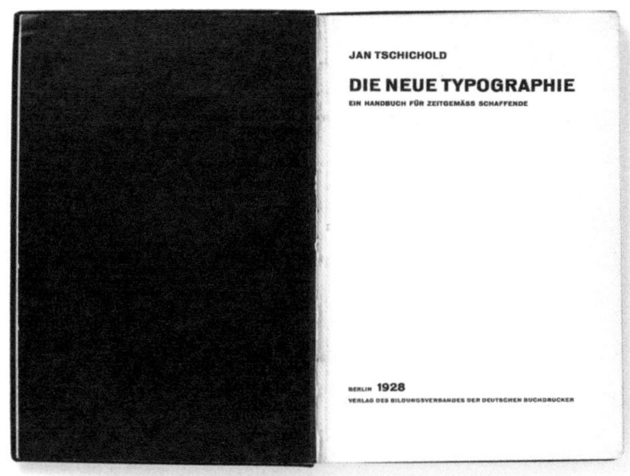

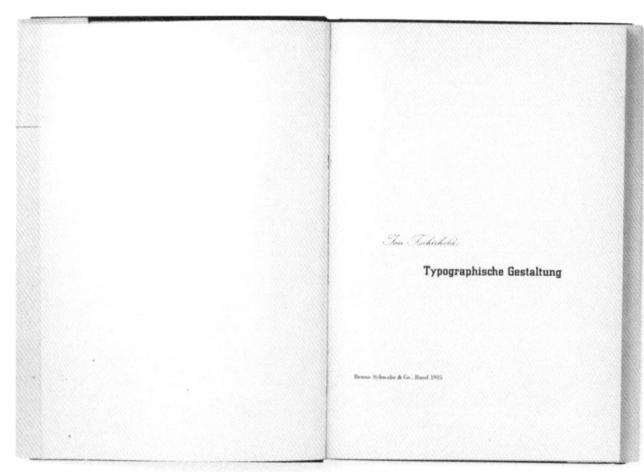

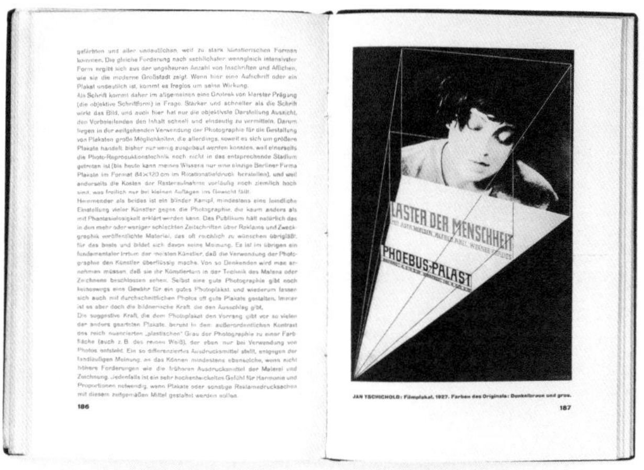

图17 《新字体排印》，伊万（扬）·奇肖尔德，德国（1928）

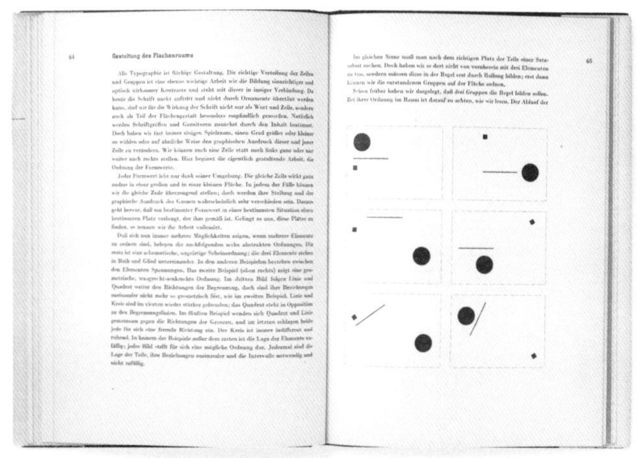

图18 《字体排印的造型》的扉页与正文，扬·奇肖尔德，德国（1935）

就必须去拉低既已形成的语言（传统的字体排印）品位。”

下一张是1935年奇肖尔德的著作《字体排印的造型》（*Typographische Gestaltung*）（图18）。这是一本关于字体排印的教科书，不仅讲排版，对印刷、纸张等也都进行了讲解。要注意的是这张扉页。非对称的构成形式，一眼看来会令人觉得是单靠视觉感受做出的线性构成，但这个构造却没有脱离活字排版的原理。需要注意的是作者自己名字的部分采用的是“手写体活字”，这是由手写移植到铜版，依靠铜版印刷发展定型的字体再制成的活字。标题的粗衬线体则采用了City这款字体，这是从木版、木活字、石版中的标题字发展而来的字体做成的活字。最后的出版社名用的是Bodoni，这是活版印刷中形成的字体。

因此我想说的是，铜版、石版、木版、木活字、活版印刷等各种各样的版式中发展而来的不同字体，在奇肖尔德的扉页里，仅仅用这三行字就体现出来了，并向读者提示这是一本教科书，讲述的是包括上述这些制版方式在内的一项综合技艺——字体排印。当意识到这一点时，我再次感受到了奇肖尔德的深邃，也再次确信了这的确是能够代表二十世纪的一份杰出的扉页设计。

这本书正文采用的字体是复刻了詹巴蒂斯塔·博多尼的罗马体的Bodoni活字。但必须要注意的一点是，正文的排版又回到了传统的排版样式。还有一点就是，他在对照片、插画的“动态平衡”进行讲解的那一页中论述道，字体排印并不是单靠排版、印刷技术就能成立的，而是还要有视觉感受的控制，也就是眼睛的作用也很重要。

下一张是1952年出版的奇肖尔德的《文字全书》（图19）一书。在这之前的奇肖尔德一直提倡的是非对称、动态字体排印这些东西，而看这本《文字全书》可以知道，这时的奇肖尔德又完全回到了传统的字体排印。正文的排版是两端对齐，段首也进行了缩进，行头还用了首字下沉，而标题也遵循了传统方式，大写字母拉大字距疏排、居中对齐。从这个意义来说，之前那本《字体排印的造型》可以说是一本过渡期的书。

奇肖尔德在1962年出版的著作《页面与版心的理性比例》（图20）中，通过具体实例提出了书籍样式中的基准值。这是将威廉·莫里斯、爱德华·约翰斯顿等人所一直提倡的书籍样式比例进一步推进，进行科学性、数学性的分析后，提

图19 《文字全书》，扬·奇肖尔德，德国（1952）

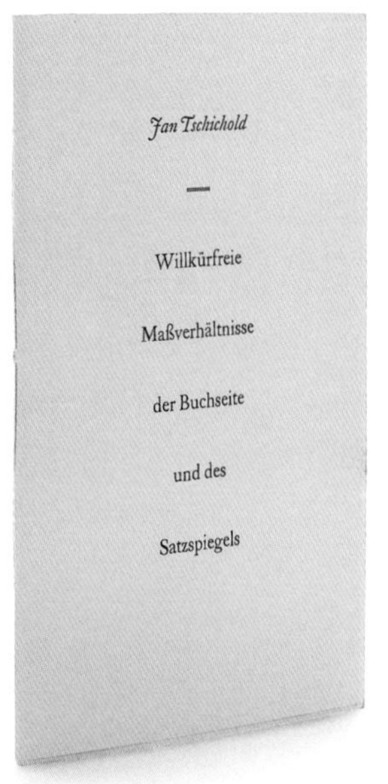

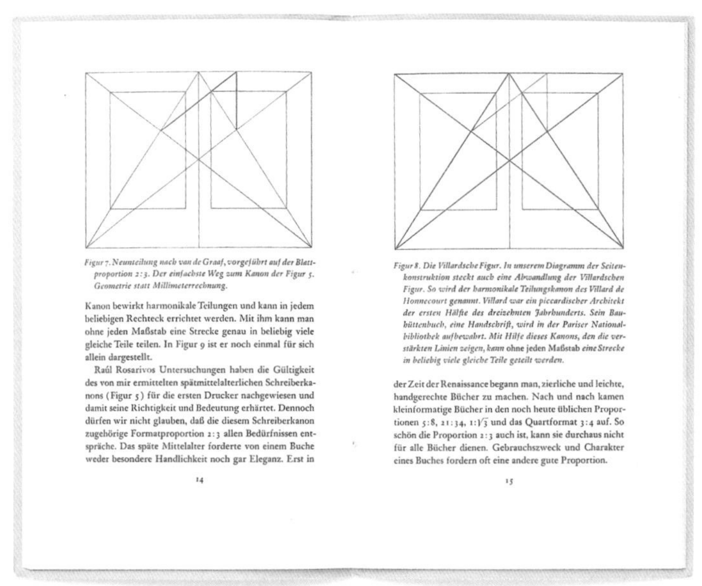

图20 《页面与版心的理性比例》，扬·奇肖尔德，瑞士（1962）

出的一些共通的基准值。

这本书也是正文两端对齐、页码居中的传统型排版，但是这里与其他传统型字体排印所不同的是，即使在做传统的静态排版，奇肖尔德也不会忘记“眼睛的作用”。在《页面与版心的理性比例》的封面中，不是单纯地将活字居中对齐，在页边距设置、字距行距设置上也都是靠眼睛确认操作的。不是单纯地放置在左右正中，而是用眼睛进行严密的控制。

奇肖尔德这样对传统的回归，其背景可能是受到了英国字体排印师斯坦利·莫里森的影响。莫里森是Times New Roman字体制作的监制指挥。对于他和他的朋友们，比如英国的奥利弗·西蒙、埃里克·吉尔，荷兰的扬·范克林彭，美国的布鲁斯·罗杰斯、弗雷德里克·沃德，意大利的乔万尼·马尔德施泰格等人的作品，奇肖尔德在其后半生都给予了很大关注。莫里森与好友们在1923年发行了字体排印研究杂志《花型》（*The Fleuron*）（图21）。

他们这些“花型派”的排版都是传统型的，一眼看过去似乎都很老套，但实际上他们用的却是当时最先进的技术——蒙纳自动铸排机。

莫里森在朋友们的协助下，在蒙纳字体公司对Centaur、Poliphilus、Bembo、Baskerville、Fournier、Gill Sans、Lutetia、Dante等古典字体进行了复刻、改刻，然后再使用这些活字，遵循传统性的规范进行排版。

因此即使在今天，他们也经常被当成古典主义者看待。但究其根底，他们的精神与推进现代字体排印的艺术家们一

样，甚至可以说，他们是更富有进取精神的现代主义者。

《花型》的最后一期，也就是第七期里刊载了莫里森撰写的文章《字体排印的基本原理》(图22)。这里使用的活字是一款名叫Barbou的新字体。排版形式依旧是左右居中、两端对齐。段首缩进，页码也居中放置，是非常正统的排版。

同是“花型派”的美国字体排印师弗雷德里克·沃德制作的《书籍设计师布鲁斯·罗杰斯》(1925年)(图23)这本书也遵循了传统型的排版，标题采用大写字母疏排并居中对齐。如果一定要比较，沃德算是一位默默无闻的字体排印师，但是他的作品细节都做得很精致，我每次看都深受感动。

这是1931年出版的埃里克·吉尔的著作《字体排印论文》(*An Essay on Typography*)(图24)。使用的字体是以他自己女儿名字命名的Joanna。一眼看去好似正统的通栏排版，实际上却是左齐右不齐的版式，这可是当时中欧的先锋艺术家都没有采用的非对称版式，虽保持了静态，但实际上是一种相当激进的做法。

图21 《花型》(第一期)，斯坦利·莫里森、奥利弗·西蒙，英国(1923)

网格系统的形成

到目前为止所看到的都是以“栏”这个概念进行的排版。到了战后，尽管栏的概念也被继承了下来，但也开始出现将此概念进行扩展的新动向。

其中最具象征性的就是1958年瑞士刊行的设计杂志《新平面设计》(*Neue Grafik*，英语为*New Graphic Design*)(图25)，由约瑟夫·米勒-布罗克曼、汉斯·诺伊堡、里夏德·保罗·洛泽、卡洛·维瓦莱利这四人编辑和设计。

瑞士作为中立国，有很多人因第二次世界大战的战火以及纳粹迫害从欧洲各国逃亡而来，而且在这一时代要求“信息共享”的语言环境里，在同一页面中同时展示德、英、法几种文字的必然需求也越来越显著。在这样的条件下，“网格系统”逐渐形成。

用多栏进行多文种控制，这并不是在《新平面设计》中突然发生的事情。从这个方面来说，之前利西茨基的《新闻》《艺术的主义1914—1924》的正文排版及克里斯托夫·普朗坦的《多语对译圣经》中都是同样的做法。

但是，在同一页面上对多文种进行控制的同时，也要在同一页面上对照片、插画等各种各样的视觉信息进行控制。这样一来，首先是信息变得非常复杂，因此就开始需要对信息进行差异化和层级化处理。也是在这个背景下形成了“网格系统”。

“网格系统”形成之后，反过来就出现了应用网格系统的设计师。其代表性人物就是瑞士平面设计师卡尔·格斯特纳。格斯特纳在其《驶向欧洲的船》(*Schiff nach Europa*)(图

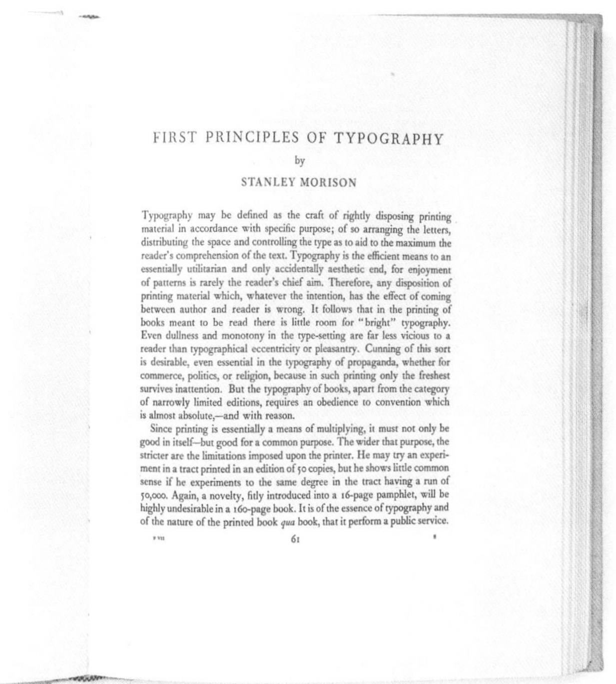

FIRST PRINCIPLES OF TYPOGRAPHY
by
STANLEY MORISON

Typography may be defined as the craft of rightly disposing printing material in accordance with specific purpose; of so arranging the letters, distributing the space and controlling the type as to aid to the maximum the reader's comprehension of the text. Typography is the efficient means to an essentially utilitarian and only accidentally aesthetic end, for enjoyment of patterns is rarely the reader's chief aim. Therefore, any disposition of printing material which, whatever the intention, has the effect of coming between author and reader is wrong. It follows that in the printing of books meant to be read there is little room for "bright" typography. Even dullness and monotony in the type-setting are far less vicious to a reader than typographical eccentricity or pleasantry. Cunning of this sort is desirable, even essential in the typography of propaganda, whether for commerce, politics, or religion, because in such printing only the freshest survives inattention. But the typography of books, apart from the category of narrowly limited editions, requires an obedience to convention which is almost absolute,—and with reason.

Since printing is essentially a means of multiplying, it must not only be good in itself—but good for a common purpose. The wider that purpose, the stricter are the limitations imposed upon the printer. He may try an experiment in a tract printed in an edition of 50 copies, but he shows little common sense if he experiments to the same degree in the tract having a run of 50,000. Again, a novelty, fitly introduced into a 16-page pamphlet, will be highly undesirable in a 160-page book. It is of the essence of typography and of the nature of the printed book *qua* book, that it perform a public service.

F VII 61

图22 《花型》(第七期)中的《字体排印的基本原理》，斯坦利·莫里森，英国(1930)

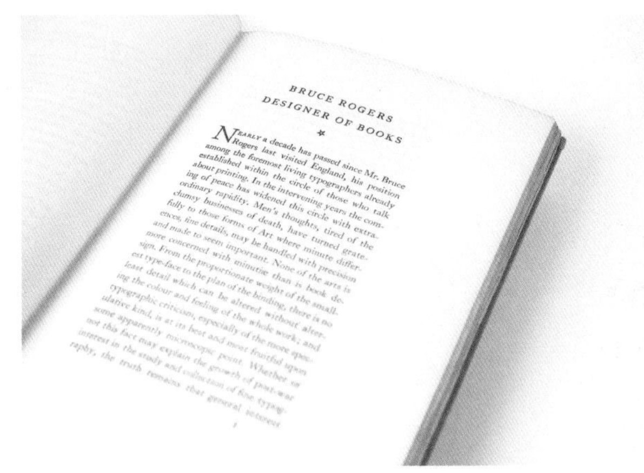

图23 《书籍设计师布鲁斯·罗杰斯》，弗雷德里克·沃德，
美国（1925）

图24 《字体排印论文》，埃里克·吉尔，
英国（1931）

26）这本书里向大家展示了利用网格实现的动态排版。他将几位叙述者构成的文本，按照网格分别设置不同的行长和行头位置，既使其具有功能性，又以动态排版的形式展现在读者面前。页码的位置是非对称的，页眉放到了订口等做法都是实验性的尝试。

埃米尔·鲁德曾在瑞士巴塞尔教授字体排印，而卡尔·格斯特纳是他的学生。鲁德在1967年所著的《文字设计》（*Typographie*）译注2（图27）是以他在巴塞尔的教学计划为基础总结而成的。当然《文字设计》也是用网格系统制作的。

正文从左起分别为德、英、法文。这张右页是Univers字体的家族体系图（见049页图43），刚好用这页可以剖析本书的网格。我们可以看出来，横向被分为六格，而文本是以两格单位做成一栏进行版面控制。

1957年，字体设计师阿德里安·弗鲁提格制作出了Univers这款字体。Univers是在保持统一骨架的基础上，由从细到粗、从宽到窄共计二十一款风格构成的一个无衬线字体家族。而同为1957年发布的Helvetica，与Univers不同之处在于，Helvetica是从基本字重开始，之后多次增补、扩展才形成的家族。而与此相对，Univers是在设计之初就对字重、字宽进行了规划设置之后制作而成的。因此，针对德、英、法文这样的不同文种，也能实现灰度均匀的排版，几乎看不出破绽，而且还能通过排版灰度对文本进行层级化。

译注2：该书中文版于2017年由中信出版集团出版发行，译者是周博、刘畅，此处书名采用中文版书名。

图25 《新平面设计》，约瑟夫·米勒-布罗克曼、
汉斯·诺伊堡、里夏德·保罗·洛泽、
卡洛·维瓦莱利，瑞士（1958）

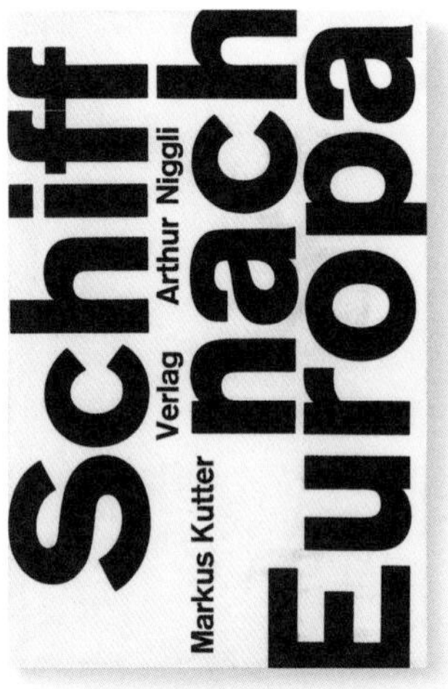

图26 《驶向欧洲的船》，卡尔·格斯特纳，
瑞士（1957）

图27 《文字设计》，埃米尔·鲁德，
瑞士（1967）

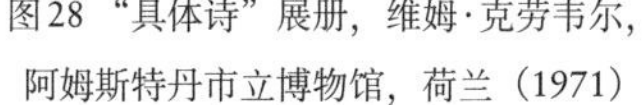

图28 “具体诗”展册，维姆·克劳韦尔，
阿姆斯特丹市立博物馆，荷兰（1971）

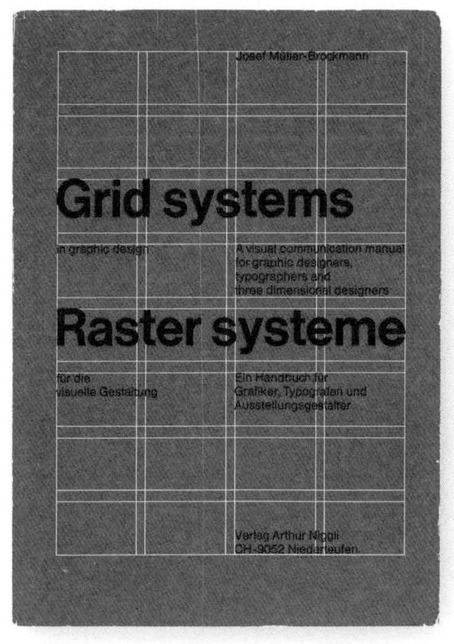

图29 《平面设计中的网格系统》，
约瑟夫·米勒-布罗克曼，瑞士（1981）

图30 《字体排印》，奥特尔·艾歇尔，
德国（1988）

而且，用字重的灰度阶调能形成均匀的跳跃率，利用排版灰度，可以将二维空间的页面三维化。博多尼的扉页里利用活字的字号和行距将透视具现化，而随着Univers的出现，有了字重的控制，二十世纪初期先锋艺术家们一直追求却无法到达的空间，通过Univers成为可能。因此这款字体的诞生，是令现代字体排印成为真正的“现代字体排印”的一个决定性事件。

弗鲁提格设计这款字体的背后有尼古拉·让松的罗马体的影子。弗鲁提格从让松的罗马体活字里抓住了“对于活字来说，重要的是印出来的黑与没被印出的白之间的平衡”这一点，并将其融汇到Univers的设计中。

接下来要介绍的，是荷兰的平面设计巨匠维姆·克劳韦尔的排版。阿姆斯特丹市立博物馆的特展“具体诗”展册（1971年）（图28）由他设计，同样用了Univers和网格系统。这里的荷、英、德三种文字的排版仅用了Univers Bold。克劳韦尔最激进的地方是其版心设置，也就是对非印字部分的设置。他将页边距设置到了狭窄的极限，让静态的页面保持极度的紧张感。

这本展册最后刊载的作家一览中，在保持字号和行距几近相同的同时，仅靠粗细两款字重的强弱对页面进行控制。

接下来，堪称“网格系统”代名词的瑞士平面设计师米勒-布罗克曼终于登场了。他总结的《平面设计中的网格系统》（图29）这本书于1981年出版。网格系统并不是由布罗克曼一个人做出来的，而是在二十世纪五十到七十年代期间，以瑞士为中心的平面设计师们进行了各种试错，到1981年才由布罗克曼总结成这一本书。该书标题为《平面设计中的网格系统》译注3，副标题里的“视觉传达设计手册”，首先定位是“为平面设计师”，然后按照优先顺序，第二位是“为字体排印师”，所以通过这个小标题，布罗克曼想指出的是“为了平面设计的网格系统”。

这本《平面设计中的网格系统》的排版，是左边两格作为一栏放英文，右边两格作为一栏放德文的双语并排方式，字体用的是Helvetica。书里刊载了该书页面本身使用的网格，可以看出，这本书用的是根据字号、行距定出横轴的网格。也就是说，由此我们可以知道，网格系统并不是一种单纯地对页面进行分割的手法，而是要在理解字号、行距这些排版基本构造的基础之上才能成立。

在这本《平面设计中的网格系统》中，布罗克曼向大家解释，使用网格这一参考线的主要目的，是让页面具有合理性，更秩序化、组织化、体系化、统一化和均匀化。可以说，这是将现代设计所追求的目标落实到纸面上的一种思维方式。

1988年德国代表性的平面设计师奥特尔·艾歇尔出版了《字体排印》（*Typographie*）（图30）一书。这是他晚年所著的一本与字体排印相关的书，采用德、英双语并排。

正文页面依旧是用网格制作，在这里必须给予关注的是他使用的Rotis这款字体。这是艾歇尔在1988年完成的，整个字体家族横跨罗马体到无衬线体，由衬线、半衬线、半无衬线、无衬线这四款组成。他在书中用无衬线体排德文，用衬线体排英文。

《字体排印》中也直接刊载了该书本身使用的网格系统。艾歇尔采用了将各种要素准确地嵌入网格的方法，这也造就了该书无懈可击的硬朗页面。也许可以说，这是具有牢靠性格的德国人很典型的一种排版方式。

译注3：该书中文版的翻译版本，标题为《平面设计中的网格系统》，副标题为“平面设计、字体编排和空间设计的视觉传达设计手册”，由上海人民美术出版社2016年出版，徐宸熹、张鹏宇翻译，杨林青、刘庆监修。

网格的细化、解体与回归

就这样，在二十世纪七八十年代网格系统逐渐作为一种样式和方法论被正式确立起来。与此同时，七十年代也出现了与其不同的动向。

其中最有代表性的例子是沃尔夫冈·魏因加特。作为埃米尔·鲁德的后继者，他在巴塞尔执教，但在七十年代，他并没有直接继承鲁德的做法。他引用当时已经非常普及的胶版印刷原理——胶片分版，即通过将胶片重叠起来的原理进行字体排印。虽然是在学校里进行的极具实验性质的尝试，但是他将不同图形要素进行同化并灵活使用负片、正片进行复杂图形化字体排印的做法，令其成为全世界设计师注目的对象。

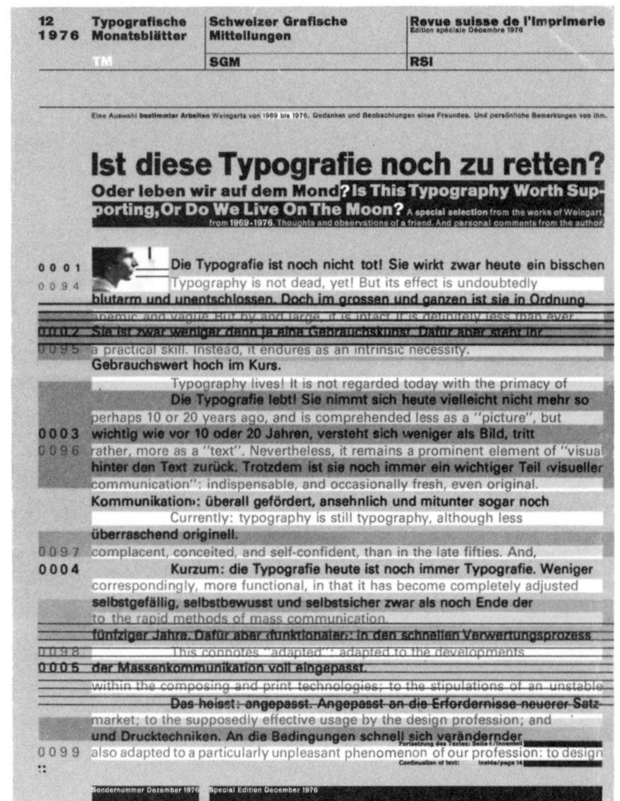

12 1976 Typografische Monatsblätter TM | Schweizer Grafische Mitteilungen SGM | Revue suisse de l'Imprimerie Edition spéciale Décembre 1976 RSI

Eine Auswahl bestimmter Arbeiten Weingarts von 1969 bis 1976. Gedanken und Beobachtungen eines Freundes. Und persönliche Bemerkungen von ihm.

Ist diese Typografie noch zu retten?
Oder leben wir auf dem Mond? Is This Typography Worth Supporting, Or Do We Live On The Moon? A special selection from the works of Weingart, from 1969-1976. Thoughts and observations of a friend. And personal comments from the author.

0001 Die Typografie ist noch nicht tot! Sie wirkt zwar heute ein bisschen
0094 Typography is not dead, yet! But its effect is undoubtedly
blutarm und unentschlossen. Doch im grossen und ganzen ist sie in Ordnung.
anemic and vague But by and large, it is intact It is definitely less than ever
0002 Sie ist zwar weniger denn je eine Gebrauchskunst. Dafür aber steht ihr
0095 a practical skill. Instead, it endures as an intrinsic necessity.
Gebrauchswert hoch im Kurs.
Typography lives! It is not regarded today with the primacy of
Die Typografie lebt! Sie nimmt sich heute vielleicht nicht mehr so
perhaps 10 or 20 years ago, and is comprehended less as a "picture", but
0003 wichtig wie vor 10 oder 20 Jahren, versteht sich weniger als Bild, tritt
0096 rather, more as a "text". Nevertheless, it remains a prominent element of "visual
hinter den Text zurück. Trotzdem ist sie noch immer ein wichtiger Teil ‹visueller
communication": indispensable, and occasionally fresh, even original.
Kommunikation›: überall gefördert, ansehnlich und mitunter sogar noch
Currently: typography is still typography, although less
überraschend originell.
0097 complacent, conceited, and self-confident, than in the late fifties. And,
0004 Kurzum: die Typografie heute ist noch immer Typografie. Weniger
correspondingly, more functional, in that it has become completely adjusted
selbstgefällig, selbstbewusst und selbstsicher zwar als noch Ende der
to the rapid methods of mass communication.
fünfziger Jahre. Dafür aber ‹funktionaler›: in den schnellen Verwertungsprozess
0098 This connotes "adapted": adapted to the developments
0005 der Massenkommunikation voll eingepasst.
within the composing and print technologies; to the stipulations of an unstable
Das heisst: angepasst. Angepasst an die Erfordernisse neuerer Satz-
market; to the supposedly effective usage by the design profession; and
und Drucktechniken. An die Bedingungen schnell sich verändernder
0099 also adapted to a particularly unpleasant phenomenon of our profession: to design

Fortsetzung des Textes: Seite 1/Innenteil
Continuation of text: inside/page 14

Sondernummer Dezember 1976 Special Edition December 1976

图31 TM杂志，沃尔夫冈·魏因加特，瑞士（1976）

魏因加特在巴塞尔开始的图形化的字体设计，给从八十年代后半期开始到九十年代初的“新浪潮字体排印”带去了压倒性的影响（图31）。其象征就是1986年到1992年英国8vo团队发行的刊物《八开杂志》（*Octavo Magazine*）（图32）。Octavo就是将全张纸三次对折“八开”的意思，当时这就是开本为八开、做八期结束的刊物。

8vo团队按照魏因加特“将活字层叠化”的思路，利用当时刚刚问世的Mac电脑加以推进。通过叠加多个图层，对网格进行细分，最终形成网眼纸的方格单位——也可以说，他们将网格系统又拉回到方块形铸造活字的单位级别。他们使用网眼纸的网格对杂志页面进行控制，把语言和视觉信息视为等价的元素进行层叠化。

《八开杂志》最后一期（图33），也就是第八期，是1992年以CD-ROM的形式发行。这其实就是语言的图像化，他们在1992年这个时间点就已经暗示了下一代的动向。

那么，继续来看看从1984年开始到现在也一直活跃的Emigre团队的作品。Emigre是移民到美国的捷克斯洛伐克人祖扎娜·利奇科与生于荷兰的鲁迪·范德兰斯的双人组合。他们也是在最初期就开始使用Mac电脑进行设计。利奇科制作的第一款字体是所谓的点阵字体，在他们发行的《移民者》（图34）杂志里，可以看到这些字体还被当做元素使用。如果说8vo是以网眼纸级别对网格进行了细分，那么可以说Emigre则是点阵级别的网格细分了。在他们的杂志页面里，文字可能会重叠，或者在行与行之间会有文字插进来，总之，会有各种各样的图层重叠。可以说，网格的细分化意味着原本被网格系统维持的秩序被解体。

这样的潮流出现在平面设计领域，也可以说是在当时的建筑、文艺等领域中谈及的对“解构主义”进行呼应的一种动向。在平面设计、字体排印的领域中，这一系列的流派被称作“新浪潮字体排印”，也孕育了内维尔·布罗迪、戴维·卡森、why not associates、阿普里尔·格莱曼等许多位明星设计师或团队。

看看英国The Designers Republic团队的作品就可以知道，进入九十年代之后，在表现上动画角色、文字等各种元素在同一页面里已经浑然一体。什么网格、秩序的细分化等等都已经没有关系，所有元素都被当成等价的平面图形要素处理、同化了。再仔细看他们的作品也可以知道，册子已经不是单纯的册子，已经进入了与音乐、动画等媒体联动的时代。基于网格系统的瑞士风格，或者被称作“国际主义风格”的现代字体排印，在这里几乎已经被当做“名为‘现代’的保守”，只是用来指代一个特定年代的样式了。

进入九十年代后期，Emigre开始着手书籍的字体排印工作。最早是复刻了约翰·巴斯克维尔字体的Mrs Eaves。翻看

图32 《八开杂志》，8vo团队，英国（1986—1992）

Mrs Eaves样本册的排版，居中的标题、使用首字母、左齐右不齐，我们可以看出，他们又回到了相当正统的排版（图35）。这也说明，这是他们经过再次认识后向读者展示，以阅读为中心的书籍排版还是要用通栏或双栏这样传统的方式进行。

2004年，以“世界最著名的简装书文库”而闻名英国的企鹅图书以“伟大思想”为名，重新发行了一系列古典名著（图36）。我们看看当时年仅27岁的年轻设计师戴维·皮尔逊所做的设计就可以知道，他做的封面是依照古典性的内容，模仿了古典版式，而正文是正统的两端对齐，左右居中放置标题，沿袭了传统型排版。但是，排版用的是Dante这款旧式罗马体的数码字体和Mac的排版应用软件。这种做法，可以说与斯坦利·莫里森等“花型派”的字体排印师，以及扬·奇肖尔德后半生所采取的做法都是一样的。

那么，近年的平面设计中的字体排印动向又如何呢？最近十几年左右出现了大量既不是使用网格系统的现代字体排印，也不是新浪潮的印刷页面。特别是在荷兰、英国等地，为了表达内容，不是以样式、造型、方法论等视觉性的东西为主轴，而似乎是转到了一个难解的方向，去再度思考、重新构建媒体本身所蕴含的含义（图37、38）。因此，这样做出的造型要么没有风格，要么即使有风格也不会觉得其中有什么特别含义。而且对于字体，也有很多人追求使用Times New Roman、Helvetica这些看似不怎么讲究的用法。很多设计以我们日本人的角度来看，都搞不懂他们到底要朝什么方向走。他们在诠释这些东西时，会以场合、行为、环境等关键词，配以大量的文字，但是这些文章以具体的方法论来看，并没有达到近代造型形成的语言化、方法论的水平，从

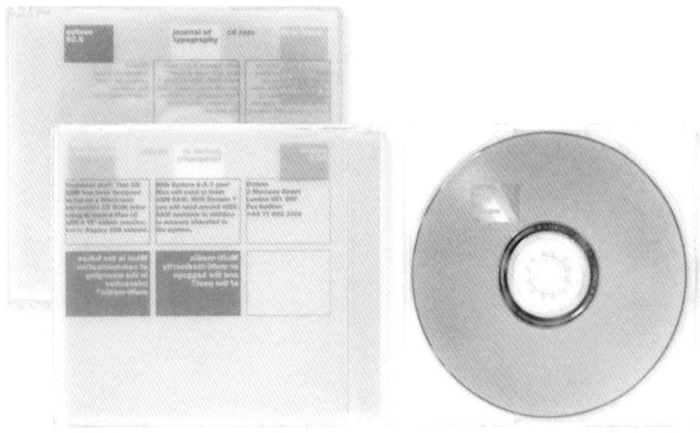

图33 《八开杂志》终刊号CD-ROM

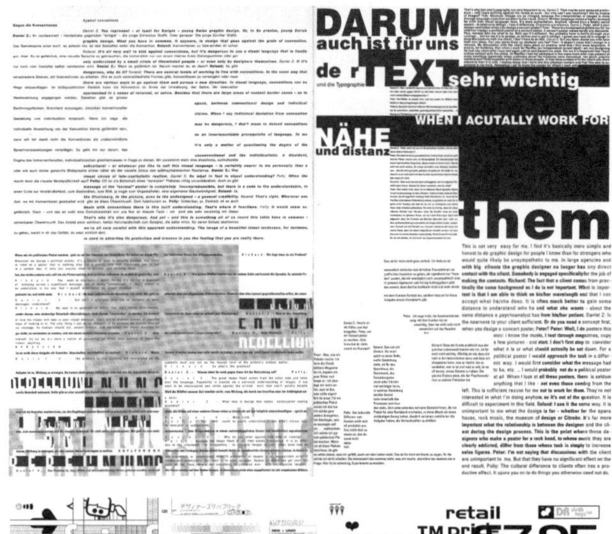

图34 《移民者》，Emigre，
美国（1984—2005）

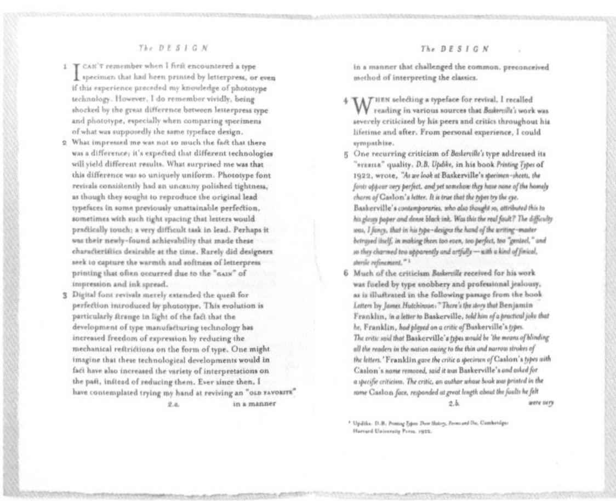

The DESIGN

1 I CAN'T remember when I first encountered a type specimen that had been printed by letterpress, or even if this experience preceded my knowledge of phototype technology. However, I do remember vividly, being shocked by the great difference between letterpress type and phototype, especially when comparing specimens of what was supposedly the same typeface design.

2 What impressed me was not so much the fact that there was a difference; it's expected that different technologies will yield different results. What surprised me was that this difference was so uniquely uniform. Phototype font revivals consistently had an uncanny polished tightness, as though they sought to reproduce the original lead typefaces in some previously unattainable perfection, sometimes with such tight spacing that letters would practically touch; a very difficult task in lead. Perhaps it was their newly-found achievability that made these characteristics desirable at the time. Rarely did designers seek to capture the warmth and softness of letterpress printing that often occurred due to the "GAIN" of impression and ink spread.

3 Digital font revivals merely extended the quest for perfection introduced by phototype. This evolution is particularly strange in light of the fact that the development of type manufacturing technology has increased freedom of expression by reducing the mechanical restrictions on the form of type. One might imagine that these technological developments would in fact have also increased the variety of interpretations on the past, instead of reducing them. Ever since then, I have contemplated trying my hand at reviving an "OLD FAVORITE"

2.a. in a manner

The DESIGN

in a manner that challenged the common, preconceived method of interpreting the classics.

4 WHEN selecting a typeface for revival, I recalled reading in various sources that *Baskerville's* work was severely criticized by his peers and critics throughout his lifetime and after. From personal experience, I could sympathize.

5 One recurring criticism of *Baskerville's* type addressed its "STERILE" quality. *D.B. Updike*, in his book *Printing Types* of 1922, wrote, *"As we look at* Baskerville's *specimen-sheets, the fonts appear very perfect, and yet somehow they have none of the homely charm of* Caslon's *letter. It is true that the types try the eye.* Baskerville's *contemporaries, who also thought so, attributed this to his glossy paper and dense black ink. Was this the real fault? The difficulty was, I fancy, that in his type-designs the hand of the writing-master betrayed itself, in making them too even, too perfect, too "genteel," and so they charmed too apparently and artfully—with a kind of finical, sterile refinement."* [1]

6 Much of the criticism *Baskerville* received for his work was fueled by type snobbery and professional jealousy, as is illustrated in the following passage from the book *Letters* by *James Hutchinson*: *"There's the story that* Benjamin Franklin, *in a letter to* Baskerville, *told him of a practical joke that he,* Franklin, *had played on a critic of* Baskerville's *types. The critic said that* Baskerville's *types would be 'the means of blinding all the readers in the nation owing to the thin and narrow strokes of the letters.'* Franklin *gave the critic a specimen of* Caslon's *types with* Caslon's *name removed, said it was* Baskerville's *and asked for a specific criticism. The critic, an author whose book was printed in the same* Caslon *face, responded at great length about the faults he felt*

2.b. *were very*

[1] Updike, D.B. *Printing Types: Their History, Forms and Use*, Cambridge: Harvard University Press, 1922.

图35 Mrs Eaves字体样册，Emigre，
美国（1996）

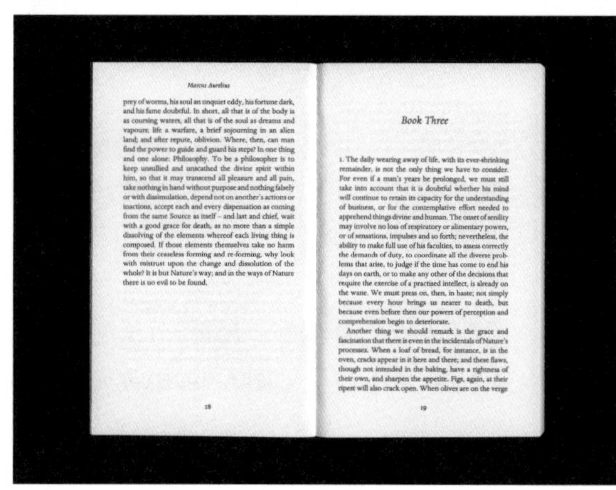

Marcus Aurelius

prey of worms, his soul an unquiet eddy, his fortune dark, and his fame doubtful. In short, all that is of the body is as coursing waters, all that is of the soul as dreams and vapours; life a warfare, a brief sojourning in an alien land; and after repute, oblivion. Where, then, can man find the power to guide and guard his steps? In one thing and one alone: Philosophy. To be a philosopher is to keep unsullied and unscathed the divine spirit within him, so that it may transcend all pleasure and all pain, take nothing in hand without purpose and nothing falsely or with dissimulation, depend not on another's actions or inactions, accept each and every dispensation as coming from the same Source as itself – and last and chief, wait with a good grace for death, as no more than a simple dissolving of the elements whereof each living thing is composed. If those elements themselves take no harm from their ceaseless forming and re-forming, why look with mistrust upon the change and dissolution of the whole? It is but Nature's way; and in the ways of Nature there is no evil to be found.

18

Book Three

1. The daily wearing away of life, with its ever-shrinking remainder, is not the only thing we have to consider. For even if a man's years be prolonged, we must still take into account that it is doubtful whether his mind will continue to retain its capacity for the understanding of business, or for the contemplative effort needed to apprehend things divine and human. The onset of senility may involve no loss of respiratory or alimentary powers, or of sensations, impulses and so forth; nevertheless, the ability to make full use of his faculties, to assess correctly the demands of duty, to coordinate all the diverse problems that arise, to judge if the time has come to end his days on earth, or to make any other of the decisions that require the exercise of a practised intellect, is already on the wane. We must press on, then, in haste; not simply because every hour brings us nearer to death, but because even before then our powers of perception and comprehension begin to deteriorate.

Another thing we should remark is the grace and fascination that there is even in the incidentals of Nature's processes. When a loaf of bread, for instance, is in the oven, cracks appear in it here and there; and these flaws, though not intended in the baking, have a rightness of their own, and sharpen the appetite. Figs, again, at their ripest will also crack open. When olives are on the verge

19

图36 企鹅图书“伟大思想”系列，戴维·皮尔逊，
英国（2004）

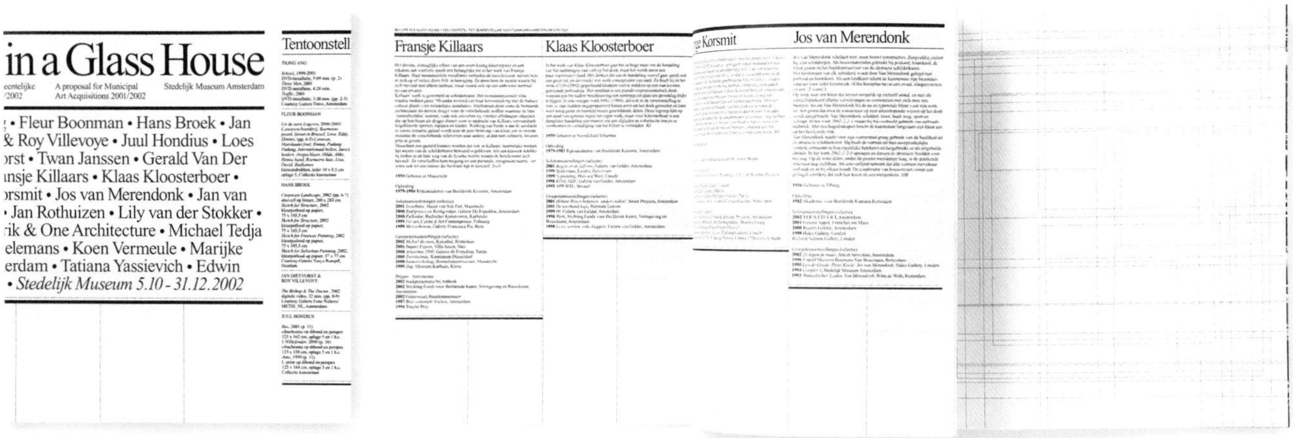

图37　Life in Glass House展册，阿姆斯特丹市立博物馆，荷兰（2002）

图38《Mevis & Van Deursen 作品集》，荷兰（2002）

这个意义来看，可以说是处于混乱之中。

但尽管如此，他们在学校教育课程中也都学过字体排印的基本原理和网格系统的方法。实际上他们也承认，如果没有这些知识，就无法构建字体排印的共通基础。

说了太多表面的东西，可能导致我讲的过于形态化。但终究来看，无论是网格系统还是分栏，其中的基础是排版的基本结构，而如何使用则是设计师的职责。其实应该说，重要的是要针对设计本身去考虑如何运用。

虽然不知道今后的书籍格式、网格系统会怎样发展，但至少可以肯定的一点是，这些基础是不会动摇的。

→《白井敬尚　书籍样式选集 1998—2018》

—

白井敬尚形成事务所，2018年，728 mm × 1030 mm（B4，16页）

使用字体：秀英黑体银＋Astro

—

《白井敬尚书籍样式选集》是2017年东京ggg“排版造型　白井敬尚”的巡回展、2019年在京都ddd展览时一并制作的。它包含了如*idea*这些以视觉为中心的样式、以书籍正文为中心的样式等等，是我从到目前为止制作的书籍设计中选出的，没有说明文字。而为中国展，我则会准备另外一版，更换其中一些样式。

→ *Yoshihisa Shirai, Book Format Selection 1998–2018*

—

Shirai Design Studio, 2018,
728 mm × 1030 mm (B4 size, 16 pages)
Typefaces: Shuei Kaku Gothic Gin + Astro

—

Yoshihisa Shirai Book Format Selection was made in conjunction with the exhibition held at Kyoto *ddd* in 2019, as a traveling exhibition of the “Typographic Compostion, Yoshihisa Shirai” was held at *ggg* in 2017. Grids are selected with variations from the book designs produced so far, such as *idea* with formats centered on visuals, and also formats centered on book text. There are no texts such as commentary. For the exhibition in China, I am planning to prepare another version with some formats replaced.

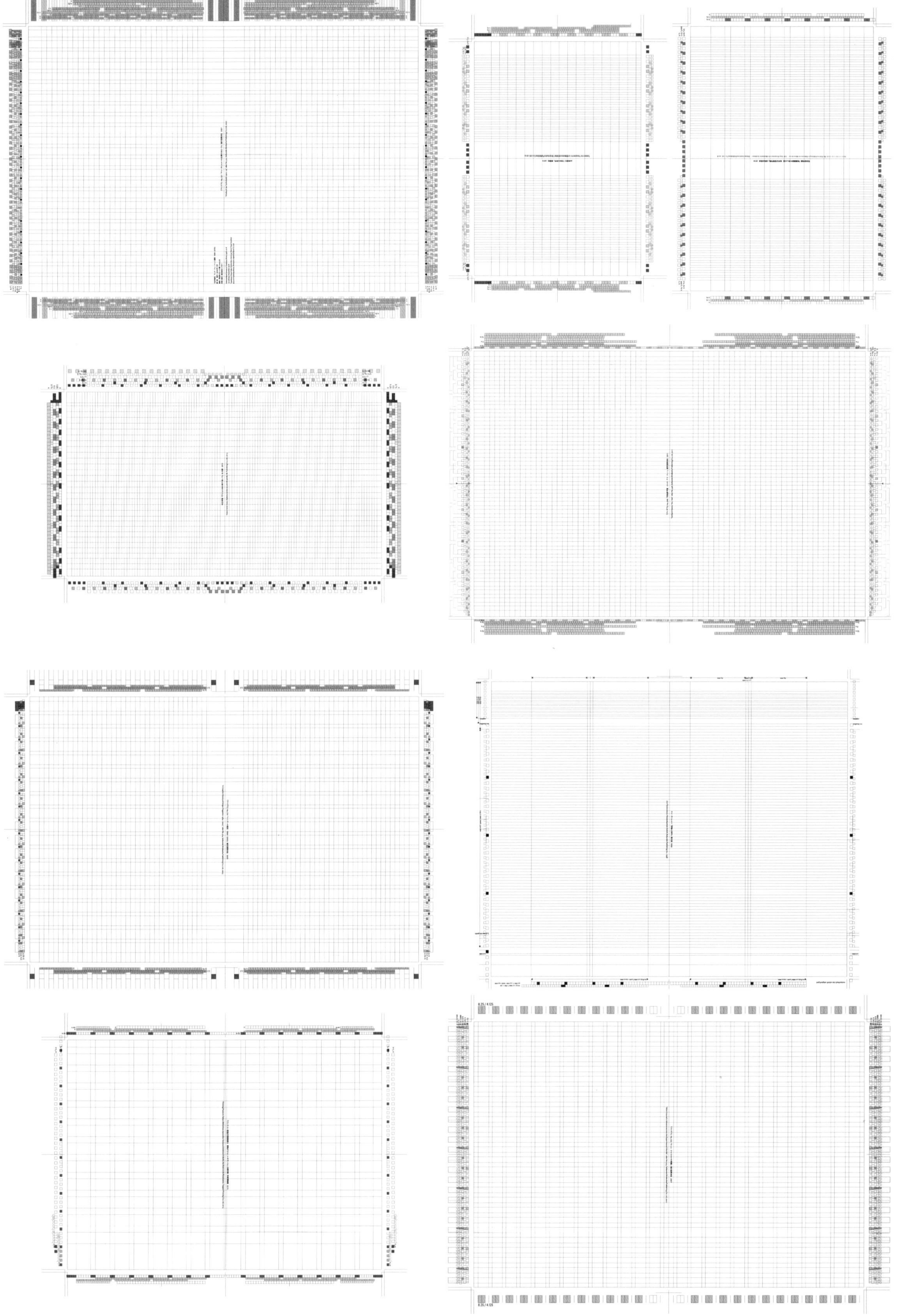

网格系统活用法

白井敬尚

网格系统是为具体表现固有性而制作的参考线

网格系统是在书刊中以将文本、视觉元素（照片、插图、图形、表格）合理且功能性地进行布局为目的的一套系统。无论是文字信息还是视觉信息，随着每个时代的变迁都会不断变迁并复杂化。而网格系统，为这样每个时代而变容的复杂信息进行层级化控制，从而对书册整体的整理、统合能发挥出功效。这是一种规格化、合理化、效率化、均质化，同时也是对功能性、客观性、匿名性的追求，但是其目的并非仅此而已。对于当代的网格系统，非常重要的一点是，它是以“将内容的固有性具体化出来”为目的的。

在本文里，白井以各种各样的书籍杂志设计中的活用为例，为大家讲解实践网格系统的要点。

使网格为己所用

一般设计师都认为，网格系统是以严格规定的格式（模块）去实现精密设计的一套系统。的确，我也不否认其有这样严苛的一面，因此会有人觉得这是会束缚创作者的感觉、感性的系统，认为是一种无法进行自由“表现”的设计手法。

“的确，如果不灵活使用网格系统，就会被格式束缚住，会有倾向导致所有设计都变得均匀、单调。我在开始设计的时候，就很想做瑞士风格那种精密的设计，也曾思考过他们使用网格的方法论，但在当时，我把这些制约过分地当做绝对制约，往往导致自己动弹不得。后来，在某个时候我才意识到，这些其实只不过是一种参考基准。这样一来，我就想到，通过重新审视这些结构，就可以从制约中解放出来。理解到网格系统的本质，能自由自在地对其进行操纵后，就觉得没有比这个系统更方便、更可靠的了。从某种意义上说，网格系统可能更接近于一种电脑程序。”

不把网格系统当做规范化、均质化的一种格式，而是将其当做一种能获得更丰富成果的电脑程序进行活用。通过这种认识的改变，之前被系统所束缚的白井，对网格使用也逐步地变得熟练起来。

“这也许也是理所当然的事情，当你对页面构成要素的内容加以理解，能对文字和照片等给定元素的关系进行思考之后再来排版，对网格系统的用法就会有明显的不同。”

“看看杉浦康平，还有我的老师清原悦志等前辈们的作品就知道，他们并不是把网格当做死板规矩，而是都有各自的应用方法。虽然应用的方法在很大程度上是依靠个人感觉，

本文是以2012年发行的设计杂志*Design Note*第43期所刊载的对白井的采访文章为基础，对2011年*Design Note*第38期进行补充、修订而成的。

在本项目中所记述的是白井本人如何掌握和活用网格系统。从这个角度来说，这并不是针对一般网格系统的一份指南。如果读者希望作为一个明确的方法论、系统、概念或者理念去理解网格系统，推荐阅读约瑟夫·米勒–布罗克曼所著的《平面设计中的网格系统》（2021年中文修订版）一书。

网格系统的基础

以活字排版为基础的网格基本构造

1　字号与行距（行高）

所谓网格系统，是在页面上进行图文布局时使用的一种带有格子状分割线的框架。在制作之前需要先明确目的，是以文字为主还是以图片为主。

对于制作方法，要先决定贯穿全书整体的基本文字（若以正文排版为主即为正文；若以图片为中心、图注为主，则就以图注为基准）的字号，设置好大致的栏宽，然后依此导出适当的行距。

图1中是以上下五行字加空一行、左右12字加空两字为一个单位，形成一“格”。图2中的小字排版，则是以上下八行加空两行、左右18字加空三字。这两套字号依照各自逻辑，分别形成一格。对于整页，是以左右四格、上下九格（图3）分割而成的世纪中期型的古典性网格。

从这一点大家就应该可以知道为什么说理解网格系统需要理解排版原理。

2　栏宽（行长）

图2中可看出，左右4/4格、3/4格可以用于单栏，而2/4格可用于双栏。图注则基本用一格，视情况可以用两格。以这个网格为基本设置进行页面展开，就成为后面图3所示的展开实例。

以活字排版为基础的网格基本构造

图 1

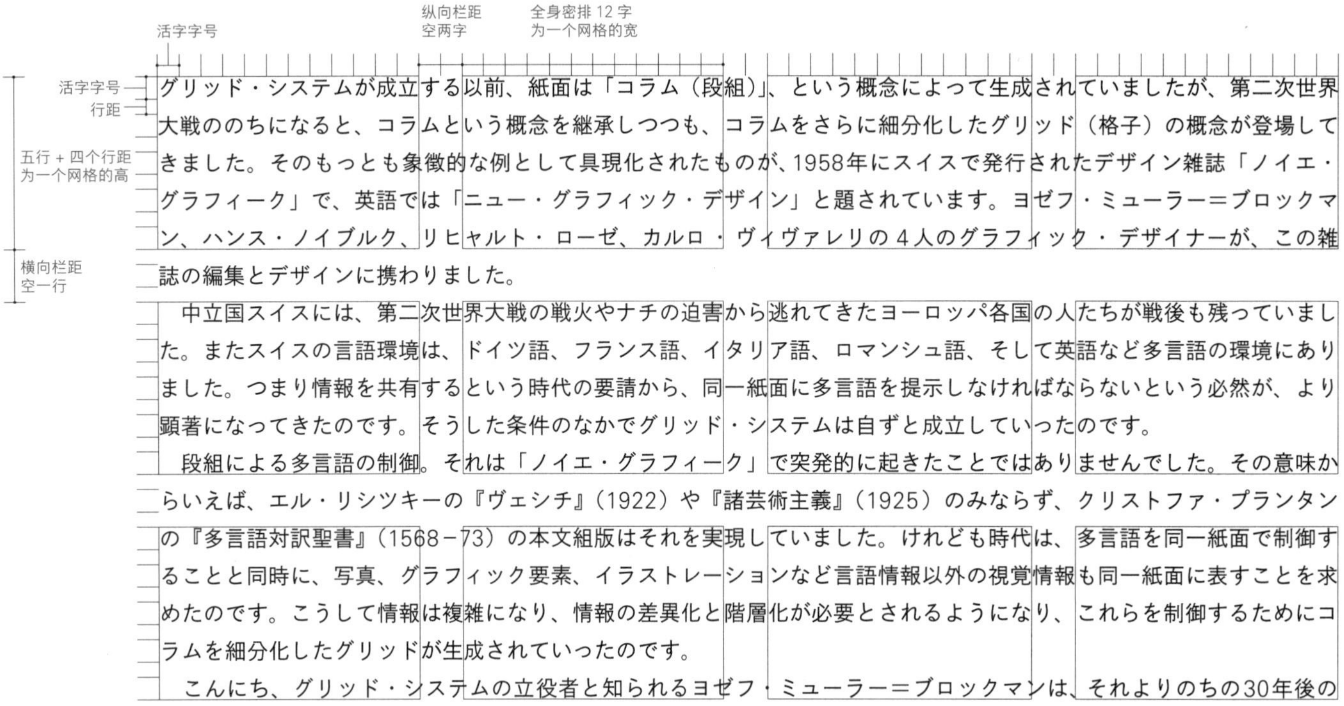

活字字号　纵向栏距 空两字　全身密排 12 字 为一个网格的宽

活字字号　行距　五行 + 四个行距 为一个网格的高　横向栏距 空一行

グリッド・システムが成立する以前、紙面は「コラム（段組）」という概念によって生成されていましたが、第二次世界大戦ののちになると、コラムという概念を継承しつつも、コラムをさらに細分化したグリッド（格子）の概念が登場してきました。そのもっとも象徴的な例として具現化されたものが、1958年にスイスで発行されたデザイン雑誌「ノイエ・グラフィーク」で、英語では「ニュー・グラフィック・デザイン」と題されています。ヨゼフ・ミューラー＝ブロックマン、ハンス・ノイブルク、リヒャルト・ローゼ、カルロ・ヴィヴァレリの４人のグラフィック・デザイナーが、この雑誌の編集とデザインに携わりました。

中立国スイスには、第二次世界大戦の戦火やナチの迫害から逃れてきたヨーロッパ各国の人たちが戦後も残っていました。またスイスの言語環境は、ドイツ語、フランス語、イタリア語、ロマンシュ語、そして英語など多言語の環境にありました。つまり情報を共有するという時代の要請から、同一紙面に多言語を提示しなければならないという必然が、より顕著になってきたのです。そうした条件のなかでグリッド・システムは自ずと成立していったのです。

段組による多言語の制御。それは「ノイエ・グラフィーク」で突発的に起きたことではありませんでした。その意味からいえば、エル・リシツキーの『ヴェシチ』（1922）や『諸芸術主義』（1925）のみならず、クリストファ・プランタンの『多言語対訳聖書』（1568－73）の本文組版はそれを実現していました。けれども時代は、多言語を同一紙面で制御することと同時に、写真、グラフィック要素、イラストレーションなど言語情報以外の視覚情報も同一紙面に表すことを求めたのです。こうして情報は複雑になり、情報の差異化と階層化が必要とされるようになり、これらを制御するためにコラムを細分化したグリッドが生成されていったのです。

こんにち、グリッド・システムの立役者と知られるヨゼフ・ミューラー＝ブロックマンは、それよりのちの30年後の

用 4/4 网格排单栏　用 3/4 网格排单栏　用 2/4 网格排双栏　用 1/4 网格排四栏

栏宽虽然根据网格可变
但应依照基本字号和行距设置成适当值

图 2

グリッド・システムが成立する以前、紙面は「コラム（段組）」という概念によって生成されていましたが、第二次世界大戦ののちになると、コラムという概念を継承しつつも、コラムをさらに細分化したグリッド（格子）の概念が登場してきました。そのもっとも象徴的な例として具現化されたものが、1958年にスイスで発行されたデザイン雑誌「ノイエ・グラフィーク」で、英語では「ニュー・グラフィック・デザイン」と題されています。ヨゼフ・ミューラー＝ブロックマン、ハンス・ノイブルク、リヒャルト・ローゼ、カルロ・ヴィヴァレリの４人のグラフィック・デザイナーが、この雑誌の編集とデザインに携わりました。

中立国スイスには、第二次世界大戦の戦火やナチの迫害から逃れてきたヨーロッパ各国の人たちが戦後も残っていました。またスイスの言語環境は、ドイツ語、フランス語、イタリア語、ロマンシュ語、そして英語など多言語の環境にありました。つまり情報を共有するという時代の要請から、同一紙面に多言語を提示しなければならないという必然が、より顕著になってきたのです。そうした条件のなかでグリッド・システムは自ずと成立していったのです。

段組による多言語の制御。それは「ノイエ・グラフィーク」で突発的に起きたことではありませんでした。その意味からいえば、エル・リシツキーの『ヴェシチ』（1922）や『諸芸術主義』（1925）のみならず、クリストファ・プランタンの『多言語対訳聖書』（1568－73）の本文組版

071

活字字号

活字字号　行距　八行＋七个行距 为一个网格的高　横向栏距 空两行

1957年、フランスの名門活字鋳造所、ドベルニ・アンド・ペイニョ社は、「ユニヴァース」を発表しました。タイプ・デザインは同社の若きタイプデザイナー、アドリアン・フルティガーです。

ユニヴァースは同一の骨格を持ちながら、ライトからボールド、そしてエクステンドからコンデンスまでの21種類の書体で構成されるサンセリフ書体のファミリーです。

ユニヴァースは設計当初より、ウェイトと字幅の設定が綿密に計画立てられて

1957年、フランスの名門活字鋳造所、ドベルニ・アンド・ペイニョ社は、「ユニヴァース」を発表しました。タイプ・デザインは同社の若きタイプデザイナー、アドリアン・フルティガーです。

ユニヴァースは同一の骨格を持ちながら、ライトからボールド、そしてエクステンドからコンデンスまでの21種類の書体で構成されるサンセリフ書体のファミリーです。

ユニヴァースは設計当初より、ウェイトと字幅の設定が綿密に計画立てられてデザインされたはじめての書体でした。それぞれのウェイトによるグレートーンの階調は均等なジャンプ率となっており、均質なグラデーションと組版濃度によって紙面の三次元化

纵向栏距 空三字　全身密排 18 字 为一个网格的宽

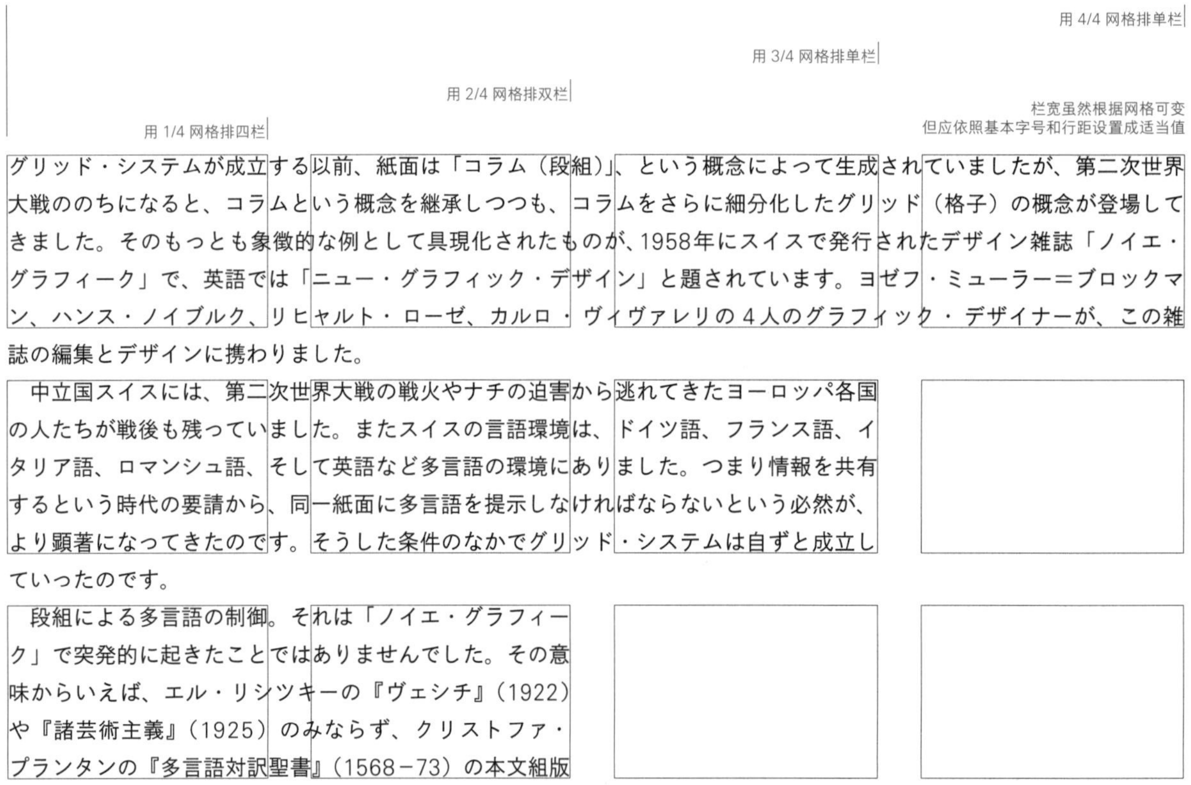

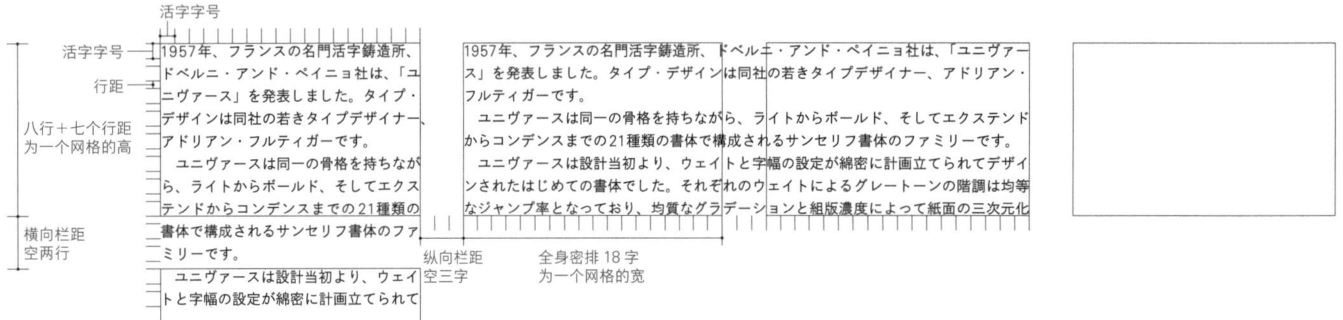

将 4×9 网格中排版与图片的可变区域用放射线表示出来的示意图

图 3

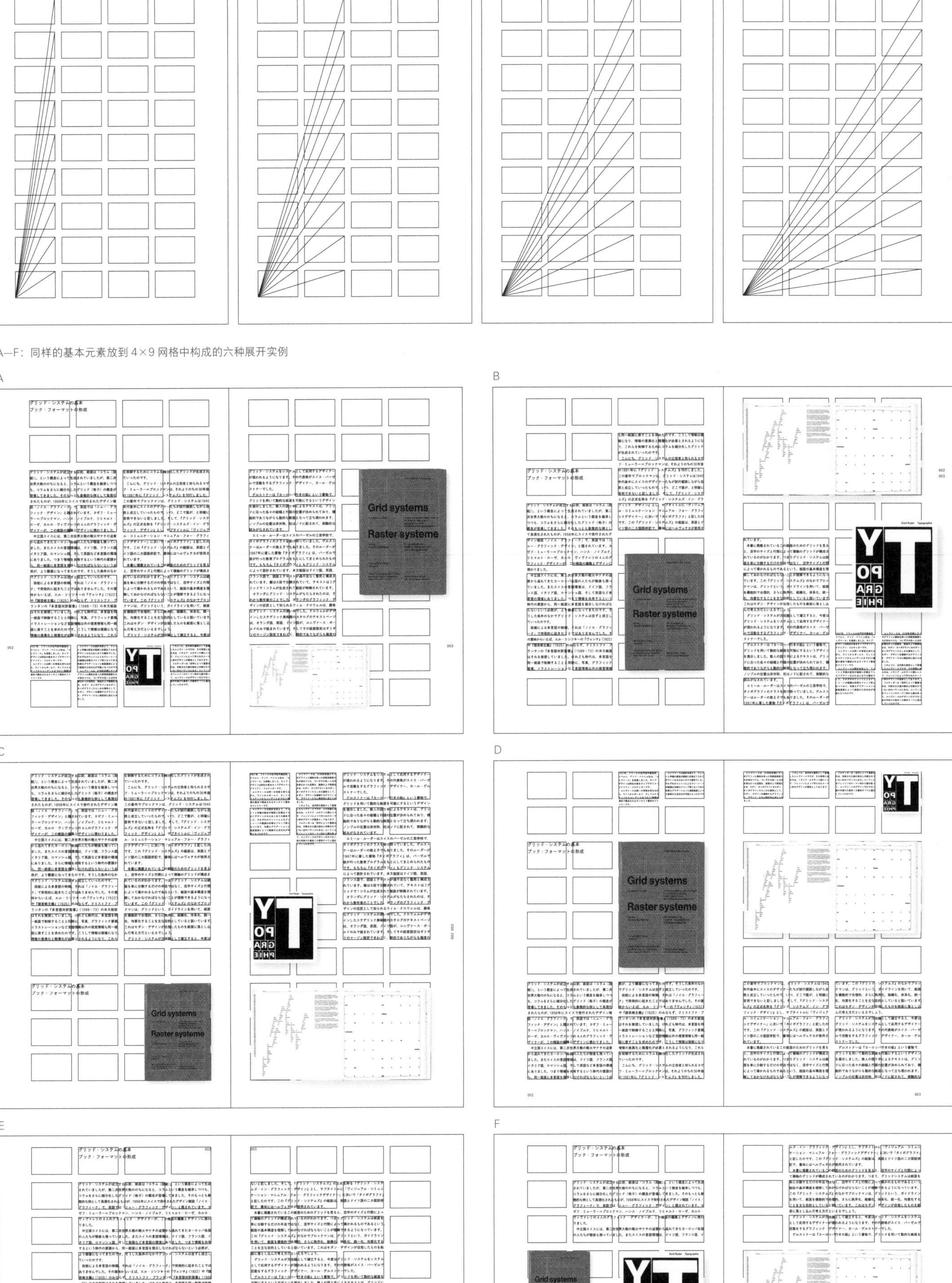

A—F：同样的基本元素放到 4×9 网格中构成的六种展开实例

3　栏数与展开实例

网格系统的单位基准只是正文排版。但是，文本里有标题、注释、图注等各个种类的文字，存在分别适用于各个种类的字号和行距。要将这些与正文排版进行整合（字号与行距），网格系统的复杂度就不断增加（图2中只有两种字号，相对比较简单）。

图3上部，是将4×9网格中排版与图片的可变区域用放射线表示出来的示意图。

A—F则是同样的基本元素放到4×9网格中构成的六种展开实例。这些实例说明，即使采用同样的网格，根据所要表达的内容和用途的不同，可以有不同的展开。尽管版式如此不同，但网格（结构）一致，能让全书整体在保持统一感的同时又让页面展开富有变化。另外，通过图片尺寸以及偏移方法可以看出，并没必要将所有一起都与网格对齐，这也显示了，网格只不过是一个方便的参考线，只要灵活地使用即可。而且，这六个展开实例中的页码位置也有变动。

A：此例以双栏正文为主体，标题和注释放在其上下的网格区域。用于解释的图片较小，体现的是以正文为主体。而想放大的图片则放入正文的板块里。

B：把正文、图片、注释当作同样的级别处理，富有节奏感地用动态的结构进行摆放。

C：正文、注释在上，图片在下，这种结构整体图文清晰分明。

D：图片放大摆在页面中央，上面放注释，下面放正文。这种构造突出了让读者“看图片”的效果。

E：基本版心控制在3/4网格的范围内，按顺序摆放正文、图片、注释，这是传统的书籍（用于深度阅读）的构造。

F：正文与E一样使用3/4网格的通栏。这是图片插在文字之间，注释放在左边1/4网格里的非对称书籍（用于深度阅读）构造。

但是空间并没有被网格所束缚。我也是等到后来能熟练使用网格系统之后才理解到这一点的。”

将设计师的感觉数值化

就这样，通过前辈们的作品，还有与长期在日本活动的赫尔穆特·施密德先生、曾经在美国耶鲁大学学习过平面设计的新岛实先生，以及事务所的前辈板东孝明先生的交流，白井逐渐明白，网格系统只不过是一套工具。用数字进行规范并不是目的，重要的是在页面上想实现什么，所以白井说道，进行视觉控制的身体感觉是必需的。

“重要的是，通过自己的视觉对空间进行控制。做法有很多，比如不改变字号也可以把字重灰度调高一级，或者对空隙进行挤压就可以提高版面灰度，反之拉伸之后可以降低灰度。的确，放大字号可以解决一些问题，但是在选择这种轻松取巧的手段之前，深呼吸一下，重新审视一下各个要素之间的关系，切换主观、客观的角度纵观整个页面。如果能以这个目的使用网格，就不会过度被系统所束缚。进一步说，重要的既不是数值，也不是套用网格。由此就能得出逻辑：有时候脱离网格也是可以的。”

读到这里，想必读者应该能够理解，所谓网格系统，只不过是将设计师所想象的页面具体表现出来而使用的一种参考线。那么，要让网格系统在实践中发挥作用，具体需要什么呢？

“这里面，首先有排版的基础。然后，自己动手进行视觉控制的训练。稍微懂一些排版和网格之后，再去看一些设计，就不仅能看到表面的部分，还逐渐地能看到骨架（结构）。这样的话，就能理解各种各样的展开应用。理解结构、设计结构、用结构进行施工，粗略地说就是这几个步骤吧。”

“我用的网格，和瑞士风格本来的那套相距甚远。但是就要这样才好。因为关键在于是否为自己觉得好用的系统。因为结构是自己构造出来的，没有比这泛用性更高、更方便的工具了。”

CASE STUDY 1

idea No.351

制作网格系统的结构

与那些具有共通设计格式，展开到每期设计的普通定期出版物不同，白井担任艺术指导和设计的*idea*杂志，每期甚至每篇文章的格式都不一样。那么，白井所谓“做结构”的格式生成，实际是如何制作出来的呢？首先，以*idea*杂志第351期“布鲁诺·蒙古齐特辑”的制作过程为例，来看看网格系统基本的思路和导入方法。

“最初的草稿阶段不使用网格。首先是选定字体、字号、行距、栏宽，然后在考虑排版与图片的关系的基础上，思考要把页面做成什么样子，然后把这些东西先靠感觉试着做几页。所以步骤是，首先要优先决定自己心目中对整个页面的形象的把控，然后再把它做成一个具有泛用性的构造，拉出网格。”

网格系统只不过是为了将自己想象的页面设计具体实现出来而制作的参考线。从上面这段话中，也能看出白井始终贯彻着这一思路。他说做*idea*杂志，每期在制作这个格式上是最花时间的。

“大部分杂志，为了让多名设计师进行排版也能保持一定的易读性或者保持一定的调性，会使用一套泛用性很高的格式。然后在此基础上，根据特辑内容，通过重点标题、引人注目的平面表达和布局，做出固有特性。但是*idea*杂志，每篇特辑（文章）所追求的方向性完全不一样，因此单靠这种方法，就无法淋漓尽致地表现出内容固有特性。所以我就想通过改变容器（网格＝结构），去体现出每篇文章的特性。”

由于结构本身具有自己的特性，就能不受装饰、版型影响，表达出书籍本身的思想和调性。正是因为使用了网格系统，才能实现这种真正的、具有高度自由度的设计。

STEP 1

在设计初期不画网格。一边在脑海里构想理想的页面，一边自由地摆放图片和文字的位置，探索页面中图文之间的关系。在这个阶段重要的是，并不需要有制作网格并往里嵌套图文的意识，随心所欲地进行排版即可。

犹豫不决时，可以将排好的文字和图版打印输出到纸上，用剪刀剪开放到实际的纸面上，一边动手一边试着排版。一开始就在屏幕上做，手脚反而容易被束缚，导致页面变得无趣。按照实际大小直接在纸面上尝试各种摆放，往往能做出比想象自由得多的页面结构。

STEP 2

一定程度定下设计的方向后，接下来的步骤就是要将凭感觉摆放好的版式数值化。这时，要视情况记录下字体的种类、行高间距、栏宽等信息。另外，改变栏宽和整体空间摆放方式时，不要嫌麻烦，重新再打印输出，并及时记录修改的地方。这样不断更新，直到满意为止，到下一步才进入网格的制作。

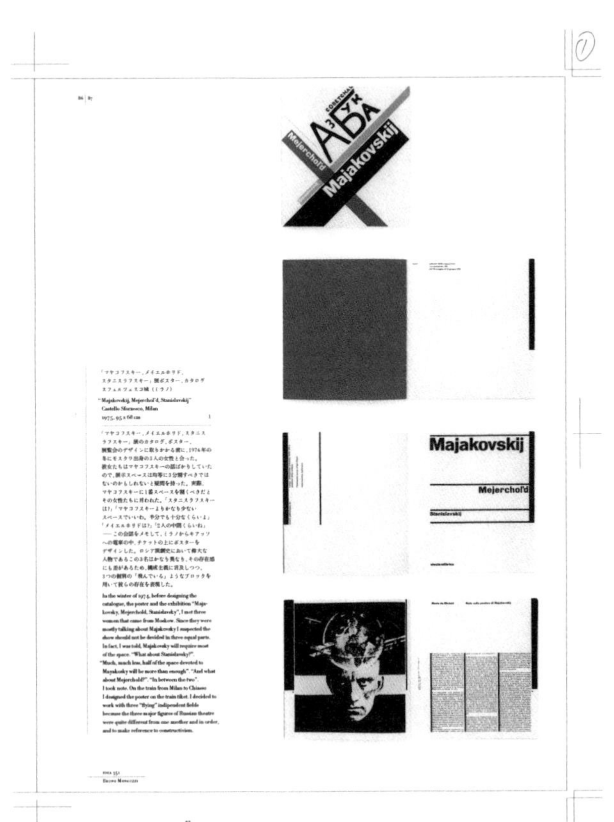

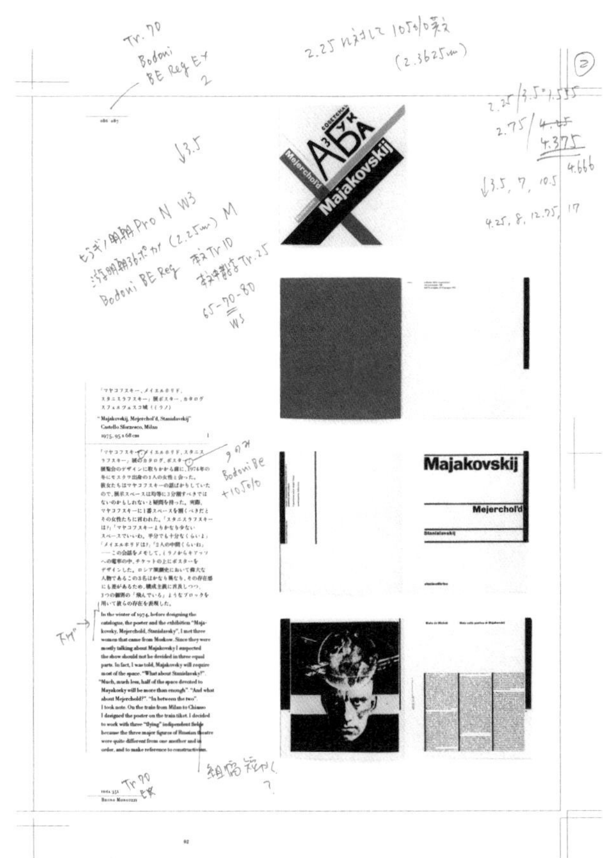

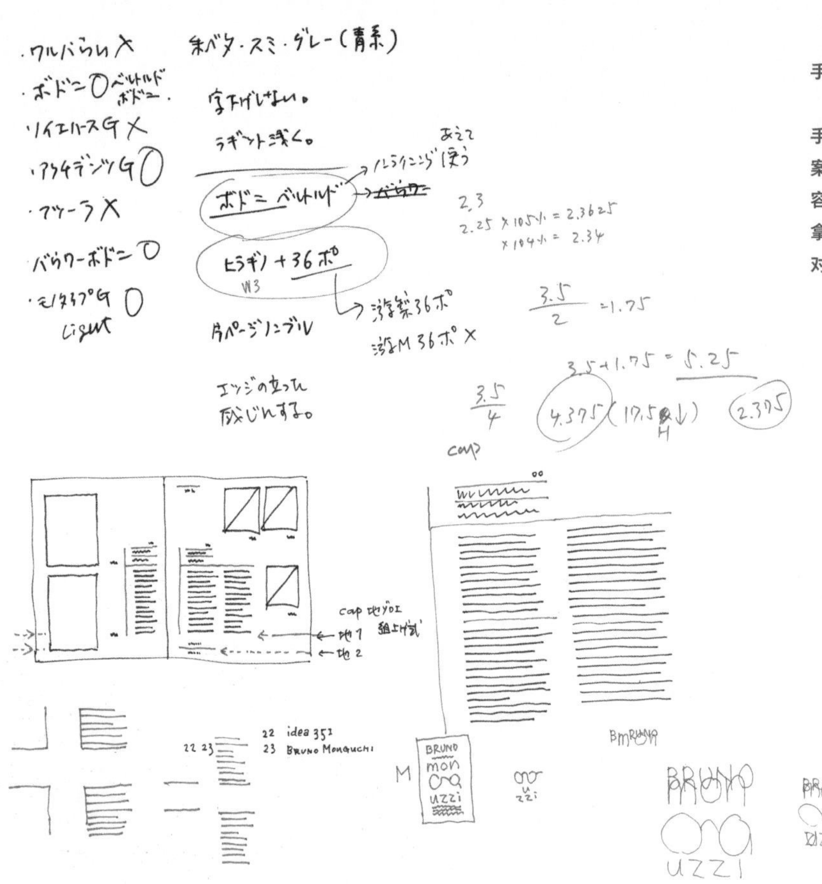

手绘草稿

在电脑上设计之前，在确认特辑的内容后，我会徒手把页面大致的样子画出来。与此同时，挑选字体的方案、图注的排版格式方案，有时候还有纸张、配色的内容全部都备注上。这些只不过是自己的备忘录，并不是拿出去给编辑部看的东西，看起来似乎有点随意。不过对我来说，这是将脑海想象的东西成形的一个必要步骤。

STEP 3

一边确认数值信息一边画网格。将预设好的活字字号、行高、栏宽的左右分割网格等这些基本间距当做刻度，放到开本外面，按照每三行加空一行、每四行加空一行这样的方式，探索合适的网格尺寸。定下网格之后，可以尝试排几页。也就是说，测试一下网格是否能发挥作用。在这个初期阶段，不用过分在意精确的图片尺寸或者对齐网格，精度可以在后面逐渐提高。

STEP 4

这是通过反复验证后最后完成的格式。在制作基本的样式时，并不是去做一套只能用固定位置和字号的网格，最理想的是能做出一套具有泛用性、能变通的结构。比如，当原稿的字数比预想的多或少时，都能灵活应对。

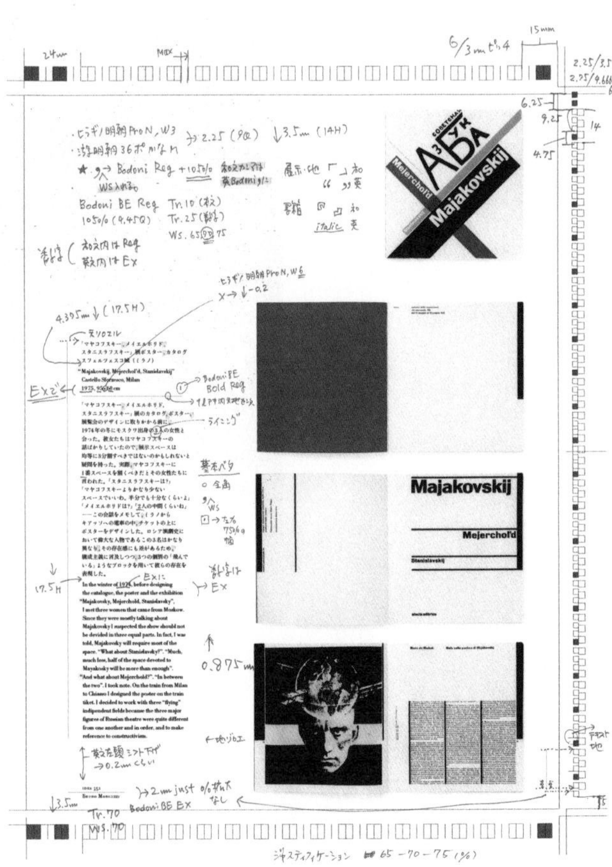

网格只是参考线而已

将生成网格的数值设为整数，为了制作网格而将字行强行对齐，这些都不是网格本来的目的。网格只不过是形成页面的参考线，做出来之后当做一套便利的工具辅助性地使用即可。

图片尺寸

图片的左边缘和上下边缘与网格对齐摆放，因此订口侧必然就不可能与网格对齐。这种对应方式也算是一种“变通”。

版心外侧的网格

基本版心的外侧（订口、切口侧都是）也特地配备了网格，以便能灵活、自由地运用。

不要过分被网格所约束

通常情况下，文本、图片都要在上端、左侧（如果是两端对齐，则是左右两侧），如果是方形图则上下左右都要与网格对齐，这是基本原则，但如果把这当做绝对条件去遵守，图文的关系就容易变得很拘谨。因此，只要有一些地方按照基准线对齐，有活用网格的意识就足够了。

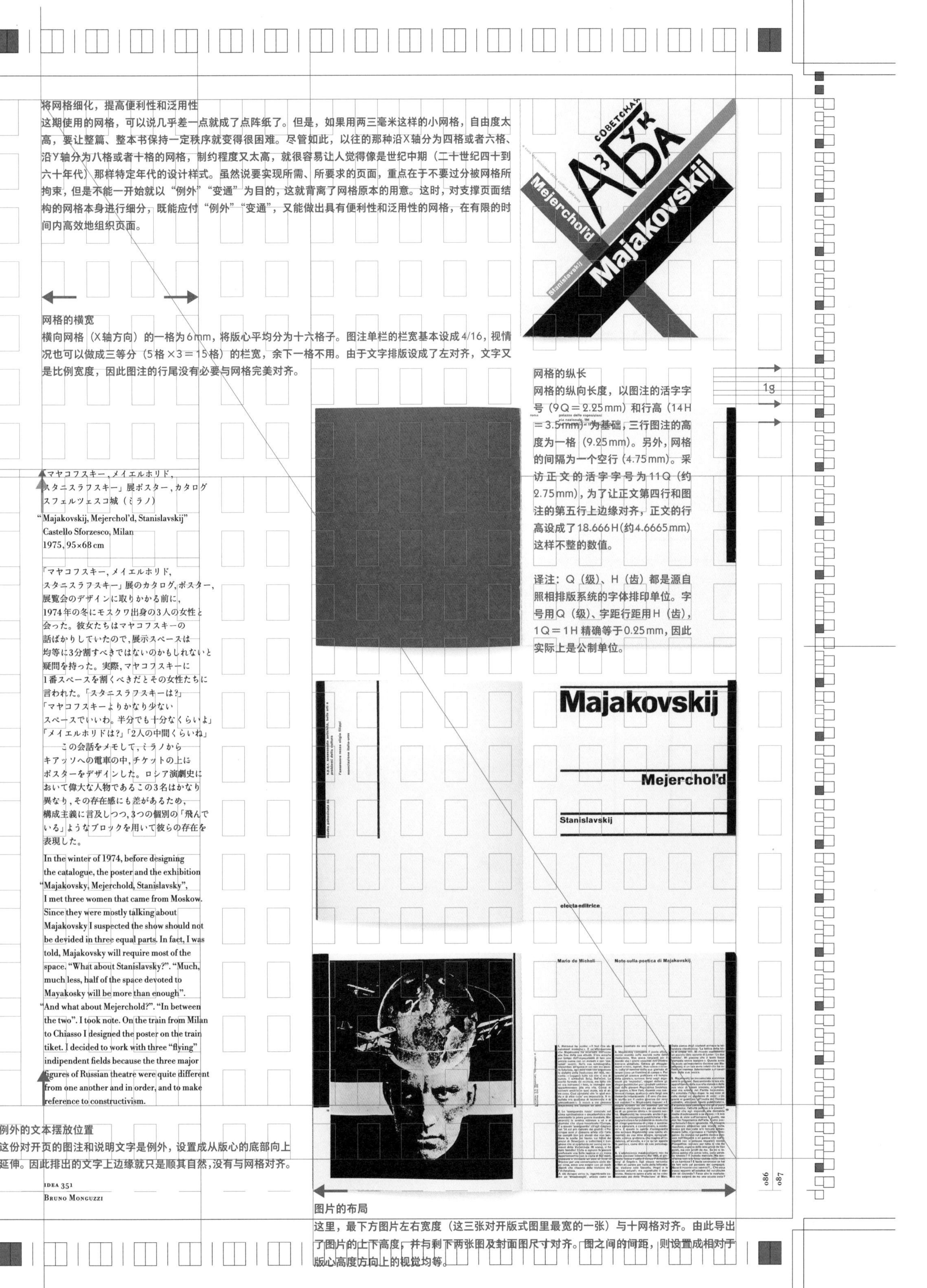

将网格细化，提高便利性和泛用性

这期使用的网格，可以说几乎差一点就成了点阵纸了。但是，如果用两三毫米这样的小网格，自由度太高，要让整篇、整本书保持一定秩序就变得很困难。尽管如此，以往的那种沿X轴分为四格或者六格、沿Y轴分为八格或者十格的网格，制约程度又太高，就很容易让人觉得像是世纪中期（二十世纪四十到六十年代）那样特定年代的设计样式。虽然说要实现所需、所要求的页面，重点在于不要过分被网格所拘束，但是不能一开始就以“例外”“变通”为目的，这就背离了网格原本的用意。这时，对支撑页面结构的网格本身进行细分，既能应付“例外”“变通”，又能做出具有便利性和泛用性的网格，在有限的时间内高效地组织页面。

网格的横宽

横向网格（X轴方向）的一格为6mm，将版心平均分为十六格子。图注单栏的栏宽基本设成4/16，视情况也可以做成三等分（5格×3＝15格）的栏宽，余下一格不用。由于文字排版设成了左对齐，文字又是比例宽度，因此图注的行尾没有必要与网格完美对齐。

网格的纵长

网格的纵向长度，以图注的活字字号（9Q＝2.25mm）和行高（14H＝3.5mm）为基础，三行图注的高度为一格（9.25mm）。另外，网格的间隔为一个空行（4.75mm）。采访正文的活字字号为11Q（约2.75mm），为了让正文第四行和图注的第五行上边缘对齐，正文的行高设成了18.666H(约4.6665mm)这样不整的数值。

1g

译注：Q（级）、H（齿）都是源自照相排版系统的字体排印单位。字号用Q（级）、字距行距用H（齿），1Q＝1H 精确等于0.25mm，因此实际上是公制单位。

「マヤコフスキー，メイエルホリド，
スタニスラフスキー」展ポスター，カタログ
スフェルツェスコ城（ミラノ）

“Majakovskij, Mejerchol'd, Stanislavskij”
Castello Sforzesco, Milan
1975, 95×68 cm

「マヤコフスキー，メイエルホリド，スタニスラフスキー」展のカタログ，ポスター，展覧会のデザインに取りかかる前に，1974年の冬にモスクワ出身の3人の女性と会った。彼女たちはマヤコフスキーの話ばかりしていたので，展示スペースは均等に3分割すべきではないのかもしれないと疑問を持った。実際，マヤコフスキーに1番スペースを割くべきだとその女性たちに言われた。「スタニスラフスキーは?」「マヤコフスキーよりかなり少ないスペースでいいわ。半分でも十分なくらいよ」「メイエルホリドは?」「2人の中間くらいね」

この会話をメモして，ミラノからキアッソへの電車の中，チケットの上にポスターをデザインした。ロシア演劇史において偉大な人物であるこの3名はかなり異なり，その存在感にも差があるため，構成主義に言及しつつ，3つの個別の「飛んでいる」ようなブロックを用いて彼らの存在を表現した。

In the winter of 1974, before designing the catalogue, the poster and the exhibition “Majakovsky, Mejerchold, Stanislavsky”, I met three women that came from Moskow. Since they were mostly talking about Majakovsky I suspected the show should not be devided in three equal parts. In fact, I was told, Majakovsky will require most of the space. “What about Stanislavsky?”. “Much, much less, half of the space devoted to Mayakosky will be more than enough”. “And what about Mejerchold?”. “In between the two”. I took note. On the train from Milan to Chiasso I designed the poster on the train tiket. I decided to work with three “flying” indipendent fields because the three major figures of Russian theatre were quite different from one another and in order, and to make reference to constructivism.

例外的文本摆放位置

这份对开页的图注和说明文字是例外，设置成从版心的底部向上延伸。因此排出的文字上边缘就只是顺其自然，没有与网格对齐。

IDEA 351
Bruno Monguzzi

图片的布局

这里，最下方图片左右宽度（这三张对开版式图里最宽的一张）与十网格对齐。由此导出了图片的上下高度，并与剩下两张图及封面图尺寸对齐。图之间的间距，则设置成相对于版心高度方向上的视觉均等。

CASE STUDY 2

idea No.323

用页面结构表现特辑设计师的个性

这期是给荷兰以及欧洲平面设计界带来极大影响并以“新字母”等字体设计闻名的维姆·克劳韦尔特辑。这本*idea*第323期则是假设曾经使用网格系统的克劳韦尔如果实际来设计日文页面，通过使用网格系统，实现了一种在静态中保持棱角分明的页面设计。 （参见本书第126页）

封面和目录

封面和目录也使用了与正文页面同样的网格。封底则将这个网格作为视觉直接展示出来。序文的版式是把文字排版旋转了九十度，从页面下部向上延伸，这也是克劳韦尔实际采用的手法。不仅是这样的页面，在*idea*中，我每一期都很重视针对页面的身体性行为，促发读者能够主动地参与到书籍这一物质实体中。

字体

与格式一样，*idea*也会每期更换字体。方法多种多样，首先会考虑根据策划内容选择字体会怎样。另外，如果是设计师的特辑（或者是针对某个运动），就会从调查分析以往的作品里使用字体的倾向开始。然后，惯用手法就是直接使用这些字体。但是，也会不使用这些字体，而是挑选一些这些设计师应该会用却实际没有用过的字体。反过来，特意避开他曾用过的、应该会用的字体，有时候觉得反而更能反映出设计师的形象。

日西并排

在考虑日文与西文的平衡（字号、灰度、笔形的风格、历史的整合性）的同时，多次反复地进行排版测试。在这里，分别设置日文和西文的活字字号、字距、行高的数值，能让二者搭配得更为和谐。

页边距

将版心设置得尽量大、逼近边缘是克劳韦尔常用的一种手法（他设置成4mm，不过本刊为5mm）。这个结构让克劳韦尔设计的页面显得静态却又很大胆。

容忍一些误差

要让各个字符具有不同字宽（比例宽度）的西文与等宽（上下左右宽度一致）的日文字体对齐，就会有各种无法调和的地方。在这样的环境里，如果为了排版的整合努力设置成统一的数值，会导致所有作品到最后都变成类似数值体系的网格。另外，即使是单纯日文的排版，为了排版的整合性（网格生成）而努力让数值一致，也可能出现同样的问题。明明是不同的作品，做出来的结构、页面都一样。

因此，对于*idea*来说，尽管有些地方没有整合，但如果整体来看并没太大影响，我就会容忍一些误差，而去优先体现固有特性。

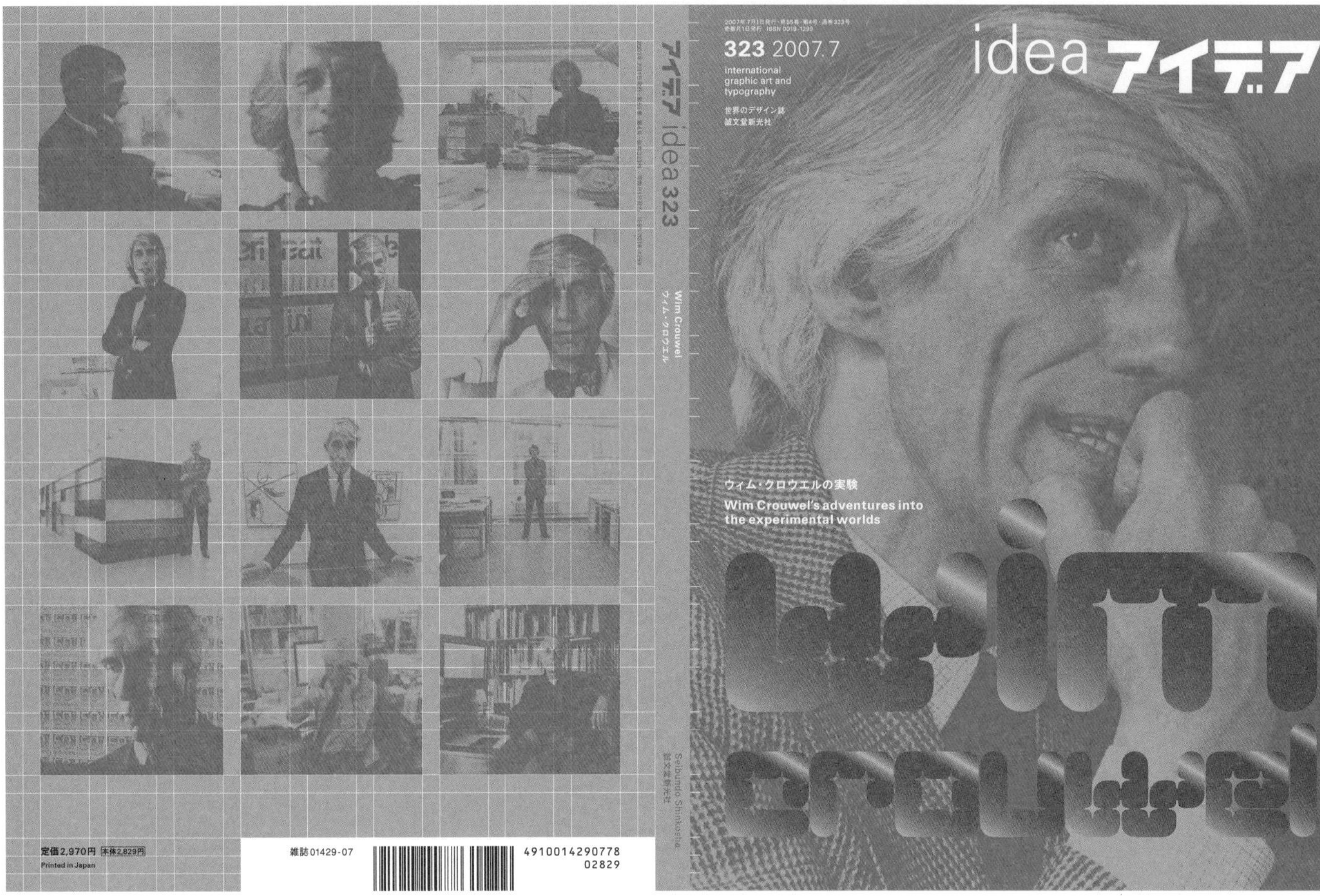

idea アイデア
323 2007.7
international graphic art and typography
世界のデザイン誌
誠文堂新光社
ウィム・クロウエルの実験
Wim Crouwel's adventures into the experimental worlds
アイデア idea 323
Wim Crouwel
ウィム・クロウエル
Seibundo Shinkosha
誠文堂新光社
定価2,970円 本体2,829円
Printed in Japan
雑誌01429-07
4910014290778
02829

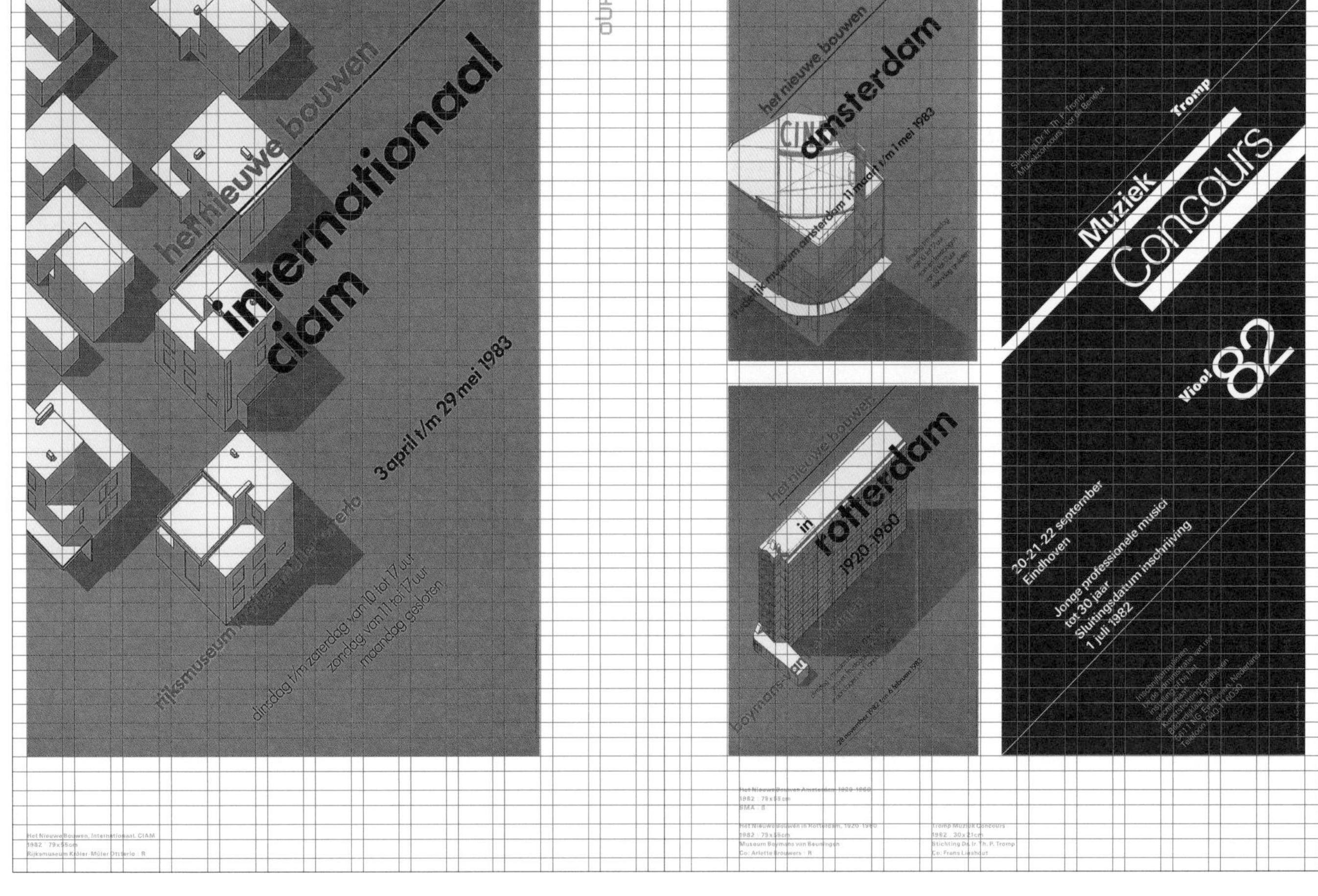

het nieuwe bouwen
internationaal
ciam
3 april t/m 29 mei 1983
rijksmuseum kröller-müller otterlo
dinsdag t/m zaterdag van 10 tot 17 uur
zondag van 11 tot 17 uur
maandag gesloten
het nieuwe bouwen
amsterdam
stedelijk museum amsterdam 11 maart t/m 1 mei 1983
het nieuwe bouwen
in
rotterdam
1920-1960
boymans-van beuningen
Tromp
Muziek
Concours
Viool 82
20-21-22 september
Eindhoven
Jonge professionele musici
tot 30 jaar
Sluitingsdatum inschrijving
1 juli 1982
Het Nieuwe Bouwen, Internationaal: CIAM
1982 79x55cm
Rijksmuseum Kröller-Müller Otterlo R
Het Nieuwe Bouwen Amsterdam 1920-1960
1982 79x55cm
SMA S
Het Nieuwe Bouwen in Rotterdam, 1920-1960
1982 79x55cm
Museum Boymans van Beuningen
Co: Arlette Brouwers R
Tromp Muziek Concours
1982 30x21cm
Stichting Dr. Ir. Th. P. Tromp
Co: Frans Lieshout

1.3.32 立川直樹『THE POLICE 宣戦布告』
新興楽譜出版社, 1980, 146×256mm

細野晴臣『地平線の階段』をプロデュースした立川直樹からの依頼で, ポリスの訳詞集をデザイン。この本の制作時に秀英体のすべての平仮名・片仮名の清刷りを大日本印刷に依頼した。

「立川氏プロデュースの『地平線の階段』では, 細野晴臣さんとその場でヒザを詰めてページ展開のアイデアをつくりました。僕は細野さんのヴォーカリゼーションが好きで, アルバム『はらいそ』のラスト・フレイズ『コノ次はモア・ベターよ!』を何かあるごとに呟いたりしてたことがありました。それにしてもこの時の立川氏のスゴイ殺し文句, "羽良多君, いつまでも横尾忠則じゃないんでしょ" には, マイッタなぁ, ドーしよー♪でした」

FOOL'S MATE No.40
1984年12月号

1.3.33 FOOL'S MATE No.41
1985年1月号
Fools Mate社, A5

1982年から担当しているニューウェイヴ音楽誌のデザインで再度リニューアルを担当。羽良多の提案でB5判からA5判へサイズ変更。ミラーコートの紙の表裏を逆に使い, 通常は裏に使われる面を表紙に用いた。紙がグレイッシュなため写真がぼやけた独特の印象がある。A5判になってからは最初の2冊のみ表紙デザイン, 以降は別のデザイナーに変更されロゴのクレジットのみ。

その後, 洋楽中心のニューウェイヴ誌だった同誌から洋楽要素が分離し (洋楽情報は『MIX』を経て『remix』へ), 101号からヴィジュアル系を中心とした邦楽誌にリニューアル。あわせて105号まで再び表紙デザインを担当。B5→A5ときて判型はA4変型に。

图片
本期的结构，与之前一样，设定了与各个活字字号所搭配的行高。但是，与以往网格所不同的是，图注每二、四、六行为一个单位能形成一个网格，能够灵活处理与不同活字字号下行高的整合。
图片摆放，则是让上边缘与图注保持特定的间隔"恰好"对齐。类似这样没有规则的规则，能让页面整体产生共通的调性和节奏。

羽良多平吉さんの作り出すビジュアルの世界は, そのたたずまい同様, とても浮世離れしている。僕にとって思い出深い仕事のひとつであるクラシックのテーマ別コンピレーションアルバム「キネマ・クラシック」のジャケットデザインなどはそのまま着物か屏風にしてもいいくらいのものだったし, ポリスの『宣戦布告』の遊び心いっぱいのアートディレクションも羽良多さんしかできないものだと思う。そして本屋でも本棚でも何か不思議な発光感を出している羽良多さんデザインの本。つい最近もふと取り出して『水蜘蛛』を読んだ時, その世界の中を羽良多さんが横切っていくような幻影が見えた。羽良多さんは存在もその作品も完全に時空を超えている。

立川直樹（プロデューサ／ディレクター）

CASE STUDY 3
idea No.346

用精密的网格系统
展开高度自由的设计

接下来介绍的是这本主题为以书籍、杂志为中
的编辑设计师羽良多平吉先生的特辑。与之前的各
不同，排版看似没有规律，实际上却有着非常精细
网格系统。

羽良多先生通过带有富有浮游感的实验性排
展开了变幻自在的设计。而我对其加以模仿，设计
了字号、行距都富有变化的网格系统（这个程度几
都已经不能算是网格系统，已经成为点阵纸的状态
与其说是功能性，更多是对结构本身赋予装饰性，
构上对图片和文字都不加以固定（不对齐）。我意在
过这种不定型的结构，实现一种与羽良多先生不同
浮游感。（参见本书第152页

1.3.32

1.3.33

1.3.34 『REV』No.1
レヴ・プロダクト／21世紀社, 1984, A5

1.3.35 『REV』No.2
レヴ・プロダクト, 1985, A5

阿木譲編集による関西の先端的音楽誌『rock magazine』のスタッフだった田中浩一編集の文化批評リトル・マガジン。全4号で, 1号の本文は既に出来上がっていたためJ.コクトーの有名なガラス売りに扮した写真を素材にデザインした表紙のみ, 2号は本文設計も担当, 3号はロゴのみクレジット, 4号はクレジットなし, 2号では日本語の本文タイトルをルビ扱いにする実験, など, 関わり方, 方法論がすべて異なる。

「亡くなった田中君本人からの依頼でした。『欧米の先端音楽』や『大阪』との出会いを作ってくれた彼の冥福を祈ります」

1.3.35

图注
为了能像羽良多平吉先生那样自由地控制页面，本期设计了一套相当复杂的网格系统。特别是配备了多种图注栏宽，重点是根据情况能自由发挥。

网格的可用性
页数较少的书，也可以不使用网格；但是页数一多，如果没有一定的秩序，会让读者感到困惑。我认为，网格系统是为了让页面里各个元素产生关联而使用的参考线，这样到最后，也能与读者产生一种关联。

今野雄二訳
『ブライアン・フェリー詩集
アヴァロンの彼方へ』
1.3.36 シンコーミュージック, 1987, A5

ブライアン・フェリーをはじめ，U2，マーク・ボラン，ポール・マッカートニーなど，この時期にシンコーミュージックから発刊された訳詞集の書容設計をいくつか担当している。ページの随所にブライアン・フェリーのポートレートの断片が登場するが，カヴァーデザインはタイポグラフィのみの潔さ。編集は仙名香代子。

「訳詩集の組版を色々と面白く変えたいと思い，ダミーをいくつも作りました。曲名・本文・ノンブル・柱の要素を組み合わせてね，いかに詩集らしさを出すか，その融合に熱心だった頃です。今野雄二さんとは，編集の仙名さんの計らいでYMOニューヨーク公演以来の再会をしました。書物の『ダンディズム』というものに少しでも近づきたいと思っていた頃のことがとても懐かしい」

中村直也『ロンドン・
セルフポートレート』
1.3.37 シンコーミュージック, 1987, A5

ロンドンで活躍する多様な職種の人物を紹介。編著者は元NYLON 100%店長の中村直也，編集は青柳茂樹と仙名香代子。ケイ線と直角三角形のモチーフが多用され，斜体がかった見出しのゴナU書体など，決して安定はしなかった人々のダイナミズムを表出した，印象的なページデザイン。カヴァー写真はロンドン滞在中に羽良多が興味を示していた，剥がされ，また貼り続けられるコンサート・ポスターの壁を橘蓮二が撮影したもの。この表紙から口絵までの4色ページは，ルイス・キャロル『不思議の国のアリス』の一文が案内するロンドン市街の風景が導入として展開される。

1.3.36

1.3.37

数字
放在页面订口处的数字，表示的是章节号。采用的是与目录和扉页联动的罗马数字和阿拉伯数字，在让整体保持统一感的同时，与其说是为了容易看（功能），其实更重视的是其装饰性。另外，作为羽良多先生的关键字，用字母Q及其装饰代表章，表现了羽良多设计所具有的独特世界观。

1.3.34

ヨゼフ・ミューラー＝ブロックマン
古賀稔章 訳
白井敬尚 監修

Grid ... ns

in graphic design ... nication manual
gners,
nd
nal designers

グリッ ... テム

グラフィックデザイン ... ナー、
ために

ヨゼフ・ミューラー＝ブロックマン
古賀稔章 訳
白井敬尚 監修

Grid systems

in graphic design

A visual communication manual
for graphic designers,
typographers and
three dimensional designers

グリッドシステム

グラフィックデザインの
ために

グラフィックデザイナー、
タイポグラファ、
展示デザイナーの
ための手引き

Born Digital, Inc.

Born Digital, Inc.

《平面设计中的网格系统》

—

约瑟夫·米勒-布罗克曼著
翻译：古贺稔章
监修：白井敬尚
Born Digital 公司，2019年，A4
编辑：冈本淳
策划：栗岛贵子
协助：室贺清德
封面题字：游黑体、冬青黑旧体，
Helvetica Neue、Helvetica Now

—

《平面设计中的网格系统》是二十世纪代表性的设计名著，也堪称作者米勒-布罗克曼的代名词。初版是在1981年，而我手上只有1985年的第二版。自入手以来，总尝试着想找机会翻译，但几度受挫。三十年后的2016年秋，年轻的编辑联系我商量日文版发行的事情。之后的步伐依旧缓慢，先是原书的字体排版和网格调查、分析，然后又发来了古贺稔章先生的译稿。原著是德英双语，其网格结构也是以此为前提设计的。但是原出版社Niggli却要求只能用日文排版。如何用一种文字来对应双语对译的网格，成为一大难题。正文部分用详实译文的字数来填充。下部的图片说明空间里，则添加了对正文和图片说明的译者注，因此设计在内容上、空间上都进行了补充。

Grid Systems in Graphic Design

—

Josef Müller-Brockmann
Japanese Translation: Toshiaki Koga
Supervisor: Yoshihisa Shirai
Born Digital Inc., 2019, A4
Editor: Jun Okamoto
Planning: Takako Kurishima
Cooperation: Kiyonori Muroga
Cover Title: Yu Gothic, Hiragino Kaku-Go Old;
Helvetica Neue, Helvetica Now

—

Grid Systems in Graphic Design is a famous design book representing the 20th century, and can be said as synonymous with its author Müller-Brockmann. The first edition was published in 1981, and what I have is the 2nd edition of 1985. I have tried and been frustrated to translate it from time to time since I got the book. Thirty years later, in the fall of 2016, a young editor contacted me to discuss the publication of its Japanese version. But the process was still quite slow after that, I did the research and analysis on its original typeface, typesetting and grid setting, while translation by Mr. Toshiaki Koga were recommended to me. The original version have both English and German, the design of grid structure is based on that format. However, the publisher Niggli give us a precondtion that our version should only be in Japanese. This is quite a difficult problem that how to deal in only one language with the grid system that was premised on bilingual. The text space is covered with big amount of detailed translation. The space for caption and explaination at the bottom is filled with translator's commentary to complement both the content and captions, so the design is completed with both content and space.

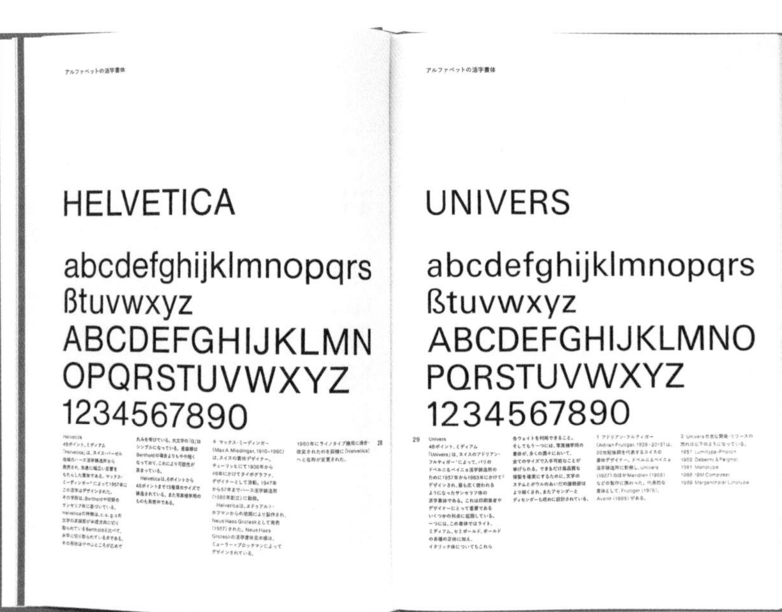

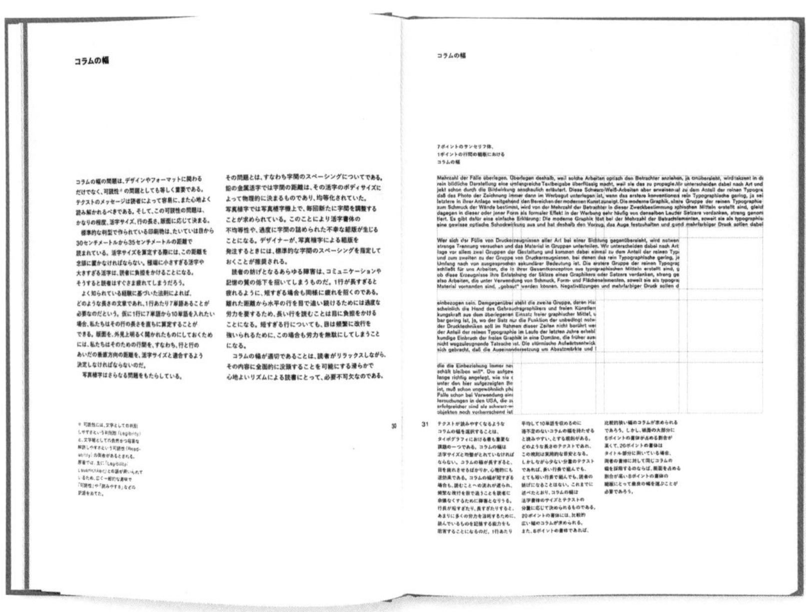

11.5	40.5	4.5	40.5	4.5	40.5	4.5	40.5	4.5	23

1Didot point = 0.3759 mm
1Cicero = 4.5108 mm

Berthold Helvetica Regular, Medium (Photo Type) / Berthold Akzidenz Grotesk (Metal Type)

2.5 cic = 30 didpt = 11.277mm | 9 cic = 108didpt = 40.5972 mm | 1cic = 12didpt = 4.5108 mm | 1cic | 9 cic | 1cic | 9 cic | 1cic

9 dtp pt / 14.91666 dtp pt

7 didpt / 8 didpt　9 did pt (3.3831mm) / 12 did pt (4.5108mm)

7 dtp pt / 11.1875 dtp pt

組み上げ

活字サイズの体系

← 小見出し　9pt / 14.91666pt / 2Grid
游ゴシック体 D + Helvetica Now Text R
GRID1Txt_D+NowTxt R

活字サイズの計測単位

活字サイズの大きさ
6ポイントから60ポイントまで
Univers

← 7pt / 11.1875pt
游ゴシック体 D + Neue Helvetica R
グリッド地から組み上げ
GRID1Txt_D+NowTxt R

cm　1　2　3　4　5　6　7　8　9　10　11　12

Cicero　1　2　3　4　5　6　7　8　9　10　11　12　13　14　15　16　17　18　19　20　21　22　23　24　25　26

6 point
8 point
9 point
10 point
12 point
14 point
18 point
24 point
30 point
36 point
48 point
60 poin

図版は活字の計測単位Cicero（シセロ）とメートル法による計測単位cm（センチメートル）とを比較して示している。1シセロは12ポイントを、1センチメートルは10ミリメートルを表し、26シセロ8ポイントは12センチメートルに対応する。標準的な活字定規ティポメーター（ゲージ）は、1フレンチフットと対応する＊約30センチメートルの長さで、798ポイント分の目盛を含んでいる。1メートル＝2660ポイント＝221と2/3シセロ。1フレンチフット＝30センチメートル＝1ティポメーター＝798ポイント＝

66と1/2シセロの大きさの文字は、1ミリメートル＝2.66ポイント。1ポイント＝0.376ミリメートル＝1.07イングリッシュ―アメリカン・ポイント＝0.0148インチ。1シセロ＝4.51ミリメートル。それぞれの活字は、およそ12から20種類の異なるサイズから構成される。これらはボディサイズまたはポイントサイズと言われており、一定の数でポイントの大きさを表す。右図では、上から下に、各数字と「point」という単語は、それぞれのボディサイズと同様に、金属活字の天地の厚みと対応している。

72ポイント以上の大きさの文字は、木活字で彫られるか、または写真植字機で指定した距離から投影することができる。活字のサイズは、それが何に用いられるかに応じて決めるものである。8ポイントから12ポイントの活字は通常は書籍、冊子やカタログの本文に適している。

＊ 和文註　図版は活字の計測単位Cicero（シセロ）とメートル法による計測単位cm（センチメートル）とを比較して示している。1シセロは12ポイントを、1センチメートル、10ミリメートルを表し、26シセロ8ポイントは12センチメートルに対応する。標準的な活字定規ティポメーターは、1フレンチフットと対応する約30センチメートルの長さで、798ポイント分の目盛を含んでいる。1メートル＝2660
1フレンチフット＝30センチメートル
1ティポメーター＝798ポイント＝
66と1/2シセロ。

18

↑ キャプション　7pt / 11.1875pt / 1Grid
游ゴシック体 D + Helvetica Now Text R
GRID1Txt_D+NowTxt R
天から組み下げ
＊5pt Helvetica Now Text B ↑ 1pt
GRID3Txt_W7+NowTxt B

↑ 註　7pt / 11.1875pt / 1Grid
游ゴシック体 M + **Neue Helvetica L**
GRIDCap_M+L
天から組み下げ
＊→7pt Helvetica Now Text B
GRID3Txt_W7+NowTxt B

11.5	40.5	4.5	40.5	4.5	40.5	4.5	40.5	4.5	23

4.5 40.5 4.5 40.5 4.5 40.5 4.5 40.5 11.5

23

1cic 9cic 1cic 9cic 1cic 9cic 1cic 9cic

9 dtp pt / 14.91666 dtp pt

アルファベットの活字書体

← 見出し　12pt / 14.91666pt
ヒラギノ角Gオールド W7 + Helvetica NOW Text B
GRID3Txt_W7+NowTxt B

7 dtp pt / 11.1875 dtp pt

7 pt / 8 pt

今日のデザイナーは、自由に使うことのできる無数の印刷用活字を手にしている。グーテンベルクが1435年から1455年ころに可動活字を初めて発明して以来*、数多くのさまざまな活字がデザインされ、鋳型のなかで鋳造されてきた。最近のコンピュータや写真植字機の技術的発展は、新しい書体や古い書体の復刻版を再び市場にもたらしている。その活字書体の選択はデザイナー次第だ。自らがデザインする仕事において用いる活字書体の良し悪しは、彼らの形に対する審美眼にゆだねられているのである。
紙幅が限られている都合上、ここでは、これまでたびたび出版物で取り上げられてきた過去から20世紀までのデザインの名作の数点のみを参照することにする。
活字書体の品質に関する知識は、印刷物の機能的、美的、心理的な効果にとって最も重要なものである。
また一方で、タイポグラフィのデザイン、例えば読みやすさに資するための文字や単語の調整、行長や行間の調整は、創りだされる印象を大いに高めることになる。
今日において、この領域は、主にコンピュータや写真植字機に占められている。これらの組版の形式によくありがちなのは、読むことを困難にしてしまうほど狭すぎる字間の設定である。デザイナーが写植組版を発注する場合には、字間の標準的なスペーシングを求めるように助言しておくことが賢明であろう。

デザイナーは、Garamond、Caslon、Bodoni、Walbaumなどのような伝統的な活字書体のデザインを研究することから、洗練された優れた技巧による活字書体を制作するうえでの時代を越える評価基準について学ぶことができる。Berthold、Helvetica、Folio、Universなどの先進的な活字のデザインは、判読しやすく心地のよい文字エリアを作り出すことができる。ローマン体の活字書体に適用されてきたタイポグラフィの規則は、サンセリフ体にも当てはまる。
　これらの活字のデザインの創作者たちは、高い創造力をそなえた極めて知的な職人たちである。
このことは、4世紀以上におよんで数えきれないほどの書体デザイナーたちが、アルファベットの新しい活字書体を創ろうとしてきたにもかかわらず、ほんのわずかなものしか受け入れられなかったという事実からも明らかである。Garamondのアルファベットは、例えるならば、第一級の美的成果物である。

085

7 didpt / 8 didpt

19

＊ 和文註　図版は活字の計測単位Cicero（シセロ）とメートル法による計測単位cm（センチメートル）とを比較して示している。1シセロは12ポイントを、1センチメートル、10ミリメートルを表し、26シセロ8ポイントは12センチメートルに対応する。標準的な活字定規ティポメーターは、1フレンチフットと対応する約30センチメートルの長さで、798ポイント分の目盛を含んでいる。1メートル＝2660
1フレンチフット＝30センチメートル
1ティポメーター＝798ポイント＝66と1/2シセロ。

1ティポメーター＝798ポイント＝66と1/2シセロ。
1ミリメートル＝2.66ポイント。
1ポイント＝0.376ミリメートル＝1.07イングリッシュ—アメリカン・ポイント＝0.0148インチ。
1シセロ＝4.51ミリメートル。

↑ 本文　9pt / 14.91666pt / 2Grid
游ゴシック体 D+Helvetica Now Text R
GRID1Txt_D+NowTxt R
＊7pt Helvetica Now Text B ↑ 1pt
GRID3Txt_W7+NowTxt B

↑ 註　7pt / 11.1875pt / 1Grid
游ゴシック体 M + **Neue Helvetica L**
GRIDCap_M+L
天から組み下げ
＊→7pt　Helvetica Now Text B
GRID3Txt_W7+NowTxt B

4.5 40.5 4.5 40.5 4.5 40.5 4.5 40.5

23

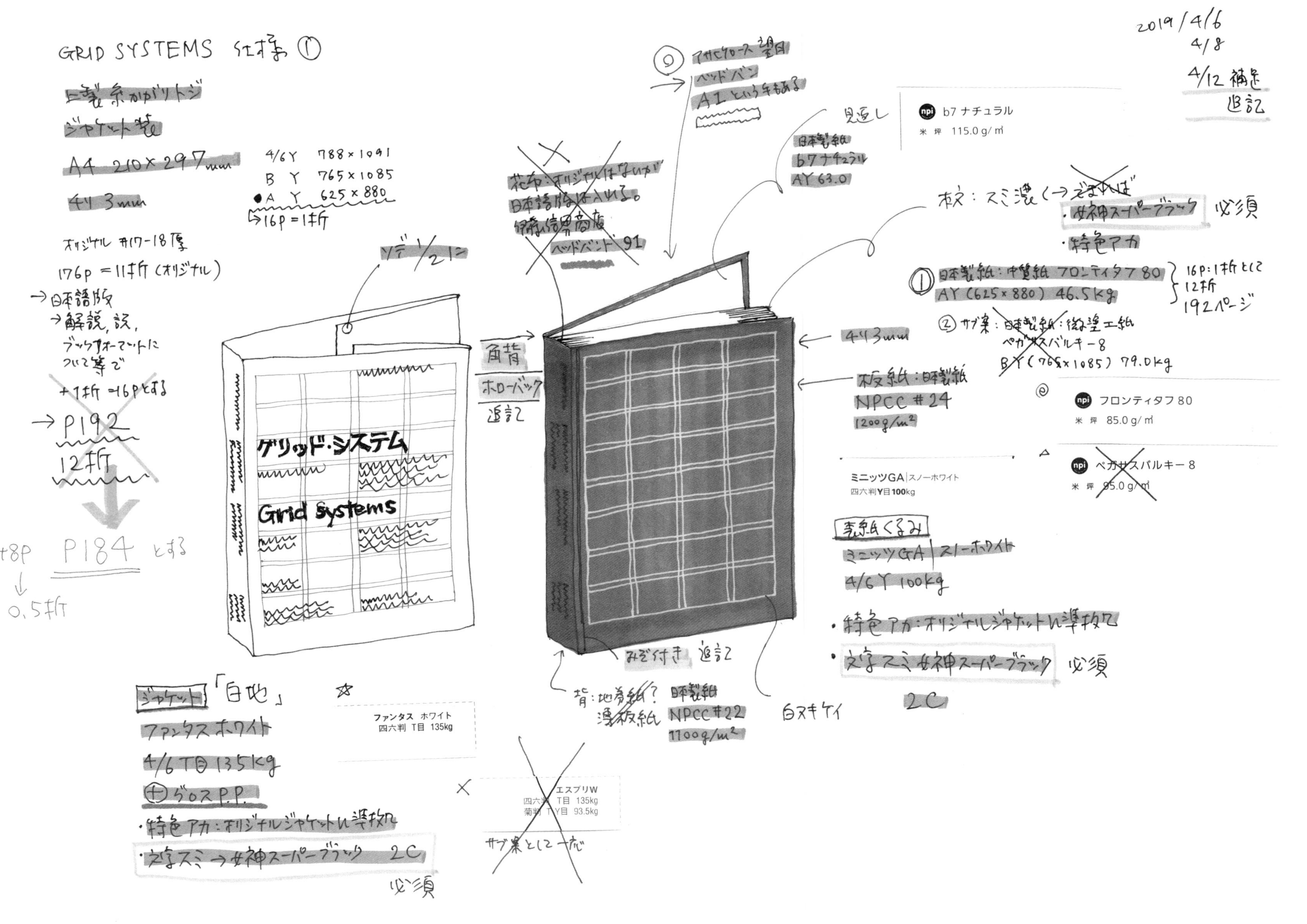

GRID SYSTEMS 仕様①
2019/4/6
4/8
4/12 補足
追記
A4 210×297mm
チリ 3mm
4/6Y 788×1091
B Y 765×1085
A Y 625×880
16p=1折
オリジナル ホワワー18厚
176p =11折(オリジナル)
→日本語版
→解説, 訳,
P184 とする
+8P
0.5折
グリッド・システム
Grid systems
角背
ホローバック
追記
見返し
日本製紙
b7ナチュラル
AY 63.0
b7 ナチュラル
米 坪 115.0 g/㎡
表:スミ濃く
・女神スーパーブラック 必須
・特色アカ
① 日本製紙:中質紙 フロンティタフ 80
AY (625×880) 46.5kg
16p:1折として
12折
192ページ
② サブ案:微塗工紙
ペガサスバルキー 8
79.0kg
チリ3mm
板紙:日本製紙
NPCC #24
1200g/m²
フロンティタフ 80
米 坪 85.0 g/㎡
ペガサスバルキー 8
米 坪 95.0 g/㎡
ミニッツGA|スノーホワイト
四六判Y目100kg
表紙くるみ
ミニッツGA|スノーホワイト
4/6Y 100kg
・特色アカ:オリジナルジャケット準拠
・文字スミ 女神スーパーブラック 必須
2C
みぞ付き 追記
背:地券紙? 日本製紙
準板紙 NPCC #22
1100g/m²
白ヌキケイ
ジャケット 「白地」
ファンタスホワイト
4/6T目 135kg
+グロスP.P.
・特色アカ:オリジナルジャケット準拠
・文字スミ → 女神スーパーブラック 2C
必須
ファンタス ホワイト
四六判 T目 135kg
エスプリW
四六判 T目 135kg
菊判 T Y目 93.5kg
サブ案として一応

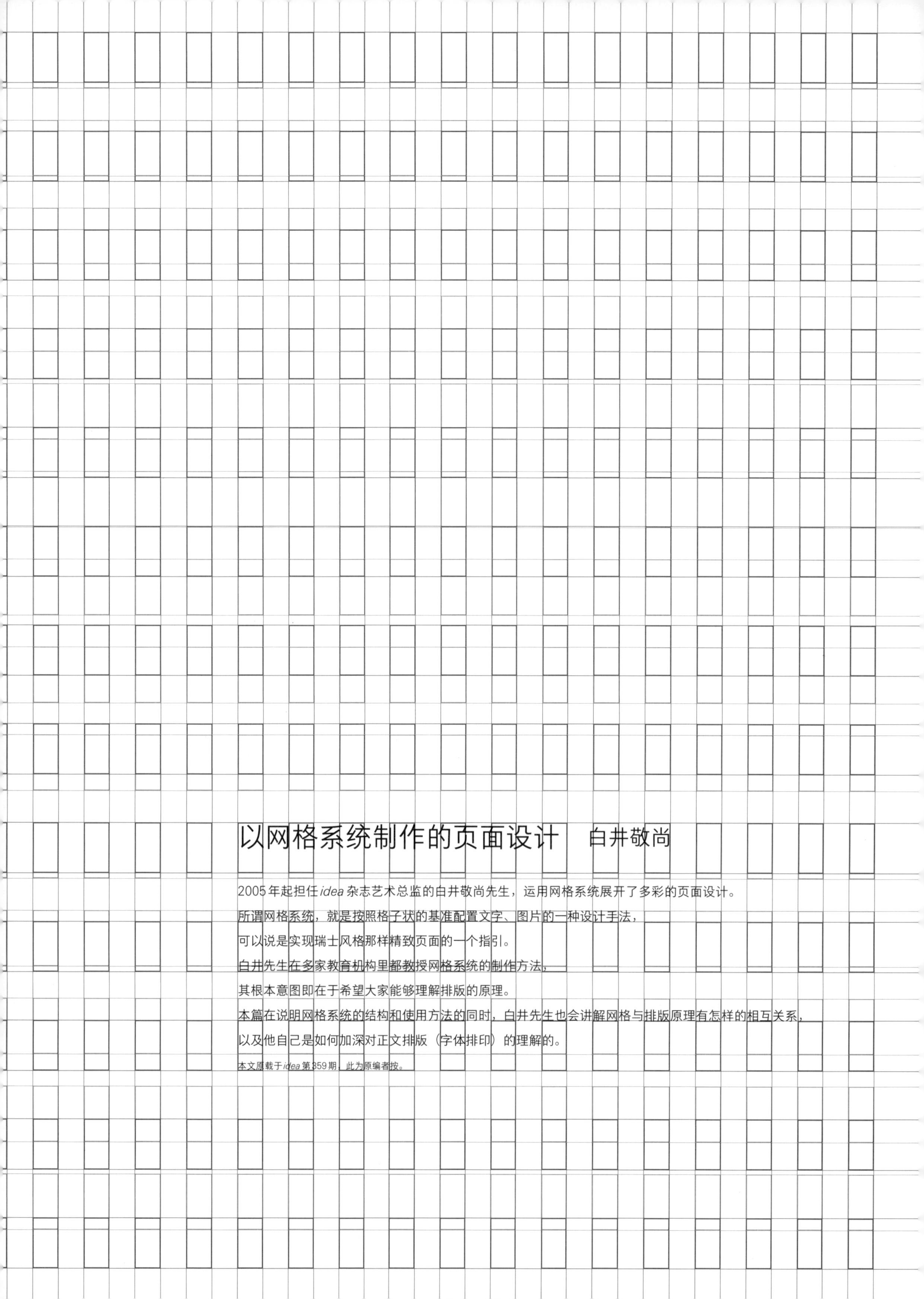

以网格系统制作的页面设计　白井敬尚

2005年起担任*idea*杂志艺术总监的白井敬尚先生，运用网格系统展开了多彩的页面设计。
所谓网格系统，就是按照格子状的基准配置文字、图片的一种设计手法，
可以说是实现瑞士风格那样精致页面的一个指引。
白井先生在多家教育机构里都教授网格系统的制作方法，
其根本意图即在于希望大家能够理解排版的原理。
本篇在说明网格系统的结构和使用方法的同时，白井先生也会讲解网格与排版原理有怎样的相互关系，
以及他自己是如何加深对正文排版（字体排印）的理解的。

本文原载于*idea*第359期，此为原编者按。

了解排版的原理

在设计像*idea*这样由文字和图片组合而成册子的页面时，大都会使用网格系统。所谓网格系统，是指将页面均等地分割成格子状，然后根据网格放置文字、图片的一种页面设计手法。在设计杂志、图录这类多页册子时，有了网格可以根据基准值进行控制，制作出从头到尾具有统一感的页面。而另一方面，由于网格的限制，自由度也被降低，页面容易变得单调，因此可能只有一部分设计师在实际使用。特别是排版系统转移到电脑桌面排版之后才开始从事设计的人，几乎都很少使用网格。但是，即使是在InDesign里，只要输入数字就能拉出参考线，从这个意义上其实可以说已经在使用网格了。

使用网格系统，其实是在思考页面与排版的结构，因此从理解排版的意义来说，充分了解制作者和使用者的原理也没有坏处。也就是说，在网格结构的基础里，存在“文本是依照活字字号、行距生成的”这一原理。只要搞懂这个原理，之后就是按照自己想法进行应用就可以了。

设计网格时的基准是从决定活字字号和行距开始的。然后以这些为基础，决定栏宽和行数，进行上下左右的分割。我们可以拿右页的样本为例解释，字号设定为12级，行高为20齿。横格以五行为一个单元，中间隔开一行，共九层横格；字距为全宽密排，竖格组合为三栏、四栏、六栏（分栏版式），以此作为文字栏宽、图片大小的摆放基准。

行距需根据字体的字面率的不同而分别设置，因此记忆字体非常重要。比如，冬青黑体的正方形全角字框与字面的面积比率相对较小，因此文本块看起来就比较亮。如果换成小塚黑体这样字面率大的字，用同样字号、行距进行排版，看起来就觉得拥挤，这时就需要作出判断，把行距稍微拉大一些更好。

我现在有机会在武藏野美术大学、新宿私塾、MeMe设计学校这些地方讲网格系统，但重要的不是网格系统本身，而是想在页面上实现什么东西。因为只要抓住这一点，不用网格也能做设计。当然，字体有很多种类，活字有字号，单位有级数制（毫米）和点数制，字距或者字符间距，行距或者行间距，版式还有左对齐、两端对齐、中间对齐这些对于排版来说必需的东西。如果文本分栏了，那么接下来段首缩进怎么办，空一行会怎么样等等，文本内部也会有层级关系等等，这些内容我都会讲。

动手实践方面，我会布置作业，将各种字号的文本块、标题图片打印出来发给学生，让他们在网格纸上叠上白纸，把分剪开的文字和图片摆放上去，这样就能体会到排版与网格的相互关系。有的课程里，还会从考虑书籍、小册子的网格如何进行切分的步骤开始做。往纸面上叠一张透明纸，画线之后网格应该就出来了。

我当初进的第一家设计公司的直属上司是字体排印研究者佐藤敬之辅先生最晚年身边工作人员宫崎利一先生。宫崎先生虽然不用网格系统，但从绘制美术字开始到排版的设计方法，都给我打下了扎实的基础。

对于网格系统，我是在看了约瑟夫·米勒–布罗克曼《平面设计中的网格系统》等这些瑞士系列的字体排印的相关书籍之后，才边看边模仿，试着切分做出网格的。另外还有在耶鲁大学学过设计的新岛实先生、赫尔穆特·施密德先生，他们给我看过他们带有网格的格式指定稿，自己慢慢掌握起来。不过，我觉得说到底，还是因为从宫崎利一先生那边先学到了排版基础，后来才有了更好的理解。

瑞士设计师布罗克曼在此书中系统性讲解了网格系统。在网格系统形成之前，虽然有将页面纵向区分的“分栏”设置，但在1948年左右之后，在同一页面上同时放置照片、表格、插画的需求越来越多，另外还有多文种处理，于是就需要更细致划分单位，并加上横向分割，这才形成了网格。

全神贯注于字体排印

话说回来，我开始关注字体排印是因为看到了赫尔穆特·施密德先生编辑、设计的《今日文字设计》。宫崎先生说“你好像喜欢这一类的东西”，就拿给我看。那是我第一次看到这本书，原来通过控制视觉，单靠活字就能做出这么出色的设计，我受到了极大的冲击，于是开始全神贯注于瑞士字体排印。

↑ 赫尔穆特·施密德编，《今日文字设计》（*typography taday*）
诚文堂新光社，1981年，A4变形，平装本。收录了利西茨基、奇肖尔德、鲁德、格斯特纳、魏因加特、克劳韦尔、杉浦康平等88位设计师的作品，探索现代字体排印的步伐。2003年又添加了布罗迪等新时代的设计师，发布了新版。编辑、设计都是赫尔穆特·施密德一手操办。除了内容，白井也被其页面设计本身所吸引，对其进行了仔细的分析。

→ *idea*第322期（2007年5月）以奥特尔·艾歇尔特辑的构成要素为基础做成的练习网格系统的资料。这是将网格的背景里的方格和文字、图片要素打印输出的纸张。剪下这些纸张，放到叠在网格纸的白纸上，一边注意平衡一边进行手动排版，以加深理解。

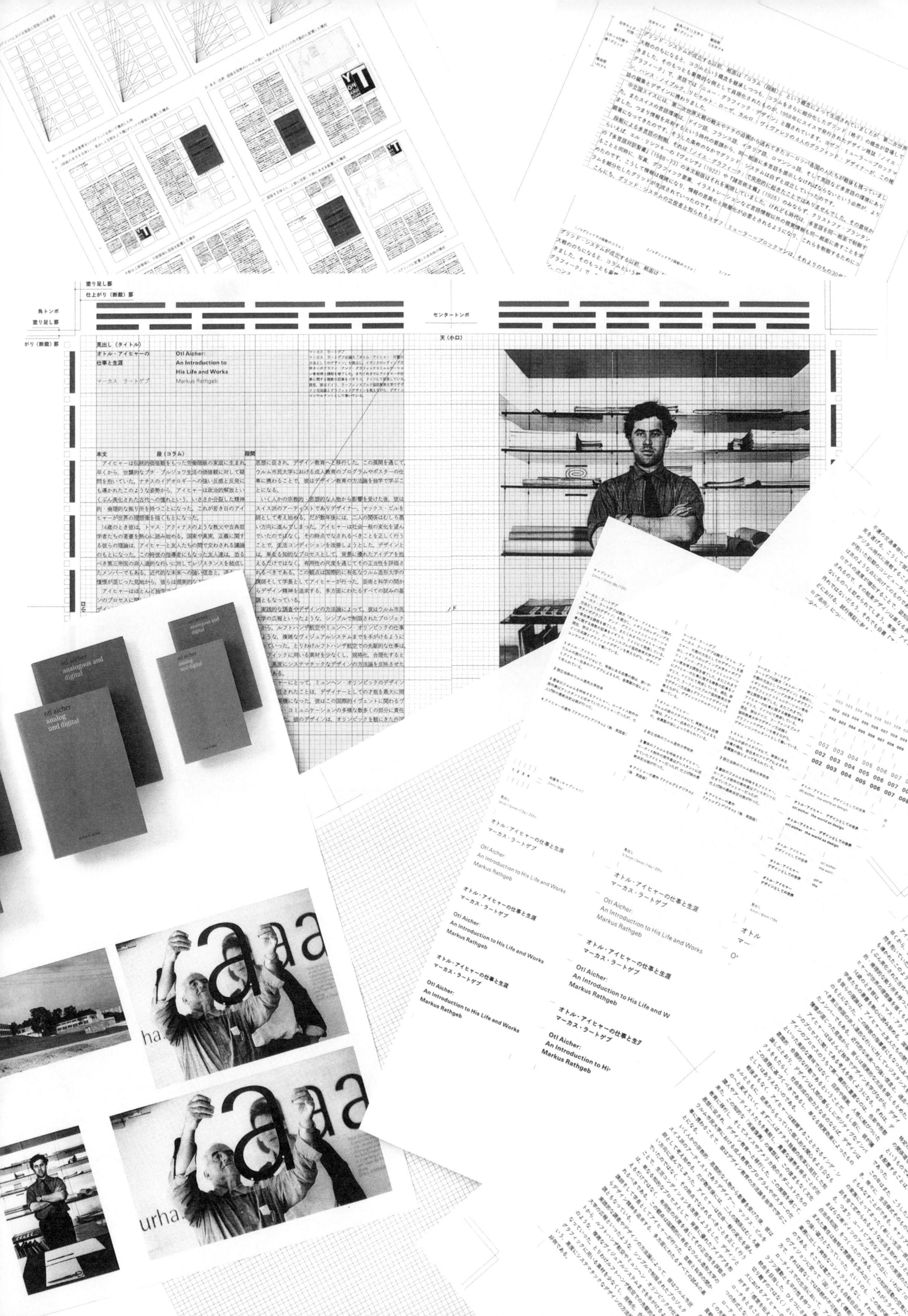

当时单靠一句“所有字都是用Univers排”就已经佩服得五体投地了，于是开始搜集各种字体排印相关的外文书和旧书。

跟宫崎先生学习之后，我进入了清原悦志先生主理的设计公司“正方形”。面试时，我不仅给他看以往的作品，还想让他知道我想努力的方向，因此制作了一套唱片的歌词解说（见005页），特地打印出来拿过去，完全是施密德先生的风格(笑)。而如果一定要比较的话，清原先生其实不太喜欢动态设计。他的信条是设计要深入本质、实现原理，因此进公司之后经常被他说不要凭感觉乱动。拿设计稿给他看，他会拿出圆规在各处测量，确认配置是否合理。以数值为基准，似乎容易导致设计很生硬，但是清原先生却不会。从样式风格上说很现代、简约，但他能做得恰到好处而不会令人觉得不足。我觉得这是清原先生的独特之处，是无法靠模仿就能达到的。直到现在我还是不太清楚这到底是为什么。

清原先生在我进入正方形公司两年之后就与世长辞，但我却没有想要辞职，反而觉得，正是因为清原先生不在了，应该要更努力发奋才对。但是，由于模范不在了，还是觉得需要从头开始学习，于是就从资料相对比较丰富的西文字体开始学起。西文的资料还是挺多的，当时也是一边查字典一边认真读。不过我还是耐心不足，所以拉上两个同事一起，每周分析一款字体，在周一上午工作开始之前用30分钟时间互相做一个学习报告。

最初是从罗马正体的威尼斯罗马体Centaur开始。比如参考了“十五世纪后半叶威尼斯的尼古拉·让松铸造活字的字体，有Cloister、威廉·莫里斯的Golden Type等”，只要去查是谁、什么时候做的、以什么为范本等这些信息，就能看出各款字体之间的关系。这样每周一次，坚持一年下来，积累了知识之后，就能掌握阅读方法去啃那些不是按体系、用日文编写的西文字体文献。特别是从小野二郎先生《书籍的宇宙》里学到了很多东西。

我这么一说，大家会觉得是在搞研究，但主要原因还是在于，查资料反过来能帮助工作，这是非常开心的事情。所以，多了解字体，自然就会想多用。罗马体、不等高数字这类，虽然看似有点陈腐，但我从那个时候就逐渐开始在用了。

在照排时代，不等高数字就只有Venice light face。到了1991、1992年，电脑的桌面排版系统开始可以实用之后，很多字体里也开始配备不等高字体，可以用来排版了。

日文字体方面，我从朗文堂的片盐二朗先生那里学到了很多。因为片盐先生曾作为Ryobi字体开发顾问，拥有各种各样的资料并进行研究。另外，从排版的这个角度说，片盐先生在JustSystems时参与开发了排版专用机“大地”，这也非常重要。与Mac相比，“大地”的价格相当昂贵，我们根本买不起，但JustSystems后来说如果是以试用的名义能提供评测意见，就能以比较便宜的价格出租。于是在1993年到1994年，正方形公司正式引进了“大地”排版机。

用“大地”排的最早的刊物，是西野洋先生设计的《赫尔曼·察普夫的设计哲学》。当我看到的时候非常惊讶，原来可以把排版做得这么漂亮。虽然是以长文阅读为主的排版，但仅这一点也是魅力十足。其实“大地”也算是电脑照排机，对我来说，能用上Ryobi的字体已经有足够魅力，能用上照排相当功能的排版机也非常开心，所以集中精力用了三四年。

那个时候参与Ryobi系列广告，对我来说也是一个崭新的尝试。我本来想把第一期的格式（网格）贯穿到整个系列使用，结果从第二期开始，字数突然发生了很大变化，所以我只好放弃网格，除了系列广告必须遵守的框架以外，其他部分按照字数自由设计版式。从这个系列起，我在注重易读性的同时，也开始注重排版的造型。

朗文堂的聚会和学习

我自己对字体排印的看法和意识开始发生变化，是因为遇见了河野三男先生。

河野先生在牛津大学出版社编辑书籍的同时，也会撰写一些关于字体排印的文章，这就是后来的《字体排印的领域》（见010页）一书。有一天，他带着这些书稿突然出现在了我眼前。

河野先生曾经认为“字体排印”这个词即“正文排版”，也就是对正文进行排版，而设计师们却把在平面设计中凡是用到文字的部分都称作字体排印。对于这一点，他感到非常疑惑，开始针对“字体排印本身到底指什么”这一本质性的部分，翻阅以往的文献进行调查。但是书稿最后止于二十世纪的二三十年代，而从现代到当代部分，希望由片盐先生和我提供。因此，每周五晚上我都会带着文献过去。《字体排印的领域》是经过这样的一个过程才完成的。

在那之后，河野先生、片盐先生和我三个人聚在一起，就会聊一些关于字体排印和字体的事情。之后又有几位对字体排印感兴

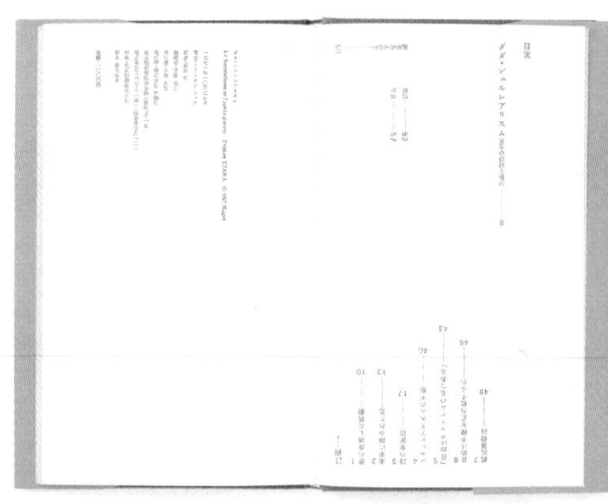

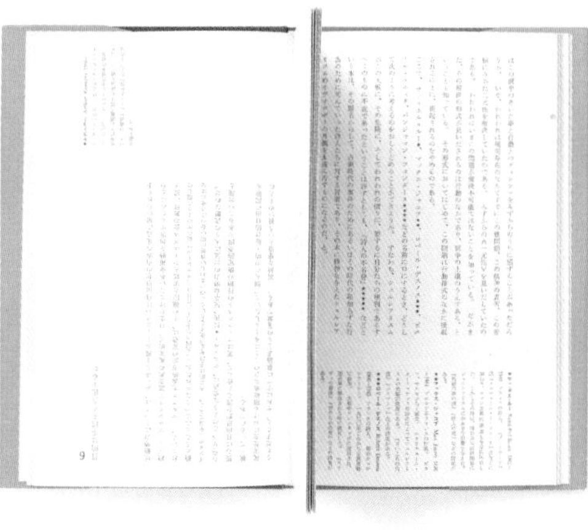

1

2

趣的人逐渐加入。过了一段时间，大家的知识也积累起来了，想发表出来，于是就有了制作《文字百景》小册子的项目（见018页）。片盐先生对我们说：“设计师平时不总是只是张口说，文字怎么还没好吗？文章就是要写出来才行。”一旦要下笔就会知道，作为作者想说什么、转换成语言时需要考虑什么，因此文字排版方式也会相应变化，这都是半强制性的（笑）。片盐先生还说，B6尺寸加上封面，一折16页左右的话，努把力总还是写得出来的吧。可是实际试着一写，他本来就是做编辑的，所以一开始全是红字。我从这方面也学到了很多东西。

片盐先生常常对我说，先要多读书，而且尽量选长篇。我就先从比较容易读的司马辽太郎开始。结果全部读完，花了我两三年的时间。只要开始读，就会养成读书的习惯，其他的比如吉村昭、藤泽周平等都读过。通过写文章和看书，可以稍微理解作者的心情。在那之前，我只是单纯用形状、颜色进行设计，后来就会开始想到“这篇文章可不想用左对齐来排”“封面要是能再作出一点花样就好了”之类的。可能也不是下意识的，原来拿一个形状来就只是当做形状来看，到后来我就多少会去努力读取其中的含义。我似乎逐渐开始理解当年清原悦志先生想达到的目标了。

3

1　Tristan TZARA，*Dada and Surrealism*（《达达与超现实主义》日译版）
滨田明翻译，思潮社，1971年，改32开，精装本。清原悦志负责书籍设计，正反两面的正文排版上下颠倒。护封上挖空的圆形的位置和大小、补色对比等都是找到了绝妙的平衡点。

2　小野二郎著作集2《书籍的宇宙》
晶文社，1986年，32开，平装本。

3　赫尔曼·察普夫，*Hermann Zapf & His Design Philosophy*（《赫尔曼·察普夫的设计哲学》日译版）
朗文堂，1995年，A4，精装。制作了Optima、Palatino、Zapfino等多款字体的德国字体排印师、书法家赫尔曼·察普夫，通过其自身的散文、论文介绍其作品和设计哲学的译作。采用瑞士字体排印的手法，作为译作，对书籍样式进行再度诠释，由西野洋设计的正文兼具易读性和美感，白井深为佩服。

分析奇肖尔德的页面设计

受片盐先生的委托，要做扬 · 奇肖尔德的*Meisterbuch der Schrift*（直译为《文字全书》）的日译本《书籍与活字》（见014页）的设计时，我注意到，对于基于文本的书籍样式，有很多地方应该要设计师参与。从保守的一面来说，我觉得排版本应该是由排版专家负责，设计师只是决定版心和版心位置这些要素，实际需要设计的部分其实很少。

片盐先生提出的要求是，第一不能破坏原著的页面结构，另外就是要将原来附在书末的图注都放到图片页里面。

对于插入图注来说，在纸张大小允许的范围内，只要撑大天头地脚就能解决。剩下的，就是要为了能尽量地忠实于原著进行设计，需要开始对原著进行分析的工作。我想保留原著里居中对齐的古典氛围，但是找参考资料时发现——至少是我周边能看到的——日文翻译（设计）的书籍一本都没有，所以就只能从原著开始下手了。

于是，我就开始依次分析原著使用的字体、活字字号、栏宽、行数、标题的空隙、缩进、页眉和页码是什么状态。这样就能发现很多东西。比如，奇肖尔德所提倡的理想的文本块比例与原著的比例有什么不同。对，就是奇肖尔德的那个沿页面对角线决定版面比例的做法。实际跟踪尝试之后就会知道，基准顶多只是基准，并不是一定要照搬，这其实也是理所当然的。

在分析原著之后，我首先是按照原样试着排日文。这样一排就会发现，同样的行长换成日文就很难读。于是就需要一个字一个字地减少行长以改变栏宽，试着找出不破坏页面又易于阅读的样式。

为了让效果和原著近似，有非常多的地方都需要确认，比如版权页的排版方法。不仅是原著，我也参考了大量奇肖尔德所做的其他书籍。用小型大写字母时，行距、字距都拉得很开等等这些地方，我都是一边比较一边替换成日文。半角连接号与连字符的区别使用方法等，与表记方式相关的地方如果有疑问，就直接问河野先生。身边有人可以问，真的是很幸福的一件事呢。

在挑选字体方面，当时还没有“小假名”版本，即使有相对小一点的明朝体的假名，用在横排上总觉得不搭，所以最终还是选择了尽管偏向硬派、但是我自己用得惯的“本明朝M”。原则上是字距密排，但由于假名偏大，总是觉得字距偏窄。因此在尽量维持全角密排的基础上，我对字距进行了调整。

另外，横排之后看起来上下会参差不齐，

SCHRIFT ALS KÜNSTLERISCHE AUFGABE

Wer eine gute Schrift entwerfen will, muß wissen, daß seine Aufgabe dreierlei verlangt:

1. gute Buchstaben, das heißt die Wahl einer schönen und für die Aufgabe und die angewandte Technik geeigneten Schrift;

2. eine saubere Formung im einzelnen, das heißt in sich vollkommen ausgewogene und wenn nötig, aber mit größter Sorgfalt, gesperrte Wörter; einwandfreie Buchstaben- und dazu passende Wortabstände;

3. eine gute Anordnung des Ganzen, das heißt eine einheitlich wirkende und dauernd überzeugende Gruppierung der Zeilen.

Keine dieser drei Forderungen darf vernachlässigt werden. Gute Schriftgestaltung stellt ebenso hohe Ansprüche an den Entwerfer wie gute Malerei oder gute Bildhauerei. Zwar dient sie einem erkennbaren Zweck; doch ist sie in ihren besten Leistungen, obwohl in der Regel von kürzerer Lebensdauer, hoher Kunst ebenbürtig. Der Schriftentwerfer, sei er Maler, Graphiker oder Schriftzeichner im Dienste einer Schriftgießerei, nimmt an der Stilbildung einer Zeit ebenso schöpferisch teil wie der Architekt oder der Dichter.

Gute Buchstaben sind nicht, was jedermann auf Schritt und Tritt sieht. Fast alle Schrift, die uns begegnet, ist schlecht, ungenügend oder wild. Das ist durchaus keine Übertreibung. Die Ursache der beschämenden Qualität fast aller Schriftanwendungen in den Straßen der Städte, an und in den Häusern ist der Mangel an guten Vorlagen. Was es an Vorlagenbüchern gibt, ist, wenn es gut ist, entweder den meisten schwer oder gar nicht zugänglich, oder es ist Material niedriger Qualität, das ohne zureichende Kenntnisse voreilig und schnell zusammengestellt wurde. Es stammt fast nie aus erster, sondern in der Regel aus dritter, vierter, fünfter Hand und hat auf diesem Wege nur Verschlechterungen erfahren, selbst wenn die Ausgangsformen gut gewesen sein sollten. Der fähige Schriftenmaler ist auf Vorlagen angewiesen, die minderwertig sind. In den Schulen werden oft Schriften gelehrt, die keineswegs zu den besten gehören, und man gibt sich mit halb- oder gar unreifen Leistungen zufrieden. Die meisten Schriftenmaler kennen die echten, schönen Formen gar nicht, denn sie haben keinen Zugang zu ihnen. Kein Wunder, daß fast alle unsere öffentlich sichtbaren Aufschriften so beklagenswert schlecht sind.

Stolz redet man zuweilen von der angeblich hohen Schriftkultur der Gegenwart. Es gibt überhaupt keine. Man muß von einem erbärmlichen Tiefstand reden. Wohl gibt es ein paar hervorragende Schriftkünstler auf der Erde, aber sie sind Ausnahmeerscheinungen, die kaum Einfluß auf die öffentlichen Schriftanwendungen genommen haben. Maler- und Zeichnerhandwerk müssen sich noch immer mit dem allzu schalen Wiederaufguß einst schöner klassischer Alphabete begnügen oder mit den bereits abgeschwächten oder gar unreifen Elaboraten von Schülern größerer Meister. Selten sind die Maler, Graphiker und Lithographen an die eigentlichen Quellen der Schriftkunst geführt worden.

《文字全书》(《书籍与活字》的原著)
Jan Tschichold
Meisterbuch der Schrift
Otto Maier Ravensburg, 1952年
针对随二十世纪变迁并确立起来的现代字体排印，留下了诸多文献和言论的字体排印师扬·奇肖尔德创作了这本书。这本176页的著作中刊载了优美的图片以及对文字造型和字体排印原理的讨论。

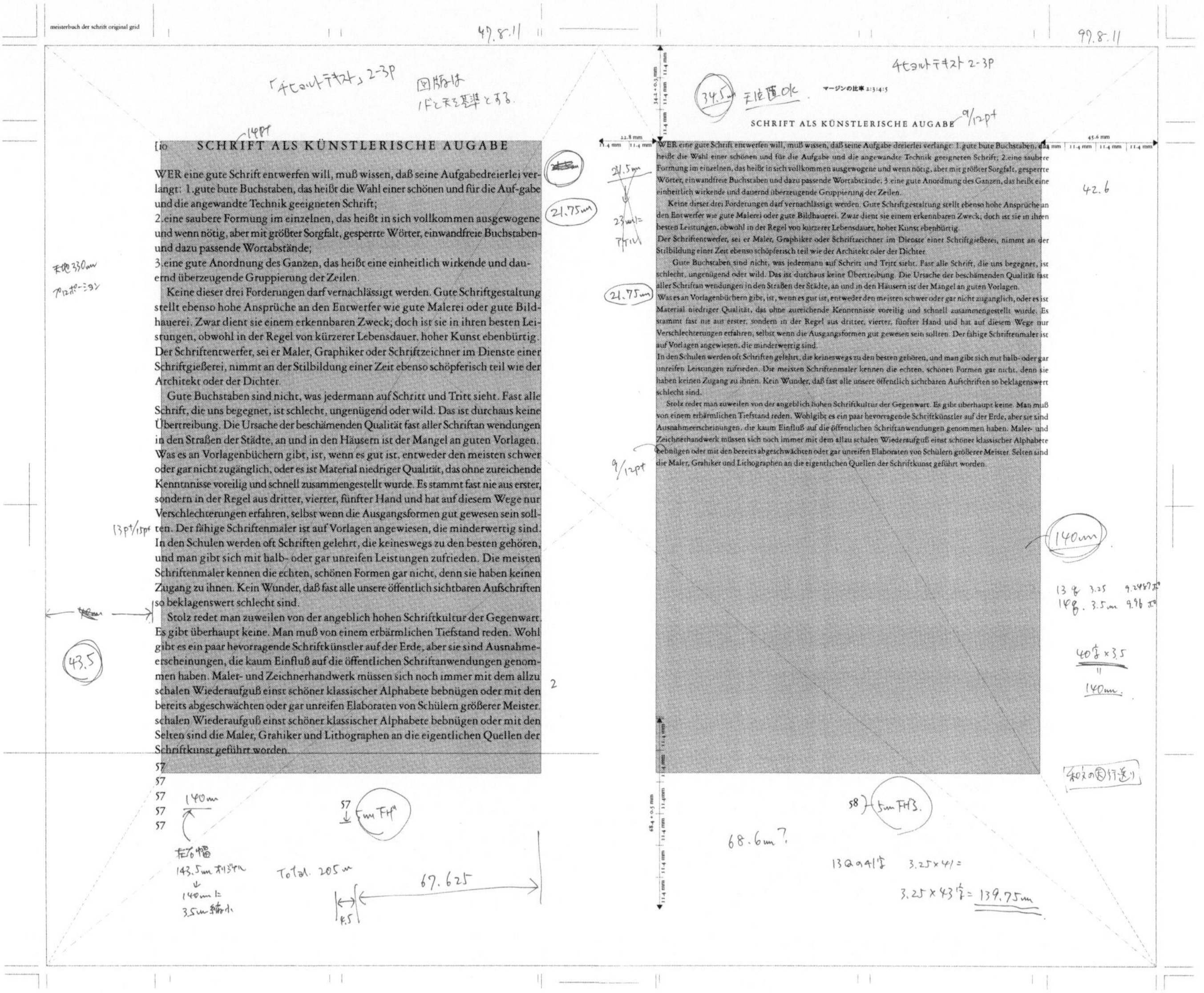

meisterbuch der schrift original grid

[10 SCHRIFT ALS KÜNSTLERISCHE AUGABE

WER eine gute Schrift entwerfen will, muß wissen, daß seine Aufgabedreierlei verlangt: 1.gute bute Buchstaben, das heißt die Wahl einer schönen und für die Auf-gabe und die angewandte Technik geeigneten Schrift;
2.eine saubere Formung im einzelnen, das heißt in sich vollkommen ausgewogene und wenn nötig, aber mit größter Sorgfalt, gesperrte Wörter, einwandfreie Buchstaben- und dazu passende Wortabstände;
3.eine gute Anordnung des Ganzen, das heißt eine einheitlich wirkende und dauernd überzeugende Gruppierung der Zeilen.

Keine dieser drei Forderungen darf vernachlässigt werden. Gute Schriftgestaltung stellt ebenso hohe Ansprüche an den Entwerfer wie gute Malerei oder gute Bildhauerei. Zwar dient sie einem erkennbaren Zweck; doch ist sie in ihren besten Leistungen, obwohl in der Regel von kürzerer Lebensdauer, hoher Kunst ebenbürtig. Der Schriftentwerfer, sei er Maler, Graphiker oder Schriftzeichner im Dienste einer Schriftgießerei, nimmt an der Stilbildung einer Zeit ebenso schöpferisch teil wie der Architekt oder der Dichter.

Gute Buchstaben sind nicht, was jedermann auf Schritt und Tritt sieht. Fast alle Schrift, die uns begegnet, ist schlecht, ungenügend oder wild. Das ist durchaus keine Übertreibung. Die Ursache der beschämenden Qualität fast aller Schriftan wendungen in den Straßen der Städte, an und in den Häusern ist der Mangel an guten Vorlagen. Was es an Vorlagenbüchern gibt, ist, wenn es gut ist, entweder den meisten schwer oder gar nicht zugänglich, oder es ist Material niedriger Qualität, das ohne zureichende Kenntnnisse voreilig und schnell zusammengestellt wurde. Es stammt fast nie aus erster, sondern in der Regel aus dritter, vierter, fünfter Hand und hat auf diesem Wege nur Verschlechterungen erfahren, selbst wenn die Ausgangsformen gut gewesen sein sollten. Der fähige Schriftenmaler ist auf Vorlagen angewiesen, die minderwertig sind. In den Schulen werden oft Schriften gelehrt, die keineswegs zu den besten gehören, und man gibt sich mit halb- oder gar unreifen Leistungen zufrieden. Die meisten Schriftenmaler kennen die echten, schönen Formen gar nicht, denn sie haben keinen Zugang zu ihnen. Kein Wunder, daß fast alle unsere öffentlich sichtbaren Aufschriften so beklagenswert schlecht sind.

Stolz redet man zuweilen von der angeblich hohen Schriftkultur der Gegenwart. Es gibt überhaupt keine. Man muß von einem erbärmlichen Tiefstand reden. Wohl gibt es ein paar hevorragende Schriftkünstler auf der Erde, aber sie sind Ausnahmeerscheinungen, die kaum Einfluß auf die öffentlichen Schriftanwendungen genommen haben. Maler- und Zeichnerhandwerk müssen sich noch immer mit dem allzu schalen Wiederaufguß einst schöner klassischer Alphabete bebnügen oder mit den bereits abgeschwächten oder gar unreifen Elaboraten von Schülern größerer Meister. schalen Wiederaufguß einst schöner klassischer Alphabete bebnügen oder mit den Selten sind die Maler, Grahiker und Lithographen an die eigentlichen Quellen der Schriftkunst geführt worden.

57
57
57
57
57
57

マージンの比率 2:3:4:5

SCHRIFT ALS KÜNSTLERISCHE AUGABE

↑ 在制作日文版时，为再现奇肖尔德设计的页面而制作的参考资料。白井做的记录。为了保证图注的空间，天头地脚已经过拉伸。测量单位不是迪多点、西塞罗，而是取毫米的近似值。

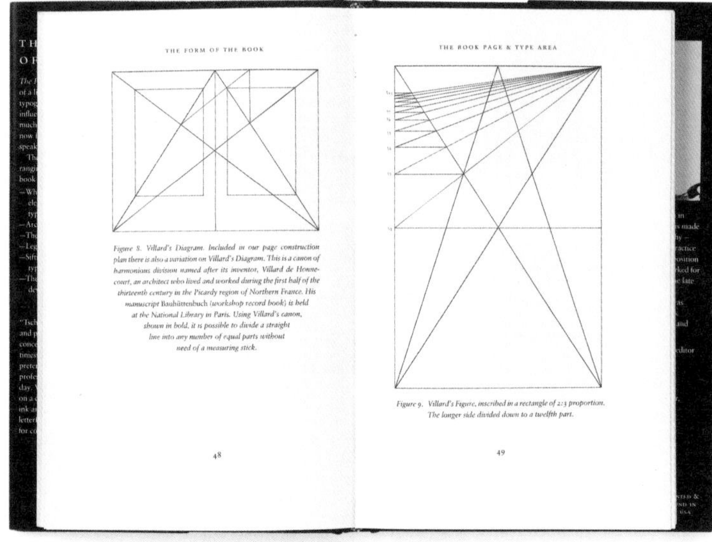

← Jan Tschichold
The Form of the Book
Hartley & Marks Publishers, 1991年
该书刊载了1962年刊行的奇肖尔德独立出版的*Willkürfreie Maßverhältnisse der Buchseite und des Satzspiegels*（《页面与版心的理性比例》，日文版为武村知子翻译的『紙面と版面の明晰なプロポーション』，收录于*idea*第321期）中的主要文字。这是奇肖尔德首次对书籍样式进行讨论的文集的英文翻译版。白井在格式分析的时候参考了此书。

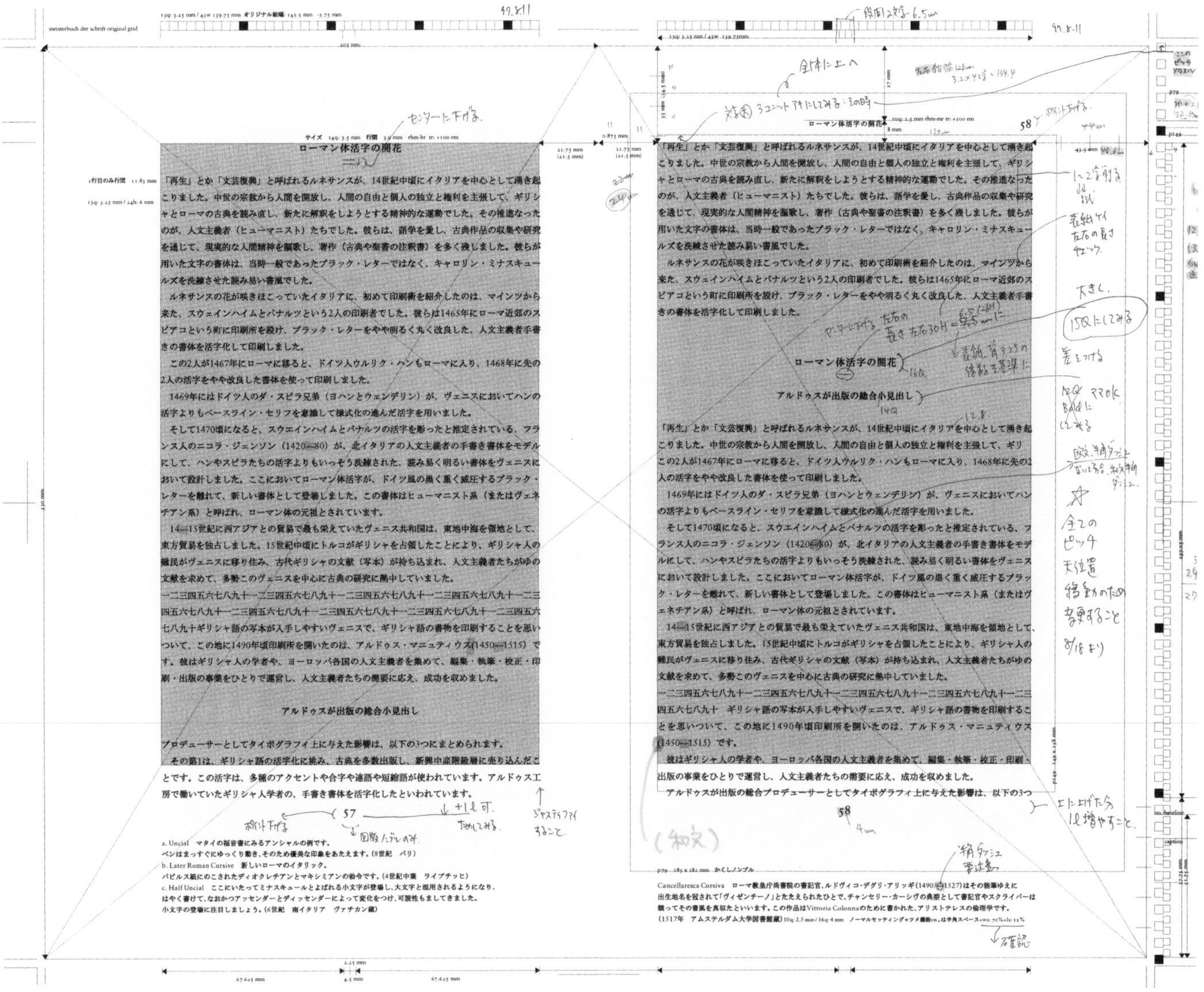

因此我又进行了修整，最终是所有的文本都修了一遍。回过头看，现在已经有小假名字体，还是全角密排的网格对齐比较好。当时看整体页面时灰度很均匀就觉得可以了，现在想起来，还是稍微有一些浓淡变化更易读。

像这样回过头看，有一些不尽人意的地方，但在当时，通篇贯彻西文传统排版样式的这一做法比预想获得了更多的好评。特别是自己在瑞士风格这一环境下完成了设计，采取居中对齐也是需要勇气的。不过从结果来看，周围的人都评论说“既然做到这一步了，一口气贯穿到底反而很舒服”。在字距调整、水线的添加方法等方面，我也切身感受到了在二维的、以文本为基础的页面上“用眼睛控制”的必要性，这也是我的一大收获。

在分析《书籍与活字》原著之后替换成日文，针对各种细节进行调整和反复测试过程中的笔记。在排版上，为了让页面看起来平整，一个字一个字地进行了微妙的字距调整。

与编辑者的相遇和变化

在《书籍与活字》快要发布的时候，我辞去了正方形公司的工作成为独立设计师，迎来了一个巨大的转机。

从二十世纪九十年代后半期到二十一世纪初期，我一直都在做古典性的设计。我把当时设计的东西送给宫崎先生看，结果他说，“这真是学者做的设计”，“设计里到处都透着掉书袋的感觉、令人烦躁”，评价颇为辛辣。那真的是太伤人了(笑)。不过，我也知道，正因为是宫崎先生才会这么说我。

就在那时，我遇见了《尤里卡》杂志的编辑郡淳一郎先生。当时他正好从青土社辞职转为自由职业，开始编辑EVE画廊为配合展览而刊行的EVE丛书，拜托我去做设计。这是我第一次与编辑以完全对等的立场一起工作，也被他搞得晕头转向(笑)。郡先生本人对书籍有一种独特的感情，对书籍设计也有其独自的哲学和讲究。比如他会说“白井先生在视觉上控制得太多，从编辑和读者的角度来看都觉得，空的方式太随意”，他对排版规则也很熟悉，比如对标点的用法，比如决定空全角的话就要统一用全角等等，加了一大篇红字。这种文学类编辑的严谨态度，对我来说，能学到很多。郡先生特别重视文本，几乎无法容忍用含糊感觉进行的设计。比如，他会和我说“你的做法是受了奇肖尔德的影响，给人感觉就是把德国的书换成日文而已，导致法国的文章却一点都没有法国的味道。”然后给我看了很多法国的书，说：“你看环衬可是大理石纹呢，很高雅吧！”他对英国的文本也同样要求要有英国风味。EVE丛书最后出了十本，这个项目里遇到的各位作家、艺术家，我在后来的工作里也会保持联系。这些全部都是郡先生带给我的。

郡先生重新回到青土社，担任《尤里卡》总编时，又让我做这本杂志的设计。和郡先生两年，之后换了总编又做了一年，我一共做了三年的《尤里卡》。

然后到这里，终于见到了刚刚上任*idea*总编的室贺清德。那应该是在2001年还是2002年左右，在baumann & baumann演讲会结束之后的庆功宴上，第一次与他交换了名片。之后过了一段时间，室贺先生通过片盐先生找我商量，希望将字体排印主题的16页文章，从策划到编辑、设计，全部都交给我做。于是我也拉上了片盐先生，开始担任“字体排印时评”这一连载的设计。

片盐先生认为，既然是杂志，就应该尽量刊载一些有时效性的文章，因此在第一期中总结了Emigre的各种活动。但这一期刚结束，片盐先生就病倒了，之后的第二期开始就变成要我自己决定主题和撰稿人，并进行设计。我觉得这个时候，在《文字百景》里写文章、在朗文堂刊行《西文字体百花事典》时的编辑经验就得到了发挥。连载本身持续了大约两年，但连载开始一年左右，室贺先生就开始委托我做*idea*整本杂志的艺术总监和设计了。

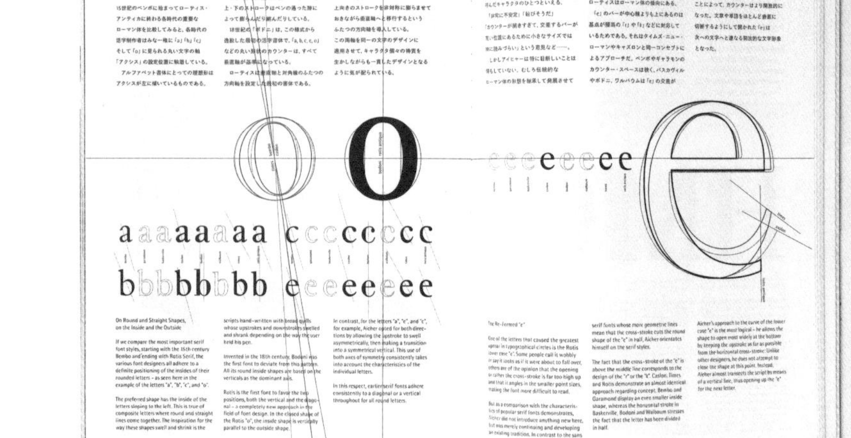

字体排印时评
第一期“闪耀吧，新世纪的活字们！”
第二期“Rotis in Rotis”
*idea*第301—302期，诚文堂新光社，2003年。撰稿：片盐二朗，页面设计、排版、编辑：白井敬尚。第一期介绍了1996年以后Emigre进行的字体开发。第二期和第三期是baumann & baumann关于奥特尔·艾歇尔设计的Rotis字体的论文。第四期之后由白井选择撰稿人。

在*idea*中灵活运用网格系统

我作为艺术总监参与的第一期是2005年2月刊行的第309期“设计的解放区”特辑，完全继承了用在《书籍与活字》上的这种居中对齐的设计，有点蒙混过关的感觉。当时就我与另外一位工作人员，接下的是以往从未经历过的紧张时间表和庞大的工作量，同时还在做“字体排印时评”，当时感觉都快要忙晕了。现在翻看一下页面，觉得像商品图录一样，非常生硬。这一期之后，室贺先生说：“杂志要‘杂’，每篇文章需要更多地切换氛围，不要统一成同一个调性。”他这一番话，给我破壳而出、得以新生的感觉。这样回顾一下，片盐先生、郡先生、室贺先生这几位编辑的存在，对于我来说非常重要，几乎可以说我是靠这些编辑才成长起来的。

我觉得，室贺先生担任*idea*总编之后，轴心逐渐变为如何将设计用语言（批评）或者用文化来传达。也就是说，他也意识到，语言传达（字体排印）自然而然地会成为重中之重。

那个时期虽说有《字体排印的领域》、府川充男先生的《排版原论》的影响，但“字体排印”这个概念并没有在平面设计师中完全渗透。当时印象可能是总觉得有一群麻烦的人围绕字体排印一直在唠叨。所以感觉是室贺先生要把麻烦的字体排印这一领域都一手接过来。也许让我担任艺术总监，也有这方面的意图在吧。

之后一期是“日本的字体排印1995—2005”特辑。二十多年前*idea*也做过一次“日本的字体排印”特辑，那么这次要如何切入？这项策划的目的就是要提出这样一个问题。这时听说排版方向已经要定为竖排、向右翻，于是第二期就这样格式全变了（笑）。本来和我说的是，每期用统一格式还是加以变化都由我定，我才同意接手的呀。

通常的定期刊物都用统一格式、同一个调性统一，但*idea*是设计类杂志，每期又都是像做书那样的特辑，如果将结构统一起来，即使换了字体和设计，看起来也会觉得雷同。因此，我根据不同的内容给每期都做了专门的结构（网格）。

“日本的字体排印”特辑那一期，整期杂志只有这一个特辑，所以用一个调性就可以了，所以真正开始具体考虑*idea*的网格系统是我开始参与的第三期之后的事情。第一期中提到要注意文章、场景的切换，在那之前横六栏、竖八栏或者十栏的大网格的时候，从行长到图片位置都会不断反复，调性容易单一化。而且实际的文本层级、数量也多种多样。为了让行长能够灵活变化，将六栏改为十二栏等等，我先尝试把网格细化。在原本的网格系统里，分成六栏左右之后，用眼睛判断控制就可以了，但是时间已经相当紧张。如何在维持特辑标准的同时，又能自由自在地进行排版、做出变化呢？在经过考虑之后，就只能把网格做细。于是我就发觉，不分成易于使用的十二栏，而是分成十三栏留有预备的话，还能对版心进行变动。虽然看起来也许是理所当然的事情，但是对我来说，这可是一大发现。

字体原来顶多用三款字号进行控制，现在配备五六款，然后分别设定行距。主要的正文字号、最常出现的图注这些部分，一定程度上要用统一的数值，而其他地方的数值发生偏差也就只能容忍了。即便如此，也不是像网格纸那样过于自由，在保持切换感的同时也能统一调性。

而*idea*的情况是，在和编辑讨论之后，照片、文字、排版会同时进行，编辑所设想的要素会发生变化。越是这种不确定因素繁多的时候，越需要准备好网格去对付各种各样的情况。

在做页面设计时，编辑会给我一些暂定的元素作为开始设计的头绪，比如标题、导语、正文等。使用主要的文本元素和可以预想到的图片样张，先不考虑网格，不画参考线，先定下来觉得最合适的行长、字体，以及图注的放置方法等等。这时候并没有考虑格式，而是在想应该如何展示这个特辑，进行暂时的定位。文章太长或者太短怎么办，有很多幅照片的页面、一大张照片的页面怎么办等等，我都按照每个对开，变换不同类型，制作出四个对开。这时还会考虑页码、标题的插入方法。在那之前，有时候会画出草稿，再决定特辑整体的调性，但最近几乎没有画草稿的时间。

图片与文字会说话

*idea*里刊载的图片，原则上都是以网格为基础摆放的。但是一开始我会关掉参考线，用眼睛看，进行摆放。看看物件的形状，会花很长时间思考，放到哪里才能发挥其作用。比如*idea*第358期名久井直子的页面，我本来是想做出把书直接搭放在桌子上的感觉，但是放在页面一半以上的位置时，看起来就会像是浮起来。所以就需要根据书的重量，去尝试看起来相对自然的位置。轻快氛围的东西就要显得轻，重的东西就要显得重，所以实物到手之后，就更容易排版。

人物肖像也是一样。在做单个设计师的专辑时，与其本人见个面，就更容易抓住整体感觉。所以采访本人时我也尽量同行，去看看他的办公室、工作人员的氛围，脑子里会想是用白色的页面更好，还是做得密集一些更好等等。一些眼睛看不到的东西，到最后反而会是重点。

一开始的时候，我会查一下设计师本人常用的字体和排版方式，有时候还会试着用同样的方式做一做，但如果那样直接让本人做就好了，我这样做才能展现其不同的一面。因此，我开始意识到，我应该成为设计师的“介绍人”。当然，这是在了解本人的设计倾向的基础之上，不是去诠释，而是更看重去揣摩设计师本人的意思、编辑的意图、无意识中感受到的印象。虽然我不知道这样的方式到底有没有奏效。

*idea*第358期特辑中提到的八位设计师，每个人都用了不同的字体。我倒是没太考虑人和字体是否搭配，选择的时候比较任意。这几位都把明朝体当做正文用字体，用的时候都非常认真，所以只是会注意到明朝体的不同版本而已。采访页面里文章长短也是因人而异，所以我配备了三栏和四栏，都能适用。这个页面用了特殊的纸张，虽然有两种类型，但看起来都差不多。

我想我今后也会把网格一直用下去。这可能是因为在我的意识里，重要的不是表面的版式，而是对结构的设计。网格可以成为制作者的参考线，对于读者来说，也是无意识中的一种参考线，但更重要的是，网格可以让你不用过于依赖自己的感觉，会给你客观性的制约。

虽然我自己用了这么多网格，但是现在也有很多设计师是不用网格做设计的，我觉得那是因为，那些设计师“形成自己的标准”这一基础工作已经完成了。那已经是高得多的水平了。

不过即使是我，在传单、海报上是不怎么用的，但要制作好几页的小册子这样的东西，网格还是非常方便的。不被网格束缚、容许一些例外，也能更为通融灵活。摆放在什么地方好，文本、物件本身会说话。要是碰到“来看我的这个部分，所以不要束缚我哦”这种情况，不要对其加以束缚就好了。

网格系统顶多只是一个参照基准，而不是规则，所以我一直觉得，正如一位手艺师傅会不断改良自己的工具一样，字体排印师只要把网格做得更为易用就好。

第3章

*idea*的十年

idea No. 309—368

—

诚文堂新光社，2005—2014年，225 mm × 297 mm

总编辑：室贺清德（策划、构成）

照片：山田能弘

封面格式：赫尔穆特·施密德

这是一份以设计本身为主题的设计杂志。我预想到了，如果每期都用统一的格式而只改变版式将无法获得很好的效果。因此我想到，尽管要多担负一些风险，也应该按照特辑、按照篇章分别进行结构设计（样式）。而且，通过参与*idea*的设计，我觉得我也从单方面的设计方式开始逐渐转变为在一定程度上相对灵活的方式。对字体的选择也是如此。

每篇文章用不同的字体，并不是我本人的选择，而是编辑部、主题以及设计师本人的要求，还有更多各种各样的条件和目的。但是我想，这样的方式能让我发现更多的字体，能用上平时没有什么机会用的字体。

字体排印与活字字体共同发展而来。

活字字体的进化有各种各样的原因，但是如果没有字体的进化，就不可能有字体排印的发展。

从这个意义来说，最近十年发布的用于书籍正文的字体的主流，都是在近代引进活版印刷后不断培育、配合现状制作而成的，因此表面上看似有些许的进展，但是，正如被历史所证明的那样，字体排印的进展往往都非常迟缓，未发生过激进的进步。

这十年的书籍排版，在电脑的帮助下，可以说，距离实现精密排版控制的目标已经很近了。另外，不给读者留下参与空间而进行复杂精致的视觉控制，让制作者拥有高度参与度和自由度的排版造型及纸面构成也成为可能。但因此文字排版所拥有的信息的诠释范围反而受到了局限，剥夺了读者所能发挥的想象力。

于是作为这一状况的回应，在字体排印领域出现了反转现象，即用电脑去生成近代以来一直想要克服的那些无法控制的事物，比如间隙、松动、偏移、噪点、无秩序、不合理、身体性等等。

我个人还无法判断这种反转现象到底是不是河野三男在《字体排印的领域》（朗文堂，一九九六年）中所述的『数码是以模拟为目标』，或者是一个禁区。尽管如此，既然这一现象已经无法避免，我想我们不能对其保持毫无觉察的态度。

idea 第310期
“日本的字体排印　1995—2005”
—
2005年
编辑：室贺清德、古贺稔章
策划、构成协助：白井敬尚
封面英文翻译：河野三男
封面使用字体：花莲华、Bateren，Sabon Next
—
idea 杂志曾在1984年以“日本的字体排印”为题做过一次特辑，这是在二十年后做的一期杂志。在这期杂志里提出了几个问题：这二十年字体排印发生了怎样的变化？如何进行把握？这期杂志仅有一个特辑，从书籍样式来说，结构相对比较简单。使用的字号主要有三款。主要正文字体我挑选了用习惯了的本明朝。封面、封底分别是日文和西文，其体裁引用了东方书籍格式的“蝴蝶装”。

idea No. 310
“Typography in Japan 1995–2005”
—
2005
Editing: Kiyonori Muroga, Toshiaki Koga
Concept and Planning Cooperation: Yoshihisa Shirai
Cover Text Translation: Mitsuo Kono
Cover Typefaces: Hanarenge, Bateren, Sabon Next
—
This special issue was planned as the follow-up and heir to the preceding special issue with the feature “Typography in Japan”, published in 1984. Twenty years have passed since then, and this issue was intended to inquire about changes in typography and our collective way of interpreting typography. I applied a relatively simple book format because the whole issue revolved singularly around this particular topic. I used three type sizes, and for the basic text typeface, I selected my old standby Hon Mincho. For the book cover and the back cover, the translated Japanese text and the original English text on typography was typeset in the Eastern kochousou (butterfly) book format.

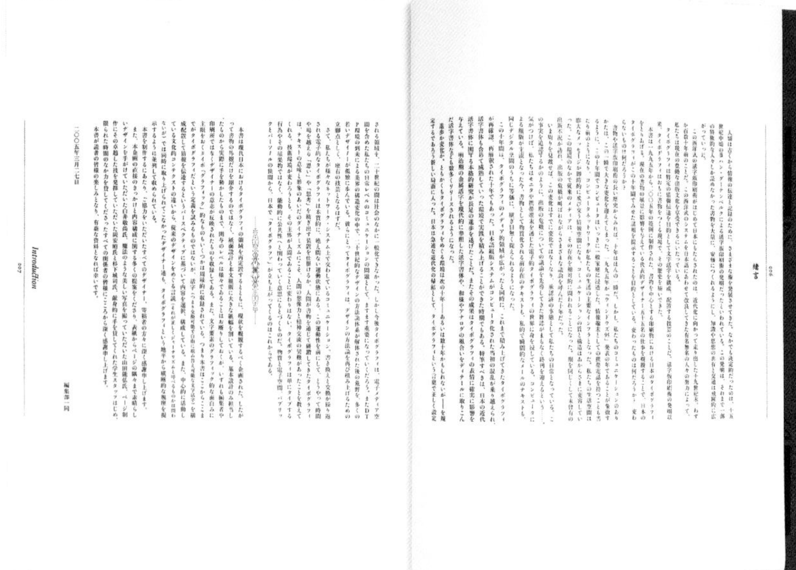

idea 第311期

“声音的宇宙志”

—

2005年

编辑：室贺清德、古贺稔章

封面照片：涩谷征司

封面使用字体：Ryobi黑体新假名，Linotype Univers

—

“静寂的反响 寻觅ECM厂标复刻设计”

—

使用字体：Ryobi黑体新假名，Linotype Univers

—

“美登英利 设计的表情”

—

使用字体：本明朝小假名，Adobe Garamond

—

“ECM”和“美登英利”从表象的设计来看都有一个共同点：简洁。“ECM”是现代性的简洁。“美登英利”可以说是带有禅意的朴素。这种差异如何在设计上表现出来呢？“ECM”中只用一款字号，放到几乎为正方形的网格中，主要字体也是“ECM”最常用的Univers。“美登英利”的构造也是尽可能简化，使用的字体是本明朝和Adobe Garamond，我试着通过使用不等高数字和意大利斜体，让读者稍微感受到一些湿度。

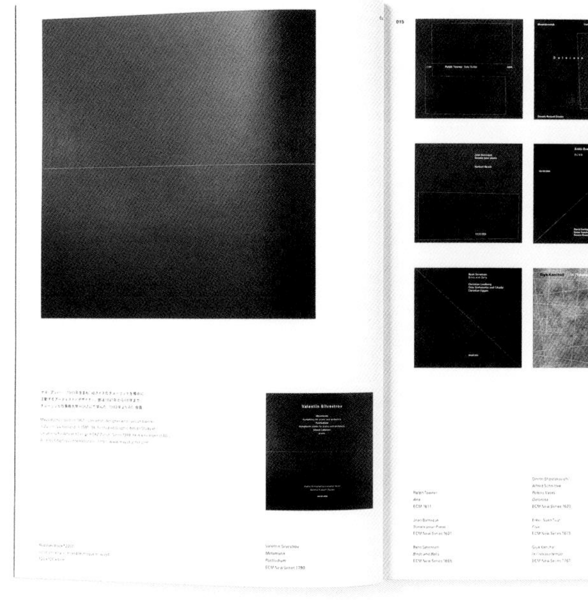

idea No. 311
"Sound Cosmography"
—
2005
Editing: Kiyonori Muroga,
Toshiaki Koga
Cover Photography: Seiji Shibuya
Cover Typefaces: Ryobi Gothic
Shin Kana, Linotype Univers
—
"Response in Silence:
On the Way to ECM Covers"
—
Typefaces: Ryobi Gothic Shin Kana,
Linotype Univers
—
"Works of Hidetoshi Mito:
Emotions and Expressions"
—
Typefaces: Hon Mincho Small Kana,
Adobe Garamond
—

I can find common visual ground between the topics of ECM and Hideoshi Mito. They both have a simple approach to design. ECM has a kind of modern simplicity, while Hideoshi Mito is grounded in a kind of "plain-ness"... like Zen, I guess. Through designing the pages for each subject, I tried to make this difference between them readily obvious. For the ECM pages, I consistently applied the content to a nearly square grid, using a single size of type, and used the typeface Univers, which was regularly used by ECM. For the Mito pages, I also simplified the design structure as much as possible. At the same time, I tried to add a sort of typographic "humidity" to Mito's section by selecting the typefaces Hon Mincho and Garamond and by using non-lining figures and Italic types.

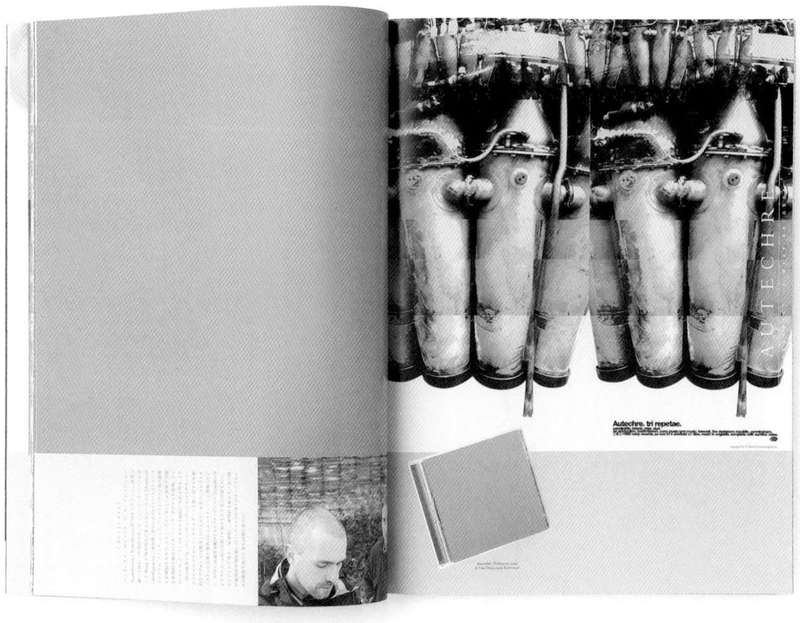

idea 第313期
“Warp唱片的平面设计”
—
2005年
编辑：室贺清德、古贺稔章
使用字体：Now MB，OCRB
—
这是席卷二十世纪九十年代英国的独立唱片厂牌 Warp 的封面设计特辑。文章尽量做得无机质一些，排版也模仿唱片封面做成正方形。而这种正方形的排版中，没有文本的区域采用了扁平的灰色调色块。这种设置是我有意为之。

idea No. 313
“Graphics Design of Warp Records”
—
2005
Editing: Kiyonori Muroga, Toshiaki Koga
Typefaces: Now MB, OCRB
—
This issue highlights the music packaging designs of Warp Records, the United Kingdom-based independent music label that created a sensation in the music industry in the 1990s. I tried to set the text-based elements in a neutral way as much as possible, as well as to adapt the text into square-shaped typographic units modeled on the form of record sleeves. The square text fields looked less like body text and more like flat, gray-toned color fields. Bold, but incredibly intentional.

idea 第314期
“*Emigre* 的历史 1984—2005”
—
2005年
编辑：室贺清德、古贺稔章
封面使用字体：Dalliance Script、Flourishes、Hypnopaedia One / Two、Template Gothic
正文使用字体：本明朝小假名、游筑36pt假名，Filosofia、Emperor Eight、Mrs Eaves、Vendetta、Dalliance、Tribute
—
这是为设计杂志*Emigre*停刊而制作的特辑。正文由*Emigre*杂志的书影构成，而且还刊载了包括重刊在内的各种文章。因此，我配备了可变网格的格式，以配合不同种类的文本。日文用了本明朝和游筑36pt假名。西文则为了混排，根据不同内容采用了*Emigre*发布的不同字体。封面采用了装饰类型字体Hypnopaedia。

idea No. 314
“A Graphic History of *Emigre* Magazine 1984–2005”
—
2005
Editing: Kiyonori Muroga, Toshiaki Koga
Typefaces: Dalliance Script, Flourishes, Hypnopaedia One/Two, Template Gothic
Text Typefaces: Hon Mincho Small Kana, Yu Tsuki 36pt Kana, Filosofia, Emperor Eight, Mrs Eaves, Vendetta, Dalliance, Tribute
—
This special issue was planned in accordance with the discontinuation of *Emigre* magazine. The main content consists of cover photographs and spreads from each issue of *Emigre*. This issue also includes various texts, including reprinted articles from *Emigre*. I prepared a variable grid format which might deal with different types of texts. For the body text, I selected Hon Mincho and Yu Tsuki 36pt Kana. I combined different Latin typefaces released by *Emigre*, each depending on the textual contents. In addition, I used the ornamental pattern font Hypnopaedia for the cover of this issue.

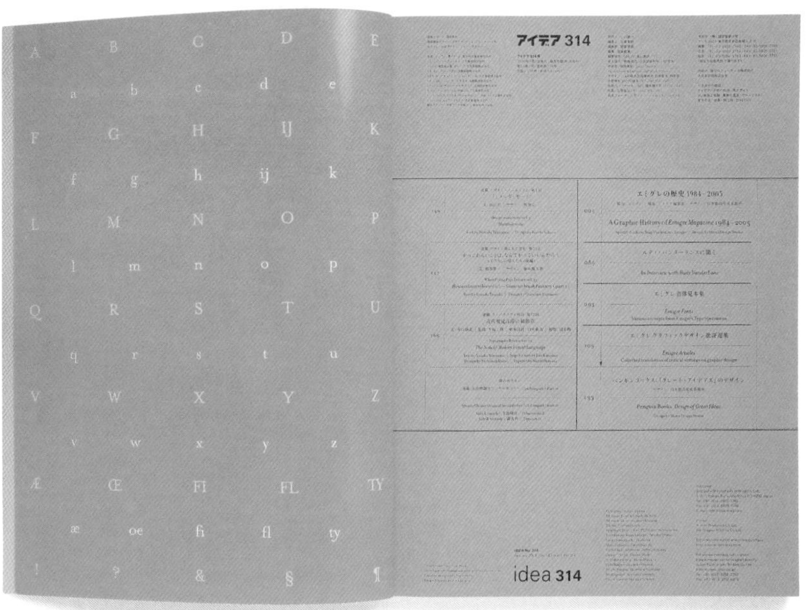

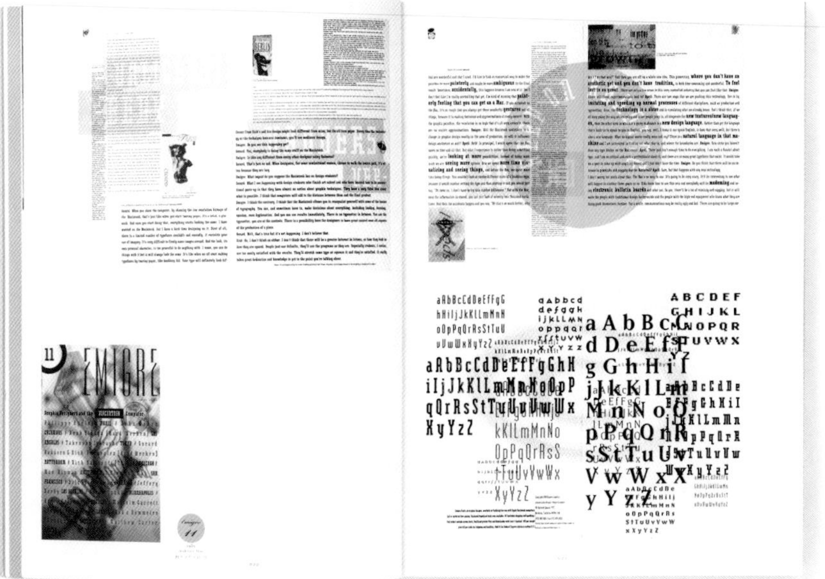

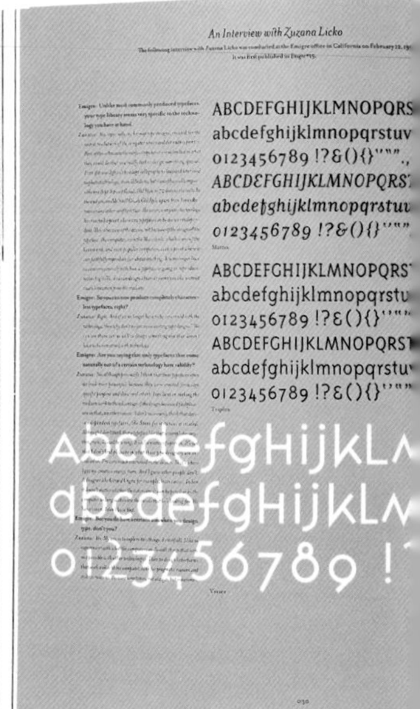

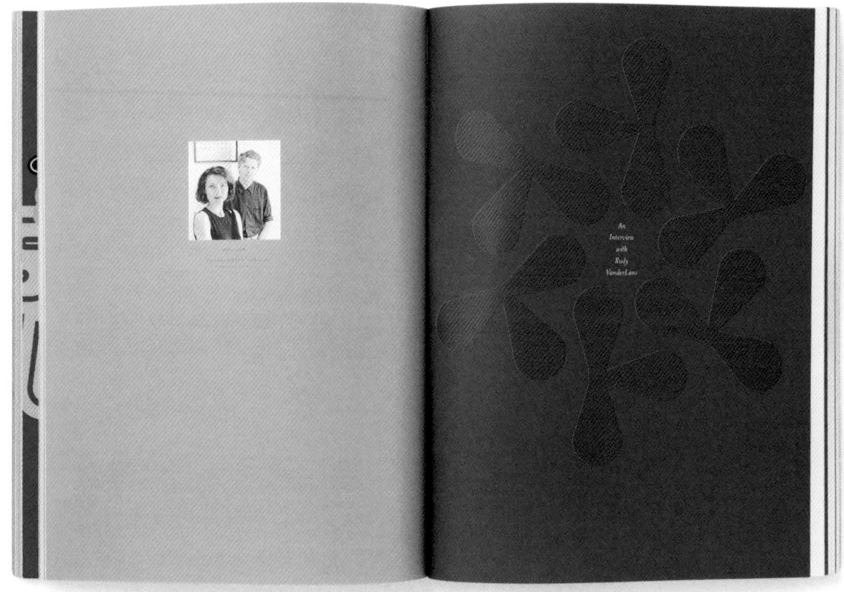

ズザーナ・リッコへのインタビュー

以下のズザーナ・リッコへのインタビューは1990年2月12日，カリフォルニアに位置するエミグレの事務所にておこなわれた。
本記事の初出は『エミグレ』誌15号。1980年代後半から『エミグレ』誌周辺で展開された可読性論争の渦中におけるリッコの有名な発言
「読み手にとって最も読みやすい書体とは，最も慣れ親しんでいる書体である」は，このインタビュー中において語られた。

Emigre: 一般に制作されている多くの書体と異なり，あなたのつくる書体はご自身の手元のテクノロジーに極めて限定されているようですが。

Zuzana: ええ。特に解像度の粗いコンピュータのスクリーンやドットマトリックスプリンターのために創られたビットマップ書体のデザインの場合はそうですね。初期のコンピュータで出来ることがとても限られていたことが，その理由の一部です。手描きのカリグラフィをその後の写真植字の技術に適合させるのは，たとえ困難だとしても可能だったわけですが，8ポイントのGoudy Old Styleを1インチあたり72ドットに適合させるのは物理的に不可能なことでした。結局はGoudy Old StyleとTimes Romanのような書体やその他の本文用のセリフ体との区別をつけることすらできませんでしたし。しかしコンピュータの技術は，どんな書体でも機器に依存せず表示できる地点にまで到達しました。これは機器の恩恵によるもので，書体のデザインによるものではありません。コンピュータは，マッキントッシュでさえ，最も低価格なものでも，最も一般的なコンピュータでも，ほとんど何でも忠実に再現することができる段階に達しています。書体がどのようなテクノロジーで複製されるのか，気をもむ必要などもはやないのです。メディアによる多くの制約を被ることなく，お望みならどのような形でもデザインすることが可能です。

Emigre: そうだとすれば，あなたは今やこれといった特徴をもたせた書体をつくらなくてもいいわけですね?

Zuzana: その通りですね。もし私たちがテクノロジー的な側面を気にしなくてよくなったなら，すでに存在している書体のデザインをただ単に再利用してみるのはどうでしょうか? テクノロジーを気にする必要のない他の何かをデザインするのと同じように，私たちはそれらを利用できますよね。

Emigre: つまり，あるテクノロジーの必然的な結果として生み出された書体にこそ妥当性がある，ということですか?

Zuzana: いいえ。とはいえ個人的な意見として，そのような書体は，非常に特定された目的と現実的な意図を反映して作られているがゆえに，しばしば最も力強く見えます。私はメディアをデザインに巧みに利用していくことに没頭していますが，それが自分の楽しみだからであって，それ以外の理由はありません。例えば書体Stoneのように，機器に依存しない書体に妥当性がないとは，必ずしも考えていません。しかし，こうした書体が何か新しい達成をするとは思わないのです。私のほうが間違っているのかもしれませんが。すべては個々人の見解上の問題なのです。それらのタイプデザイナーたちの関わっていることに私が楽しみを見出せないだけのことです。私はデバイスにとても興味があり，そこから創造力を得ています。多分，他の人は違うのでしょう。たとえば，オランダのヘラルト・ウンガーのようなタイプデザイナーは曲線を好んでいます。彼にとっては，それが彼の探し求める曲線である限り，曲線が鉛筆で描かれようとコンピュータによるものであろうと構いません。彼には私の持っていないヴィジョンがあります。

Emigre: しかしあなたは，ある目的を持って書体をデザインしているんでしょう?

Zuzana: ええ。私の目的は次のふたつのものを探ることです。まず何より，他の技術をもってしても不可能だった，コンピュータだから可能なことを実験するのが好きです。実践的な理由とスタイル上の理由の両者において，コンピュータ上でうまく機能する字形をデザインするのが好きです。ある時には，いつもではなく時々ですが，人々が私の書体Emperor Eightのようにスクリーンにおいて良い効果を生みだすものを求めることが必ずあるからです。あなたがスクリーン上で大量の編集作業をする場合や，アップル社のドットマトリックスプリンターImageWriterを用いるならば，確実に実務的な理由から，解像度の粗い書体が必要になります。でもその時，私の別の書体のいくつかは，スタイル上の理由から幾何学的，または粗く見えます。例えば，Matrixという書体は，もっとトラディショナルなセリフ体に見えるようにしておくのが良かったかもしれませんが，このスタイル上の理由から新しく見えるよう，私はコンピュータが上手く生成できる形態を採用しています。書体をデザインする際の私のもうひとつの目的は，Matrixの小文字の「g」や，Variexという書体におけるいくつかの文字でやっているように，機能的なまま基本的な文字のかたちをどれほど変えうるかを確かめてみることです。私はいつも実験的なアルファベットに非常に興味をそそられます。ブラッドベリ・トンプソンのAlphabet 26みたいな大文字を持っていない，大文字と小文字の特徴を混合させた書体や，また小文字しかなくて大文字には太字を用いる書体のようにね。これは私がVariexをつくる際に，実際にビットストリーム社のマシュー・カーター氏から示唆されたことで，だからVariexには大文字，小文字の区分がないのです。それがいつも適切だというわけではありませんが，私はこの実験を気に入っています。

Emigre: コンピュータはあなたにどのように創造的なインスピレーションを与えましたか? グラフィックデザインではなく，タイプフェイスに限定してお答えください。

Zuzana: 私は，おおいに制限されていて，選択肢がほとんどなくても，うまくことを運ばなければならない事態をパズルのように楽しんでいます。もし選択肢が多ければ困るでしょう。ただ時間がないのと，可能なあらゆるシナリオを探るだけの忍耐力が私に備わっていないだけなんですが。これが私がグラフィックデザインをするときに抱えている問題なんです。最終的な問題の解決を見つけたという感触を得たことが一度もなくって。今日では，5年前とくらべれば，更にトラディショナルな要素を加えつつモジュール式ではないTriplexのような書体を容易にデザインすることが可能になったんですが，いまだ私はこうしたパズルを解いていく作業から創造的なエネルギーを得ています。誰もがうまくいかない何かがあるとき，私だったらどうするかを探る気にさせられます。私がグラフィックデザインの世界に最初に足を踏み入れて以来，デジタル書体がどれほど出来が悪くて，それを少しでも良く見せることがどんなに難しいことであるか，皆が口々に語るのを耳にしてきました。こうした風潮は実に私の興味をそそりました。誰もがそのような主張をするとき，いつも私はそれに同意しかねてきました。先日グラフィックデザインの歴史に関する本を読んでいたのですが，最終章のデジタル書体について言及されている箇所で，お決まりのように図版としてOCRAやOCRBのような書体が図示されていました。それらの書体のいくつかは実際に興味深いけれど，特に文字を組むことに関して言えば，本当に良い書体ではありません。それからチャック・ビグローによるデジタル書体についての文章を読みました。私も彼の主張に興味をおぼえ，また多くの点で賛同もするのですが，彼のヴィジ

ABCDEFGHIJKLMNOPQRSTUVWXYZ
abcdefghijklmnopqrstuvwxyzæœfifl
0123456789 !?&(){}''"".,:;-—*

Emperor Eight

Matrix

ュアルな制作物を見たとき，その書体がいまだにトラディショナルに見えることをちょっと残念に感じました。私は書体のデザインにおいて，何かいまだ探究されていない面白い可能性を見いだし，自分の手で試してみたくなったのです。私が受講したコンピュータの授業で，初めての低解像度の書体のデザインに触れた時もそうでした。しかし私がアドバイスを求めると人からはいつも，やれるわけがない，取り組むだけ無駄だと言われ続けたんです。それでも私がやろうとしているものの方が，当時すでにあった他のものよりも勝っているだろうと思っていました。

Emigre: あなたの初期の低解像度の書体を振り返ってみたとき，達成感を感じますか？

Zuzana: ええ。私自身にとっては。でも後から気がついたのは，始める前に見ておくべきものがたくさんあったということです。エリック・シュピーカーマンによって編集された『ベースライン』誌の第6号は，非常によくできていてためになりました。けれど，もし事前にこれを読んでいたとしたら，私の頭にあった本当に基本的なアイデアについても，たぶん掘り下げようとはしなかったかもしれません。

Emigre: シンプルなビットマップ書体のデザインに5年間取り組んだのちに，Triplexのようなさらにヒューマニスティックな書体のデザインに取り組むための，ある確信を得たとご自身でおっしゃっていますが，すべて手描きによるカリグラフィ的な書体をデザインしてみようと考えたことは，これまでにありますか？

Zuzana: 私はカリグラフィに興味を感じたことがこれまでにありません。カリグラフィでは物事をすすめる際の手順が定まっていて，技術的に誰よりも勝っていないかぎり，それはただの制作物でしかないのです。こんなことをするのに，いったいどれほどの時間が費やされるのでしょう？それは私から見れば創造的というより癒しのためのものです。メディアと格闘するのではなく，持てる手段を最大限活用することに私の関心はあるのです。私たちのデザインの作業においても同様です。たとえば，私たちは抜きあわせの指定に時間をとられないように，オフセット印刷でオーバープリントするのを好みます。それは金銭的な問題だけではありません。そうしたほうが制作しやすいし，仕上がりも良くなります。なぜわざわざ手の焼ける方法でやるのですか，または時代に逆行するような手法を用いるのですか？ 単純に，それがあなたのたまたま思いついた方法なだけで，物事を自分の眼でもっとダイレクトに見ようとしなかったからではないでしょうか？デザイナーが，そのメディアから生まれた結果ではないことをするとき，例えばGoudy Old StyleやOptimaのような書体をポストスクリプトで復刻するとか，20パーセントの青と60パーセントの黄色のかけあわせの地色に6ポイントの赤い文字を抜きあわせる，といったようなことを人々がするのは，大抵はそれが確実にメッセージを伝達するためにベストな方法だからではありません。私が思うに，彼らがその道具の可能性を理解することや，どうすればそれらの道具をより活かせるか，といったことへの興味に欠けているからです。単に考えていないだけです。彼らは自分の手慣れている狭い範囲内でしか仕事ができません。完全に先入観にとらわれています。書体デザイナーたちを見てください。彼らは書体は“このように見えなければならない”と考えるんです。彼らはカリグラファで，それが彼らにとって変わることのない書体のあり方だから。そして彼らは自分たちの使っているメディアにお構いなく，同じ様式の書体をデザインし続けることに甘んじています。これは誰の目から見ても馬鹿げていやしませんか。どうして自分の使っているメディアの性質に逆らったことをしようとするのでしょう？ これが私がいまだに低解像度の書体をデザインすることが好きな理由です。そこにはある種のエレガンスがあります。ごく自然に導きだされてくるものこそ，適正なものなのです。流れに逆らわない，自然なあり方。そうした感触を私は楽しんでいるんですよ。

Emigre: その観点から，一番好きな書体を選ぶなら？

Zuzana: Emperor EightやOakland Sixのような低解像度の書体です。それらの書体はコンピュータ上のどのレベルでも実にうまく機能します。高解像度のプログラムでも，MacPaintでも，十分快適に使えます。

Emigre: そうですね。あなたと私にとって，またメディアとの適性においては，心地よく感じられると思います。しかし人々はどのようにこれを理解するでしょうか，また印刷に用いることをどう考えるのでしょうか？ 純粋に文章を読みたいだけの人にとっては，結局のところあまり読み心地のよいものではありません。

Zuzana: でも，それはどうしてですか？ 彼らが低解像度の書体を見ることに慣れていないだけだからと私は思いますが。

Emigre: ごもっともです。誰もがあなたのように一日中，低解像度のマッキントッシュのスクリーンを見つめることに慣れているわけではないですから。それにあなたの書体も結局は印刷されてしまう。人々はスクリーン上で読むことはほとんどないですよ。

Zuzana: そうでしょうね！でもなぜ活字版印刷の文字が確かなものと思われるようになり，人々に受け入れられたのですか？ 人々が活字版印刷の版盤で組んだ活字そのものをすらすらと読んでいたからではありません。彼らはやはり印刷されたページを読んでいました。活字鋳造の鉛は何も関係ないわけで，それは今日のコンピュータチップにそのまま置き換えられます。でもそれこそが出発点ですし，また私たちが日頃から慣れ親しんできたものなのです。同じことがブラックレター体にも言えます。ある時代ではヒューマニスト体の活字書体よりも人々にとって読みやすいとされていました。このことは現代から見れば衝撃的です。読みやすく容易に理解しやすいことが必要な書物などを組むときに，Oakland Six以外の別の書体が必要だという事実に，私も賛同します。このような場合必ずしも本質的により読みやすいわけではなくても，人々が見なれている書体を使用することが求められているわけです。これがある種の活字書体が読みやすく，また心地よいものとされている理由なのです。読み手にとって最も読みやすい書体とは，最も慣れ親しんでいる書体です。一方でTimes New Romanのような活字書体への習慣的な好みというものもありますが，それはこうした書体が長きにわたって存在してきたからなのです。それらの活字書体が最初に登場したときには，見慣れない書体だったことに変わりはありません。でも慣れたからこそ，今日では極めて可読性の高い書体になりました。もしかしたら私の書体のうちのいくつかが，こうして人々から受け入れられる地点に達し，それゆえに読みやすいとされる時がいずれ訪れるかもしれません。今から200年後のことなど，誰にもわからないのだから。

ABCDEFGHIJKLMNOPQR
STUVWXYZÆ Œ FIFL
0123456789 !?&(){}''“”.,:;-—×

Oakland Six

1

栞
16mm

Emigre
1991
ダリアンス
フィロソフィア

Pantone
1235 U → アミ 40
ダリアンス

実寸

idea アイデア
表紙は
ダリアンスオーナメント
トル？
1984-2005

イーグス

EMIGRE
FONTS
607
1235
地色
357

Various excepts from Emigre's Type Specimens
← 裏表紙ベース色
リスト文字
357

タイトルページ
フエンジ
Emigre
A
Graphic History
of
Emigre Magazine
1984-2005
ダリアンス
小さく、これのみ

アイデア序文
版面
← めいっぱいに組む
← ヌキ
← ラギット

イミグレ論文集
刷り
目次
和 Just
英ラギット

論文外部
A
和・英
JUST

ルディ
リッコ
ヌキ、とブルーノも
アウトラインデータ
副本名

文字 A

表紙
ケンラン 四六判 Y目
265kg 濃クリーム
PANTONE®
1375 U
Pantone
302
1375
1797

目次
文字
PANTONE®
559 U

扉文字
PANTONE®
194 U
特色

扉 → 白地？
← Y 100
M
100 Y
M 30
PANTONE®
1235 U
アイデア

白地
PANTONE®
557 U

序文
文字Aスミ
~~文字B 墨ルビ~~
Kenneth Fitzgerard
David Cabianca
PANTONE®
Process
Black U

論文
白地
↳ アミ

特
文字A本文
文字サブ スミ
地色
リッコ
PANTONE®
1797 U
100 Y
30 M
PANTONE®
Process
Black U

ルディ
ルディ本文
論文サブ
特

論文
ルディ サブ
論文本文
特

$\frac{4.5\times3}{4}-(2.5\times0.88)$
2.2
1.175

アイデア
・フィロソフィア → 全体をくくる野体
キャプション
↓
㊥ダリアンス

論文（外部）
・ヴェンデッタ

comand
行末
⌘ + Shift → ー
ハイフン
英 op + space
行頭

リッコ
・ミセス・イーヴス
論文外部 → 白地
トリビュート　スミ
P60-61　557 + オアカ
マニフェスト

ルディ
・ミセス・イーヴス

$\frac{4.5\times3}{4}-(2.25\times0.88)$
1.98
1.395

論文（外部）
・トリビュート

idea 第314期

“‘企鹅图书·伟大思想’的设计”

—

使用字体：龙明、秀英三号，Dante

—

这是由单一字号组成的一个简单网格。即使排版中有不同字号，但基本也是在某个地方遵循着网格。并非全部如此，我通过部分或者随机应变的处理，让简洁的构造不会导致设计过于单调。

idea No. 314

“Penguin Books: Design of Great Ideas”

—

Typefaces: Ryumin, Shuei 3-go, Dante

—

I designed a simple grid system which was based on a single typesize for this feature. If I were to typeset a text with different sized typefaces, I might fundamentally follow this grid in some ways, however, not every text could be applied to the same grid system. By designing according to these circumstances and dealing with particular details, I was careful to neither make the design monotonous nor to become encumbered by the simple structure.

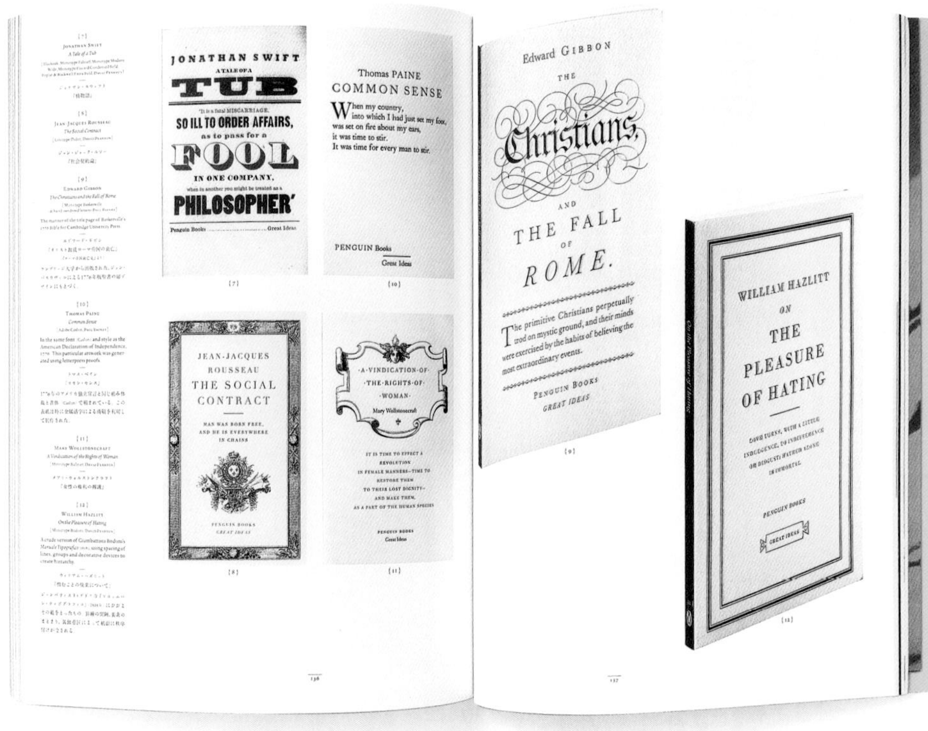

315 2006.3
international graphic art and typography
世界のデザイン誌
誠文堂新光社
idea アイデア
Aquirax
宇野亞喜良
勝本みつる
テリー・ダウリング
空中線書局
立花文穂
野中ユリ
建石修志
Aquirax Uno
Mitsuru Katsumoto
Terry Dowling
Kuchusen Shokyoku
Fumio Tachibana
Yuri Nonaka
Shuji Tateishi

宇野亞喜良画帖
雛罌粟草紙
The Collected Drawings of Aquirax Uno
Le Cahier de Coquelicots
LE TEMPS

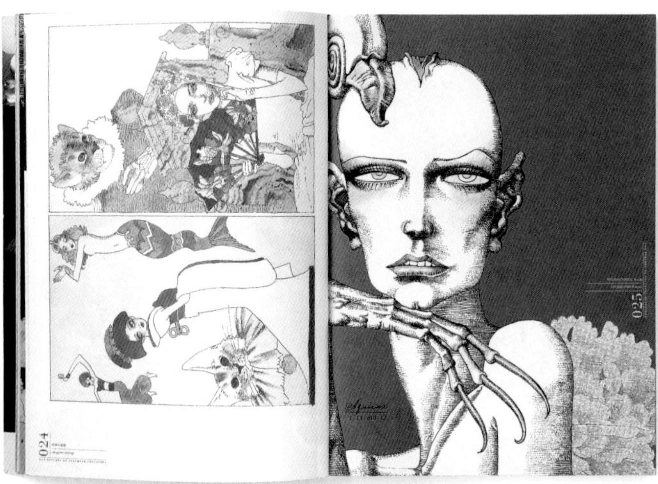

idea 第315期
“宇野亚喜良画帖　雏罂粟草纸”

—

2006年
编辑：室贺清德、古贺稔章
封面画：宇野亚喜良
使用字体：Ryobi黑体新假名、龙明、游筑36pt假名、RA楷书（花莲华）、游筑五号假名，Linotype Univers、Bauer Bodoni、Palace Script

—

“纸上的东西们：
关于装帧的物件　胜本充”

—

使用字体：RA Song-cho（花蝴蝶）、Kamome，Cochin、Caslon Open Face、Engravers、Shelley Allegro Script

—

与宇野先生和胜本女士合作，这是继EVE丛书之后第二次。虽然终究是无法推心置腹，不过我还是记得当时的合作是相当愉快的。横轴的字号和行距有四种，而纵轴则配了6mm和3mm的网格。这是共通的一个格式。在宇野先生的页面中，我把页码与图注搭配，与图片一起，可以上下左右自由移动。

idea No. 315
"The Collected Drawings of Aquirax Uno"

—

2006
Editing: Kiyonori Muroga, Toshiaki Koga
Cover Illustration: Aquirax Uno
Typefaces: Ryobi Gothic Shin Kana, Ryumin, Yu Tsuki 36 pt Kana, RA Kaisho (Hanarenge), Yu Tsuki 5-go Kana, Linotype Univers, Bauer Bodoni, Palace Script

—

"Une Recontre sur Papier:
A Propos des Objets pour la Conception des Livres
Mitsuru Katsumoto"

—

Typefaces: RA Song-cho (Hanakocho),Kamome, Cochin, Caslon Open Face, Engravers, Shelley Allegro Script

—

These special articles were my second collaborative works with both Mr. Uno and Ms. Katsumoto. Sadly, I could not possibly come close to knowing them thoroughly enough. Even so, I believed that I could design this issue with a great deal of enjoyment. I prepared a grid structure based on 6 mm and 3 mm vertical units, as well as 4 different sizes of type and assorted approaches to horizontal line-spacing. This grid structure was used for both of Uno's and Katsumoto's articles. In the pages of Mr. Uno's special feature, I combined his illustrations with page numbers and caption texts which could be moved flexibly both horizontally and vertically.

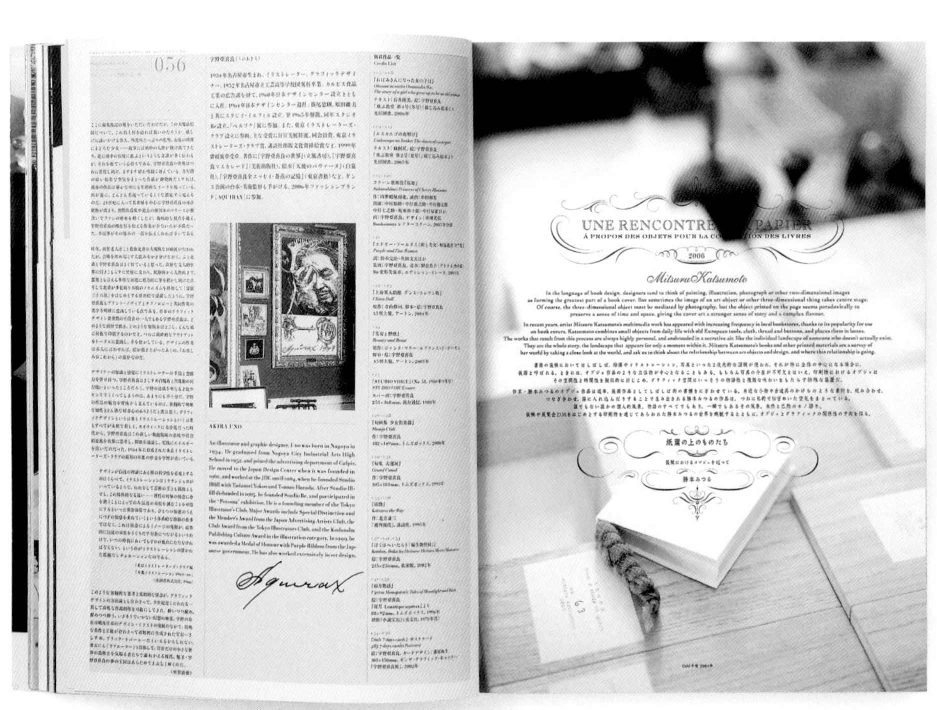

ふとした病で少年は死んだ
ふとした病で少年は死ぬ
僧はなげきと悲しみの日々を送る
ある日　少年を自分の中に
納めることを思いつき
死体を喰べ始める
月の美しい夜だった

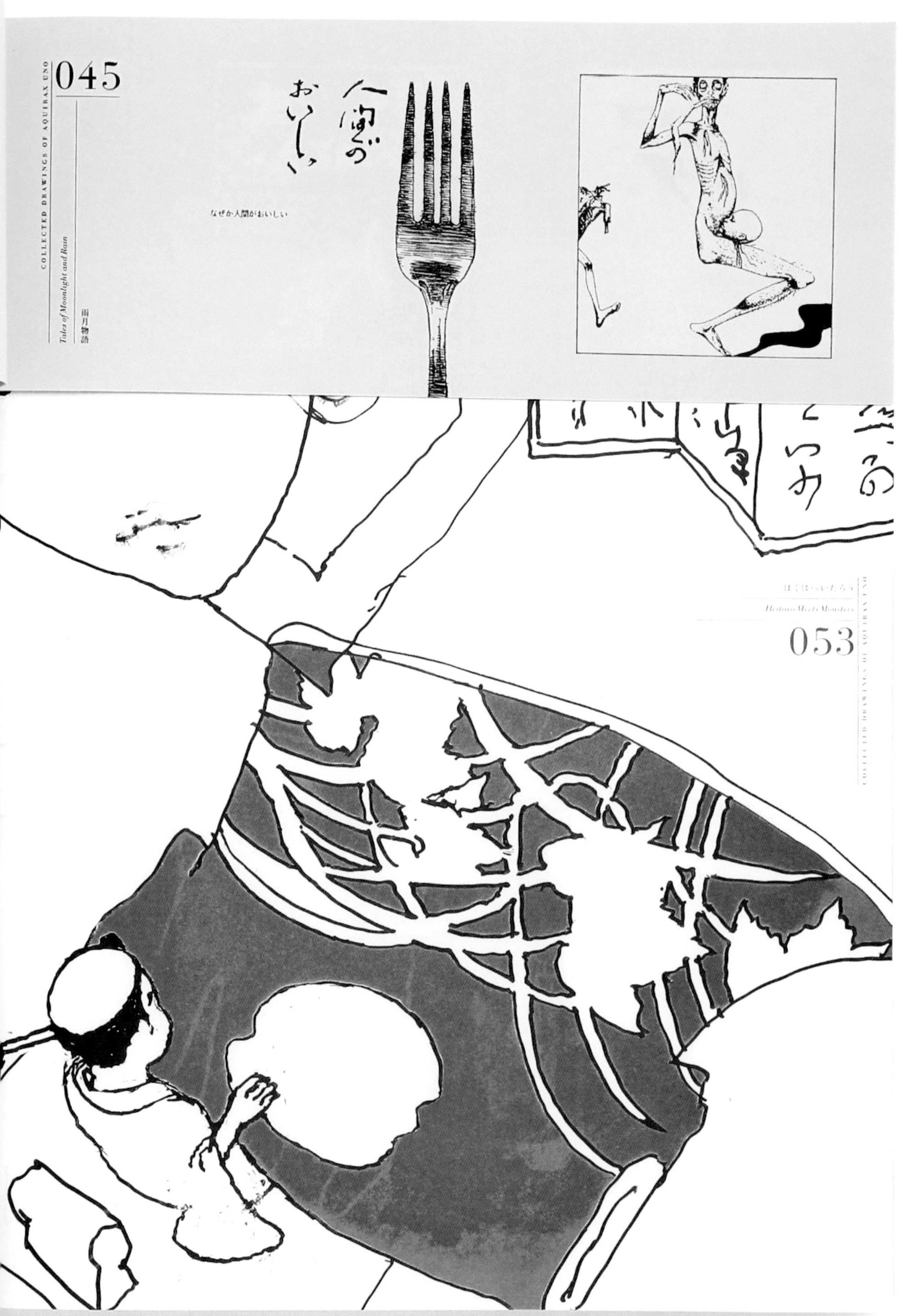
045
COLLECTED DRAWINGS OF AQUIRAX UNO
Tales of Moonlight and Rain
雨月物語
人間のおいしい
なぜか人間がおいしい
ぼくはへいたろう
Heitaro Meets Monsters
053
COLLECTED DRAWINGS OF AQUIRAX UNO

idea 第318期
“Edward Fella”
—
2006年
编辑：室贺清德、古贺稔章
使用字体：Ryobi黑体新假名，
Letter Gothic、Bell Gothic、Courier
—
差不多从第314期的 *Emigre* 特辑开始，文章的层级变得复杂。另外，也有人建议我多注重杂志“杂”的部分，因此网格就慢慢地变得更碎，版式也更注重灵活度。特别是在“Edward Fella”这期当中，由于使用的字体是等宽，不用太拘泥于细节，放置文本时手脚更放得开一些。
—
“与马修·卡特对话　活字设计的心声”
—
使用字体：龙明、秀英五号、Now MM，
Galliard、Charter
—
日文字体选择了马修·卡特制作的Charter和Galliard相匹配的字体。这篇文章与前面“Edward Fella”那篇相邻，格式上也没有太大的变化，我通过改变构成方式，最终把Edward Fella的“动”与马修·卡特的“静”相对，做成了一个贯穿整体、有对比度的页面。

idea No. 318
"Edward Fella"
—
2006
Editing: Kiyonori Muroga, Toshiaki Koga
Typefaces: Ryobi Gothic Shin Kana, Letter Gothic, Bell Gothic, Courier
—
From *idea* No. 314 onward, the typographic hierarchy of each issue became increasingly complex. Additionally, I had to pay closer attention to the "miscellaneous" part of the magazine, which featured book reviews, scene reports, and other information due to requests from the editorial team. Due to this, I had to become more cognizant of both structure and flexibility, so I began creating grids in which the individual units were smaller so as to create as deft a system as possible. With these in place, there was much more possibility for improvisation. For the feature on "Edward Fella", I utilized a mono-spaced typeface and was able to create a rugged structure without overly worrying about details.
—
"An Interview with Matthew Carter The Essences of Type design"
—
Typefaces: Ryumin, Shuei 5-go, Now MM, Galliard, Charter
—
I selected the typeface Ryobi Gothic Shin Kana, the Japanese typeface which matched the Latin typefaces Charter and Galliard most closely, both designed by Matthew Carter. This special article appeared next to the special feature on "Edward Fella", and I applied a typographic format which was not so different from Fella's. By changing the modes of composition, I could create a sharp contrast between the "motion" of Edward Fella's design and the "stillness" of Matthew Carter's type design—disparate, yet side-by-side and somehow cohesive in the context of the issue.

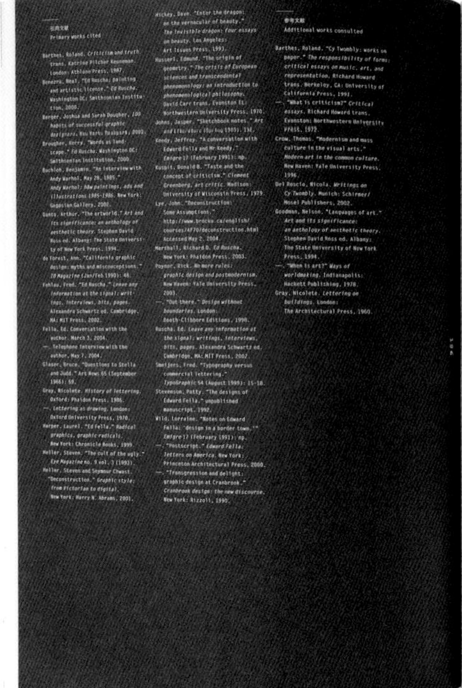

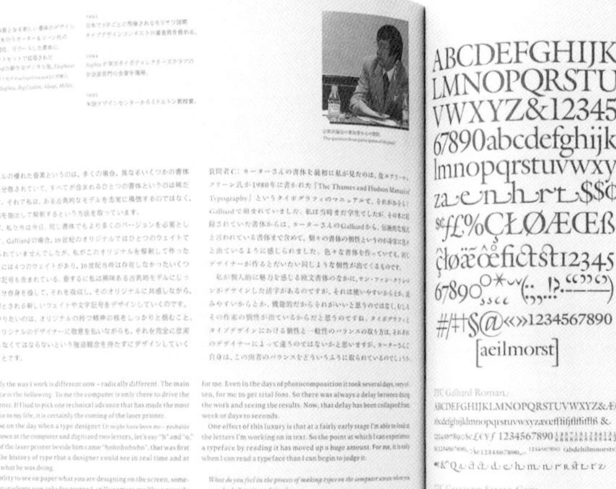

idea 第320期
“媒介特定——印刷品及其思考”
—
“设计师与政治：
Daniel van der Velden访谈”
—
2007年
编辑：室贺清德、古贺稔章
使用字体：
Monotype Garamond（左页）、龙明、
Monotype Imprint（右页）
—
这期介绍了位于现代主义环境中的四位设计师山口信博、近藤一弥、森大志郎、中岛英树，每位的章末都刊载了关于作品、设计的一些文字。日文是本明朝+游筑五号假名，西文则是给每个人分别搭配，共用了四种不同的Garamond字体。右页Daniel van der Velden访谈虽然是日英并排的排版，作为一种尝试，我在这里的设计意在重新考虑水线与文字之间的关系。

idea No. 320
“Medium-Specific: Things and Thoughts on Printed Matter”
—
“Designers and the Political: An Interview with Daniel van der Velden”
—
2006
Editing: Kiyonori Muroga, Toshiaki Koga
Typefaces: Monotype Garamond (Left page), Ryumin, Monotype Imprint (Right page)
—
This issue was dedicated to four designers who might be regarded as the successors to the Modernism: Nobuhiro Yamaguchi, Kazuya Kondo, Daishiro Mori, and Hideki Nakajima. Texts about each individual's works, careers and methods are included at the end of each section. I used the typefaces Hon Mincho and Yu Tsuki 5-go Kana in every section, but differentiated each through the use of four different Garamond revivals to typeset each section, based upon the characteristics of the individual designer interviewed. For the section of the magazine devoted to interviewing Daniel van der Velden, I used a different approach, I attempted to visually recreate a relationship between interviewer and interviewee through the use of ruled lines and body text.

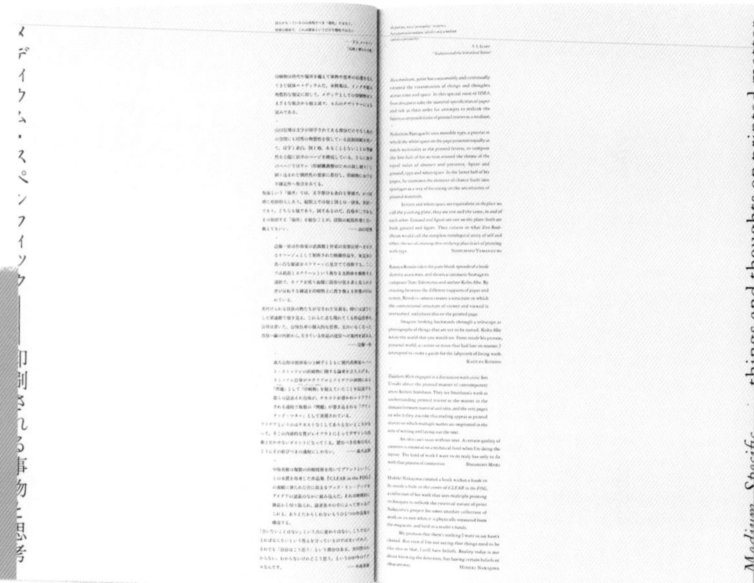

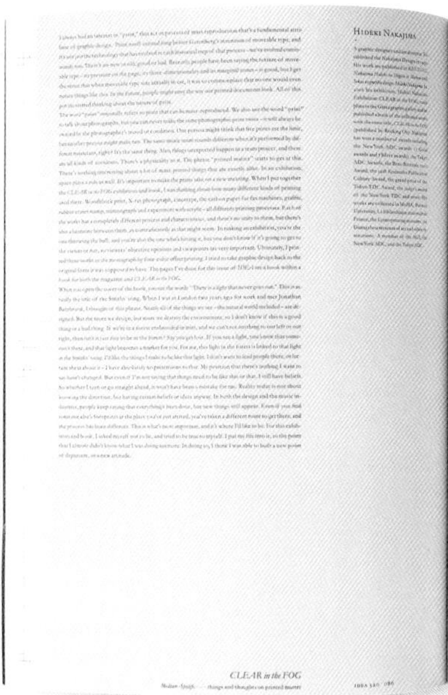

idea 第322期
"奥特尔·艾歇尔　作为设计的世界"
—
2007年
编辑：室贺清德、古贺稔章
使用字体：本明朝小假名、
游筑五号假名，Rotis Serif
—
特辑"奥特尔·艾歇尔　作为设计的世界"中刊载了*The World as Design*（1994）的日文翻译页面，排版时模仿原著的非对称页面，采用了左对齐。

idea No. 322
"Otl Aicher: The World as Design"
—
2007
Editing: Kiyonori Muroga,
Toshiaki Koga
Typefaces: Hon Mincho Small Kana,
Yu Tsuki 5-go Kana, Rotis Serif
—
This special issue, titled "Otl Aicher: the World as Design" includes the Japanese translation of an excerpt from his book *The World as Design* (1994). I followed the original book's format, using asymmetrical typographic compositions and ragged right edges.

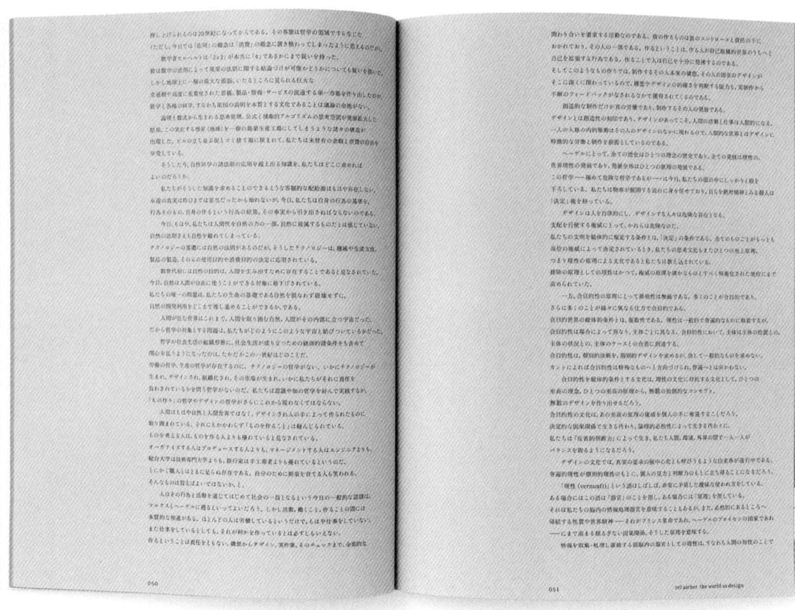

idea 第321期
“扬·奇肖尔德的作品　1902—1974”
—
2007年
编辑：室贺清德、古贺稔章
策划、构成协助：白井敬尚
使用字体：本明朝小假名、Ryobi黑体新假名、龙明、秀英三号假名、秀英五号假名，Sabon、Sabon Next、ITC Bodoni、Perpetua、Gill Sans、Bembo、Janson Text、Linotype Univers
—
附录：《&符号的变迁》（日文版）
—
扬·奇肖尔德著，武村知子译
—
这期的焦点放在了字体排印师扬·奇肖尔德一个人身上。本期的策划、构成是与室贺总编共同合作的。由于需要把不同时代、不同内容的奇肖尔德的设计放在同一期里，格式也要求将网格系统与奇肖尔德倡导的书籍比例共存，因此设计上要同时适应对称与非对称两种设计和排版。日文字体为本明朝，西文字体则根据各个项目分别使用不同的字体混排，以便做出各个时代的样式感。

idea No. 321
“Works of Jan Tschichold 1902–1974”
—
2007
Editing: Kiyonori Muroga, Toshiaki Koga
Concept and Planning Cooperation: Yoshihisa Shirai
Typefaces: Hon Mincho Small Kana, Ryobi Gothic Shin Kana, Ryumin, Shuei 3-go Kana, Shuei 5-go Kana, Sabon, Sabon Next, ITC Bodoni, Perpetua, Gill Sans, Bembo, Janson Text, Linotype Univers
—
Special Supplement: *Formenwadlungen der & Zeichen (Japanese edition),* Jan Tschichold, Tomoko Takemura (Tr.)
—
This special issue is entirely dedicated to the typographer Jan Tschichold. For the planning of this issue, I collaborated with Kiyonori Muroga, *idea's* Editor-in-Chief. Within this single issue, our goal was to represent Tschichold's entire body of work. This was incredibly challenging, as his output spans a range of approaches and methodologies depending upon the times, as much as Tschichold's own subjective approaches to design based on social and cultural contexts through which he lived. Aiming for a coexistence of both Tschichold's earlier grid systems and his later classical book proportions, each devised at different stages in his lifetime, I constructed a format which enabled us to adapt both a symmetric and an asymmetric approach to the design and typography of this issue. I combined the Japanese typeface Hon Mincho with various Latin typefaces depending upon each section's content to make readers feel the style of each period.

是从文本出发让读者自己去描绘形象，还是事先预备好形象展示给读者呢？归根到底，奇肖尔德与比尔的争论不是方法论、形态论的问题，而是对字体排印的本质以及制作者立场的提问。

将受众的接受方式固定住的方法，从之前被二维支配的页面变成了三维，这一进化非常剧烈，也正是这种方法论成为现代造型、平面设计的基础。

能在页面这个二维空间的字体排印世界里进行三维化的字体排印师并不多，而奇肖尔德就是其中之一。尽管如此，他在后半生却又将这种三维技法回归到二维，也没有在读书空间里直接导入三维。对于这一点，奇肖尔德与他相当敬重的老一代字体排印师乔万尼·马尔德施泰格、扬·范克林彭、弗雷德里克·沃德也是一样的。但是，无论好坏，与他们本质性的差异在于极具空间感的字距。在被严格控制的字距的背后，是他几近偏执的反复调整。而这样的字距又使世间多少字体排印师为之倾倒并为之鼓舞。

2004年11月，我与本刊总编室贺清德先生一起访问了奇肖尔德位于贝尔佐纳（Berzona）最后的故居。从山脚下的城市洛迦诺（Locarno）乘坐巴士沿着山路三十分钟才能到达的贝尔佐纳，与其说是村庄，其实更接近散居的村落，主要是被当做别墅地。

晚年的奇肖尔德在这里设计书籍，笔耕不辍，休息时则与妻子埃迪特一起热情地招待从城里来的朋友和编辑们。

在小巧的三间书房里，直到现在，每个房间都还存有奇肖尔德的藏书，门厅依旧挂着十竹斋的书画和维多利亚时期的印刷品。

由于采访时间比预想拖长了很多，奇肖尔德的儿媳丽罗夫人还邀请我们两人一起吃了饭。

银制的餐具上刻着花式大写字母T——啊，连这样的地方也都有奇肖尔德呢……

idea 第321期“扬·奇肖尔德的作品 1902—1974”编辑后记，诚文堂新光社，2007年2月

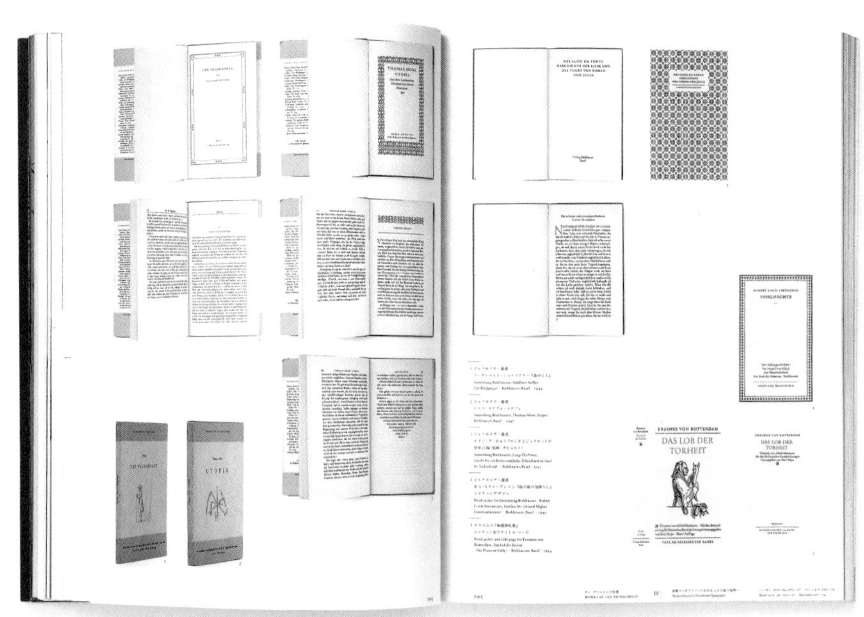

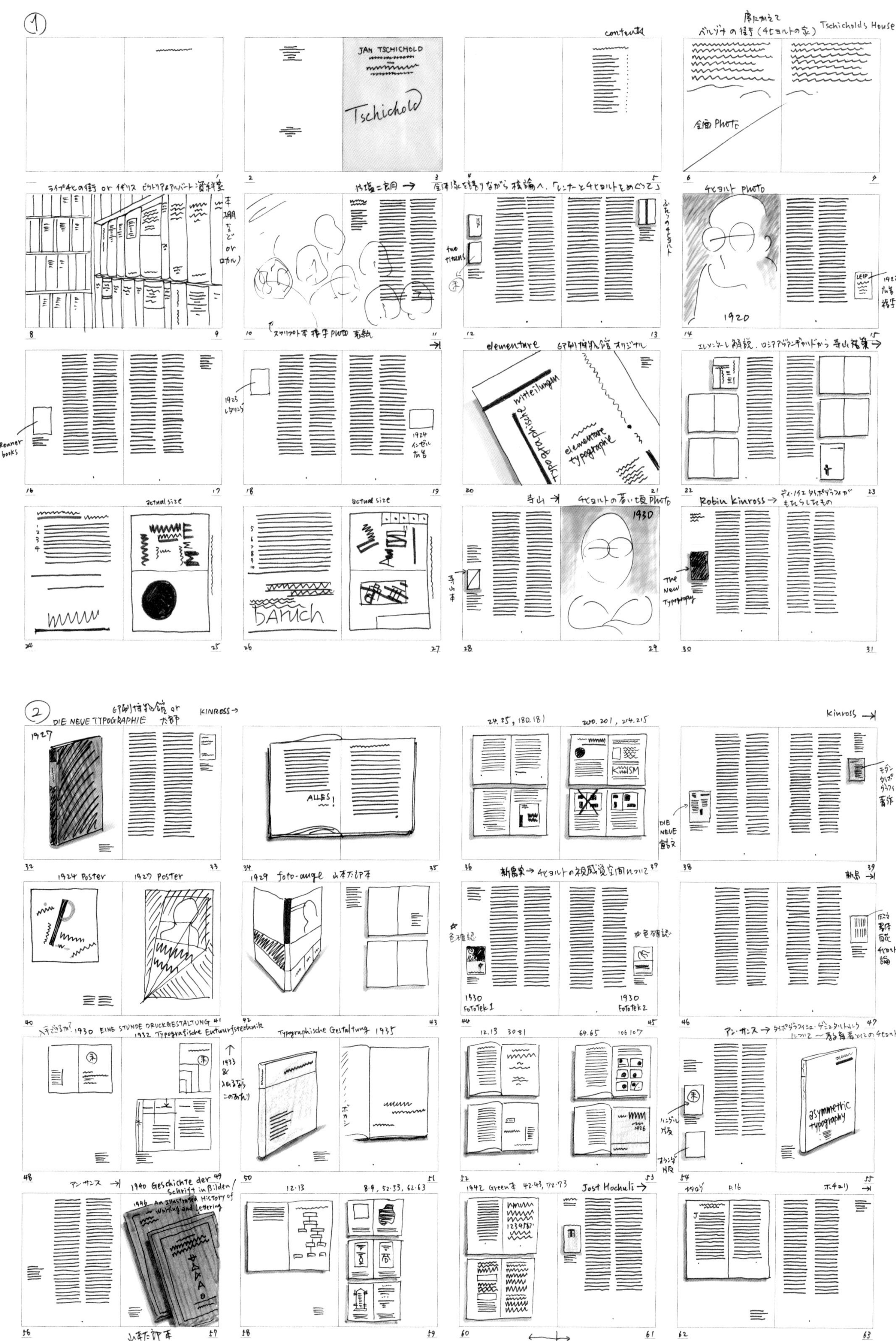

idea 第321期“扬·奇肖尔德的作品　1902—1974”最初的策划草案手稿。

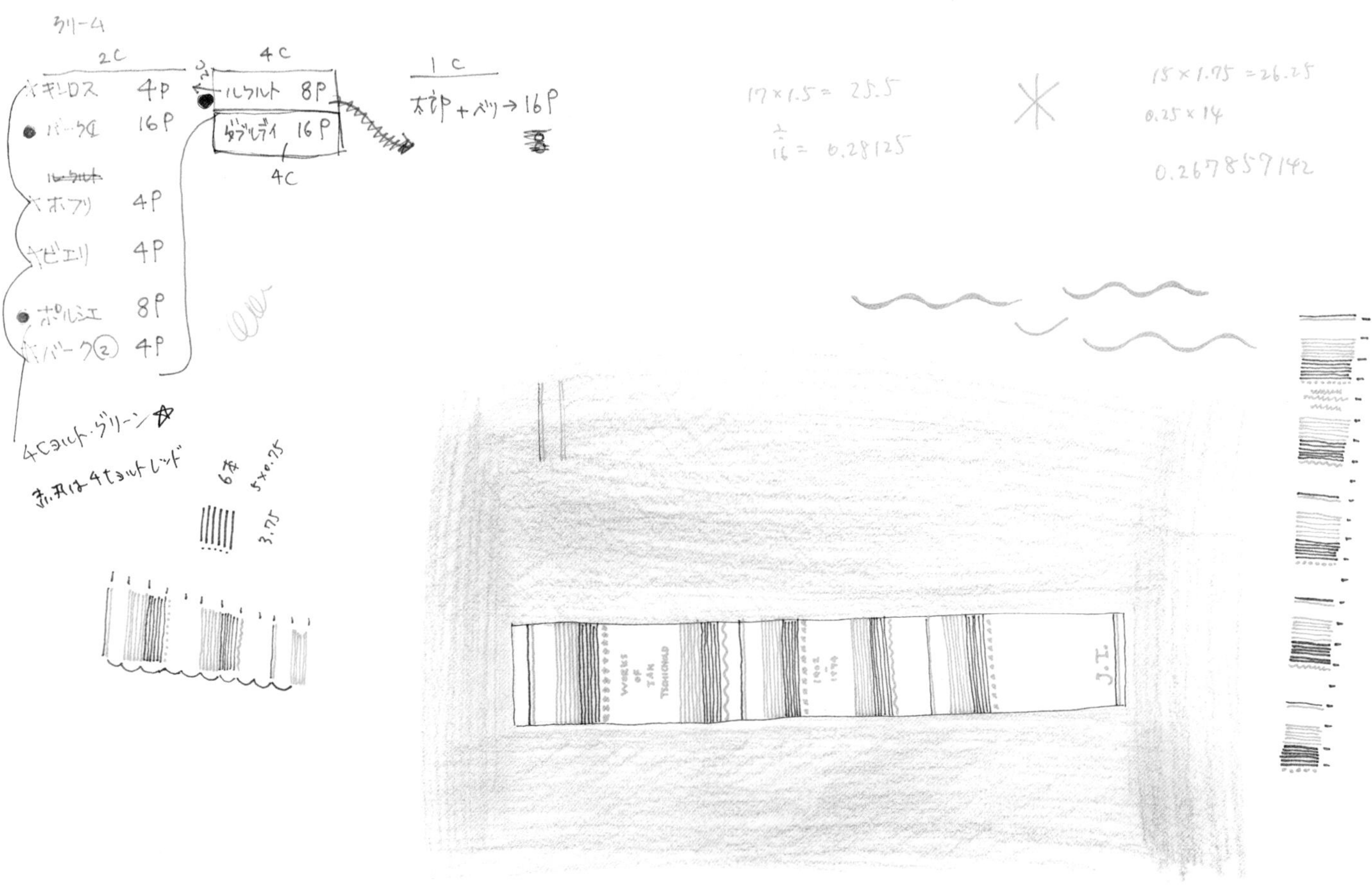

idea 第321期“扬·奇肖尔德的作品　1902—1974”特辑扉页的手稿，以奇肖尔德在贝尔佐纳的书房里的书籍为基础创作。

J·T

WORKS OF
JAN TSCHICHOLD
1902–74

ヤン・チヒョルト
の
仕事

INTERNATIONAL
GRAPHIC ART AND
TYPOGRAPHY

IDEA 321

MMVII

idea 第321期“扬·奇肖尔德的作品　1902—1974”特辑扉页。

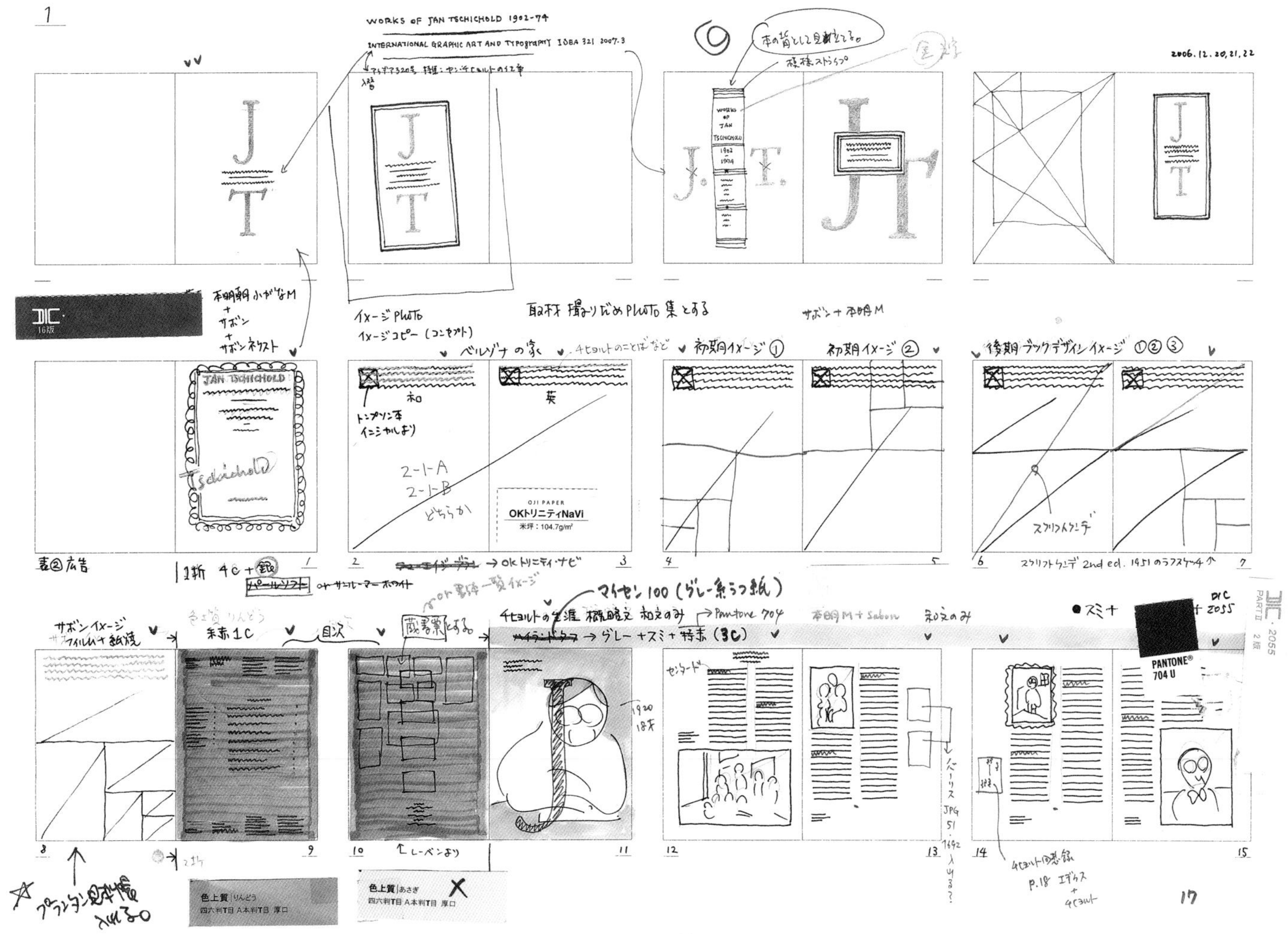

按照*idea*的室贺总编指定的分页方案绘制了所有页面的缩略图，这是为了能与工作人员、编辑部共享全书整体的页面结构。

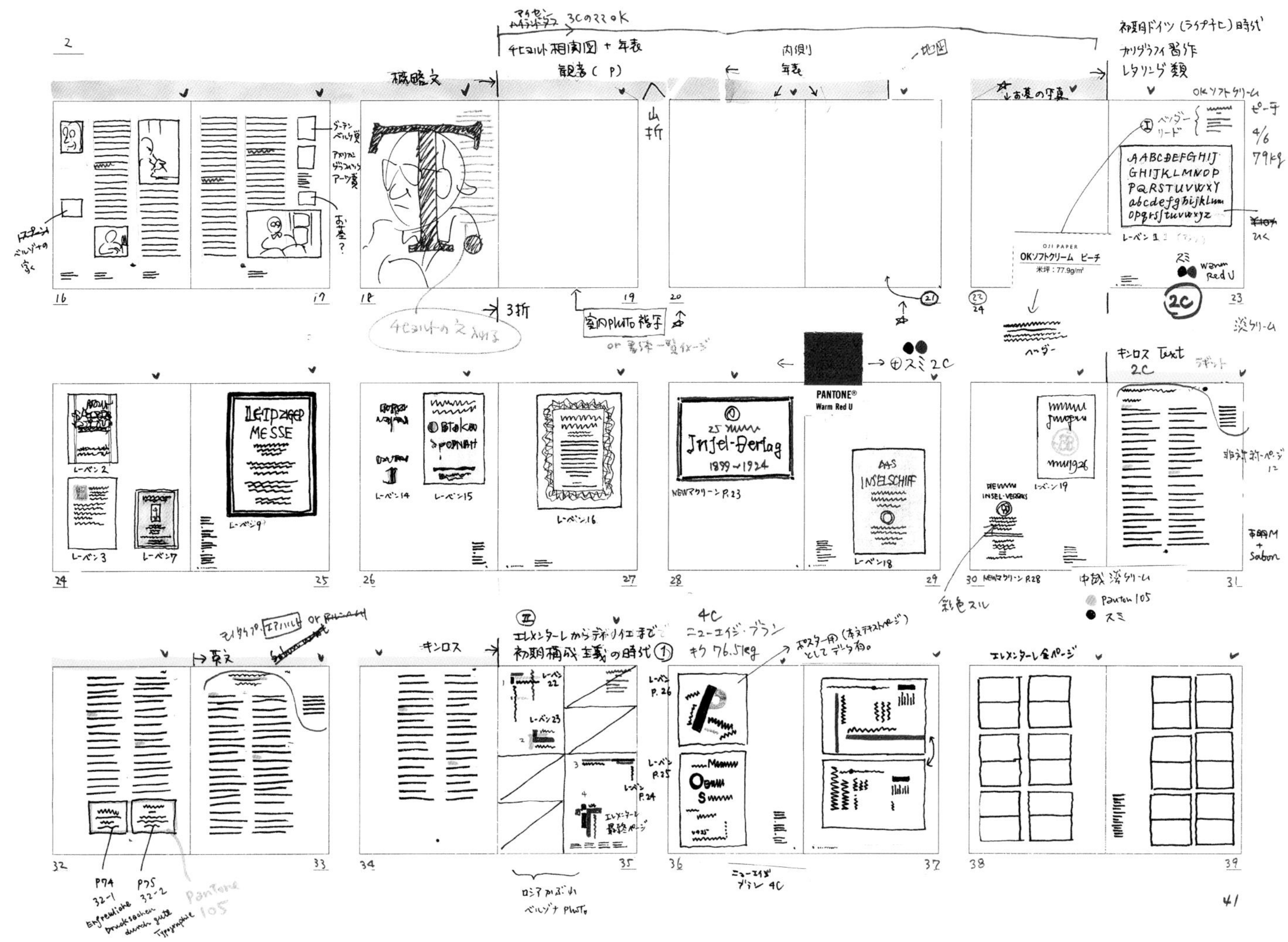

3

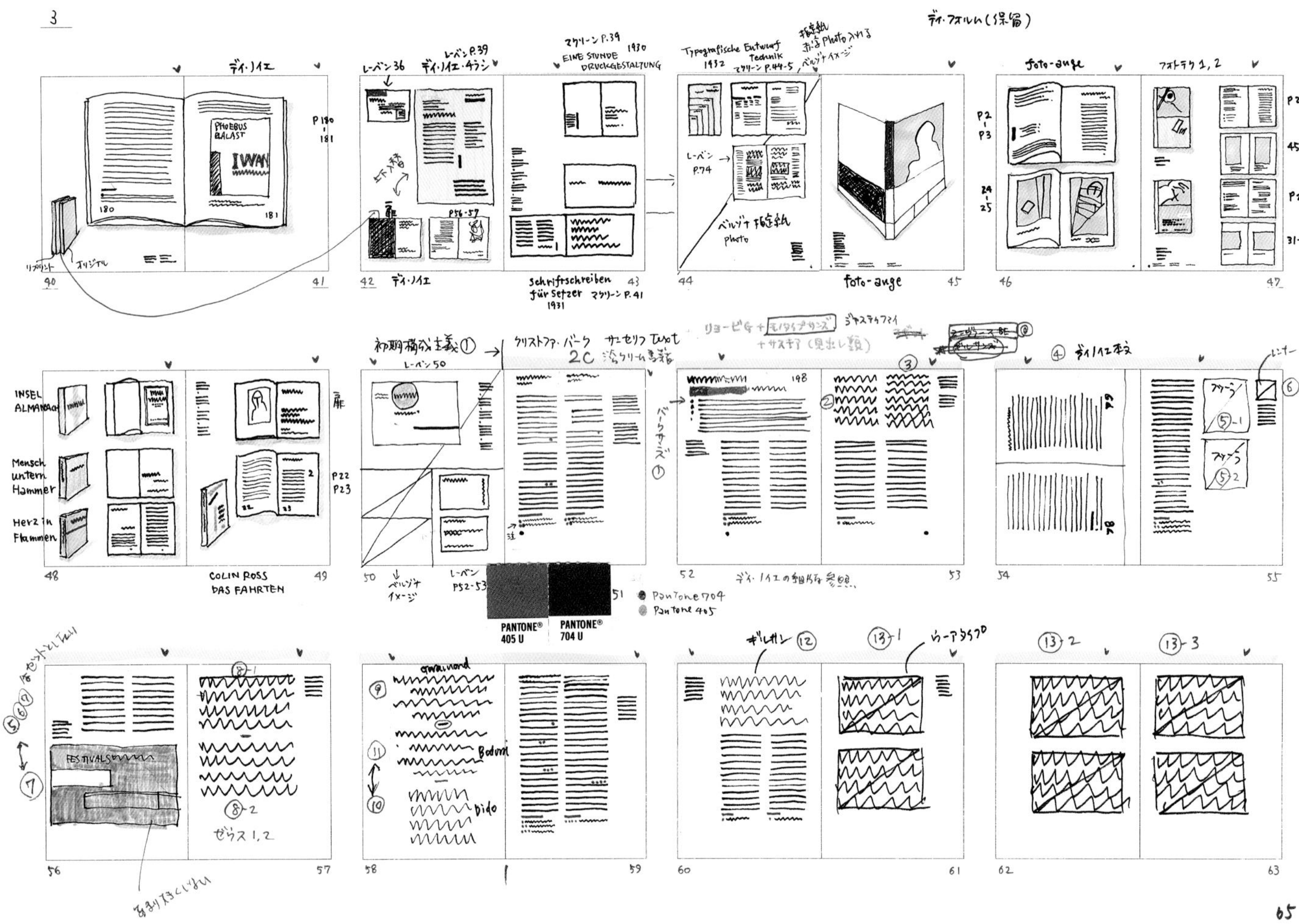

ディ・ノイエ(保留)

ディ・ノイエ

PHOEBUS PALAST

IWAN

P180 181

リプリント オリジナル

40 41

レーベン36 レーベンP.39 ディ・ノイエ・ゲラシ

マクリーン P.39 1930 EINE STUNDE DRUCKGESTALTUNG

Typographische Entwurf Technik 1932 マクリーン P.44-5

ディ・ノイエ

42 43

Schriftschreiben für Setzer 1931 マクリーン P.41

レーベン P.74

ベルツナ 撮影 photo

44 45

foto-auge

フォトテク 1, 2

P2 P3

24 25

P2-3 45-46 P2-3 31-32

46 47

初期構成主義 ①

クリストファ・バーク サンセリフ Text

2C

INSEL ALMANACH

Mensch unterm Hammer

Herz in Flammen

P22 P23

COLIN ROSS DAS FAHRTEN

48 49

レーベン50

ベルツナ イメージ

レーベン P52-53

50 51

PANTONE® 405 U

PANTONE® 704 U

Pantone 704

Pantone 405

ディ・ノイエの組版を参照

52 53

④ ディ・ノイエ本文

54 55

⑦ FESTIVALS

⑧-2

ゼウス 1,2

56 57

Bodoni

Dido

58 59

ギレルン ⑫

⑬-1

60 61

⑬-2 ⑬-3

62 63

65

4

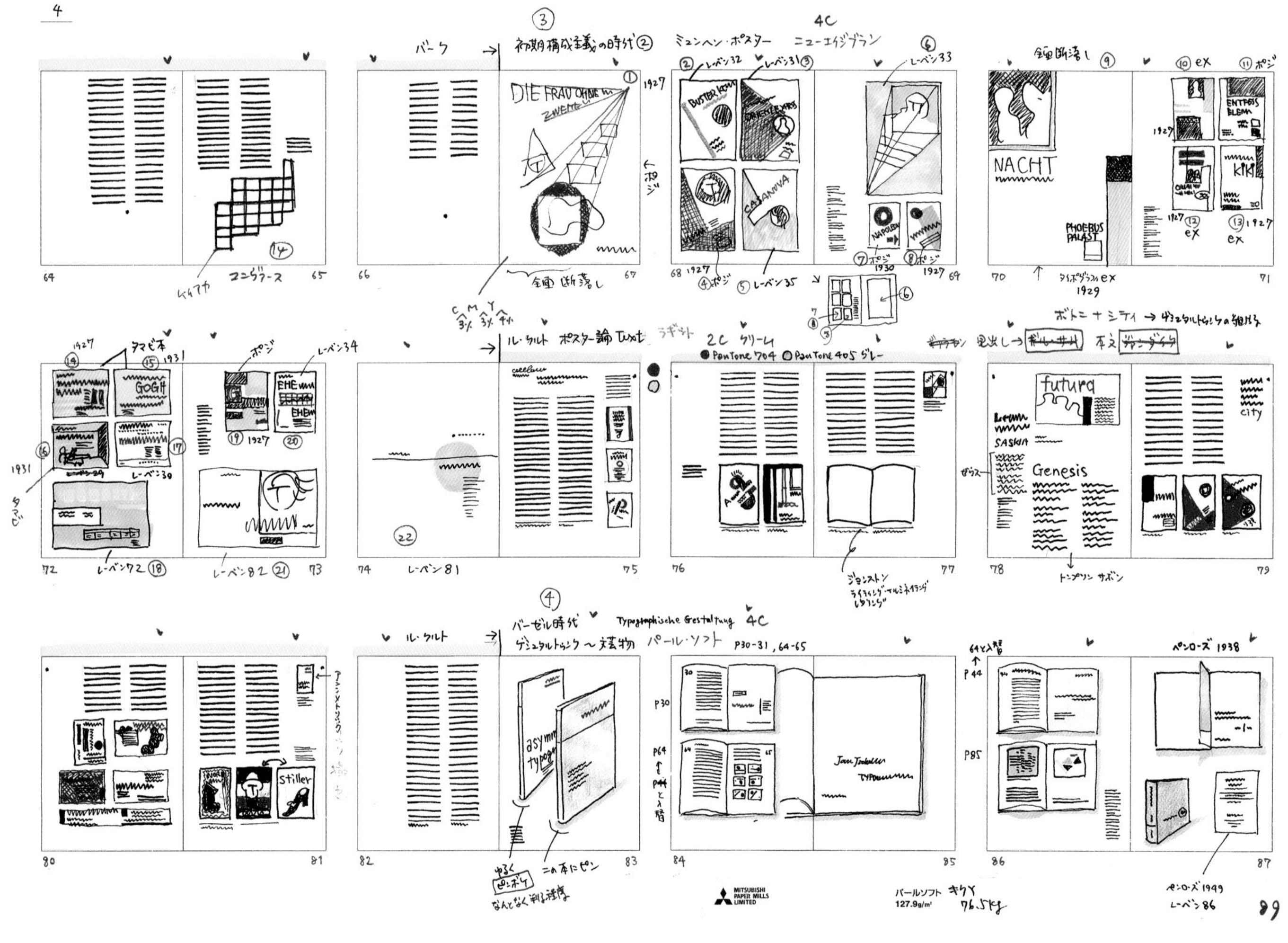

バーク

③ 初期構成主義の時代②

ミュンヘン・ポスター ニュー・エイジプラン

4C

レーベン32 レーベン31 レーベン33

64 65

DIE FRAU OHNE ...

1927

全面 断落し

66 67

68 1927 ⑤ レーベン35 1930 1927 69

全面断落し ④

⑩ ex ⑪ ポジ

NACHT

PHOEBUS PALAST

1927 ⑫ ex ⑬ 1927 ex

70 71

アンドリアス ex 1929

1927 1931

GOGH

レーベン34

1931

レーベン30

72 73

レーベン72 ⑱ レーベン82 ㉑

ル・コルト ポスター論 Text

2C クリーム

Pantone 704 Pantone 405 グレー

74 75

レーベン81

㉒

76 77

ボドニ + シティ → ヴェルトハウスの組版

見出し→ 本文

futura

city

Genesis

SASKIA

ゼウス

78 79

トンプソン ナボン

80 81

ル・コルト

④ バーゼル時代

Typographische Gestaltung 4C

パール・ソフト P30-31, 64-65

P30 P64

Jan Tschichold Typographie

82 83 84 85

P44 P85

ペンローズ 1938

86 87

ペンローズ 1949 レーベン86

MITSUBISHI PAPER MILLS LIMITED

パールソフト キクY 127.9g/m² 76.5kg

89

082

・マーティン・F・ルコルトは民法の公証人として働く一方で，国際的なポスターコレクターとして知られる。20世紀のグラフィックデザインとポスターについての著作多数。

Martijn F. Le Coultre is by profession a civil-law notary who for a hobby collects international posters. He has written many books and essays on the subject of 20th-century graphic arts and poster design.

・アルストン・W・パービスはボストン大学美術校のグラフィックデザイン科教授。グラフィックデザイン関連の多くの著作の執筆にも携わる。

Alston W. Purvis is Chairman of the Graphic Design Department at the Boston University College of Fine Arts and the author of numerous publications on graphic design.

破壊されたが，ハーバート・マターを初めとするデザイナーのポスターを含むチヒョルト自身の収集品の大部分は，幸運にも，ナチ時代を生き延びた。沢山の蔵書類は1933年のナチによる捜査の際に失われてしまったが，多くの研究資料はミュンヘンのマイスター訓練校に保管されていた。チヒョルトは機を失せずにドイツを離れられたので，自身の作品，所有していたモンドリアンの絵画，バウハウスの家具類などは失わずに済んだ。

1930年代にチヒョルトはニューヨークの近代美術館（MoMA）と接触を持ち，美術館はチヒョルトを通じて数々の物品をコレクションに加えている。その中にはチヒョルトの作品と並んでマン・レイやリシツキーの作品があった。1950年，チヒョルトは同美術館の建築とデザイン部門の創設者である建築家フィリップ・ジョンソンを通じて，彼の集めたポスター作品やその他の応用美術作品の残りも同美術館に売却した。チヒョルトの死後，彼の書簡の多くはカリフォルニア，ロサンジェルスに拠点をおくゲッティー研究所が購入した。またバーゼルやチューリヒの美術館，ミュンヘンの「ノイエ・ザンムルング」にもチヒョルトは作品の一部を残している。

1941年のスイス国籍取得から1974年にロカルノ近くのベルツォーナで亡くなるまで，チヒョルトはデザイナー，著述家として活躍を続けた。「新しいタイポグラフィ」の主導的提唱者として，モダニストのグラフィックデザインにチヒョルトがなした貢献は恒久不変で，しかも多面的である。また伝統的タイポグラフィ再興の唱導者として，チヒョルトは書籍デザインに人文主義の伝統を回復させるための主要な原動力ともなった。彼が後世のグラフィックデザイナーに与えるであろう影響は，当時においても計り知れないと思われていた。著述，教育，そして自らのタイポグラフィを通じ，チヒョルトは「新しいタイポグラフィ」の原理のみならず，ロシア構成主義やバウハウスの原理を普及することにも一役買った。

高名な米国のグラフィックデザイナー，ポール・ランドはイギリスの雑誌「コマーシャルアート」の1930年7月号の記事，「印刷のなかの新しい生活」を通じてチヒョルトに出会った。その記事は『新しいタイポグラフィ』のためにチヒョルトが書いた序文の英訳であった。この序文に大いに触発されたランドは，ツヴァルト，シュヴィッタース，リシツキー，ブルフハルツ，サトナー，デクセル，モホリ＝ナジのようなモダニストのグラフィックデザイナーを意識するようになった。ランドは「プリント」誌の1969年1月号でチヒョルトを回顧した際，多くのグラフィックデザイナーに向けて次のように述べている。「タイポグラフィとはどんなふうに見られようとも，困難，精妙かつ厄介な技芸であることに変わりありません。ある程度の技法的熟練までは誰もが共有できるとしても，タイポグラフィの免許皆伝は眼力の優れた人のだけの領分であり，ごく少数だけが辿り着ける特権的なものなのです。」

彼のヴィジョン
彼の感受性の鋭さ
彼の献身
タイポグラフィの開拓者
自らの技の主人となった人
タイポグラフィの歴史家
教えてくれた新しきものへの意識，
古きものへの尊敬
我らに残したSaskiaとSabonに
我らを導いた比類なき精妙と洗練に
彼の総合に，抑制に，資質に
私は彼，ヤン・チヒョルトを讃える。*7

［訳：小田部麻利子］

no in 1974. As the leading propagandist of the New Typography his contributions to modernist graphic design are both permanent and manifold, and as an advocate of a revival of traditional typography he was a major force in restoring a humanist tradition to book design. His influence on future graphic designers was incalculable. Through his writing, teaching, and his own typography, Tschichold not only spread the principles of the New Typography but also those of Russian constructivism and the Bauhaus.

The eminent American graphic designer Paul Rand was introduced to Tschichold through an article titled "A New Life in Print" in the July 1930 issue of the British journal *Commercial Art*, a translation of Tschichold's introduction to *Die Neue Typographie*. This greatly inspired Rand and made him aware of modernist graphic designers such as Zwart, Schwitters, Lissitsky, Burchartz, Sutnar, Dexel, and Moholy-Nagy. Rand spoke for many graphic designers when he reflected on Tschichold in the January 1969 issue of *Print Magazine*: "Typography, no matter how it is looked at, remains a difficult, subtle, and exacting art. And even though a certain degree of technical skill is relatively common, typographic mastery is the province of the perceptive and the prerogative of the few."

"For his vision,
his sensitivity
and his dedication,
for being a pioneer typographer,
a master of his craft
and a typographic historian,
for teaching us awareness of the
new and respect for the old,
for giving us Saskia and Sabon,
for pointing out those subtleties
and refinements without which
we would be the poorer,
for his integrity, his restraint,
and for his quality,
I salute Jan Tschichold."*7

*7 Gottschall, p. 43, Paul Rand, *Print Magazine*, January 1969

IV

ヤン・チヒョルトの仕事
WORKS OF JAN TSCHICHOLD

書籍タイポグラフィにおける人文主義の復興へ

Modern Revival of Traditional Typography

バーゼル 1933–46, 1950–67 | ベルツォナ 1967–74

Basel 1933–46, 1950–67 | Berzona 1967–74

ナチスに追われてスイスのバーゼルへと逃れたチヒョルトは，同地の文芸書や学術書のブックデザインを中心に活動する。そこではタイポグラフィは目を引くことよりも，まず読まれることが要求される。タイポグラフィの様式は対称か非対称かの二元論ではなく，あくまで目的とその用途に応じて選択されるべきだ。チヒョルトはかつての主張を発展的に乗り越えて，書籍におけるタイポグラフィの人文学的伝統を現代の要請に即して復興させた。そして彼の目線は常に，その時代の印刷材料を前提とする一般の書物とそれを享受する人々に向けられていた。

—

After Tschichold fled to Switzerland to escape the Nazis, he settled in Basel, and began working principally in book design for literary and academic works. Tschichold did not lose his interest in typography, but readability had to come first. He discovered that typographic form was not about the dialectical relationship between symmetry and asymmetry, but about corresponding as closely as possible to the purpose and use of the text. Tschichold progressively gradually overcame his earlier position on typography, and revived the humanist tradition of typography, updating it for modern usage. His eye was always firmly fixed on using contemporary printing materials to produce books for a general audience, and on that audience itself.

—

タイポグラフィ形成

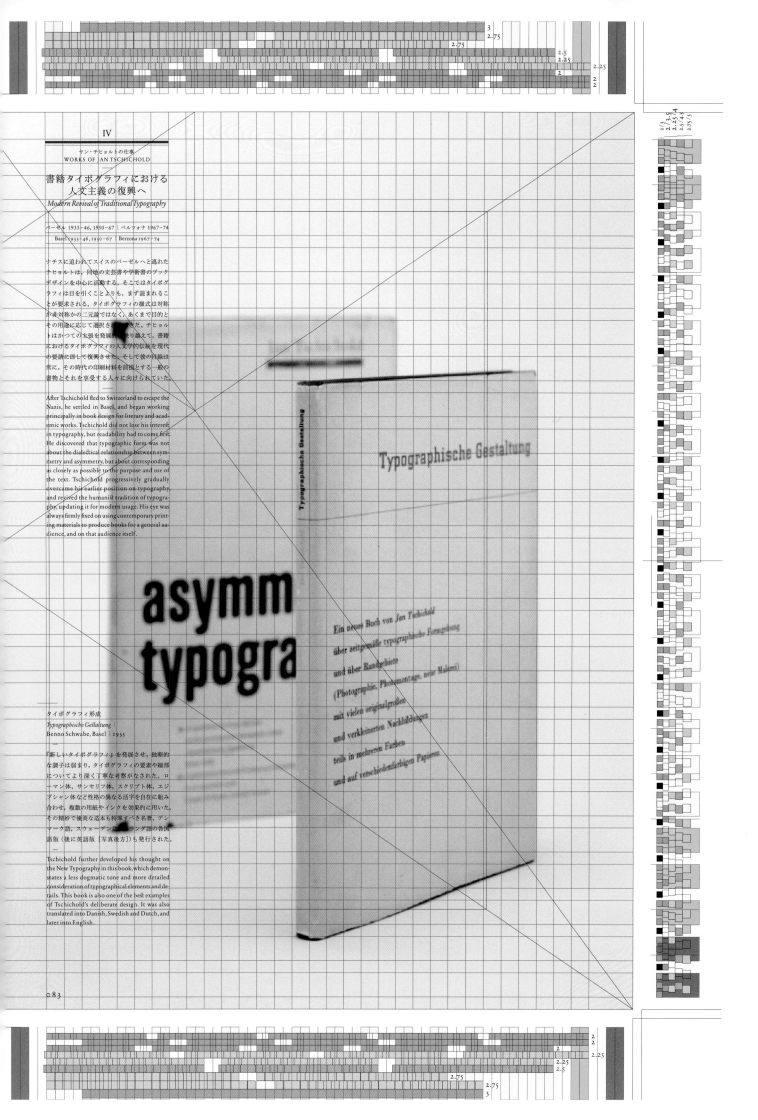

Typographische Gestaltung |
Benno Schwabe, Basel | 1935

—

『新しいタイポグラフィ』を発展させ，独断的な調子は弱まり，タイポグラフィの要素や細部についてより深く丁寧な考察がなされた。ローマン体，サンセリフ体，スクリプト体，エジプシャン体など性格の異なる活字を自在に組み合わせ，複数の用紙やインクを効果的に用いた，その精妙で優美な造本も特筆すべき名著。デンマーク語，スウェーデン語，オランダ語の各国語版（後に英語版［写真後方］）も発行された。

—

Tschichold further developed his thought on the New Typography in this book, which demonstrates a less dogmatic tone and more detailed consideration of typographical elements and details. This book is also one of the best examples of Tschichold's deliberate design. It was also translated into Danish, Swedish and Dutch, and later into English.

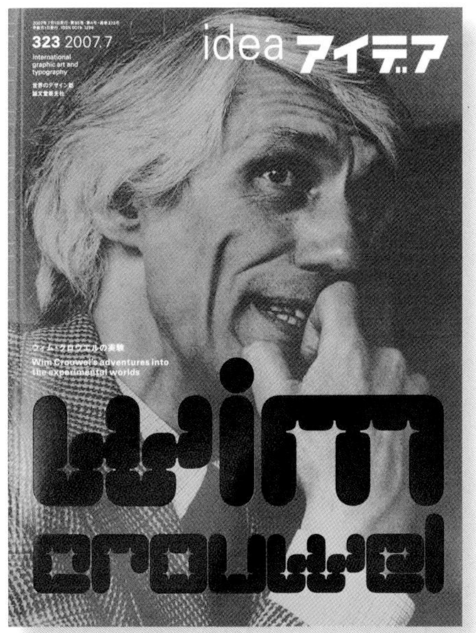

idea 第323期
“维姆 · 克劳韦尔的实验”

—

2007年
编辑：室贺清德、古贺稔章
使用字体：Ryobi黑体，Univers、Berthold Univers、New Alphabet One / Three

—

这期是引领了战后荷兰的平面设计的维姆 · 克劳韦尔的特辑。克劳韦尔是一位严格的网格系统使用者，其构造坚实、硬质。这期援引了其构造，采用了适合于日英并排的网格系统，同时也让其能适于将横排替换成竖排。

idea No. 323
“Wim Crouwel’s Adventures into the Experimental Worlds”

—

2007
Editing: Kiyonori Muroga, Toshiaki Koga
Typefaces: Ryobi Gothic, Univers, Berthold Univers, New Alphabet One / Three

—

This special issue focuses on the post-war Dutch designer Wim Crouwel, a strict advocate, proponent and user of grid systems. In accordance with the content, the structure of this issue is robust in its adoption of a typographic grid which was intentionally applied to both the Japanese and English typesetting. The grid was created so that both horizontal and vertical typesetting might be applied based on Crouwel’s own grid systems.

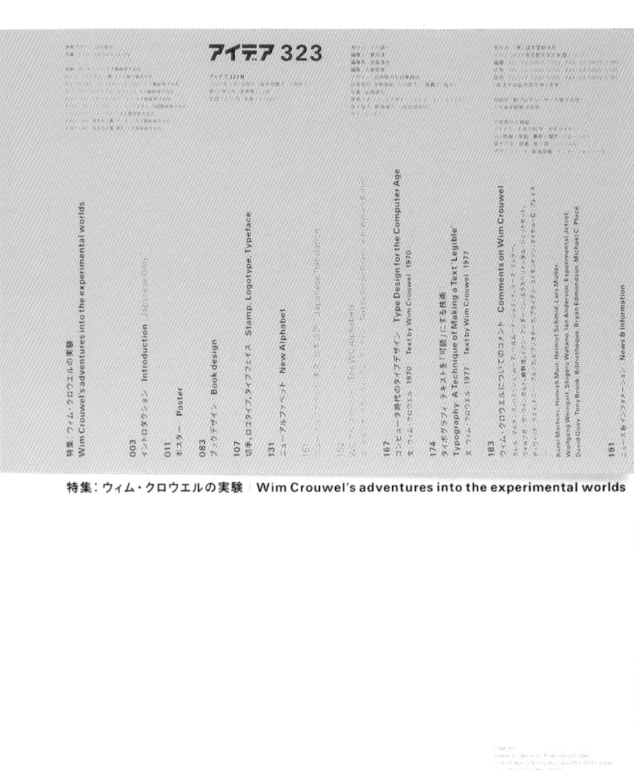

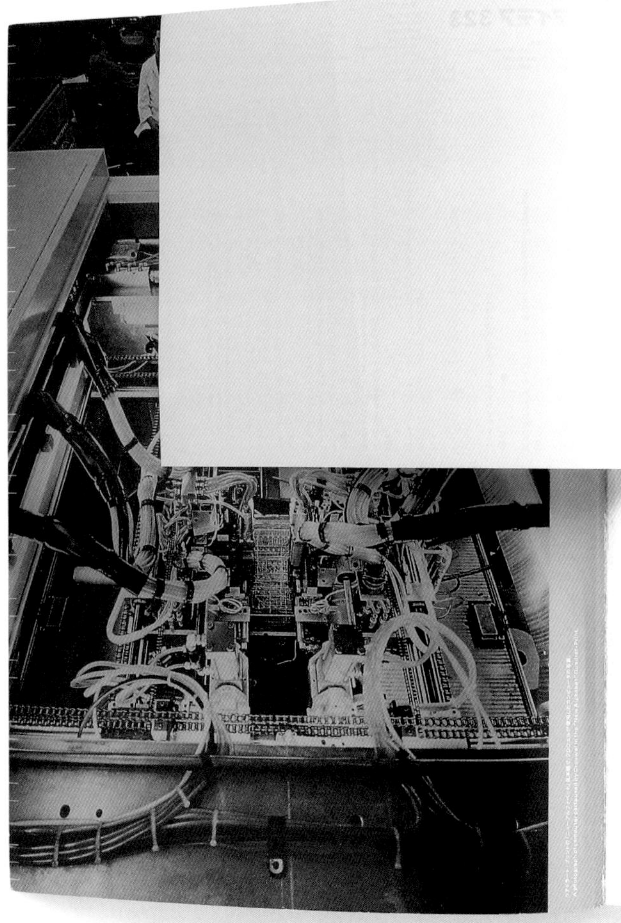

特集：ウィム・クロウエルの実験 | Wim Crouwel's adventures into the experimental worlds

idea 323

タイポグラフィ：テキストを「可読」にする技術 | 1977

ウィム・クロウエル

Typography: A Technique of Making a Text 'Legible' | 1977

Wim Crouwel

これまで幾多の時代を通じ，文字で書かれた情報が視覚的に表現される過程において，デザイナーは重大な影響力を持ち続けた。技術的発展や機能性への配慮がどのように関わってこようとも，個々のデザイナーはフォルムを嗅ぎ分ける自らの感性を働かせ，巧みに影響力を発揮してきた。そのことは文化史のどの時代にもはっきりと見てとれる。しかしデザイナーも時代の子である。彼の制作物は時代精神の勢力圏内にあるのだ。時代の勢力圏もその時代の思潮も，彼を育むと同時に制約しもする土台なのだ。

制作をはじめるデザイナーの念頭には，到達すべき最高の目標とは作品が一貫したコンセプトによって統一されていることだという考えが往々にしてあるものだ。つまり彼らは，テキストはデザイナーが意図したとおりに解釈されて当然だと信じてきたのだ。テキストはもっと分かりやすくできる，意図的にフォルムを強調すれば，テキストはもっと機能的，実用的になるのだという考えは，1920年代になってはじめて受け入れられた。それが発展した結果，デザイナーに「フォルムで大袈裟に言い表す」傾向がしばしば見られるようになり，その影響はタイポグラフィの目的や機能にも及んだ。

今日では新しいアイデアや方法について一定の研究調査が行われており，それは私たちがタイポグラフィで典型的と考えている二次元（平面）的アプローチを乗り越え，いっそう判読性の高い「空間（三次元）的」タイポグラフィへと至るのに役立つことだろう。新しく，実験的で，いっそう多次元のタイポグラフィが構想されることは，理論的に今日の文化パターンと適合しているとはいえ，デザイナーの仕事の受け手である一般の人々はそれをどう考えるだろうか。科学的研究者は，このようなデザイナーの実験をどのように見るだろうか。知覚や可読性，判読性の分野で行われる研究結果は，デザイナーの考えることと反してはいないだろうか。

私たちにとって今，最も重要なのは，私たち——デザイナーも研究者も——が互いの知略を提供し合うこと，つまりデザイナーと研究者の協働である。

これからのデザイナーは，機能的デザインの必要性についての研究があればそれに目を向け，これまでよりも直接的にその結果に導かれるままになると考えてよいのだろうか。それとも生産技術分野に急速な発展が生じて，デザイナーはこの強制的なテクノロジーの支配下に身を置くことになるのだろうか。

今日までいつの時代でも，デザイナーの影響力は，書体のデザインやそれらの字形に適合した活字組版に，はっきりと見て取ることができる。ゴシック期のデザイナーはゴシック体とゴシック・タイポグラフィを生んだ。ルネサンス期にはそれ固有の書体とタイポグラフィが生まれ，バロック時代，新古典主義時代，ヴィクトリア朝時代，アールヌーヴォーの時代も同様だった。視覚芸術や建築上の運動とタイポグラフィの展開とは，手に手を取って進む。活字書体とタイポグラフィは，視覚芸術と建築に現れるすべてのフォルムと同様に，そのフォルムにもとづいて正確な年代づけが可能である。以下ではまず，書体およびタイポグラフィのデザインに事柄を限定して話を進め，必要な場合に，視覚的活動の他の領域で生じた展開を比較，参考にすることにしよう。

デザイナーが主張する自由は建前のごときものであり，彼らは現実には時代が課する枠組み（フレームワーク）に捕えられた囚人である。一例を挙げよう。罫線を引きその間に文字を書くやり方，それは構成に規則性を与えるための方法だが，この方法の帰結として，初期の書籍には明らかな水平性がある。他方，垂直性のまさった文字は，ゴシック様式の非合理的で垂直的な要素を成り立たせている。このようにしてゴシック時代の枠組みは，

Throughout the ages the influence of the designer on the visualization of written messages has been important. No matter what technical developments and functional considerations were involved, designers always managed to exert much influence with their personal tastes regarding form. This has been clearly visable in all periods of cultural history. The designer is, however, a child of his time; he works within the spirit of that time. The spheres of influence and currents of thought form the basis which both nurtures and restricts him.

Designers have always started from the idea that consistent conceptual unity was the highest attainable goal; they have taken for granted that texts would be interpreted as they had been intended. Not until the 1920s was it accepted that a text could be more comprehensible, and hence more functional, by means of deliberate emphasis on form. As a result of this development, the designer is often inclined to use a kind of "form overstatement" that overshadows the aims and functions of typography.

Today there is a constant search for new ideas and methods that will help us overcome the typical two-dimensional approach to typography and lead us to a more comprehensible "spatial" typography. Thinking of new, experimental, extra dimensional concepts fits logically into today's cultural pattern, but what about the public for whom the designer's work is intended? How do scientific researchers look at such experiments? Aren't the results of research in the field of perception, readability, and legibility contrary to the designer's ideas?

It is of the greatest importance that we, who are designers and researchers, pool our resources — that we cooperate.

Are we to expect that designers in the future will allow themselves to be more directly guided by the outcome of research into functional demands, or will rapid developments in the field of reproduction techniques force them to subject themselves to this compelling technology?

Until today the influence of the designer has always been clearly discernibie in the design of typefaces and in the typographical compositions fashioned by those forms. The Gothic designer produced Gothic letters and typography; the Renaissance had its own letters and typography, as did the Baroque, Classicist, Victorian, and Art-Nouveau periods. Movements in visual art and architecture and developments in typographical design go hand in hand. Letters and typography can, like all forms of visual art and architecture, be accurately dated on the basis of their form. I will restrict myself to letters and typographical designs, although occasional references to developments in other fields of visual activity are inevitable.

In spite of the ostensible freedom claimed by the designer, he is a prisoner of the framework imposed upon him by time. To give an example: writing between traced lines, for the sake of regularity, constitutes the logical horizontal element of early books; vertical script, on the other hand, constitutes the irrational, vertical element of Gothic style. In this way the Gothic framework emerged as a compelling pattern for the scribe and illuminator of the early books. But the rigidity of the framework is never obvious; the basic pattern appears to be adopted effortlessly, yielding individual results of the highest order.

In the late Gothic period — that period of transition to a more humanistic way of thinking and of the invention of the printing press — this framework evolved

Karel Martens

It was a true eye-opener for me when, as a student in the 1950s, I first saw Wim Crouwel's posters for the Van Abbemuseum and the Netherlands Art Foundation. I remember that the poster 'Ruimte' (Space) hung in my room until it was faded and yellow. The radicality of the poster's type and visual (image) language, so different from the prevailing ideas of the time, inspired me tremendously. It wasn't only radically new or clear and modern, but it also pointed towards a potential future where not only would everything be more beautiful but also where everything would be better. So it was also promising in terms of society. Only later did I meet him personally. Charmingly diplomatic, spirited, always interested and cooperative. And when, together with Jaap van Triest, I was designing the book about his work he gave us his full trust allowed us total freedom as designers.

It was actually quite difficult to avoid Wim Crouwel's work. In the 1960s the Netherlands was inundated with posters, catalogues, stamps designed by him – even the telephone book. He was provocative and managed to draw quite a lot of attention to his work: for instance, when he did without any capital letters for his new phone book design, or when he attempted to teach the general public a new alphabet, at the time of the presentation of his New Alphabet. In the years following the Second World War the Netherlands experienced a veritable metamorphosis in terms of visual culture, due mainly to Wim Crouwel and Total Design's work; for example, for the oil company PAM, Schiphol Airport, and the Makro supermarket chain.

For me, personally, the first catalogues he made for the Stedelijk Museum Amsterdam are his most distinguished. For that time they were both daring and controlled by the limitation of the entire text to one and the same size of type and line spacing. Hierarchy is thus articulated and determined by positions on the page, via the economy of a simple grid.

In retrospect it is safe to say that despite all its good intentions, the clarity, efficiency and uniformity of Modernism didn't truly result in an improved world. However it's also impossible to say that if things had gone another way, the world would have improved. That said, I do believe Modernism was vital to our history and that, today, it still offers a number of valuable points. As a basis, Modernism presents a kind of source or starting point from which different positions and stances can grow. This foundation is universal and can serve as a point of departure for any era.

What we have learned is that no designer can determine what is right for someone else – such a patronising attitude is long gone. The only thing one can hope for is that what is good is also meaningful for many.

Hamish Muir

Wim Crouwel's work is timeless; lucid; logical; beautiful; profound; economic (what's left out is as important as what's there); perfectly connective visual communication as a universal language.

We (Octavo) invited Crouwel to contribute to *Octavo* 88.5 after reading an interview with him in a design journal where he made reference to our publication. (Crouwel was a subscriber from issue 1). A year later, he contacted us (8vo) and asked if we would be interested in working for him as a client, in his role as Director of the Museum Boymans-van Beuningen in Rotterdam. Of course, we said yes!

Crouwel was a most enlightened client. His comments were always constructive and to the point. I remember a couple of phone calls about a poster design; in the first, he asked for the Museum name to be made bigger – we modified the design, enlarging the type by about 8% and faxed the revised visual to him. Back on the phone, I explained what we'd done, and he said by 'bigger', he'd meant 'bigger' – an object lesson and an insight into his thinking.

Crouwel's personal warmth and generosity are evident in his enthusiasm for design and continuing support for younger designers.

You asked me to talk about modernism and technology, I'd rather not discuss the former – it's too loaded, and subject to scrutiny by lazy theorists who have nothing better to do... Crouwel's work transcends all the 'isms' and elevates itself to a level that defies categorisation. As for technology, I think we can all learn something from Wim, he embraces technology in his work, but in a transparent way – he seems to ask 'what can I do with this?' rather than 'what will this make me do'.

Helmut Schmid

the typographic work
of wim crouwel

dutch typography is a mixture of functional and experimental typography. dutch people are open-minded, ever since the time of the pioneers of typography of the 1920s, since paul shuitema and piet zwart. according to zwart's own words, his clients never altered his designs, and people were even awaiting them. when wim crouwel appeared on the design scene in holland in the 1950s, the soil for modern design had been prepared.

wim was surely influenced by the swiss style of the time. but while swiss design of the cold school, the zurich school, became more and more anemic and boring, crouwel used that coolness and developed something like a computerized typography. his booklets for the stedelijk museum in amsterdam, said to be around 200, used the grid as grid. once the grid was made, the text had to follow without exception. that decision was cold in a way, but it had its peculiar charm. i was attracted when i received some stedelijk museum catalogues by crouwel, while visiting him at total design in amsterdam in 1971. there was a strange beauty in that systematic coolness, which was totally different from the approach of the basel school.

it was in 1965 that i noticed a design by wim crouwel for the first time. it was an information sheet about a new alphabet and i was attracted by the freshness of the letters, letters using only horizontal and vertical strokes with slanted edges. will van sambeek, the dutch designer working at that time with me at a design studio in osaka, connected me with the designer of that new alphabet. i introduced the alphabet in the swedish magazine *grafisk revy* in october 1968, designing the cover with the alphabet and writing a small article with applications. later i tried to publish the article in the swiss magazine *tm*, but the editor, rudolf hostettler, was skeptical about my writing and admiration of the alphabet. and i withdrew.

crouwel was in charge of the dutch pavilion at expo 70 in osaka. it was there that i met this tall, friendly and open-minded designer in person. he invited me to attend the opening of the pavilion, a successful showcase of modern holland, the land of piet mondrian, piet zwart and wim crouwel.

in the late 1970s i worked on a typography issue for the japanese design magazine *idea*. of course crouwel's work was on my list, but i also wanted to know his philosophy and asked him for a contribution. it took some time to get the article, but he informed me from time to time on his progress. his contribution 'experimental typography and the need for the experiment' can be seen in *typography today*, page 20 to 23. 'much of the so-called experimental typography is just

《花型装饰的博物志》

—

诚文堂新光社，2010年
编辑：室贺清德、古贺稔章
策划、构成：白井敬尚
使用字体：Ryobi 黑体新假名、本明朝、秀英五号，Linotype Univers、Adobe Caslon

—

在学习西文字体过程中，我感受到了花型装饰的魅力，二十世纪九十年代后半期开始逐渐在作品里加以活用。由于当时还没有装饰活字的字体，因此每件作品里都要一个个地制作并积攒起来。室贺先生建议说，把目前获得的关于装饰活字的各种内容总结一下如何？于是有了这一期。封面是我采录了皮埃尔-西蒙·富尼耶《字体排印手册》中刊载的装饰活字，参考了斯坦利·莫里森等的著作后重新构成制作的。

A Natural History of Printers' Flowers

—

Seibundo Shinkosha Publishing Co., Ltd, 2010
Editing: Kiyonori Muroga, Toshiaki Koga
Concept and Planning: Yoshihisa Shirai
Typefaces: Ryobi Gothic Shin Kana, Hon Mincho, Shuei 5-go, Linotype Univers, Adobe Caslon

—

While studying Western typography, I gradually became an admirer of printers' flowers. Since the late 1990s, I have incrementally and increasingly used these ornaments in my work. There was a narrow range of choices for digital ornamental typefaces in those days, so I made the elements of printers' flowers one-by-one. This issue of *Idea* began with a proposal from *Idea*'s Editor-in-Chief, Kiyonori Muroga, to put my stock of knowledge about these kinds of ornamental typefaces together into a single issue of the magazine. For the front cover, I reproduced the ornamental typefaces published in Pierre-Simon Fournier's *Manuel Typographique* and reconstructed ornaments referenced in Stanley Morison's writings.

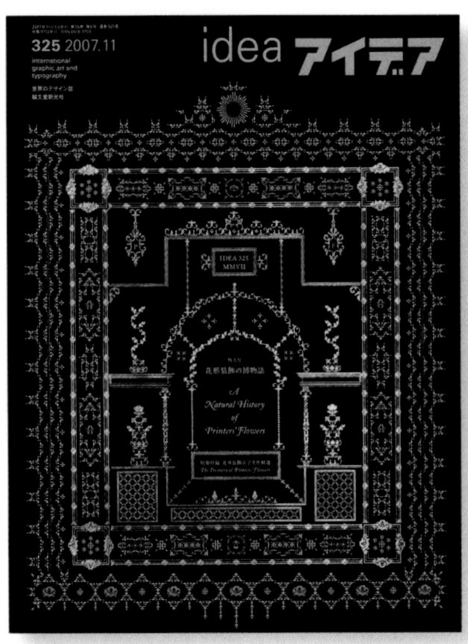

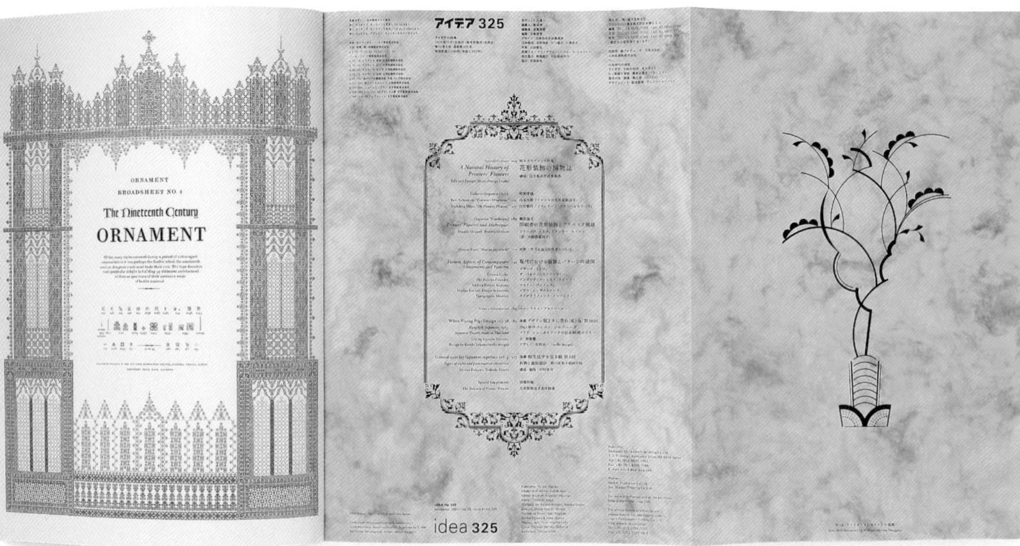

idea 第325期
“花型装饰的博物志”
—
2007年
编辑：室贺清德、古贺稔章
策划、构成：白井敬尚
使用字体：Ryobi黑体新假名、本明朝、秀英五号，Linotype Univers、Adobe Caslon

idea No. 325
“A Natural History of Printers’ Flowers”
—
2007
Editing: Kiyonori Muroga, Toshiaki Koga
Concept and Planning: Yoshihisa Shirai
Typefaces: Ryobi Gothic Shin Kana, Hon Mincho, Shuei 5-go, Linotype Univers, Adobe Caslon

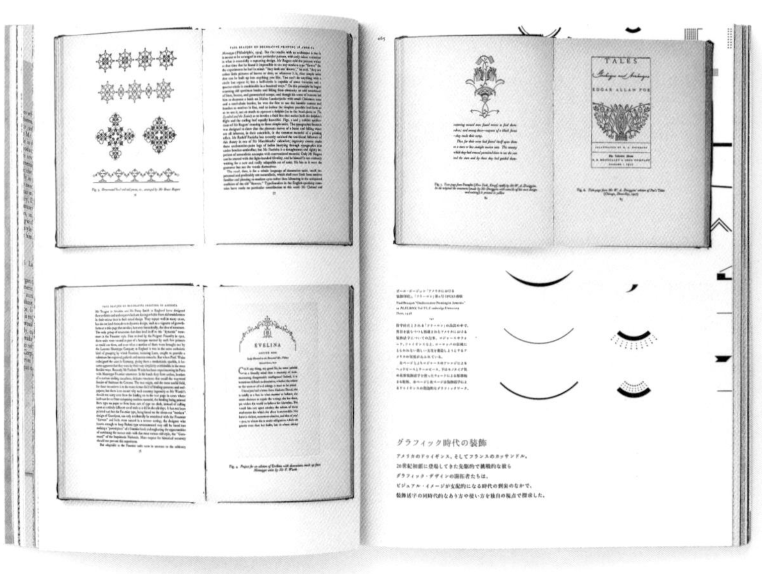

关于印刷花饰

白井敬尚

印刷花饰（Printers' Flower）是自文艺复兴时期活字印刷术兴起以来，总是与书籍的文字活字共同存在的一种表意性较少的“活字”，具有超越民族性、时代性的一种共有形态。五百多年来，印刷、出版人都一直在恰如其分地将这种印刷花饰用于书籍印刷。

印刷花饰最大的用途，就是能以上下左右相互组合的方式出现，构成线、面等可变造型的花边。其使用方法虽然有一定限制和历史性，但由于不像文字活字那样仅限于对描述语言的定型，因此其应用和展开都非常自由。

超越历史背景和民族隔阂而形成的印刷花饰，其形态直到现在也依旧富有魅力。而且印刷花饰的存在能让我们重新意识到，用或者不用，这都属于设计的范畴。

二十世纪初，建筑师阿道夫·洛斯（1870—1933）在其著作《装饰和罪恶》（*Ornement et Crime*）中提倡的见解，被解读为“所有的装饰都是犯罪或者罪恶”。暂且不论好坏，这与以“无装饰”为代表的近代设计思想及其表现方法一起，都给后来的印刷页面带来了巨大影响。也就是说，尽管这些思潮在反对单纯随意模仿传统的印刷品（特别是装饰过度的维多利亚时期、中世纪的仿古典）带来活性化等方面具有功绩，但另一方面，却也导致了一些克制的装饰被一并排除的结果，因为这同时也意味着过去的遗产被一起埋葬掉。

尽管如此，我们并不想特别地大肆提倡要复兴印刷花饰。这是因为，对于手艺人来说，为印刷页面添加几许生气而拿出埋在活字箱里的印刷花饰，并不是需要特别的勇气的事情。

距离本刊（*idea*）第297期里写出上述文章（有部分修改）已经四年多了。这里再次引用拙文，是因为这一想法到现在也几乎没有任何变化。

—

如果要说观点过于片面那也难辞其咎，但在二战后的日本平面设计中“装饰”似乎是一个被忽视的存在。不，应该说“不得不忽视”才更合适。

战后的设计师们为了让社会认识到设计有其独立的职能，必须要夸张地展示设计的力量。装饰设计的“印刷花饰”被当做不符合时代的东西被抛弃，充满原创性的平面作品、插图席卷了这个时代。

印刷花饰不被使用的原因还不止如此。印刷技术的变化也是一大因素。

胶印的平版印刷取代了用铸造活字制版的凸版印刷，并加快了普及速度。胶印里印刷文字的原稿由铸造活字转向照排活字。而照相排版的技术出于光学镜头像差的限制，要让其保持“连续”非常困难。由此可以推测，照排字盘上就没有搭载原本需要连续的印刷花饰，而只有装饰线，以及不以连续为主的各种纹样。印刷花饰的再度登场，就不得不等到数码时代。

—

一旦连续排列起来，就能理解印刷花饰造型的惊人之处。特别是十九世纪维多利亚王朝时代的印刷花饰的华丽，用笔墨言辞难以表达。尽管被污蔑为“印刷魔鬼世纪”的过分装饰，但其细节雕琢出来的精致造型及其排版、印刷技术都堪称绝技。

十九世纪维多利亚王朝的印刷花饰，从幕府末期到明治初期这期间传入日本。活版印刷不仅仅引入了技术本身，印刷、活字铸字及其附属机器，以及当时兴盛一时的维多利亚王朝活字，即“西文活字字体与印刷花饰”自然也都一并传入，数量非常庞大。将东京筑地活版制造所的字体样册与当时欧美的字体样册相比，也毫无逊色之处。

—

这些不成语句的“活字”印刷花饰在印刷页面里与文字活字共存。这些语言和非语言，让书籍成为一种固有的独立存在——自活版印刷创始以来，印刷、出版人一直抱着这一愿景，孜孜不倦地坚持着印刷。

人类对大自然有着无尽的憧憬和敬畏，但又有想克服、控制的理性。正是在这对相反力量的边界线上，书籍被印刷成形。

在人类语言这一充满理性的印刷页面里，印刷花饰能给读者一丝余地去享受超越理性的“自然”。

无论国内海外，无论往日今天，我想，在印刷花饰的重生里一定也隐含着这样的思绪吧。

原文载于*idea*第325期，第77页，2007年10月

idea 第326期
“河野鹰思　书籍、杂志作品”

—

2007年
构成、撰文：川田直道
编辑：室贺清德、古贺稔章
使用字体：龙明KO，Industrial 736、Corvinus Skyline

—

由于正文横竖混排，而且文本的层级也很深，因此做成了相对复杂的网格样式。尽管如此，我的目标是包括展示的几页在内都做成一种不让读者感到网格复杂度的“雅致”页面。

idea No. 326
“The Books and Magazines of Takashi Kono”

—

2007
Concept and Text:
Naomichi Kawahata
Editing: Kiyonori Muroga,
Toshiaki Koga
Typefaces: Ryumin KO,
Industrial 736, Corvinus Skyline

—

This issue has a relatively complex grid format because of the mixture of vertical and horizontal typesetting and the deep hierarchies of various texts. Even so, in the pages shown here, my intent was to design the pages in a manner which is "iki" (a worldly, somehow world-weary, yet knowingly elegant manner) through making the complexity of a grid which itself might not be recognized.

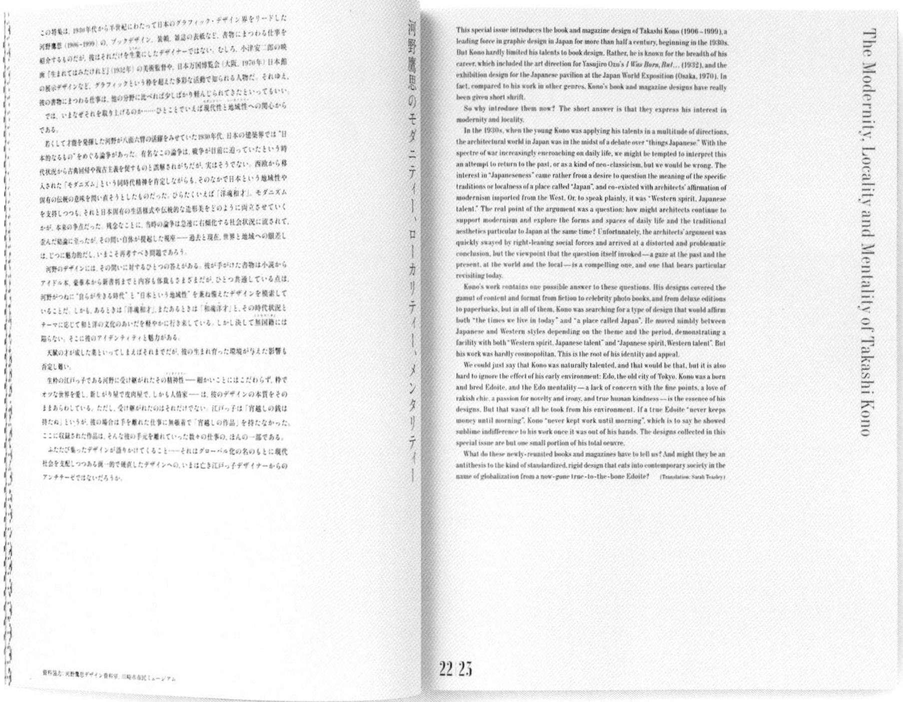

“Vier5的作品：对创新和自由的追求”

—

使用字体：本明朝小假名、游筑五号假名、Cochin

—

这是以巴黎为据点活动的设计组合Vier5的特辑。主体部分由他们自己设计，这里展示的页面是对他们的采访内容。日英并排的文本里，将日文的粗度稍微加大了一些，页码、页眉放到了日英双栏的栏距里。另外，问答部分用颜色加以区分，为了不让读者跳过这些比较单调的访谈页面，在视觉上下了一些功夫。

"The Work of Vier5: In Search of Something New"

—

Typefaces: Hon Mincho Small Kana, Yu Tsuki 5-go Kana, Cochin

—

This issue's feature is on a design agency named Vier5 based in Paris. The main body of the article was designed by Vier5 themselves. The pages shown here were extracted from their interview pages in which I placed page numbers and headers between the columns of the Japanese text and the English text. I made the weight of the Japanese text a little bit bolder than the English and separated the colors for the questions and answers respectively. By doing so, I devised a design that highlights the visual elements of interview pages—sections of magazines which tend to be monotonous and which readers might skip.

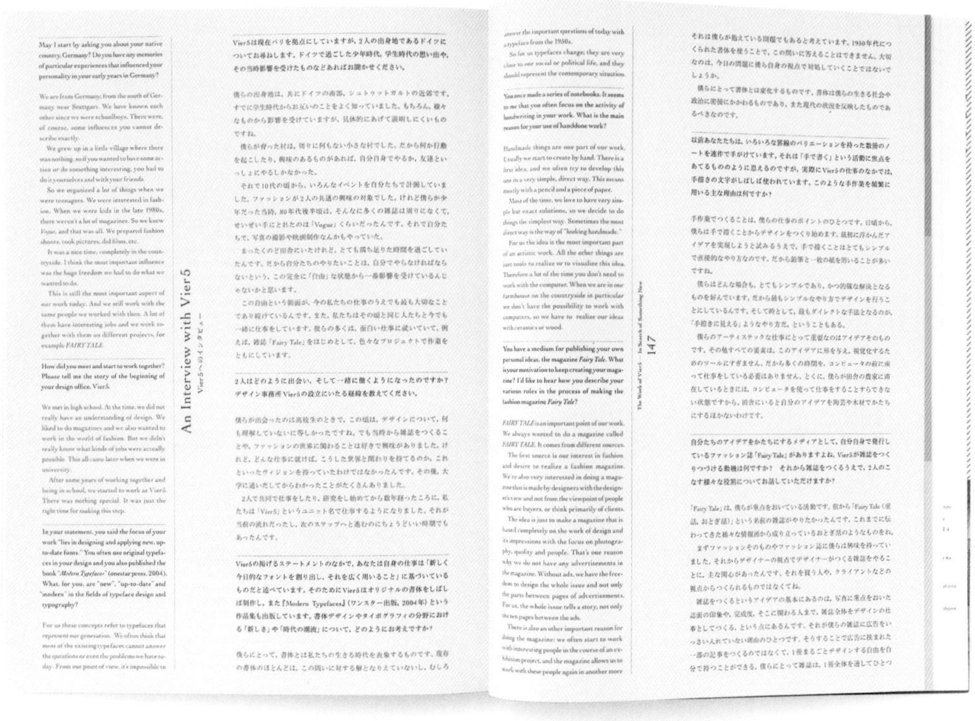

idea 第327期
"现代中国的书籍设计"
—
2008年
编辑：室贺清德、古贺稔章
使用字体：RA宋朝、花莲华，
Cochin、Dalliance
—
从目录到序文是蝴蝶装，图片和标题印在其背面。蝴蝶装和鱼尾的样式在后来的两类特辑里也沿袭了下去，但是造型则从古典向近现代、当代逐步进化。

idea No. 327
"Book Design in China Today"
—
2008
Editing: Kiyonori Muroga,
Toshiaki Koga
Typefaces: RA Song-cho,
Hanarenge, Cochin, Dalliance
—
From the contents to the foreword, this issue is bound with double-leaved pages, while illustrations and titles are printed on the reverse side. This issue features both kochousou (butterfly book) format and fishtail format were used in the two special features which follow the main feature. This sequence simulates the development of Chinese book design from the classical style to the modern and into the contemporary mode.

アイデア 327
中国の書籍設計
Special Feature: Book Design in China Today
Design: Shirai Design Studio
information it contains, and question many of
tern book art, with its strong sense of self-expression. But these
tion realistically. In other words, they're not the artistic products of individual
ticular historical and social conditions in which China finds itself today.
rked information world, the very existence of books is in peril.
t a flood of cheap commercial publications, the more these
the spirit of the times, we need to remember that it's the
d from what they tell us, it's no easy road
Works of Lu Jingren
JING REN ART DESIGN STUDIO

Smell

嗅

書之五感
The Five Senses of Books

アイデア 327

特集: 現代中国の書籍設計
Special Feature: *Book Design in China Today*
Design: Shirai Design Studio

IDEA No 327

idea 327

現代中国の書籍設計

70年代末以降の改革開放政策と,世界的なグローバリゼーションのなかで経済発展を遂げる中国。国際的な市場経済と情報インフラの浸透によって,街角には「グローバル・スタンダード」なデザインの広告や商品が溢れかえる。

表面的なグローバル化の一方で,人類史上もっとも大きな文化発信源のひとつであったこの地域は,海外文化の単純な移入ではない,独自のポテンシャルを発揮しはじめている。

その傾向がもっとも顕著な領域のひとつが,ブックデザインだ。

私たちが身近に手にする安価で大量生産可能な書物の形態は,組版,印刷から製本まで,直接的には西洋近代に成立した技術をベースにしている。しかし印刷史を広い視点で眺めれば,古代中国で紀元前後に紙が発明されて以来二千年もの間,この地域(中国)は世界の出版文化の大きな源流として,日本をはじめとするアジア周辺国はもとより,東西交流を通じてヨーロッパへも影響を与え続けてきたのである。

いま伝統文化再発見の眼差しとともに,これまでレガシー・アーキテクチャと見なされてきた中国の多様な書籍形成を現代に活かす試みが,ブックデザインを盛り上げている。

この動向を牽引しているのは文化大革命時代に,伝統文化や芸術活動の抑圧というハードな現実を体験した世代だ。彼らはこの体験をエネルギーに変え,伝統文化を現代に活かした独創的なブックデザインにとり組んでいる。

彼らのデザインでまず目をひくのは,その造本構造だろう。軸装,経本,包背装,胡蝶装,線装などなど,これまでの中国印刷文化が歴史的に発展させてきた造本構造を,積極的に現代の書物へ応用しようとしている。西洋近代的な語法に対するアジア的な語法の問題にいちはやく取り組んできた,杉浦康平をはじめとする日本のブックデザインが与えた影響も大きいが,彼らはより大陸的な深みへと発想を展開している。また,これまでの水墨画や書,詩を中心としたハイカルチャーの世界では顧みられてこなかった民間芸術文化再評価をうけ,土着的な色彩やパターン,テクスチャも大胆にブックデザインに応用している。

物質と情報の関係に再構築をせまるこれらのデザインは,私たちが無意識に前提としている近代的な書物の概念に,あらためて問いを投げかけるのだ。

ユニークな造本というと,私たちは西洋の「ブックアート」のような表現性の強いものを思い浮かべるが,これらの造本は内容と形態と機能の合一をリアリスティックに,大真面目に追求した結果なのだ。つまり,個人的な芸術的欲望の産物ではなく,いまの歴史的社会的条件のなかで,プロダクトとして現実的に成立しているのである。

見方を変えれば,電子ネットワーク化された情報世界のなかで,書物の存在論が絶え間なく問われている状況や,出版不況による停滞や現在の低質な商業印刷物への反動があってこそ,これらの書物がアクチュアリティをもって現前してきたといえる。

その意味で時代精神の産物ともいえるブックデザインだが,舞台裏ではデザイナーの並々ならぬ努力がある。ここに至るまでの道のりは決して平坦ではなかった,と彼らは語る。力強い意志のもとに,著者や編集者とぶつかり合い,出版や流通をめぐる条件をクリアしてきたからこそ,今の状況がある。

すでにこの道には,次世代の若いデザイナーが続いている。70年代,80年代に生まれ,海外の文化やサブカルチャーに触れつつ育ってきた彼らは,その世代体験と洗練された現代感覚によって,挑戦的な書物を次々と送り出している。彼らもまた,強い意志と行動力をもって現実に立ち向かっている。

また,中国は歴史も文化もまったく異なる東西南北の各都市が,それぞれに特色のある文化圏を形成している。それぞれの地域からの発信が多様性を生み,その混ざり合いのなかから新しい展開が生み出される。

中国のブックデザインは,産業構造の変化とグローバル化のなかで行き詰まりをみせるグラフィックやブックデザインの,有力なオルタナティブ・モデルとしての存在感を増していくだろう。造形面のみならず,その挑戦的精神においても。

It's impossible to talk about China's economic development without looking at two things: the post-1970s structural reform of the national economy, and globalization. As the result of the international market economy and the social permeation of the information infrastructure, Chinese cities overflow with advertising and products that conform to what we might call "global standard" design.

Superficial internationalization on the one hand, but on the other hand, this region, once the largest source of cultural influence in human history, is beginning to bring out a particular cultural potential that is anything but the simple adoption of overseas culture.

Book design is one of the clearest examples of this tendency.

From typesetting and printing to binding, everything about the form of the inexpensive, mass-produced books that we surround us in our everyday lives is based directly on technology created in the modern West. But take a longer look at the history of printing. For much of the two-thousand year span since paper was invented in China, this region (China) was a world source of print culture, influencing Japan and the Asian continent as well as Europe, through East-West trade routes and cultural exchange.

Now, as China rediscovers its traditional culture, book design in China is seeing a surge of energy as designers experiment with putting earlier methods of book-making, once seen only as legacy architecture, to use in contemporary book design.

The major impetus for the movement has come from the generation that experienced first-hand the cruel realities of the suppression of traditional culture and artistic activities during the Cultural Revolution. They've been able to transform their experiences into energy, and produce spectacularly creative designs that bring traditional culture to life in today's forms.

The first thing that catches your eye about their designs is the structure of their books. From scrolls and accordion binding to wrapped back, butterfly and string bindings, they've actively tried to apply methods developed during the long history of Chinese print culture and technology to today's books. They've also embraced the kinds of folk art motifs like papercuts, embroidery and the colours, decorations and textures of dyed textiles that were not adopted in the high culture world of ink painting, poetry and calligraphy.

Their designs rebuild the relationship between the materiality of the book as object and the information it contains, and question many of the modern assumptions we unconsciously make about what a book should be.

When we think of unique bindings, our first thought might be of something like Western book art, with its strong sense of self-expression. But these books are the result of the serious attempt to bring together content, form and function realistically. In other words, they're not the artistic products of individual desires or ideals, but have rather come about as the natural product of the particular historical and social conditions in which China finds itself today.

Let's think about it from another angle. In our electronically-networked information world, the very existence of books is in peril. The more the publishing industry stagnates and public opinion rises against a flood of cheap commercial publications, the more these books are relevant. And so, while new Chinese book design may be a product of the spirit of the times, we need to remember that it's the great effort of the designers working behind the scenes who make it possible. And from what they tell us, it's no easy road. The situation that exists today is only here because designers took on authors and editors, and met all the conditions that publishing and distribution put in their way.

The next generation of young designers is already following the same path. Young designers who were born in the 1970s and 80s and grew up familiar with overseas culture and subcultures are presenting the world with exciting, sometimes challenging work that reflects their generational experiences and polished contemporary view on the world. Like their predecessors, this new generation too are engaged in reforming reality through their strong will and dedication to action.

Chinese book design is becoming more and more well known as design industries outside China realize its potential as an alternative model for areas like graphic design and book design that have been at an impasse in the face of industrial restructuring and globalization. It's not just the look of Chinese books, but their actual fighting spirit that inspires.

idea 第328期
“设计的草根”
—
2008年
编辑：室贺清德、古贺稔章
使用字体：游筑标题明朝体、本明朝小假名，Monotype Modern（共通）
各部分使用字体（汉字字体+假名字体）
［有山］本明朝小假名、Taoyame
［针谷］本明朝小假名、Hayato
［宇川］龙明、筑地活文舍五号假名
［江森］本明朝小假名、龙明R-KO
［奥定］本明朝小假名、Kizahashi
［Karera］本明朝新小假名、本明朝新小假名
［Bluemark］龙明、筑地体35pt假名
［佐佐木］本明朝小假名、Taira
［SKKY］本明朝小假名、筑地体后期五号假名
［Seki］本明朝小假名、解 Ariake 假名
［府川］本明朝小假名、筑地体前期五号假名
［町口］岩田旧明朝体、岩田旧明朝体
—
这期特辑的主题是将设计这个手段加以活用自主制作小媒体的24组设计师。我让每组设计师各自制作了A4四页内折页面，对开的右页是他们针对提问的回答。由于无法预测他们回答的字数和记述方法，我在同一格式里只画了一些水线作为框架。网格间距采用了棘手的3mm网格。字体采用了24组不同的明朝体。明朝体的选择和分配没有特别的理由。

idea No. 328
“Grass Roots of Design”
—
2008
Editing: Kiyonori Muroga, Toshiaki Koga
Typefaces: Yu Tsuki Display Mincho, Hon Mincho Small Kana, Monotype Modern
Typefaces for Each Part (Kanji + Kana):
[Ariyama]
Hon Mincho Small Kana, Taoyame
[Harigai]
Hon Mincho Small Kana, Hayato
[Ukawa]
Ryumin, Tsukiji-katsubun-sha 5-go Kana
[Emori]
Hon Mincho Small Kana, Ryumin R-KO
[Okusada]
Hon Mincho Small Kana, Kizahashi
[Karera]
Hon Mincho Shin-Small Kana, Hon Mincho Shin-Small Kana
[Bluemark]
Ryumin, Tsukiji 35pt Kana
[Sasaki]
Hon Mincho Small Kana, Taira
[SKKY]
Hon Mincho Small Kana, Tsukiji Late-5-go Kana
[Seki]
Hon Mincho Small Kana, Kai Ariake Kana
[Fukawa]
Hon Mincho Small Kana, Tsukiji Early-5-go Kana
[Machiguchi]
Iwata Mincho Old, Iwata Mincho Old
—
This issue features 24 designers who made their own media relying upon their strengths. Each designer made an original A4 4-page brochure and was interviewed by the editorial team using a questionnaire. Due to this method of research, the editorial team was unable to predict the amount of text needed for each interviewee, as there was no unified writing style, and only the ruled lines were adopted as unifying visual elements. The editorial design was based on a 3mm grid in order to introduce design constraints, and each interview used a different Mincho typeface, with no real rationale as to why a particular typeface was used.

宇川直宏

針谷建二郎（ANSWR/ADAPTER）

印刷物やメディア、物作りのどのようなところに魅力や面白みを感じていますか？

自己発信型のメディアをやっていてわかったことは、本業のグラフィックデザインの部分だけではなく、運営方法や制作資金の捻出、制作体制のアップデート、発信してきた情報のアーカイブや媒体の広め方なども含め、短期的ではなく長期的なプロジェクトとして仕事を捉えなくてはいけないことが膨大にあることでした。それら全ての解決策を自分達で考えなくてはいけないところがとても大変でもあり、同時に一番エキサイティングな部分でもあります。

有山達也

ブルーマーク

印刷物やメディア、物作りのどのようなところに魅力や面白みを感じていますか？

慣習や効率に縛られずに、コンテンツに対して適切なデザインを施せること。少なくとも、研究・実践とその結果の因果関係を把握できること。

普段の仕事とどうバランスをとっていますか？　また、そうした活動に関わることが、仕事にどのように影響していますか？

経済的な部分を除けばとくに分け隔てはありません。自主制作物が受注仕事に派生していくことも少なくなく、結果的・間接的に経営的な側面から見ても投資に見合った利益があります。

カレラ

普段の仕事とどうバランスをとっていますか？　また、そうした活動に関わることが、仕事にどのように影響していますか？

自由度が高い仕事は好きなことができる反面、デザイナーが考える「自由」そのものが問われてきます。そのため、デザインという分業ではなく制作側の一員として関わるようになりました。スタートがインディペンデントなので普段とそれ以外に明確な線引きはありませんが、あまり役割にこだわらずに関わる場合が多いです。

奥定泰之

自分がものづくりの現場に強く関わっていることを感じ、それがデザインをする実感として跳ね返ってくるところ。普段の仕事はなかなかそういう実感や手応えのようなものに出会うことが少なくなってきているなかで、特に今回取り上げた「WB」のようなリトルマガジンでは（直接的にも間接的にも）そこに関わる人たちみんなで作り上げている現場感のようなものが強い。またそのことにより流れ作業でない主体的なデザイン行為でその雑誌やメディアが作り出す効果の総体に関わることができるところ（もしくはそう妄想できるところ）がすばらしい。

今回制作する4ページの冊子について、その内容や制作意図、背景などをご説明ください。

自分が今まで関わり、また現在も関わっている仕事の中で、この誌上で紹介するのに最もふさわしい「WB」という雑誌の中心人物である市川真人氏との対話を収録した。対話といっても彼と直接話すのではなく、InDesignのファイルを直接メールでやり取りし、それに書き込むというやり方をとる。InDesignというおそらく雑誌や書籍の制作の現場で一番使われているアプリケーションで対話をすることにより、対話の内容はもちろんそれを生み出す形式からも雑誌を作ることのニュアンスが伝わることを意図する。もちろん雑誌であるからバックナンバーなどを図版として提示していくことも考えたが、ここでは必要ないと判断する。一つ一つの雑誌はそれぞれ終わったものだし、このInDesignのファイルに書き込む言葉こそが現在を表すからだ。

府川充男

Mitsuo Fukawa　主著『験筆録』（三省堂）、共著『本と活字の歴史事典』（柏書房）他、著作・論攷種々（www.tsukiji-type.co.jpを御参看下さい）。最近は古活字版の連綿組版に関心を持っております。

印刷物やメディア、物作りのどのようなところに魅力や面白みを感じていますか？

想起してみますと、迂生は自分にはない才能や智識の持主に惚れ込むタイプのようです。

普段の仕事とどうバランスをとっていますか？　また、そうした活動に関わることが、仕事にどのように影響していますか？

起床したらマシンを起動して目の前にある仕事をとにかく片付けていくだけです。どんなことでも、とにかく締切は守りたい……。古い友人関係の仕事などはノー・ギャラですし。

今回制作する4ページの冊子について、その内容や制作意図、背景などをご説明ください。

何せ大昔、一九六〇年代中葉からずっと続けていることなので背景も折々違っておりますし、取分け申上げるほどのことはありません。

セキユリヲ（サルビア）

印刷物やメディア、物作りのどのようなところに魅力や面白みを感じていますか？

小学生の頃から学級新聞や文集づくりが好きだった。こちらが発信するとおもしろがって応答してくれる人がいる。思いもよらないうれしいメッセージが届いたり、考えてもいなかったハプニングにぶつかることがある。それが楽しくて、「サルビア」という活動をし、「季刊サルビア」という冊子づくりをしている。

普段の仕事とどうバランスをとっていますか？　また、そうした活動に関わることが、仕事にどのように影響していますか？

最近は仕事と「サルビア」の境界がほとんどなくなりつつある。

SKKY

普段の仕事とどうバランスをとっていますか？　また、そうした活動に関わることが、仕事にどのように影響していますか？

クライアントがいての普段の仕事と、実験的な事に取り組める可能性がある仕事の時の違いは、実はそんなに意識しません。ただ、〃黒子〃としての立ち振る舞いを、その時々でどう出来るかは非常に気をつけています。そのような視点で仕事に取り組めた時ほど、良い結果が残せると実感しています。

139

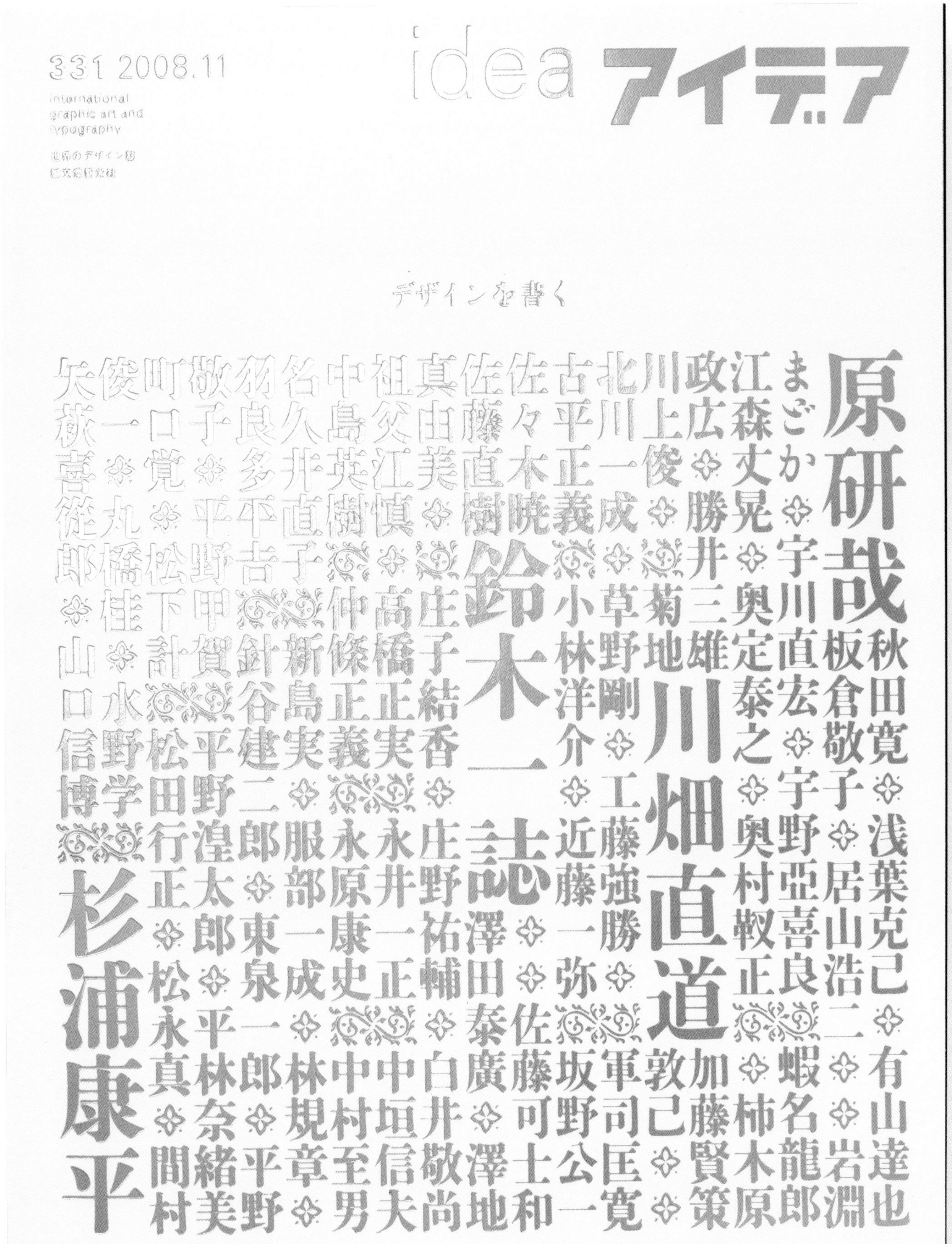

331 2008.11

international
graphic art and
typography

世界のデザイン誌
誠文堂新光社

idea アイデア

デザインを書く

原研哉
秋田寛 浅葉克己 有山達也
板倉敬子 居山浩二 岩淵
まどか 宇川直宏 宇野亞喜良 蝦名龍郎
江森丈晃 奥定泰之 奥村靫正 柿木原
政広 勝井三雄
川畑直道
加藤賢策
川上俊 菊地 敦己
北川一成 草野剛 工藤強勝 軍司匡寛
古平正義 小林洋介 近藤一弥 坂野公一
佐々木暁
鈴木一誌
佐藤可士和
佐藤直樹 澤田泰廣 澤地
真由美 庄子結香 庄野祐輔 白井敬尚
祖父江慎 高橋正実 永井一正 中垣信夫
中島英樹 仲條正義 永原康史 中村至男
名久井直子 新島実 服部一成 林規章
羽良多平吉 針谷建二郎 東泉一郎 平野
敬子 平野甲賀 平野湟太郎 平林奈緒美
町口覚 松下計 松田行正 松永真 間村
俊一 丸橋桂 水野学
杉浦康平
矢萩喜從郎 山口信博

idea 第331期
"关于设计的文字"
—
2008年
编辑：室贺清德、古贺稔章
使用字体：游筑标题明朝体、游明朝体、游明朝体五号假名、游明朝体36pt假名、游黑体、冬青黑体，Centaur Nuova、Bauer Bodoni、Linotype Univers、Adobe Garamond、ITC Bodoni、Pudgy Puss NF
—
这期是一个不同切入点的设计散文特辑。在用彩色胶版纸印刷的采访文章中，我把图片和说明放到了上下双栏之间。杉浦康平先生单行本里未收入的稿件页面，我把排版偏向订口处，特别注意空间的使用方法。"从设计师的文章开始"中，我做成竖排的上下翻开，将从右向左翻页改为从下到上翻页的结构，意在转换读者在阅读时的意识。

idea No. 331
"Writings on Design"
—
2008
Editing: Kiyonori Muroga, Toshiaki Koga
Typefaces: Yu Tsuki Display Mincho, Yu Mincho, Yu Mincho 5-go Kana, Yu Mincho 36pt Kana, Yu Gothic, Hiragino Kaku-gothic, Centaur Nuova, Bauer Bodoni, Linotype Univers, Adobe Garamond, ITC Bodoni, Pudgy Puss NF
—
This issue contains various writings on design from a variety of perspectives. For the interview section, I selected to use several colored papers and placed some illustrations and descriptive texts between each double column. In the section featuring unpublished manuscripts by Mr. Kohei Sugiura, I focused on composition and moved the typographic elements to the inner side of the magazine. For the article featuring the compilation of the extracts from the assorted designers' writings, I adopted vertical typesetting and top-edge binding. By changing the structure of the pages from right-edge binding (the pages turn from right to left) to top-edge binding (the pages turn from bottom to top), I intended to alter readers' states of consciousness.

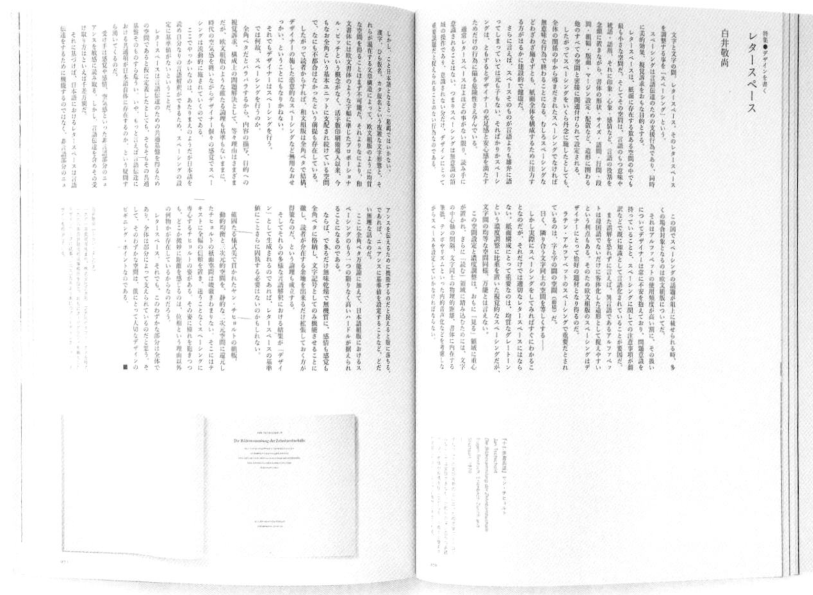

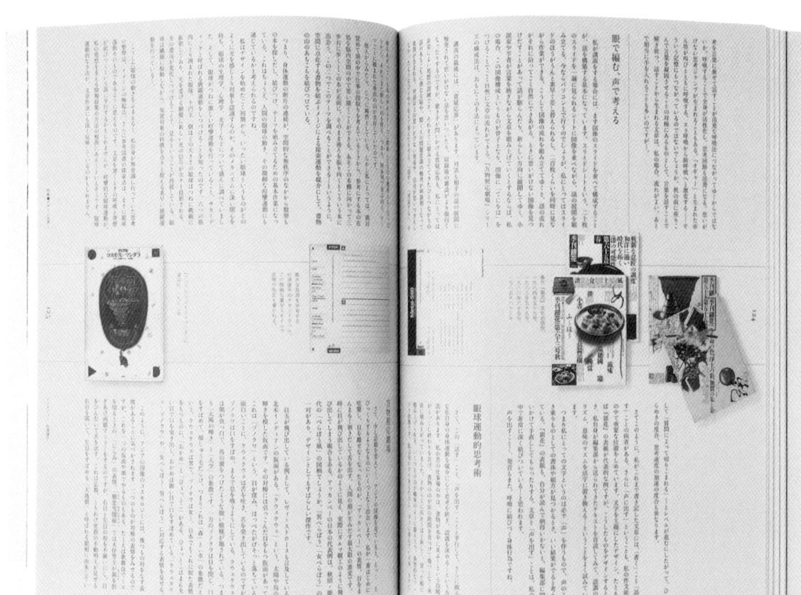

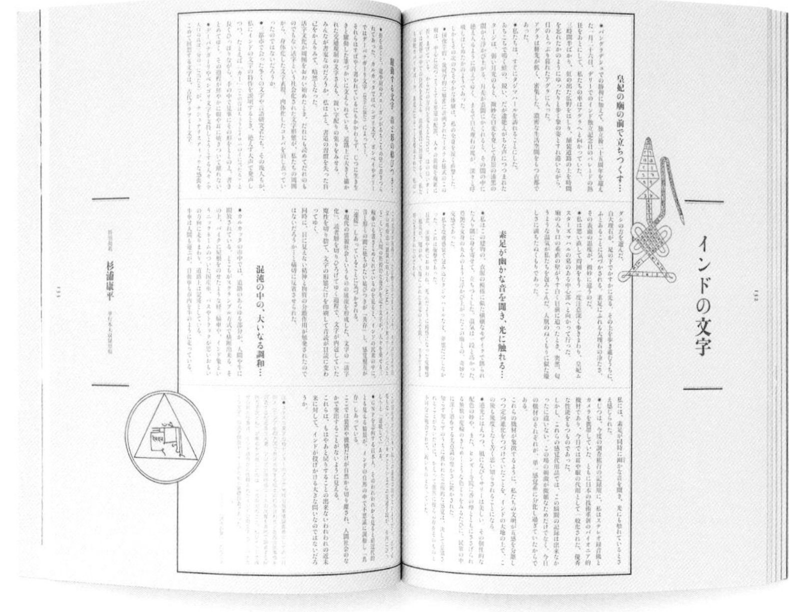

领域，而如果要继续进入『读』的领域，则在调整时要考虑字母中心轴的间隔、字母之间的物理距离、字体内在的运笔、速度节奏这些内在的声音等因素。

但是，换到日文却又是另外一回事了。

由于汉字、平假名、片假名这些复杂的文字形态以及混合书写的文章构造，要想得到像西文排版那样均匀的空间本身就是不可能的。而且更重要的是，日文字体里还有一个前提，即日文并没有像西文字体那样以字宽为基准的『比例宽度』的概念，从引入活字印刷术以来直到现在，排版空间一直都是以『全身』这一基本单位来支配，也一直没有什么不合适的。

所以从读者角度来看，日文排版用『全身密排』即可，设计师施加的字距调整很容易变成没用的多余操作。

尽管如此，设计师还是会调整字距。

那么，为什么要调整字距呢？

因为全身密排看起来很散，内容的描写、对目的的视觉诉求，要解决结构上的问题等等，理由多种多样，却没有像西文排版那样以扎实的理论为基础，设计师们都是按照时代的氛围，凭着各自的感觉，活动地调整字距。

对此，麻烦的是，因为自己理所当然地能读懂日文，可以自行对语言加以诠释，所以设置字距就没有标准值了。

即使暂且将『字距』定义成『在语言传达中为了获得一个共通基础而设置的空间』，现在这个『共通基础』本身就已经摇摇欲坠。不，再进一步说的话，甚至还会浮现出这样一个问题：日语本身到底是否存在这种『在语言传达中的共通项』？

受众会非常敏感地读取到感觉、感情、氛围等这些非语言部分的微妙含义。但是，对包括语言传达在内的这些内容，读者的接收方式却千差万别。

若照此思路，日文的字距并不是为了实现语言传达的功能，而是为了起到传达非语言部分的微妙含义的作用，倒是更能让人接受。如果真是这样，那要设定这种微妙含义的基准值，根本就是无理要求了。

这再加上『全身密排万能论』，就成为日文字距调整里一个不可逾越的难点。

既然如此，就会有一个这样的理论：干脆就尽量无色无味、无机地把感情、感觉都按照全身密排处理，彻底发挥其作为文字符号本身的功能，尽量扩大读者能介入的余地，这样的做法反而更好。

然后，这些多种多样的语言诠释的结果，如果在最后能够成为一种『设计』，那么可能真的就没有必要去过分拘泥于字距调整的基准值了。

扬·奇肖尔德的排版有一种牢靠的样式美贯彻始终。

奇肖尔德将动态平衡与三维空间还原到了静态的二维空间，他的页面空间极其严格，从中可以看到他对文本全面的信赖，毫无迷惘专心调整字距的身影。我虽然对他的态度满怀憧憬，但总觉得隔着微妙的距离，除了身份不同以外，肯定还存在其他某些东西。

尽管如此，我依旧觉得字距这一微小的部分即是整体，而整体是靠部分支撑而来。这些微小的空间，对我来说是设计的一个重要起点。

摘自*idea*第331期『书写设计』，诚文堂新光社，2008年10月。

十竹斋书画谱
Jan Tschichold
Die Bildersammlung der Zehnbambushalle
Eugen Rentsch, Erlenbach-Zürich and Sruttgart, 1970

JAN TSCHICHOLD
Die Bildersammlung der Zehnbambushalle
MIT VIERUNDZWANZIG NACHBILDUNGEN
IN FARBEN UND VOLLER GRÖSSE
VON FRÜHESTEN ABZÜGEN AUS DEM MEISTERWERK
DES CHINESISCHEN FARBENDRUCKES
DER MINGZEIT
EUGEN RENTSCH VERLAG
ERLENBACH-ZÜRICH

字距

白井敬尚

所谓字距，是指字与字之间的距离。这种字距的调整即为spacing。

字距调整是协助语言传达的一种行为，同时也以美观效果、视觉诉求为主要目的。

在页面上存在的大量的空隙里，字距是最小的空间。而在设置这个空间时，需要以语句所具有的含义、句法、语用，以及印象、心情、感情等语言的作用为基础，还要注意它与字体的形状、字号、词距、行距、段落间距、行长、版心、页面距设置、配置等等与造型相关的其他所有空间的紧密联系。

因此，无论多么仔细设置字距，如果不是从整体关系里得出的间距关系，其终究只是一个毫无意义的行为。倒不如不用特地去动字距，而是多去关注页面整体的构成更有建设性，也更健康。

再进一步说，如果说间距空白本身比文字更有表现力，这反而是本末倒置。不仅如此，间距调整蕴含着危险，常常会让设计师陷入单纯的自我满足和放心。

通常，只要不是特殊情况，一般读者是不会意识到字距的。也就是说，字距调整是对无意识领域的一种操作。而正是因为不会被意识到，因此对于设计来说这一行为并不会被当做一个重要课题。

在我国把字距当做话题拿出来讲时，多数情况下是以西文排版为对象。

究其主要原因，可能是因为，尽管拉丁字母使用频率很高，但设计师们对其用法总是抱有不安的情绪，具有问题意识；而且字距调整相关的注意事项，通过翻译已经作为一种知识用语来总结了。

为了避免误会，我应该解释清楚一些：作为异国语言，拉丁字母不是我们的母语，我们可以客观地更容易把握其造型，这倒也是其一个优势。因此，西文排版的字距调整对于设计师来说，可以是一个很好的素材。

拉丁字母的字距调整中，普遍认为的重点是字与字之间的空间（面积），即所谓『相邻字母之间的空间要相等』。

但是，实际动手调整字距立刻就会知道，单靠这一点是无法找到合适的字距的。对于页面构成来说，重要的是要把重点放在实现均匀的『灰度』这一浓度调整的视觉调整上，而字母之间均等的空间并不是万能的。

这种空间设置和浓度调整，主要把重点放在『看』的

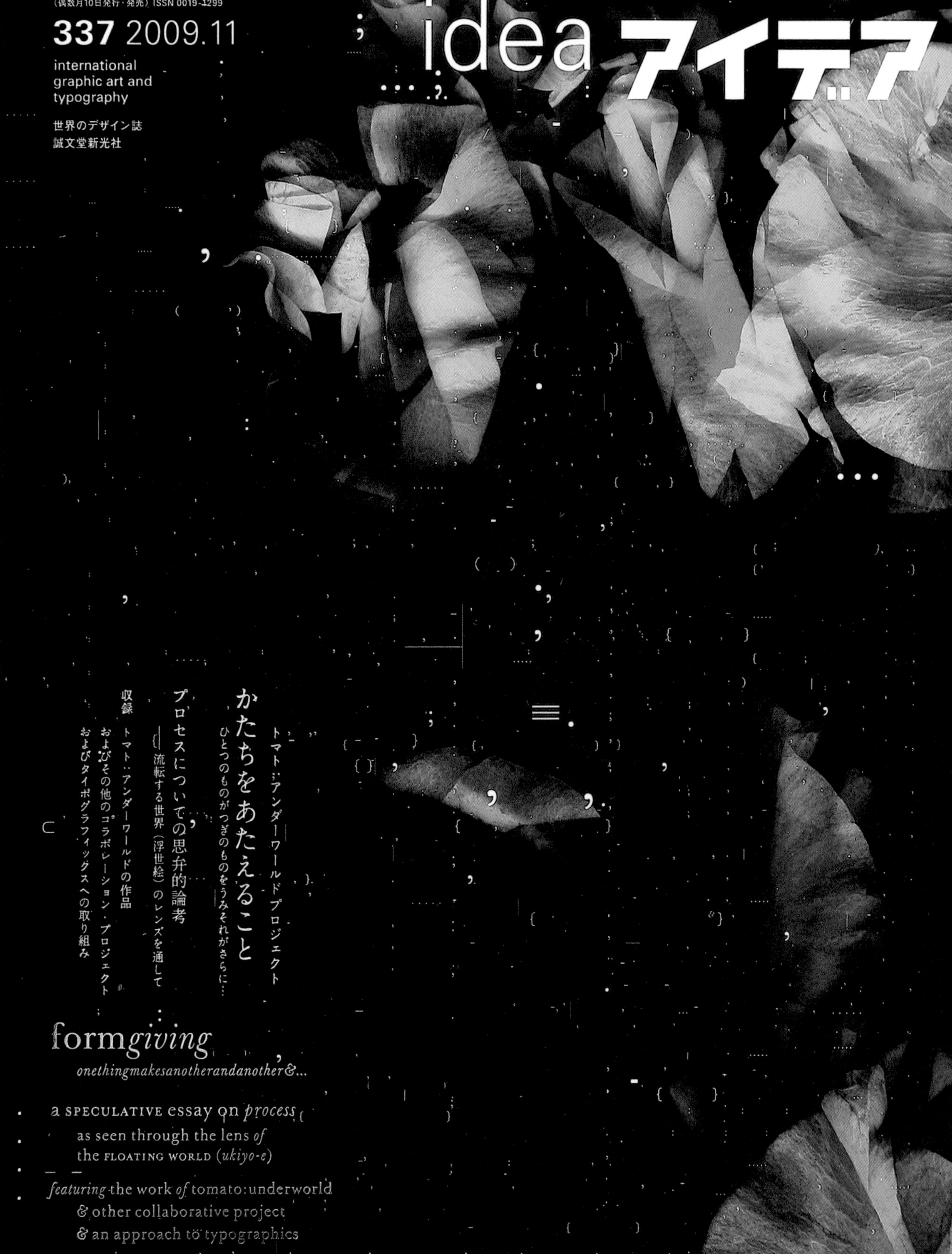
2009年10月10日発行・発光・第57巻・第6号・通巻337号
(偶数月10日発行・発光) ISSN 0019-1299
337 2009.11
international
graphic art and
typography
世界のデザイン誌
誠文堂新光社
idea アイデア
トマト：アンダーワールドプロジェクト
かたちをあたえること
ひとつのものがつぎのものをうみそれがさらに…
プロセスについての思弁的論考
――流転する世界（浮世絵）のレンズを通して
収録
トマト：アンダーワールドの作品
およびその他のコラボレーション・プロジェクト
およびタイポグラフィックスへの取り組み
formgiving
onethingmakesanotherandanother&...
a speculative essay on process
as seen through the lens of
the floating world (ukiyo-e)
featuring the work of tomato:underworld
& other collaborative project
& an approach to typographics

idea 第337期
"赋予造型
从一到另一个再到另一个再……
关于过程的纯理性讨论
——通过浮世（浮世绘）的镜头所见
Tomato: Underworld的作品展"
—
2009年
编著、设计：John Warwicker
编辑：室贺清德
编辑协助：久保万纪惠、Barbora
协助：吉川彻
使用字体：A1明朝，Storm Baskerville
—
这期是1991年在伦敦成立的创作团体Tomato的创始成员John Warwicke的特辑。视觉与英文页面的设计、排版由John制作，并且要求在其设定的页面里放入日文译文。根据他的要求，我做成了易于阅读的竖排，并为每一页都做了适配设置。"文章排版即是一种对话"，这份工作让我充分感受到了这一点，非常幸福。

idea No. 337
"Form Giving One Thing Makes Another and Another &... A Speculative Essay on Process —as Seen Through the Lens of the Floating World (Ukiyo-e) Featuring the Work of Tomato: Underworld"
—
2009
Text, Editing and Design: John Warwicker
Editing: Kiyonori Muroga
Cooperation (Editing): Makie Kubo, Barbora
Assisted: Toru Yoshikawa
Typefaces: A1 Mincho, Storm Baskerville
—
This special issue was largely designed by John Warwicker, co-founder and active member of the creative collective Tomato, which was founded in London in 1991. The visual images and original English texts were typeset by Warwicker and my task was to typeset the Japanese translations of his articles in certain allocated pages. His request was that I typeset the texts vertically in the Japanese orthographic manner and that I payed close attention to legibility. In response to this request, I carefully typeset each page so as to be the localized equivalent of each page bearing Latin typesetting. I realized, through this joyous work, that typesetting another typographer's text might be equivocal to engaging in dialogue.

To hold a book between your hands to form that intimate circle, *a world apart from the world* an otherness that is uniquely your own. Always accompanied by a sound... to no one other than your*self*.

de rerum natura

the long summerdays of childhood
as time ebbs & flows
the Quantum Present within the Floating World

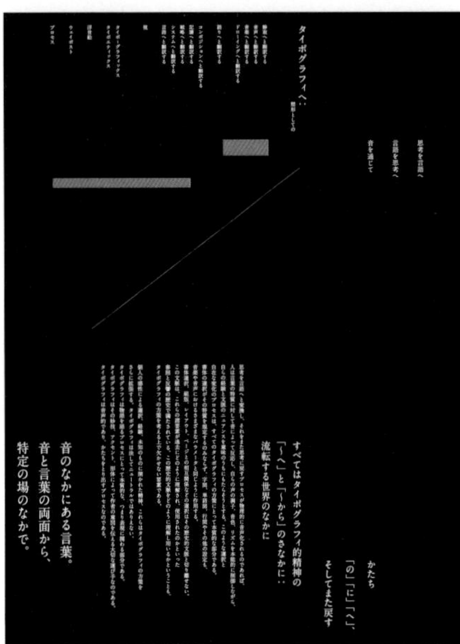

タイポグラフィへ：
すべてはタイポグラフィ的精神の
「へ」と「から」のさなかに：
流転する世界のなかに
音のなかにある言葉。
音と言葉の両面から、
特定の場のなかで。

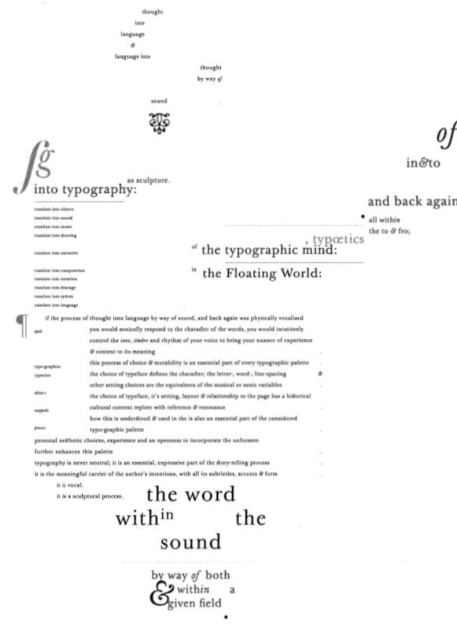

145

音を通じて、思想を言語に変換する、
および／あるいは、
言語を思想に変換すること。

応答反応のなかで旅を方向づけ、
舵取りし、形を与えること。
マッピング――そのプロセスを解釈し、
ひとつの等価的表現として編集し、
形を作り替えること。

タイポグラフィへ：

流転する世界における
タイポグラフィ的精神の読解。

静寂に／と／または
音声に／と／または
音楽に／と／または
ドローイングに／と／または

語りに／と／または

コンポジションに／と／または
記譜に／と／または
戦略に／と／または
システムに／と／または
言語に／と／または

視

タイポーグラフィックス
タイポエティクス
浮世絵
ウェイポスト
プロセス

fg

このかたちの成形プロセスは、等価的なものとして存在している。
音の譜面（ひとつの命題）、および／あるいは可視化される音の枠組みとして。
どちらにしても、この視覚的造形物は、それを読む人の解釈や、黙読の過程で
内的に発話される声の編成を方向づける。このような枠組みはその内側に、
元となった思想の将来的な展開可能性ばかりではなく、
それに先立つ思想やその企図にまつわる感情や感覚をも含み込んでいる。

この枠組みは読者が感じ、解釈するための触媒なのだ。

時間と経験は作品のなかに持ち込まれる。

時間と経験、その注入。
意図。
かたちを与えられた経験、運動量。
形成。かたちをあたえること。ものづくりのプロセス。
反応。ものづくりのプロセスに対する、さらに
反応。つくられつつあるものに対する。
流動。作品はおのずと成る。

時間のなかで
かたちを成形し、
空間を形成すること。
すべては時間の中で
合流し発話される、
「～へ」と
「～から」の
さなかに。

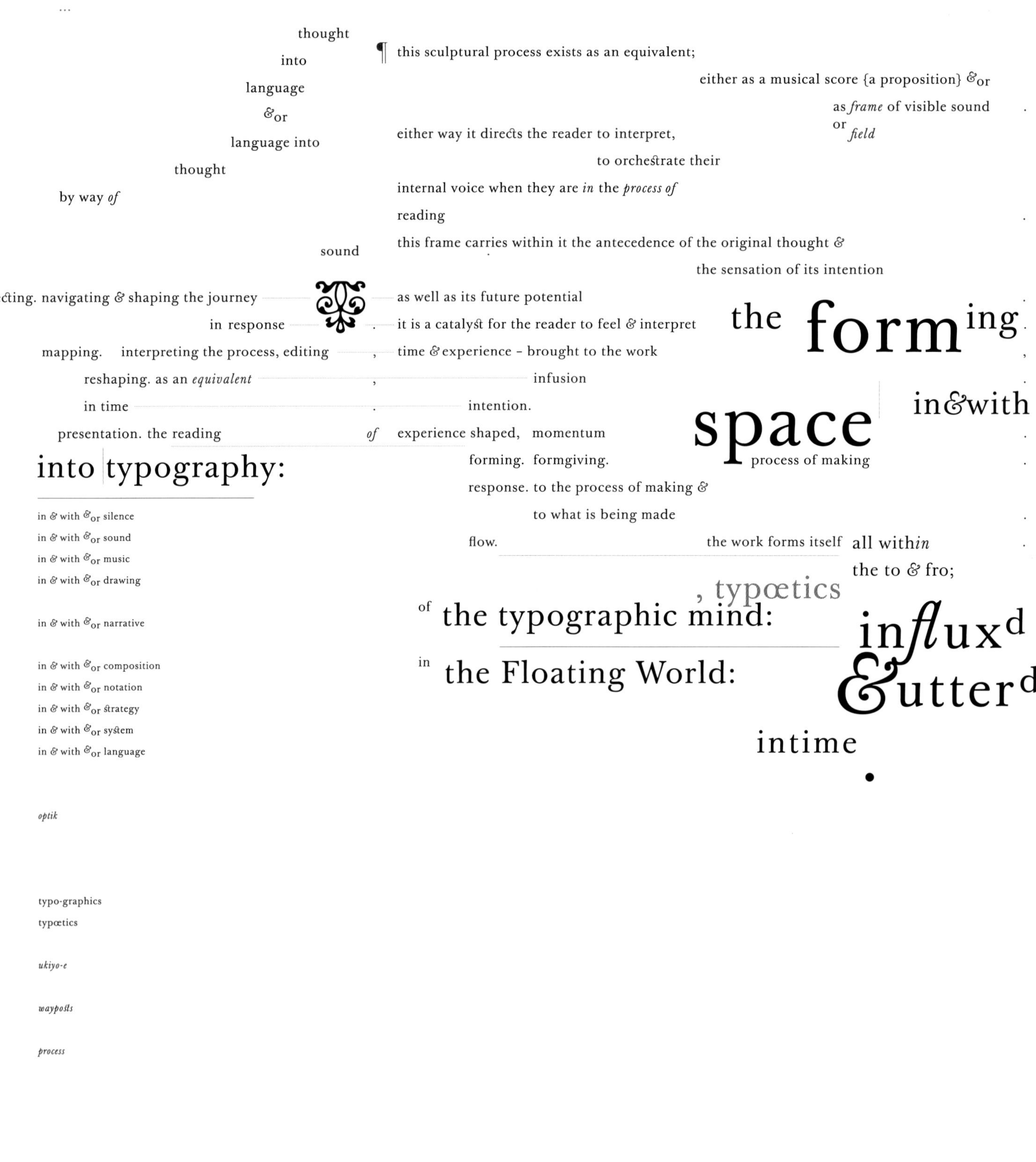
...
thought
into
language
&or
language into
thought
by way of
¶ this sculptural process exists as an equivalent;
either as a musical score {a proposition} &or
as frame of visible sound
or field
either way it directs the reader to interpret,
to orchestrate their
internal voice when they are in the process of
reading
sound
this frame carries within it the antecedence of the original thought &
the sensation of its intention
directing. navigating & shaping the journey
as well as its future potential
in response
it is a catalyst for the reader to feel & interpret
mapping. interpreting the process, editing
time & experience - brought to the work
reshaping. as an equivalent
infusion
in time
intention.
presentation. the reading of
experience shaped, momentum
forming. formgiving.
response. to the process of making &
to what is being made
flow.
the work forms itself
the forming of,
space
in&with
process of making
all within
the to & fro;
into typography:
in & with &or silence
in & with &or sound
in & with &or music
in & with &or drawing
in & with &or narrative
in & with &or composition
in & with &or notation
in & with &or strategy
in & with &or system
in & with &or language
, typœtics
of the typographic mind:
in the Floating World:
influxd
&utterd
intime
•
optik
typo-graphics
typœtics
ukiyo-e
wayposts
process

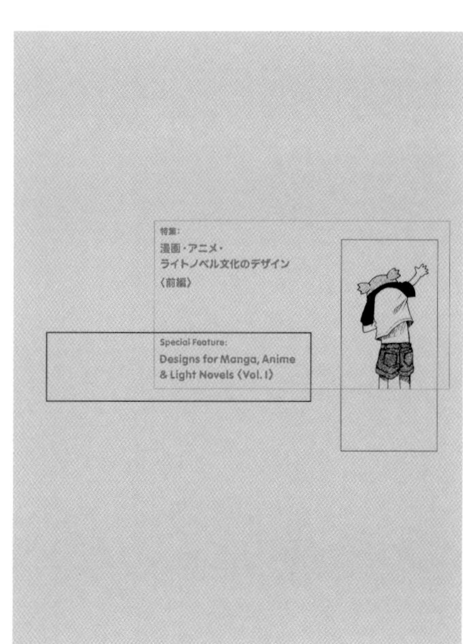

idea 第334期
“动画、漫画、轻小说文化的设计
（前篇）”

—

2009年
编辑：室贺清德、古贺稔章
编辑协助：田端宏章、Barbora、
久保万纪惠
使用字体：Ryobi 黑体新假名，
Gill Sans

—

动漫作为时代文学正式被接受已经很长时间了，但动漫的设计也应该作为设计被认知，这个特辑就是最早的一个发自设计媒体的宣言。展示页面里援引了“Yotsuba&!”漫画的方格，形成一个从目录到扉页、序言展开的设计。

idea No. 334
“Designs for Manga, Anime & Light Novels (Vol.1)”

—

2009
Editing: Kiyonori Muroga, Toshiaki Koga
Cooperation: Hiroaki Tabata, Barbora, Makie Kubo
Typefaces: Ryobi Gothic Shin Kana, Gill Sans

—

Manga and animation have long been generally accepted as valuable forms of cultural production in the contemporary period. This special feature was the first publication to approach and discursively examine the actual design of anime, manga and light novels. Using the panel layouts of manga as inspiration, the spreads displayed here used several illustrations from “Yotsuba&!” and deployed them from the table of contents through the title page and the foreword page in a manner which was both sequential and considered.

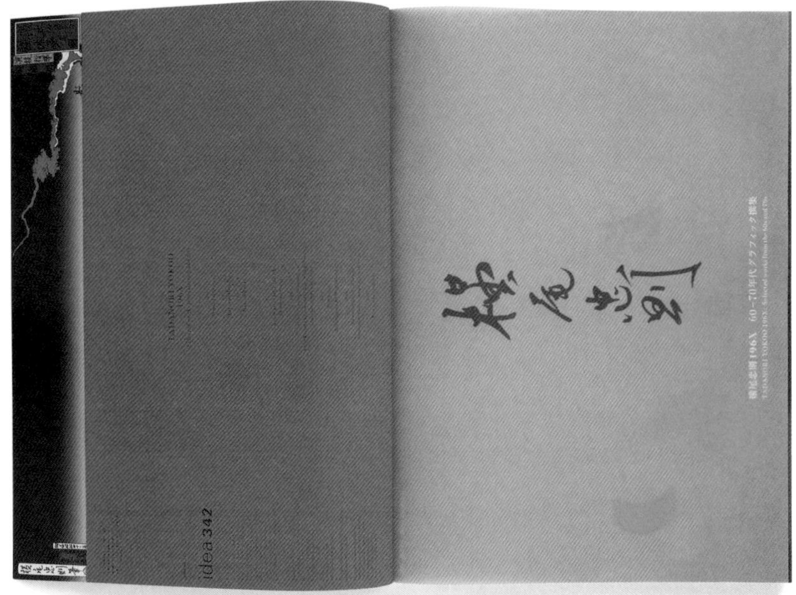

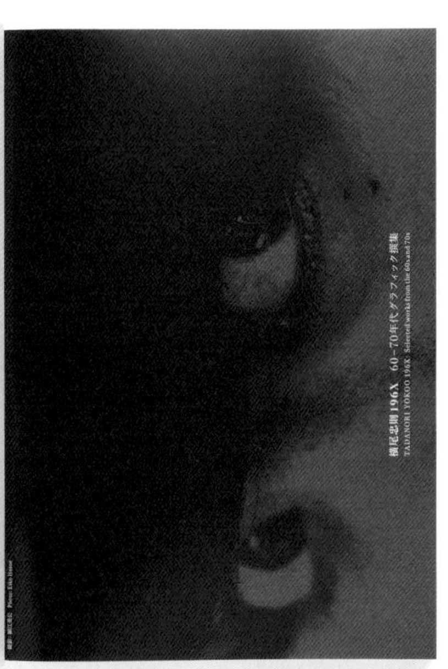

idea 第342期
“横尾忠则一九六X
六〇—七〇年代平面设计选集”

—

2010年
编辑：室贺清德、久保万纪惠
使用字体：秀英明朝、秀英初号明朝，ITC Bodoni

—

这期是横尾忠则特辑，以他除绘画之外的平面作品为中心编撰而成。在设计横尾先生的页面时，在字体选择、排版样式、版式各个方面我自己依旧处于摸索阶段，做出的设计不仅关注造型，还对他的激情、精神性、身体性等各方面都过分地在意，甚至可以说是受其摆布。在这种情况下，只有封面（包括书脊）在一定程度上实现了我自己的设计构思。

idea No. 342
“Tadanori Yokoo 196X,
Collection of Graphics in
1960s–1970s”

—

Editing: Kiyonori Muroga,
Makie Kubo
Typefaces: Shuei Mincho,
Shuei Sho-go Mincho, ITC Bodoni

—

Special issue of Tadanori Yokoo, edited mainly for graphic work excluding paintings. When designing Mr. Yokoo's page, my typeface selection, format, and layout were all still in groping stage at that time. I was too much conscious than necessary of his design, and also his passion, spirituality, and physicality, or, I would rather to say that I was controlled by them. Under such circumstances, my envisioned design was realized only in the cover (including the spine) to some extent.

idea 第343期
“山口信博　相即之形”
—
2010年
编辑：室贺清德、久保万纪惠
使用字体：岩田旧明朝体、
秀英初号明朝
—
山口先生的设计，我在前面写的是“位于现代主义环境中”，但这样诠释真的合适吗——在通风良好的日式民居的走廊上，慢慢地翻过设计杂志的页面——我想做出一个设计格式能与那样的场景搭配。正因如此我需要6mm×8mm这样的数值。

idea No. 343
“Nobuhiro Yamaguchi: Forms of Mutual Unity”
—
2010
Editing: Kiyonori Muroga,
Makie Kubo
Typefaces: Iwata Mincho Old,
Shuei Sho-go Mincho
—
As mentioned above, I wrote that the design works of Mr. Yamaguchi “might be regarded as the successors to the Modernism”. However, I am still not sure whether my understanding is correct or not. Akin to slowly turning the pages of a design magazine on the airy veranda of a Japanese-style house, I designed a typographic format which would be suitable for such an imaginary situation. In order to do that, I had to convert the basic unit of the format into a numerical ratio, notably 6mm × 8mm.

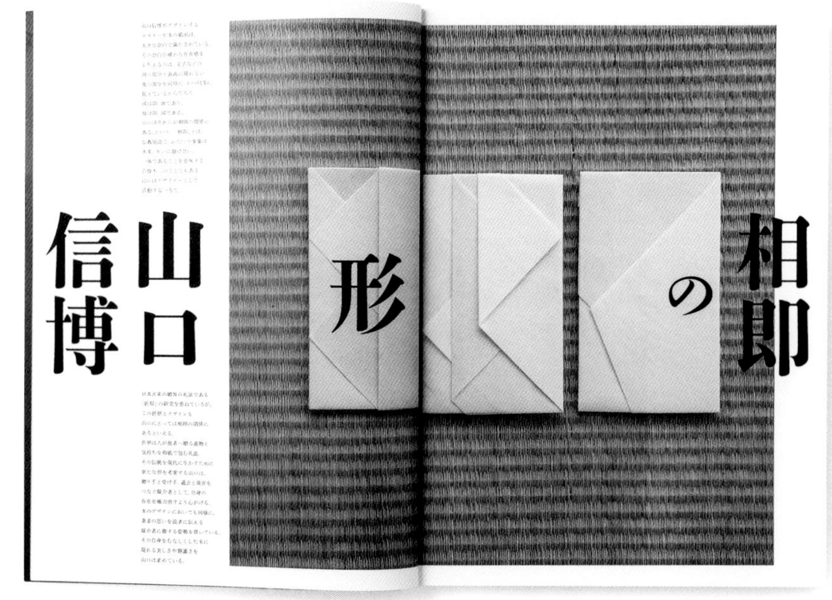

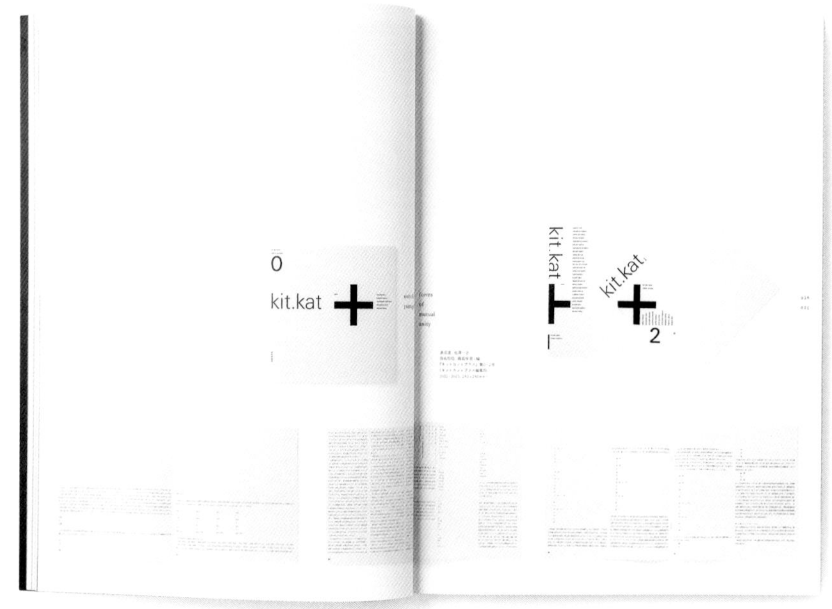

idea 第345期

"秀英体　平成大改刻"

—

2011年

编辑：室贺清德、久保万纪惠

使用字体：秀英初号明朝、秀英明朝、大改刻黑体A

—

我采用了三栏排版＋头注的格式。天头地脚添加的花边是以秀英舍花边为基础而改制的。虽然文本的字数很多，但通过控制栏距等手段，消除了排版给人的压迫感。

idea No. 345

"Shueitai: Revival of the Classic Typeface"

—

2011

Editing: Kiyonori Muroga, Makie Kubo

Typefaces: Shuei Sho-go Mincho, Shuei Mincho, Daikaikoku Kaku-Gothic A

—

I used a three-column format with header-based notes for this feature. At the top and bottom of the page, I inserted variations on Shueisha's original decorative rules. Although the text was relatively long, my intent was to alleviate any feelings of discomfort imparted by the typographic format by adjusting the space between columns.

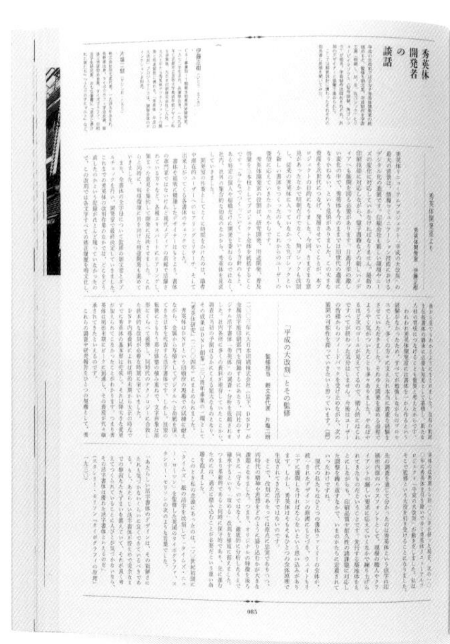

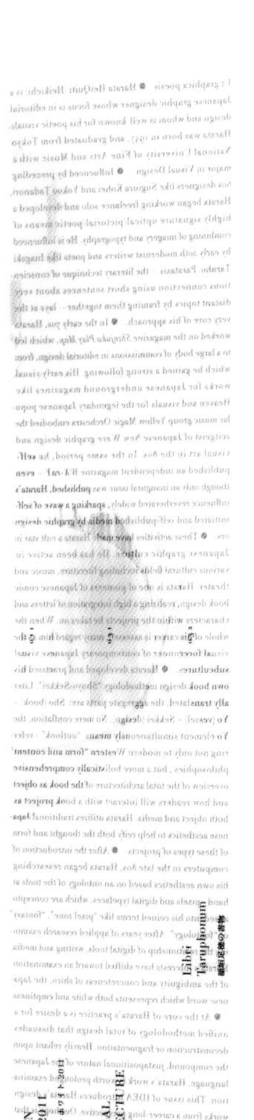

idea 第346期
"羽良多平吉 Yes, I see"

—

2011年
编辑：室贺清德、久保万纪惠
编辑协助：Barbora
使用字体：游明朝体、游明朝体36pt假名、筑地体35pt假名、岩田旧明朝体，Linotype Didot、Didot Elder、H&FJ Didot

—

十年构想—— *idea* 创刊伊始编辑部就几度提出又几度顿挫而放下的策划，用单独一期来展现天才设计师羽良多平吉设计的全貌。羽良多先生高高在上的空间是无法用设计再现出来的。既然如此，我就干脆放弃所谓合理性、功能性这样本质含义的系统性，而把理念定在设计一个让人看起来很有系统性的设计。选择的字体里并没有什么含义，无非是看其优雅，或者是情色。直到最后一页，排版和照片一拥而入、浑然一体。

idea No. 346
"heiQuiti Harata: Yes, I see."

—

2011
Editing: Kiyonori Muroga, Makie Kubo
Cooperation (Editing): Barbora
Typefaces: Yu Mincho, Yu Mincho 36pt Kana, Tsukiji 35pt Kana, Iwata Mincho Old, Linotype Didot, Didot Elder, H&FJ Didot

—

Originally planned a decade ago when I began working with the editorial team of *idea* Magazine, the plan for this particular issue has repeatedly come up for discussion and always suffered some sort of setback. The whole story of heiQuiti Harata, a true genius of design, has been collected into this single volume. There was no way to represent every characteristic of Harata's works, notably his approach to structure, through my own subjective approach to design. Therefore, I established a design concept for this issue which looks systematic in regards to both function and rationale, but also works in regards to the seeming "surface". There was no special reason for the typefaces selected, I just chose typefaces which felt either elegant or somehow erotic. The typographic and photographic elements continuously formed a harmonious whole—true synthesis—until the very last page.

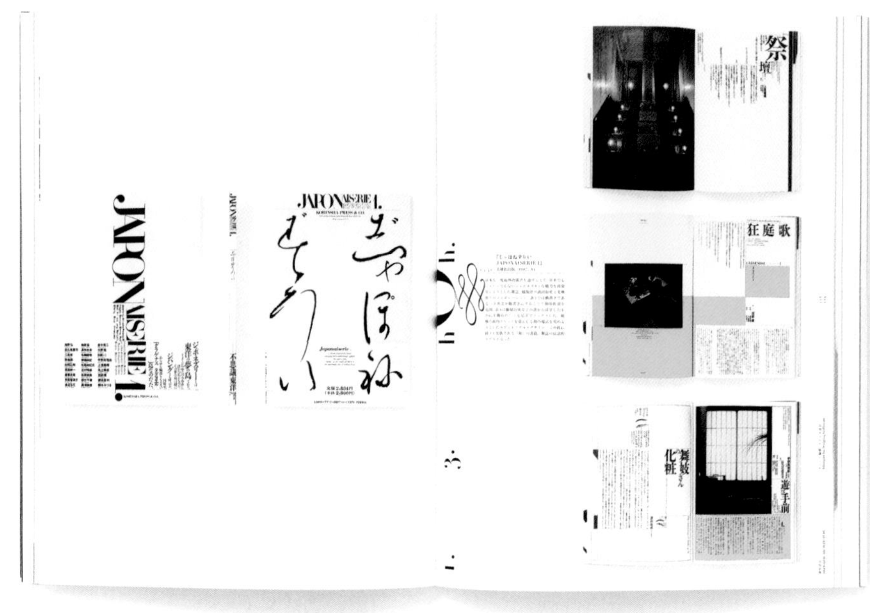

『hi-cArat はい・から』〈通常版〉

1-3-39 二十一世紀社，1989，B1十文字四つ折り（B4）

『hi-cArat はい・から』〈特別版〉

1-3-40 二十一世紀社，1989，182×200mm

京都のサブカルチャー・シーンを伝える情報誌。フリーペーパーの通常版（右ページ背景）はロゴと表紙，それらを編集した特別版は書容設計を担当。『一千一秒物語』でも使われた花形を随所に使用している。B5判の本体を重箱判に化粧断ちし，切り落とされた部分を「月詠」カードと井口眞吾の豆本「TULIP WATER」として利用。

「今はできないそうですが，紙取りを工夫して，B5判のある位置に3mmずつ溝を作って裁断すれば，印刷は同時に上下別のものができます。寸法や2 in 1ということについていろいろ考えてた時代でした」

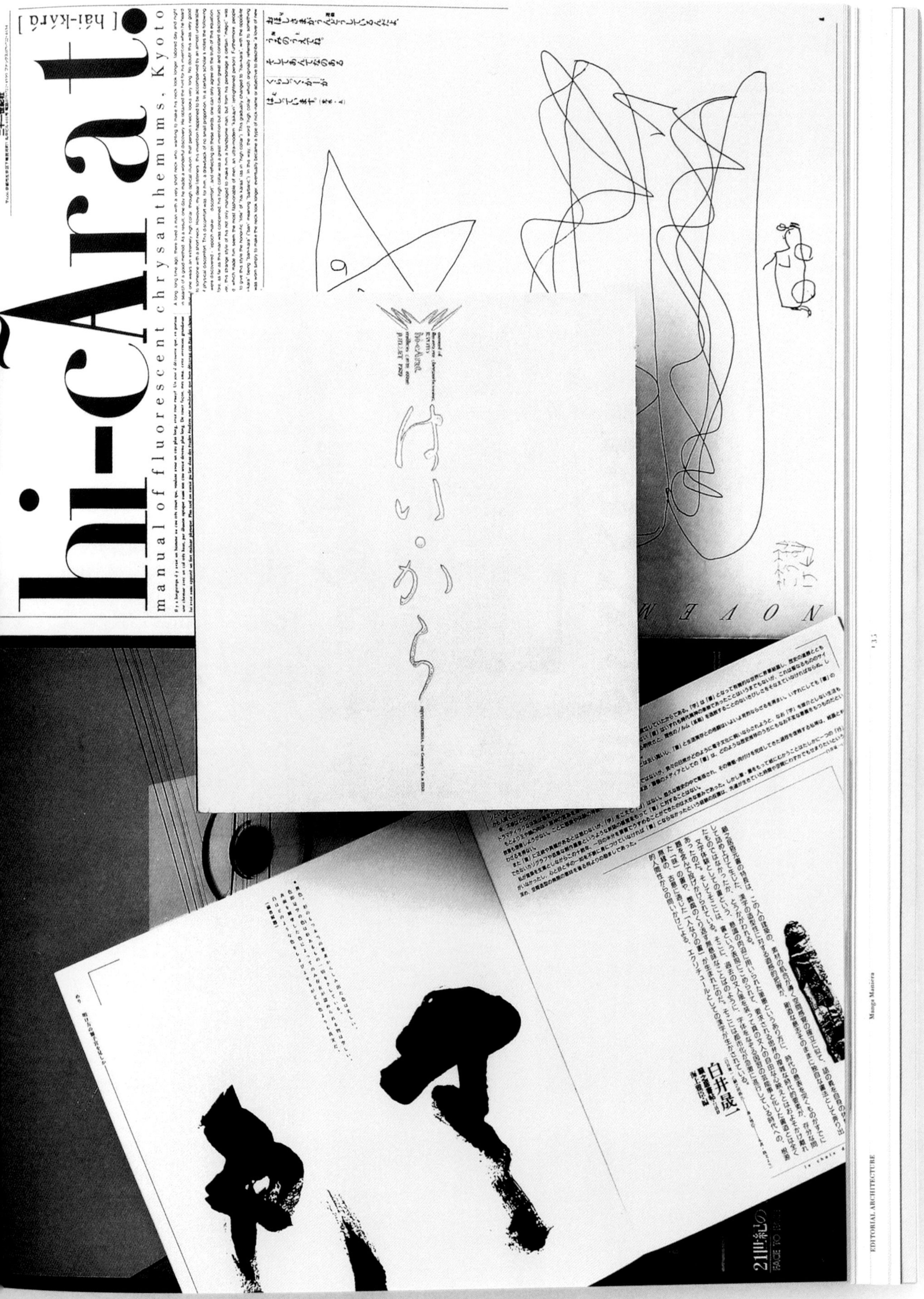
hi-CArat
manual of fluorescent chrysanthemums, Kyoto
[hái-kárá]
はいから
白井晟一
21世紀の
EDITORIAL ARCHITECTURE
Manga Maniera

2.75
2.5
2.25
2.0

稲垣足穂『一千一秒物語
イナガキ・タルホ』
2.1.9 透土社，1990

羽良多が敬愛する稲垣足穂の初期作品を一篇につき一冊づつまとめるシリーズを企画構想。その第一弾として羽良多が編集からデザインまですべて担当した未曾有の一冊。タイトルはB・H・チェンバレン『文字のしるべ』（明治38年）から採字。約物にはエジプトで訪れた古書店で購入した19世紀フランスの印刷年鑑に掲載されていた花形活字を使用した。金星堂から刊行された初版本の本文組をコピーし誤字脱字を修正，ルビと註釈を付記。両面がツルツル・ピカピカの本文用紙「クロームかんすけ」は本来パッケージ用（本書に使用された用紙は12種類）。箔押しは三種類で，カバーにホログラム箔とカッパー箔，オビの王冠は艶消し金に雄型と雌型で両面からプレスするGK版。あらゆる細部まで眼の行き届いた「書容設計」を体現する羽良多デザインの金字塔といえる。編集は嶋崎治子，企画協力は香川眞吾。平成3年度第22回講談社出版文化賞・ブックデザイン賞受賞。

稲垣足穂『一千一秒物語　イナガキ・タルホ』
2.1.9 透土社，1990

羽良多が敬愛する稲垣足穂の初期作品を一篇につき一冊づつまとめるシリーズを企画構想。その第一弾として羽良多が編集からデザインまですべて担当した未曾有の一冊。タイトルはB・H・チェンバレン『文字のしるべ』（明治38年）から採字。約物にはエジプトで訪れた古書店で購入した19世紀フランスの印刷年鑑に掲載されていた花形活字を使用した。金星堂から刊行された初版本の本文組をコピーし誤字脱字を修正，ルビと註釈を付記。両面がツルツル・ピカピカの本文用紙「クロームかんすけ」は本来パッケージ用（本書に使用された用紙は12種類）。箔押しは三種類で，カバーにホログラム箔とカッパー箔，オビの王冠は艶消し金に雄型と雌型で両面からプレスするGK版。あらゆる細部まで眼の行き届いた「書容設計」を体現する羽良多デザインの金字塔といえる。編集は嶋崎治子，企画協力は香川眞吾。平成3年度第22回講談社出版文化賞・ブックデザイン賞受賞。

Rough Fleurons Calligraphy

2.5㎜

20年代と90年代の感覚的往復

田中一光

20年代と90年代の感覚的往復

田中一光

20年代と90年代の感覚的往復

田中一光

今回のブックデザイン賞は，例年になく力作が揃い，とくに画集や写真集などに見るべきものが多く票が接近したが，最終的には満場一致で透土社刊『一千一秒物語』に決定した。卓上に上った競合書がとりかたづけられ，この本が一冊きりになってくると，細部のデリケートなディテールのひとつひとつが浮かび上がってきて，デザイナー羽良多平吉の力量が明らかになってくる。

多様なタイポグラフィーの駆使，十数種にのぼる紙質の選定，図版や写真の資料のアレンヂなど，頁のすみずみまで書籍設計者の神経がゆき届いていて，手応えがある。

しかも，なによりもこの本は，著者稲垣足穂の世界を，明確に，しかも限りない愛着をもってとらえられている点が素晴らしい。初版本の理解，大正モダニズムの時代感覚も十分に考慮しながら，新しくこの二十世紀末によみがえらせたことにある。

1920年代と1990年代との感覚的往復がなによりもこの本を優れたものにしており，多分，この作業には編集者，デザイナー，制作スタッフ，印刷者たちが一体となってつくられたと思われる軌跡がありあちと見ることが出来る。

大量出版時代には珍しく知識と感覚にこだわりをみせた書籍であり，蔵書家の好奇心をくすぐらずにはゆかない不思議な魅力をもっている。

（平成3年度講談社出版文化賞・ブックデザイン賞選評より）

2㎜

Linotype Didot oldstyle

6.

タルホ頌

稲垣足穂（1900–1977）が「ぼくの書くものは，
すべて『一千一秒物語』の註にすぎない」
と語ったように，羽良多にとってのタルホは
時代を越えてつねに立ち戻る原典である。
投影された宇宙，放射するエネルギー体，
そしてコンクレートな白へ……
タルホの多面性と化学反応を続けながら，
その精神を書容のなかに結晶化させる書容の術。

Graphica
Tarouphoi
Inaguaqui

HTF·B·16-Bold.

HTF·B96-Bold

1.5㎜

Didot Elder Display

HTF·L42·Light

3.

6.

2.

2.0

2.75
2.5
2.25
2.0

稲垣足穂『一千一秒物語』
2.1.9 透土社，1990

羽良多が敬愛する稲垣足穂の初期作品を一篇につき一冊づつまとめるシリーズを企画構想。その第一弾として羽良多が編集からデザインまですべて担当した未曾有の一冊。タイトルはB・H・チェンバレン『文字のしるべ』(明治38年)から採字。約物にはエジプトで訪れた古書店で購入した19世紀フランスの印刷年鑑に掲載されていた花形活字を使用した。金星堂から刊行された初版本の本文組をコピーし誤字脱字を修正，ルビと註釈を付記。両面がツルツル・ピカピカの本文用紙「クロームかんすけ」は本来パッケージ用（本書に使用された用紙は12種類）。箔押しは三種類で，カバーにホログラム箔とカッパー箔，オビの王冠は艶消し金に雄型と雌型で両面からプレスするGK版。あらゆる細部まで眼の行き届いた「書容設計」を体現する羽良多デザインの金字塔といえる。編集は嶋崎治子，企画協力は香川眞吾。平成3年度第22回講談社出版文化賞・ブックデザイン賞受賞。

稲垣足穂『一千一秒物語』
イナガキ・タルホ一篇一冊物語双書』
6.13.12 透土社，1990

羽良多が敬愛する稲垣足穂の初期作品を一篇につき一冊づつまとめるシリーズを企画構想。その第一弾として羽良多が編集からデザインまですべて担当した未曾有の一冊。タイトルはB・H・チェンバレン『文字のしるべ』(明治38年)から採字。約物にはエジプトで訪れた古書店で購入した19世紀フランスの印刷年鑑に掲載されていた花形活字を使用した。金星堂から刊行された初版本の本文組をコピーし誤字脱字を修正，ルビと註釈を付記。両面がツルツル・ピカピカの本文用紙「クロームかんすけ」は本来パッケージ用（本書に使用された用紙は12種類）。箔押しは三種類で，カバーにホログラム箔とカッパー箔，オビの王冠は艶消し金に雄型と雌型で両面からプレスするGK版。あらゆる細部まで眼の行き届いた「書容設計」を体現する羽良多デザインの金字塔といえる。編集は嶋崎治子，企画協力は香川眞吾。平成3年度第22回講談社出版文化賞・ブックデザイン賞受賞。

稲垣足穂『一千一秒物語』
2.2.10 透土社，1990

羽良多が敬愛する稲垣足穂の初期作品を一篇につき一冊づつまとめるシリーズを企画構想。金星堂から刊行された初版本の本文組をコピーし誤字脱字を修正，ルビと註釈を付記。両面がツルツル・ピカピカの本文用紙「クロームかんすけ」は本来パッケージ用（本書に使用された用紙は12種類）。箔押しは三種類で，カバーにホログラム箔とカッパー箔，オビの王冠は艶消し金に雄型と雌型で両面からプレスするGK版。あらゆる細部まで眼の行き届いた「書容設計」を体現する羽良多デザインの金字塔といえる。編集は嶋崎治子，企画協力は香川眞吾。平成3年度第22回講談社出版文化賞・ブックデザイン賞受賞。

稲垣足穂『一千一秒物語』
イナガキ・タルホ一篇一冊物語双書』
6.13.12 透土社，1990

羽良多が敬愛する稲垣足穂の初期作品を一篇につき一冊づつまとめるシリーズを企画構想。その第一弾として羽良多が編集からデザインまですべて担当した未曾有の一冊。タイトルはB・H・チェンバレン『文字のしるべ』(明治38年)から採字。約物にはエジプトで訪れた古書店で購入した19世紀フランスの印刷年鑑に掲載されていた花形活字を使用した。金星堂から刊行された初版本の本文組をコピーし誤字脱字を修正，ルビと註釈を付記。両面がツルツル・ピカピカの本文用紙「クロームかんすけ」は本来パッケージ用（本書に使用された用紙は12種類）。箔押しは三種類で，カバーにホログラム箔とカッパー箔，オビの王冠は艶消し金に雄型と雌型で両面からプレスするGK版。あらゆる細部まで眼の行き届いた「書容設計」を体現する羽良多デザインの金字塔といえる。編集は嶋崎治子，企画協力は香川眞吾。平成3年度第22回講談社出版文化賞・ブックデザイン賞受賞。

稲垣足穂『一千一秒物語』
6.13.12 透土社，1990

羽良多が敬愛する稲垣足穂の初期作品を一篇につき一冊づつまとめるシリーズを企画構想。その第一弾として羽良多が編集からデザインまですべて担当した未曾有の一冊。タイトルはB・H・チェンバレン『文字のしるべ』(明治38年)から採字。約物にはエジプトで訪れた古書店で購入した19世紀フランスの印刷年鑑に掲載されていた花形活字を使用した。金星堂から刊行された初版本の本文組をコピーし誤字脱字を修正，ルビと註釈を付記。両面がツルツル・ピカピカの本文用紙「クロームかんすけ」は本来パッケージ用（本書に使用された用紙は12種類）。箔押しは三種類で，カバーにホログラム箔とカッパー箔，オビの王冠は艶消し金に雄型と雌型で両面からプレスするGK版。あらゆる細部まで眼の行き届いた「書容設計」を体現する羽良多デザインの金字塔といえる。編集は嶋崎治子，企画協力は香川眞吾。

稲垣足穂『一千一秒物語』
イナガキ・タルホ一篇一冊物語双書』
6.13.12 透土社，1990

羽良多が敬愛する稲垣足穂の初期作品を一篇につき一冊づつまとめるシリーズを企画構想。その第一弾として羽良多が編集からデザインまですべて担当した未曾有の一冊。タイトルはB・H・チェンバレン『文字のしるべ』(明治38年)から採字。約物にはエジプトで訪れた古書店で購入した19世紀フランスの印刷年鑑に掲載されていた花形活字を使用した。金星堂から刊行された初版本の本文組をコピーし誤字脱字を修正，ルビと註釈を付記。両面がツルツル・ピカピカの本文用紙「クロームかんすけ」は本来パッケージ用（本書に使用された用紙は12種類）。箔押しは三種類で，カバーにホログラム箔とカッパー箔，オビの王冠は艶消し金に雄型と雌型で両面からプレスするGK版。あらゆる細部まで眼の行き届いた「書容設計」を体現する羽良多デザインの金字塔といえる。編集は嶋崎治子，企画協力は香川眞吾。平成3年度第22回講談社出版文化賞・ブックデザイン賞受賞。

Didot HTF-B24 Bold Tr.100

(2l 2.5/3) dd.B

築地体三十五Point 活字

HTF M 96, Medium

Cap: イワタ明朝old・M + LinoType Didot Roman 2/3

Tr.20
大文字・数字 Tr.50

☆基本全角ベタ

游明朝体M + 游明朝体 36ポかな M +LinoType Didot

HTF-B96.Bold

Bickam Script

稲垣足穂『一千一秒物語
イナガキ・タルホ』
2.1.9 透土社，1990

羽良多が敬愛する稲垣足穂の初期作品を一篇につき一冊づつまとめるシリーズを企画構想。その第一弾として羽良多が編集からデザインまですべて担当した未曾有の一冊。タイトルはB・H・チェンバレン『文字のしるべ』(明治38年)から採字。約物にはエジプトで訪れた古書店で購入した19世紀フランスの印刷年鑑に掲載されていた花形活字を使用した。金星堂から刊行された初版本の本文組をコピーし誤字脱字を修正，ルビと註釈を付記。両面がツルツル・ピカピカの本文用紙「クロームかんすけ」は本来パッケージ用（本書に使用された用紙は12種類）。箔押しは三種類で，カバーにホログラム箔とカッパー箔，オビの王冠は艶消し金に雄型と雌型で両面からプレスするGK版。あらゆる細部まで眼の行き届いた「書容設計」を体現する羽良多デザインの金字塔といえる。編集は嶋崎治子，企画協力は香川眞吾。平成3年度第22回講談社出版文化賞・ブックデザイン賞受賞。

Graphica Taroupho Inagaquí

Didot Elder Book Tr.20

イワタオールド M 字間均等アキ

Book Design

2.0

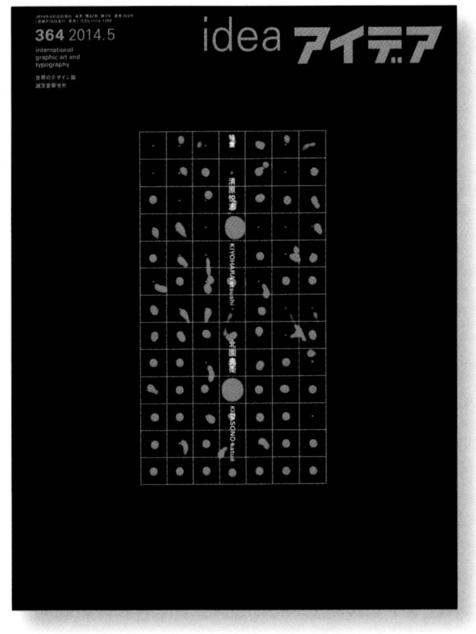

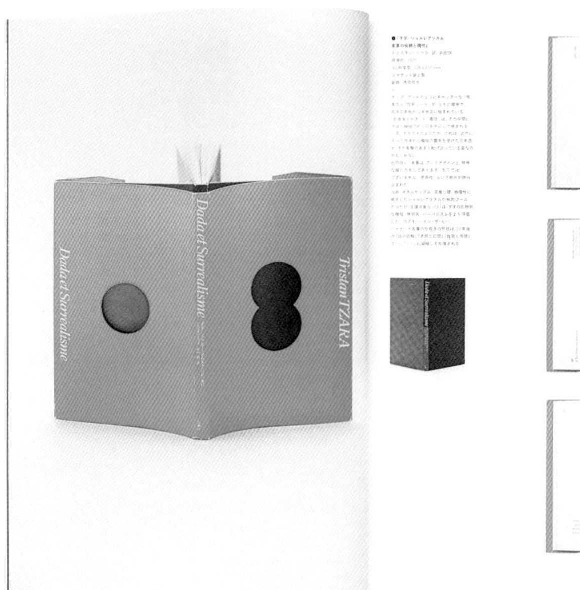

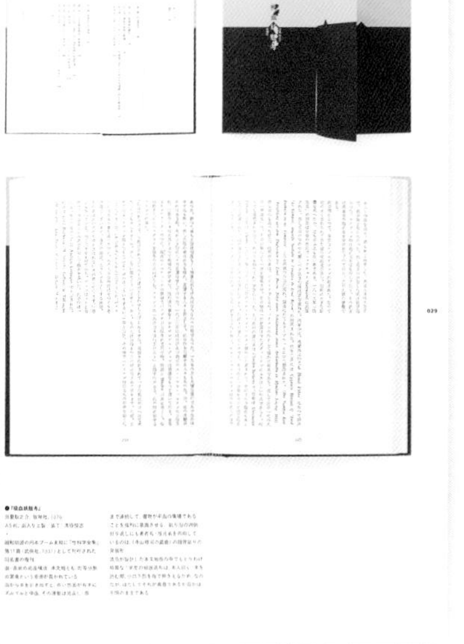

idea 第364期
“清原悦志之理
北园克卫的诗歌与造型”

—

2014年
编辑：室贺清德、久保万纪惠
编辑协助：郡淳一郎、金泽一志、
加藤仁
顾问：清原理
使用字体：本明朝小假名、
Ro黑体新假名，Ro-Bodoni、
Linotype Univers

—

这期是我老师清原悦志（1931—1988）和清原的老师诗人北园克卫（1902—1978）的特刊。这是我自开始负责设计*idea*以来一直在酝酿的一个策划，却等到将近十年后才实现，距离清原去世已过去四分之一个世纪。我请到了师兄弟町田秀夫先生、板东孝明先生，以及对清原以“天才”相称的胜井三雄先生，还有杉浦康平先生、书肆山田的大泉史世先生登场，可以说是以几近理想的阵容制作出了这期页面。编辑工作由总编室贺先生负责，顾问请到了清原的儿子清原理先生，还请了自EVE丛书工作以来的盟友郡淳一郎一起加入。书中刊载了冲刺跑过六七十年代而英年早逝的设计师清原在工作第一线的作品，并作为设计精髓将清原的造型设计大量融入其中，而且还组合搭配上了被清原崇拜为“神”的北园克卫，不知道清原老师是否满意。

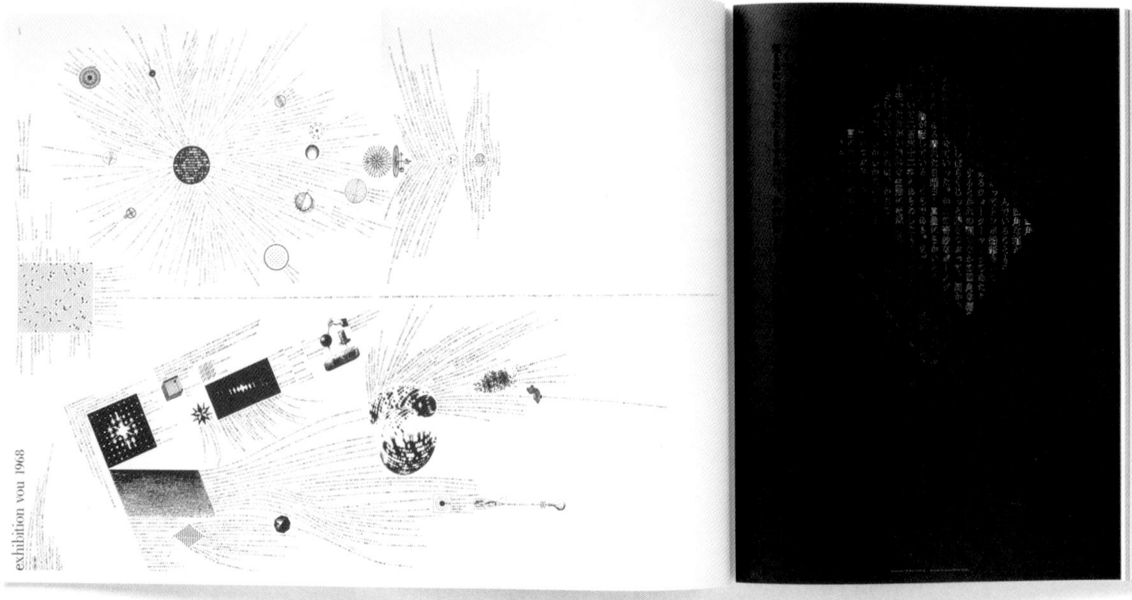

idea No. 364
"Philosophy of Etsushi Kiyohara, Poem and Design of Katué Kitasono"

—

2014
Editing: Kiyonori Muroga, Makie Kubo
Cooperation (Editing): Jun-Ichoro Khori, Hitoshi Kanazawa, Jin Kato
Adviser: Osamu Kiyohara
Typefaces: Hon Mincho Small Kana, Ro Gothic Shin Kana, Ro-Bodoni, Linotype Univers

—

A special issue of my tutor, Etsushi Kiyohara (1931–1988) and his tutor, poet Katué Kitasono (1902–1978). This project had been warming up since I started designing *idea*, and was realized almost one decade later, and a quarter of a century had already passed since Kiyohara's death. I was so lucky to invite my comrades, Mr. Hideo Machida, Mr. Takaaki Bando, and Mr. Mitsuo Katsui who called Kiyohara a "genius", Mr. Kohei Sugiura, and Fumiyo Oizumi of Editions Shoshi-Yamada, who made the almost ideal lineup to make the page composition. Edited by the Editor-in-Chief Mr. Muroga, this edition invited his son Osamu as advisor, and also Mr. Jun-Ichiro Khori, who worked with me since Gallery EVE Project. This issue contains frontier works of Mr. Kiyohara, who worked as a designer during the 1960s–1970s. His way of design was incorporated abundantly as the essence of design, coupling with Katué Kitasono, who is worshiped as "God" by Kiyohara. I really hope my tutor Kiyohara be pleased with this edition.

idea 第354期
"日本另类出版史　1923—1945
真正美丽的书"
—
2012年
构成、撰文：郡淳一郎
编辑：室贺清德
执笔协助：扉野良人、高桥信行、室贺清德
字体信息鉴定：冈泽庆秀
使用字体：龙明KO、秀英明朝、秀英三号、Ryobi黑体新假名，Garamond FB、Architype Renner、Futura
—
idea 第367期
"日本另类文学志　1945—1969
战后·活字·韵律"
—
2014年
构成、撰文：郡淳一郎
编辑：室贺清德
书志制作：川本要
活字鉴定：内田明
使用字体：岩田旧明朝体、岩田旧哥特体、Ro-Venetian、News Gothic
—
idea 第368期
"日本另类精神谱　1970—1994
否定形的书籍设计"
—
2014年
构成、撰文：郡淳一郎
编辑：室贺清德
书志制作：川本要
活字鉴定：内田明
使用字体：秀英明朝、秀英横太明朝、游黑体，Sabon、Atlas Grotesk
—
这是编辑郡淳一郎先生策划、构成的"另类系列"三部曲——"书籍"是什么，"美丽"是什么，"出版"是什么。三部曲都是竖排、从左向右翻页。图文比重几乎相同。书中充满了以往的文学史、设计的脉络中从未涉及的观点。如何对待这样几近异常的高密度书籍数据，我觉得我直到第三册才终于能够将内容的这种热情用排版稍微冷却下来。

idea No. 354
"Alternative History of Publishing in Japan 1923–1945: Truly Beautiful Books"
—
2012
Concept and Text: Jun-Ichiro Khori
Editing: Kiyonori Muroga
Text and Cooperation: Rabbito Tobirano, Nobuyuki Takahashi, Kiyonori Muroga
Typeface Information: Okazawa Yoshihide
Typefaces: Ryumin KO, Shuei Mincho, Shuei 3-go, Ryobi Gothic Shin Kana, Garamond FB, Architype Renner, Futura
—
idea No. 367
"An Altetnative History of Poetry in Japan 1945–1969: or A Gutenberg Elegy in a Thousand and One Steps"
—
2014
Concept and Text: Jun-Ichiro Khori
Editing: Kiyonori Muroga
Bibliography: Kaname Kawamoto
Analysis of Typography: Akira Uchida
Typefaces: Iwata Mincho Old, Iwata Gothic Old, Ro-Venetian, News Gothic
—
idea No. 368
"A Chronicle of Alternative Spirits in Japan 1970–1994: Books Designed in Negative Forms or A Gutenberg Elegy in a Thousand and One Steps"
—
2014
Concept and Text: Jun-Ichiro Khori
Editing: Kiyonori Muroga
Bibliography: Kaname Kawamoto
Analysis of Typography: Akira Uchida
Typefaces: Shuei Mincho, Shuei Yokobuto Mincho, Yu Gothic, Sabon, Atlas Grotesk
—
A trilogy of explorations of "an alternative publishing history in Japan" planned by the editor Jun-Ichiro Khori. What is a "book"? What is "beauty"? What is "publishing"? Each section was bound on the right side and vertically typeset. Despite being different, each section puts almost the same stress on both the photographs and the descriptions of the books featured. Each section is fraught with alternative perspectives which cannot possibly be captured from conventional historical contexts and perspectives on literature and design. I wondered how I might approach such an unusually substantial amount of bibliographic information and descriptive texts. My hope is that this detailed, yet poetic approach to typography for each suffices.

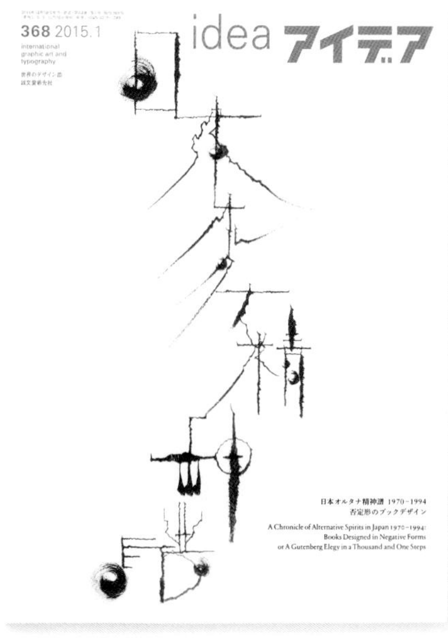

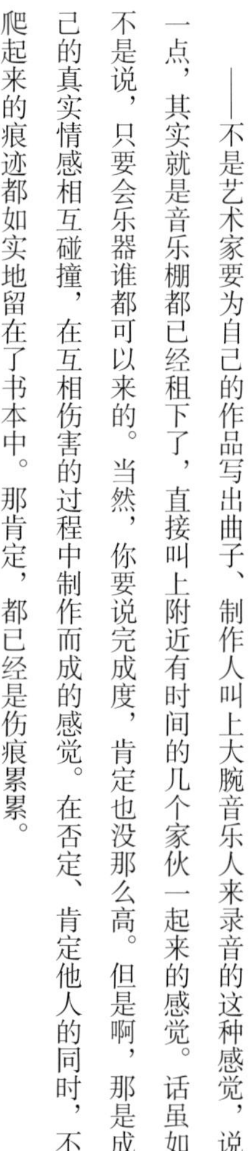

——不是艺术家要为自己的作品写出曲子、制作人叫上大腕音乐人来录音的这种感觉，说得不好听一点，其实就是音乐棚都已经租下了，直接叫上附近有时间的几个家伙一起来的感觉。话虽如此，但也不是说，只要会乐器谁都可以来的。当然，你要说完成度，肯定也没那么高。但是啊，那是成员们用自己的真实情感相互碰撞，在互相伤害的过程中制作而成的感觉。在否定、肯定他人的同时，不断跌倒又爬起来的痕迹都如实地留在了书本中。那肯定，都已经是伤痕累累。

真好啊，这种感觉。

所以啊，这都不是所谓的『产品』呢。

『日本另类出版史 1923—1945真正美丽的书』座谈会，*idea* 第354期，诚文堂新光社，2012年8月

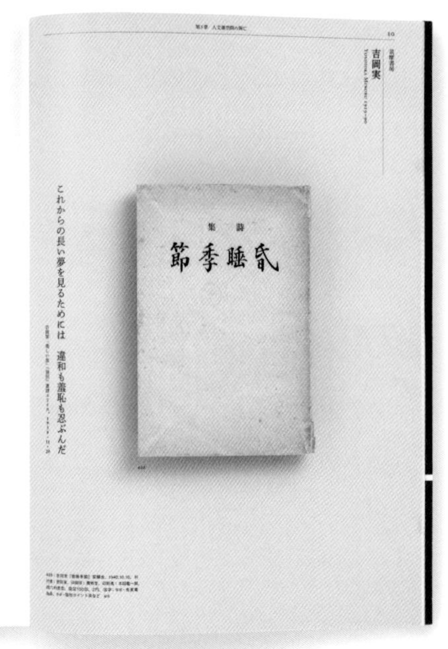

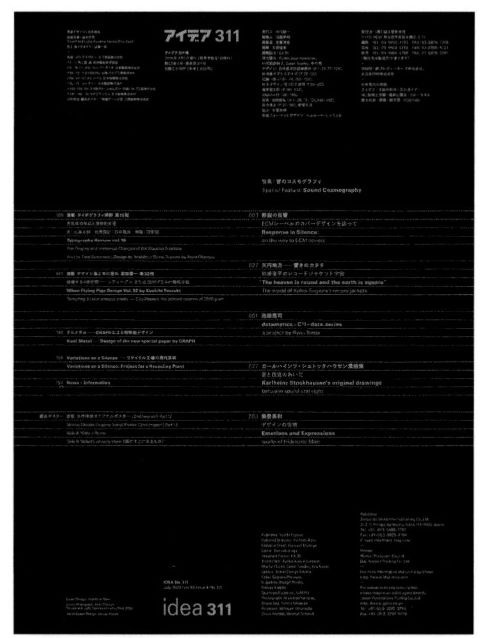

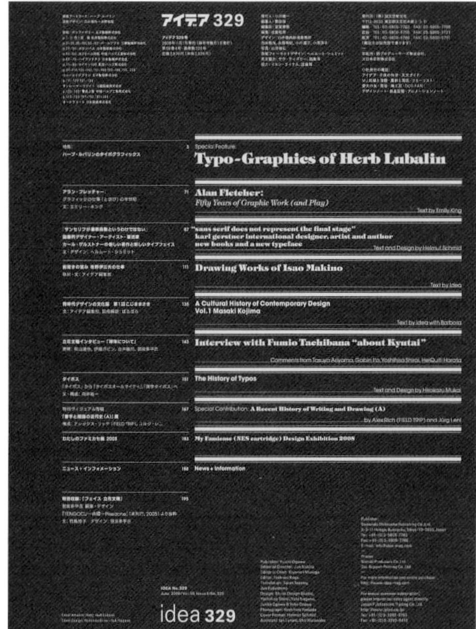

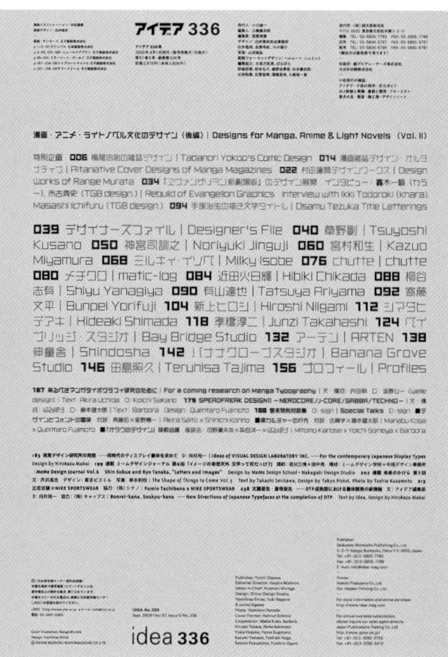

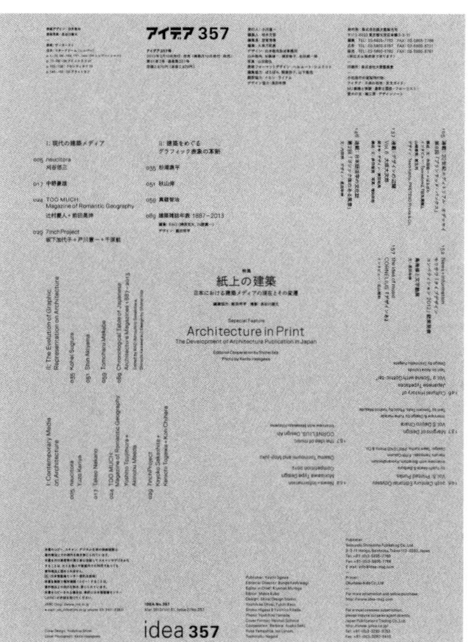

アイデア 315

アイデア315号
2006年3月10日発行

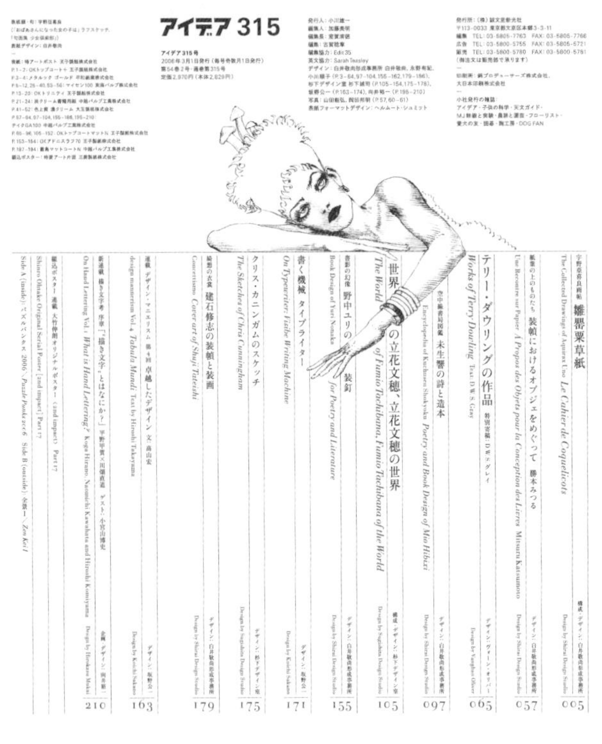

Publisher:
Seibundo Shinkosha Publishing Co.,Ltd.
3-3-11 Hongo, Bunkyoku, Tokyo 113-0033, Japan
Tel: +81-(0)3-5805-7763
Fax: +81-(0)3-5805-7766
E-mail: info@idea-mag.com

Printer:
Nishiki Producers Co.,Ltd.
Dai-Nippon Printing Co.,Ltd.

Publisher: Yuichi Ogawa
Editorial Director: Yoshiaki Kato

IDEA No.315
March 2006 / Vol.54, Issue 2 / No.315

idea **315**

アイデア 324

idea **324**

アイデア 352

アイデア352号
2012年4月10日発行

IDEA No.352
Apr. 2012 / Vol.60, Issue 3 / No.352

idea **352**

アイデア 364

アイデア364号
2014年4月10日発行

Publisher:
Seibundo Shinkosha Publishing Co.,Ltd.
3-3-11 Hongo, Bunkyoku, Tokyo 113-0033, Japan

Printer:
Okumaseibido Co.,Ltd.
Binder:
Dai-Nippon Printing Co.,Ltd.

For more information and online purchase
http://www.idea-mag.com

Publisher: Yuichi Ogawa
Editorial Director: Bungo Kashiwagi
Editor-in-Chief: Kiyonori Muroga
Editor: Maiko Kubo

IDEA No.364
May 2014 / Vol.62, Issue 3 / No.364

idea **364**

163

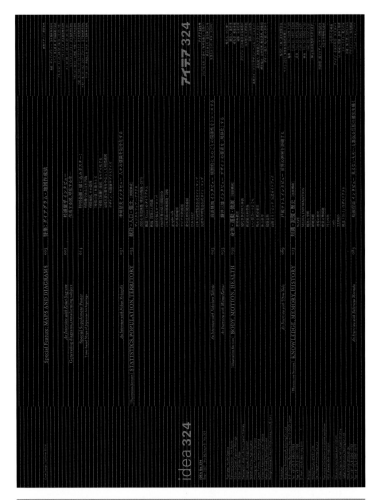

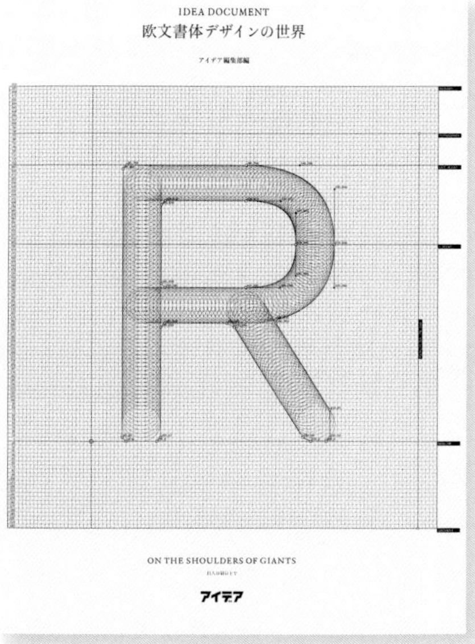

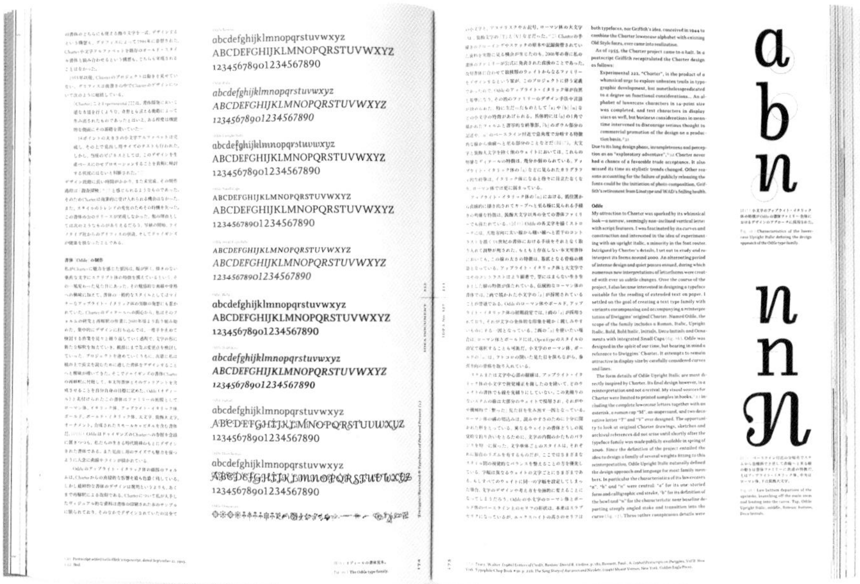

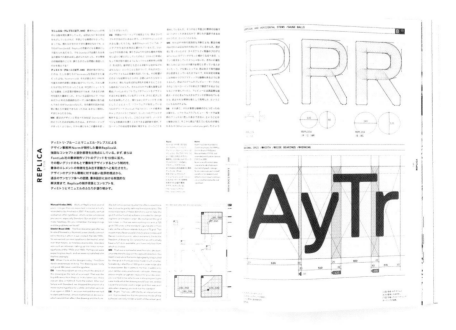

164

《IDEA DOCUMENT
西文字体设计的世界》

—

idea 编辑部编，
诚文堂新光社，2015年
编辑：室贺清德
使用字体：冬青明朝、游筑五号假名，
Renard

IDEA DOCUMENT:
World of Latin Typeface Design

—

Edited by *idea* Magazine, Seibundo
Shinkosha Publishing Co., Ltd., 2015
Editing: Kiyonori Muroga
Typefaces: Hiragino Mincho,
Yu Tsuki 5-go Kana, Renard

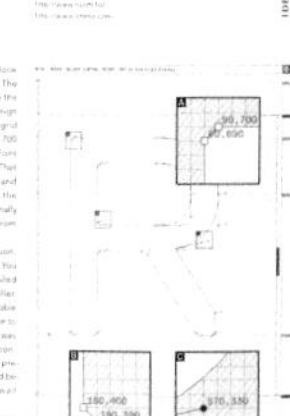

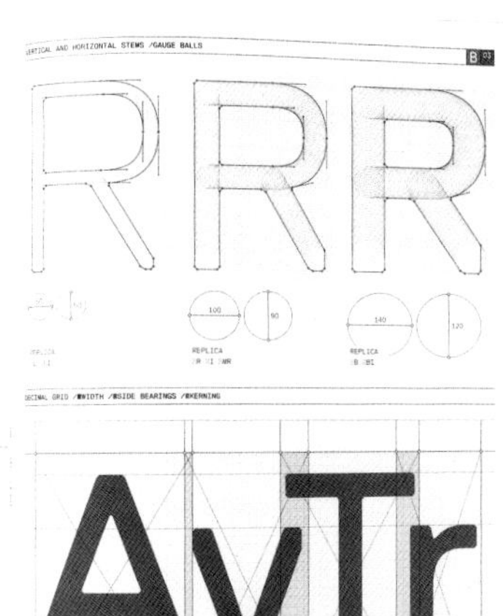

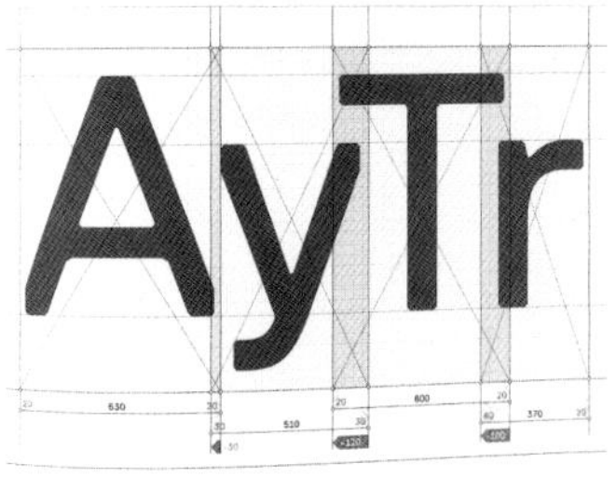

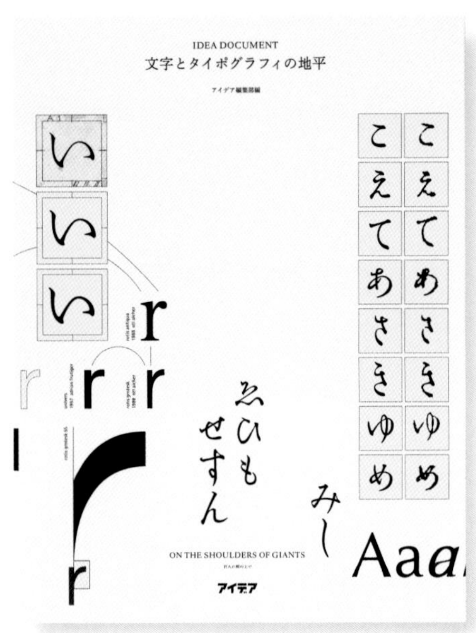

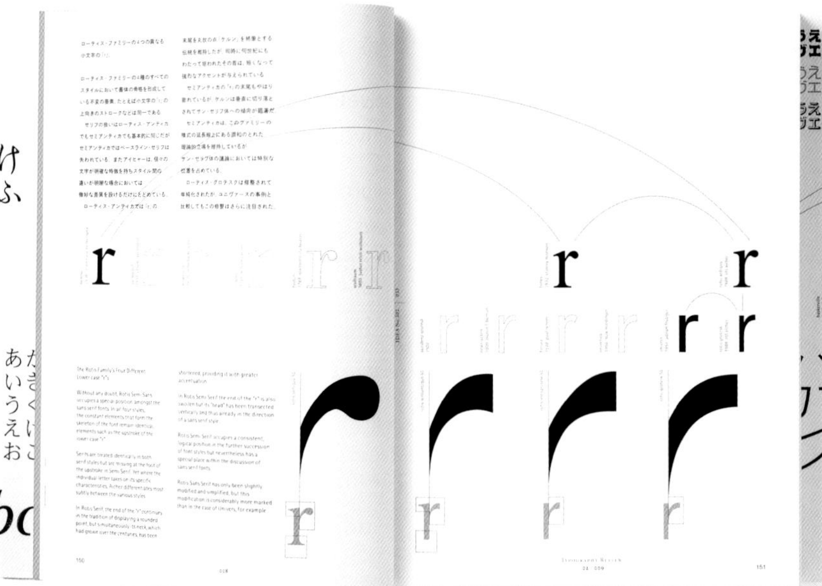

《IDEA DOCUMENT
文字与字体排印的地平》

—

idea 编辑部编，
诚文堂新光社，2015年
编辑：室贺清德、西圆
使用字体：秀英明朝，
DTL Haarlemmer

—

IDEA DOCUMENT系列的两本都是把这十几年刊载在*idea*上与字体排印相关的文章收集而成的书籍版。《西文字体设计的世界》封面是Replica、封底则象征性地采用了Romain du Roi的构造图（网格线）。《文字与字体排印的地平》则是文章内容碎片的拼贴。

*IDEA DOCUMENT:
Letter and Typography*

—

Edited by *idea* Magazine,
Seibundo Shinkosha Publishing
Co., Ltd., 2015
Editing: Kiyonori Muroga,
Madoka Nishi
Typefaces: Shuei Mincho,
DTL Haarlemmer

—

These two books, the *IDEA DOCUMENT* series, consist of several articles related to various topics on typography which have been published in *idea* Magazine over the past decade. In the case of the edition *World of Latin Typeface Design*, the cover design symbolically featured structural drawings of the contemporary typeface Replica on the front cover and the construction of a historical typeface, the Romain du Roi, on the back side. The edition *Letter and Typography* featured a cover design which was composed of a collage of elements from the articles featured within.

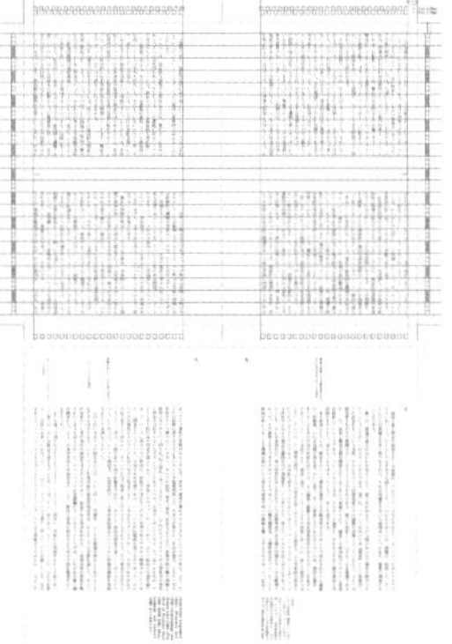

idea 第377期
“排版造型　书籍版式和网格系统”
—
白井敬尚著，2017年
182 mm×297 mm
编辑：室贺清德
补注：郡淳一郎
排版分析：内田明
使用字体：本明朝小假名、Ryobi黑体新假名，Sabon、Tschichold
—
本来是要配合展览刊行的书籍，名字也是《排版造型》的试验版，计划使用各种各样的实例，对排版中的造型原理进行解说。

idea No. 377
“Typographic Composition: Book Format and Grid System”
—
Yoshihisa Shirai, 2017
182 mm x 297 mm
Editing: Kiyonori Muroga
Supplementary Note: Jun-Ichiro Khori
Analysis of Typography: Akira Uchida
Typefaces: Hon Mincho Small Kana, Ryobi Gothic Shin Kana, Sabon, Tschichold
—
This is a prototype version of a book entitled *"Typographic Composition"* which is to be published on the occasion of this exhibition. I will add interpretational commentary to the various examples included to elucidate the principles of typographic composition within this prototype.

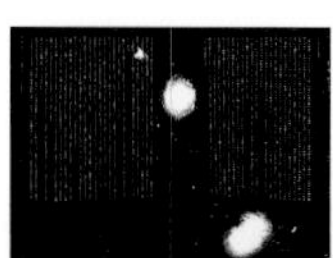

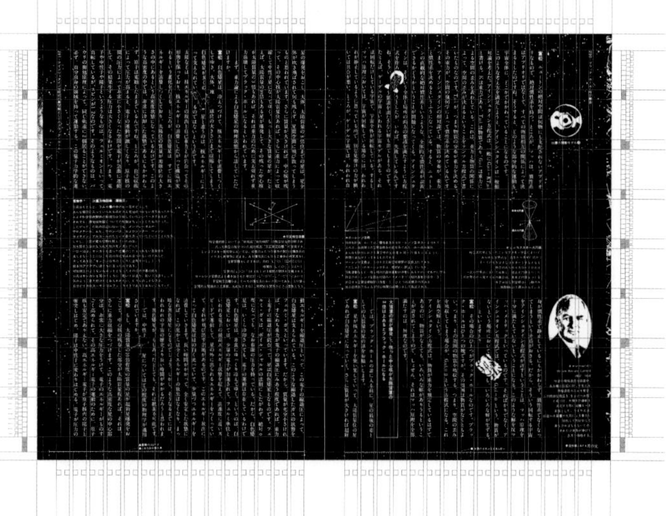

第4章

装帧意匠

在铃木一志、户田勉后一代的设计师中，有一位几近洁癖般地对正文设计的理论深入研究、反射自问，并凭借其出色的平衡能力付诸实践的旗手，他就是白井敬尚。他还彻底研究了在西欧长期积累形成的排版历史，其对正文设计的整体性、宏观性的视角也非常有特点。

白井敬尚在清原悦志事务所受过字体排印的熏陶后，以此为契机于1998年独立，其多方位的追求令人耳目一新。扬·奇肖尔德《书籍与活字》的日文版（朗文堂，1998年）、组版工学研究会编撰的《西文字体百花事典》（同上，2003年）、《山口蓝作品集　爽爽朗朗》（羽鸟书店，2010年）以及日本的印刷大企业凸版印刷公司所运营的印刷博物馆的展册《梵蒂冈教皇厅图书馆展》（一、二卷，2002、2015年）、《横尾忠则全装帧集》（PIE International，2013年）等等，代表作品令人目不暇接。无论哪份作品，其设计样式均无多余或者牵强之感，飘着清新洁净的气息，作品本身就像是一件艺术品。

毫不含糊、“透明的语言”，宽广的心胸，毫不怯懦的使命感铭刻于心。与杉浦康平一样，白井敬尚给大家展示的，并非低头蛮干的操作，而是经过深邃理论所证实的样式作法，其背后存在着一个优美的“世界观”。而且，我想再次和大家强调的是，他对西欧字体排印发展的造诣也无与伦比，认识的人都知道他的学者气质。具有敏锐的历史洞察力，是他与杉浦先生的共通点。

本文摘自臼田捷治《“美丽的书”文化志》，book & design，2020年4月

追求书籍制作的终极美

臼田捷治

白井敬尚1961年生于丰桥市，这样算来多田进、葛西薰、白井敬尚的年龄居然各相差一轮。他从东京设计学院的名古屋分校毕业之后，经过大阪的设计公司，从1986年开始，进入本书第六章提到的清原悦志的事务所“正方形”工作，于是可以接触到以字体排印作为核心的书籍设计。

在1998年独立之后，他的作品虽然为数不多，但都是以出版字体排印相关书籍而知名的朗文堂（主理人是片盐二朗）为中心，深入钻研，不断进行书籍设计的实践。与此同时，他还与印刷史研究者片盐先生等人一起到威尼斯，探访了堪称“摇篮期本”（印刷初创期书籍）精华的阿尔杜斯工坊遗迹，积极钻研字体排印史，与其他作者一起将学习成果都写入《插画的展开与字体排印的领域》（角川书店）、《西文字体百花事典》（朗文堂）中，是一位颇有学者气质的人。

白井的态度可以用下面的这段话进行概括：

> 要以正文为基础。我在做装帧时，是从活字该怎么做、用什么字体等等这些要点出发。

曾在牛津出版社工作的河野三男仔细分析字体排印的基本概念后写下了《字体排印的领域》（朗文堂，1996年）一书。白井在制作该书时，对B5开本下横排日文的易读性进行了研究，反复试错。全书为了不出现“孤行”“孤字”（落到后一页的单独一行、文本框内换行后剩下的单独一字）而进行了严密的处理。装帧上，只在书脊上（与正文一样使用Ryobi的“本明朝”）放入文字，这个效果可以说是极简化的极致了。

而针对现代字体排印的领导者扬·奇肖尔德在对古今著名字体进行解说的《书籍与活字》（朗文堂，1998年）一书中，白井宛如将人体五脏六腑大卸八块一样，对德文版原著正文排版的比例先进行了彻底的分析，推出了一套适合日文横排的格式。而在外装的书名部分则非常克制。护封上西文书名以古代罗马皇帝图拉真碑文描绘而成，这款字被奇肖尔德推崇为一切的基础；而与其搭配的日文书名，最后得出结论是中华书局的仿宋体最为合适，因为这款字是在探求适用于雕刻的字体的过程中形成的。但由于中国活字里没有假名，因此白井使用的，是与上述的仿宋体搭配而对森泽的宋朝体进行改刻的版本。他还用一条朱红色的短水线将西文和日文区分开，给人留下了深刻印象，但据白井说，这也是援引了自古以来朱红与墨黑的这一古典搭配。

在书名部分采用过去的优秀活字遗产，也是白井装帧手法的一个特色。对于书名，片盐在几经细致采访之后撰写的力作《被活字吸引的男人们》（朗文堂，1999年）里用的是书里提到的津田三省堂的宋朝体，而同是片盐的《两位奇肖尔德》（同上，

2000年）用了青山进行堂明朝，在河野的《评传：活字与埃里克·吉尔》（同上，1999年）则用了岩田的正楷书（Ryobi版），但都是经过修整、改刻之后才用的。

可以说，正是有了片盐等几位理解者的支持，白井才形成了富有特色的一种面对历史的方法。“我希望能把之前民众所习惯的、几经锤炼的素材传递给下一代。而且我认为，这不是单纯模拟古典，我们要再次思考，哪些是金属活字时代的人们本来想做却没有实现的东西，我想通过现代数码方式把这些再现出来。”

东京世田谷区经堂的EVE画廊（主理人是山元千秋）为配合策划展而发行的EVE丛书虽然不是普通书店公开出售的书籍，但也可看出白井在其中投入的心血。从2000年的《墓地后的花店抄》（短歌：仙波龙英，照片：荒木经惟）开始，到现在已经出了九本，与编辑郡淳一郎缜密合作的艺术书籍保证了图文一体，其富有魅力的水准一直延续下来。特别是引用了在欧美活版悠久印刷历史中锤炼出来的优美装饰线条和花型，折射出了高雅品位。白井对印刷史的素养才是其妙法之源。

而且在最近，就像德国文学家武村知子尝试所谓的“化身潜入”，深入摇滚乐队Einstürzende Neubauten主唱、国际大牌明星Blixa Bargeld的世界而撰写的力作《狩日食——Blixa Bargeld 飞回双六》（青土社，2004年）那样，白井在这本书里充分发挥出隐藏的力量，切实地不断扩大作品的广度。

看到白井以正文为起点、细致的工作方法，我想起了世间罕见的出版人志茂太郎（青色书房房主）。当时他与恩地孝四郎一起发行了读书杂志《书窗》。后来在悼念恩地时，他说了以下一段话：

> 只要在美丽的纸张上美丽地印刷，只是纯粹地这么做，有可能做出一本美丽的书籍。这是书籍与生俱来的一种肉体美。正因为要装扮美丽的肢体，服装和化妆才有其意义。而对于在美丽的纸张上美丽地印刷出的内容，只有给予与内容相配的外装，才可能是一本美丽的书。
>
> ——《书》1964年第一卷第四期，“造本青春”

可以说，白井现在正在要实现的，正是志茂奉为理想的这种书籍制作的终极美。

多田、葛西、白井这三位的装帧和平面设计的共通之处在于，他们都遵守着做书的严谨条理。这也可以说是超越潮流的现代主义志向。但与此同时，三位都没有忘记回头看过去的遗产，拿来作为素材或者作为隐藏的动机，将其再生进行创作，这一点也是他们的一大特征。

摘自《装帧列传》，臼田捷治著，平凡社，2004年9月

ヴァチカン
教皇庁図書館展
The
An Exhibition of
Invention
Manuscripts and Incunabula
of
in the Biblioteca Apostolica Vaticana
Books
書物の誕生
写本から印刷へ
印刷博物館

ヴァチカン
教皇庁図書館展
The
Invention
of
Books
書物の誕生
写本から印刷へ

《梵蒂冈教皇厅图书馆展
书籍的诞生：从手抄本到印刷》图录

—

凸版印刷，印刷博物馆，2002年，A4
策划：印刷博物馆学艺策划室
（宗村泉、中西保仁）
印刷、制本：凸版印刷
使用字体：本明朝小假名，Centaur、Clairvaux
书名题字：日文来自内阁印刷局平假名采录、改刻（Kamome）；汉字来自南宋后期《周礼》采录、改刻（均为今田欣一氏）

—

该展策划展示了以《圣经》为中心的梵蒂冈教皇厅图书馆藏品。图录设计为了重现天主教总部的氛围，主体部分模仿了欧洲的古典排版方式，标题居中对齐，正文两端对齐。页面则是文字为文字、图片为图片，各就各位的构成方式。封面、书籍、封底部分从展示、刊载的图片里采录了《费德里科·达·蒙特菲特罗的福音书》（*Evangeliario di Federico da Montefeltro*），换成新结构。开头正文的单栏排版采录了普朗坦印刷所的印刷品中的头花，做出的设计非常切合“从手抄本到印刷”这一副标题。

Catalogue for *Biblioteca Apostolica Vaticana Exhibition: The Invention of Books, Manuscripts and Incunabula*

—

Toppan Printing Co., Ltd.,
Printing Museum, Tokyo, 2002, A4
Planning: Printing Museum Curatorial Planning Division (Izumi Munemura, Yasuhito Nakanishi)
Printing & Binding: Toppan Printing Co.,Ltd.
Typefaces: Hon Mincho Small Kana, Centaur, Clairvaux
Title Typefaces: Revival typeface based on the Government Printing Bureau's Hiragana (Kamome) for the Japanese text; Revival typeface based on the *The Rites of Zhou* published in the late Southern Song Dynasty for the Chinese characters.

—

This exhibition mainly focused on the *Bibles* in the collection of the Biblioteca Apostolica Vaticana. The catalogue's design attempted to recreate the atmosphere of the Roman Catholic Church. I followed the rules of traditional European typography, notably centered headlines and justified typesetting. I adopted a clear-cut attitude for each page's composition, simply separated the text and the illustration spatially. Ornaments for the front cover, back cover and the book's rear matter were reproduced and reconstructed from the manuscript *Evangeliario di Federico da Montefeltro*. For the introductory text, I used a single column format and selected printers' flowers, the headpiece of which was reproduced from prints by the Plantin-Moretus family. My intent was that the design was appropriate to the content in regards to accurate historical form, as illustrated by the catalogue's sub-title "Manuscripts and Incunabula".

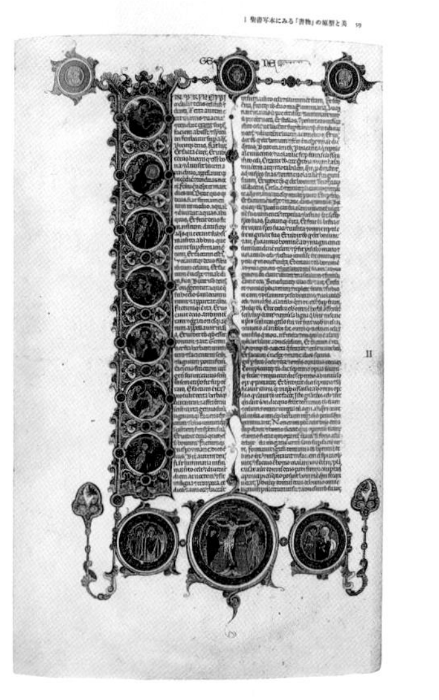

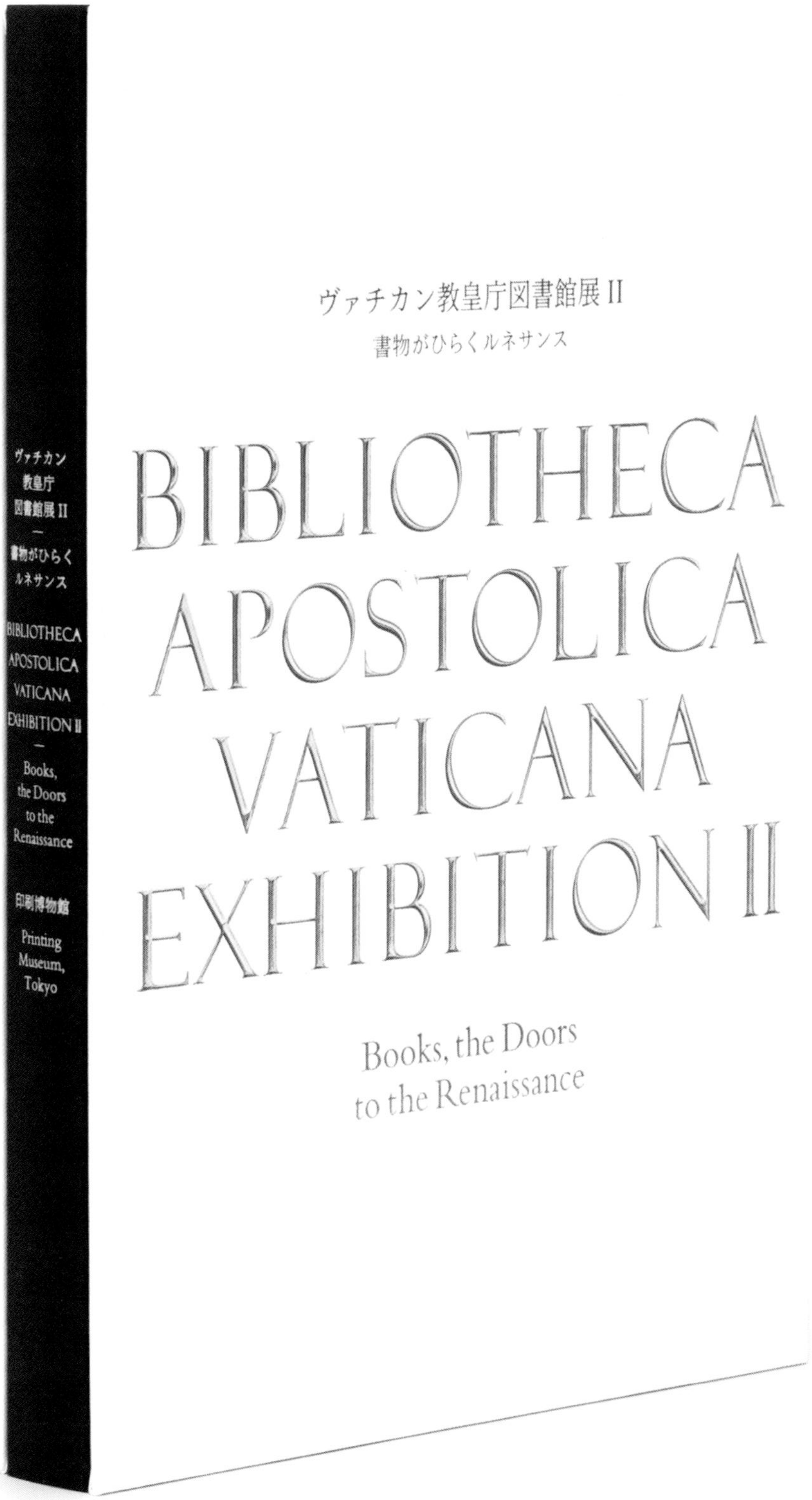

ヴァチカン
教皇庁
図書館展 II
—
書物がひらく
ルネサンス

BIBLIOTHECA
APOSTOLICA
VATICANA
EXHIBITION II
—
Books,
the Doors
to the
Renaissance

印刷博物館

Printing
Museum,
Tokyo

ヴァチカン教皇庁図書館展 II

書物がひらくルネサンス

BIBLIOTHECA APOSTOLICA VATICANA EXHIBITION II

Books, the Doors
to the Renaissance

《梵蒂冈教皇厅图书馆展 II
书籍开拓的文艺复兴》图录

—

凸版印刷，印刷博物馆，2015年，B5
编辑、制作：中西保仁、石桥圭一（印刷博物馆学艺室）、山本弥生、岛田真帆（凸版创意中心）、井上捺南子（五柳书院）
印刷、制本：凸版印刷
使用字体：凸版文久明朝，Bembo、Felix

—

借本次展览的机会，我得以实际访问了梵蒂冈教皇厅图书馆，拜会了馆长和手抄本、印刷本的负责人，对该馆进行了参观。直接体现这次参观体验的是海报、宣传单等周边。标题字使用的是文艺复兴时期的碑文雕刻家费利切·费利恰诺的字体Felix。图录的封面上，采用了V形烫金这一原本以为几乎不可能实现的加工。所有文字都采用刚刚完成的凸版明朝（文久明朝）这一款字。西文字体与Bembo搭配，模仿了意大利文艺复兴象征的阿尔杜斯·马努提乌斯的印刷品。文本上方是阿尔杜斯工房的头花，采用了倒三角形式排版。

Catalogue for *Bibliotheca Apostolica Vaticana Exhibition II: Books, the Doors to the Renaissance*

—

Toppan Printing Co., Ltd.,
Printing Museum, Tokyo, 2015, B5
Editing & Production: Yasuhito Nakanishi, Keiichi Ishibashi (Printing Museum Curatorial Planning Division), Yayoi Yamamoto, Maho Shimada (Toppan Idea Center), Nanako Inoue (Goryu Shoin)
Printing & Binding:
Toppan Printing Co., Ltd.
Typefaces: Toppan Bunkyu Mincho, Bembo, Felix

—

On the occasion of this exhibition, I visited the Biblioteca Apostolica Vaticana, where I had the fortune to meet with the director and the curator of Manuscripts and Incunabula section. They kindly gave me a tour around the library and I reflected on this experience rather directly through the design of the printed materials for the exhibition, including the poster and the flyer. The typeface Felix, which is based on the work of the Renaissance stone-engraver Felice Feliciano, was selected for the title. I was able to implement the V-groove-shaped hot foil stamping, despite worrying that it might not be possible. The newly developed typeface Toppan Mincho (Bunkyu Mincho) was used for all of the texts and was complemented by a headpiece from the Officina of Aldus at the top of each text, as I was inspired by the books printed by the works of the Italian Renaissance printer Aldus Manutius. Triangle-shaped half-diamond indentation was used throughout the typographic compositions.

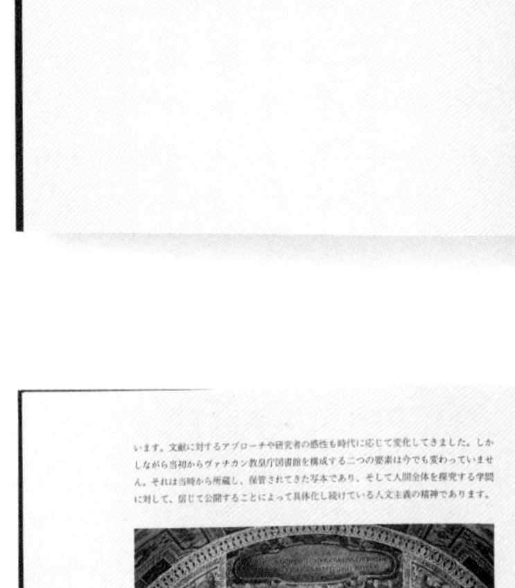

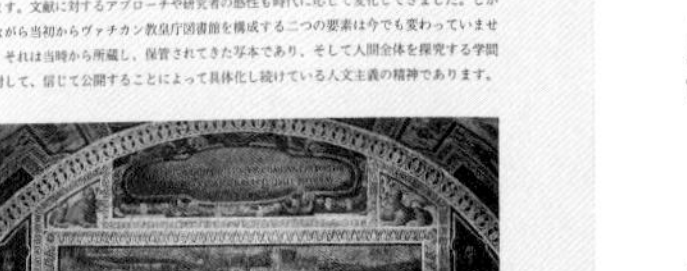

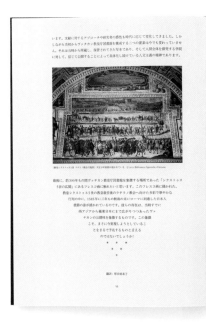

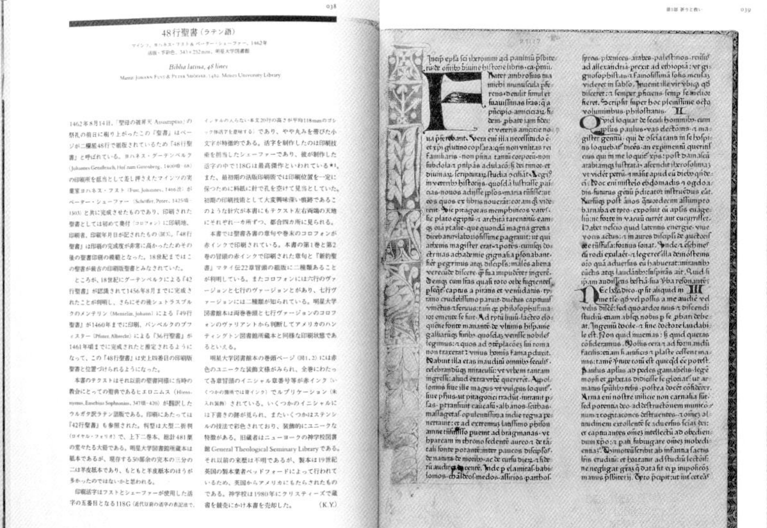

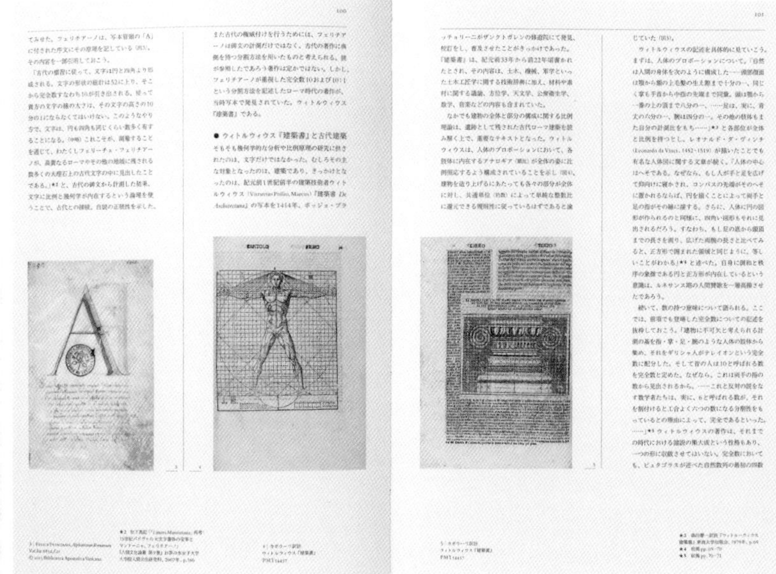

《梵蒂冈教皇厅图书馆展 II
书籍开拓的文艺复兴》宣传单

—

凸版印刷，印刷博物馆，
2015年，A4
印刷指导：山口理一
印刷：凸版印刷
使用字体：凸版文久明朝，
Bembo、Felix

Flyer for *Bibliotheca Apostolica Vaticana Exhibition II: Books, the Doors to the Renaissance*

—

Toppan Printing Co., Ltd.,
Printing Museum, Tokyo, 2015, A4
Printing Director: Riichi Yamaguchi
Printing & Binding: Toppan Printing Co., Ltd.
Typefaces: Toppan Bunkyu Mincho, Bembo, Felix

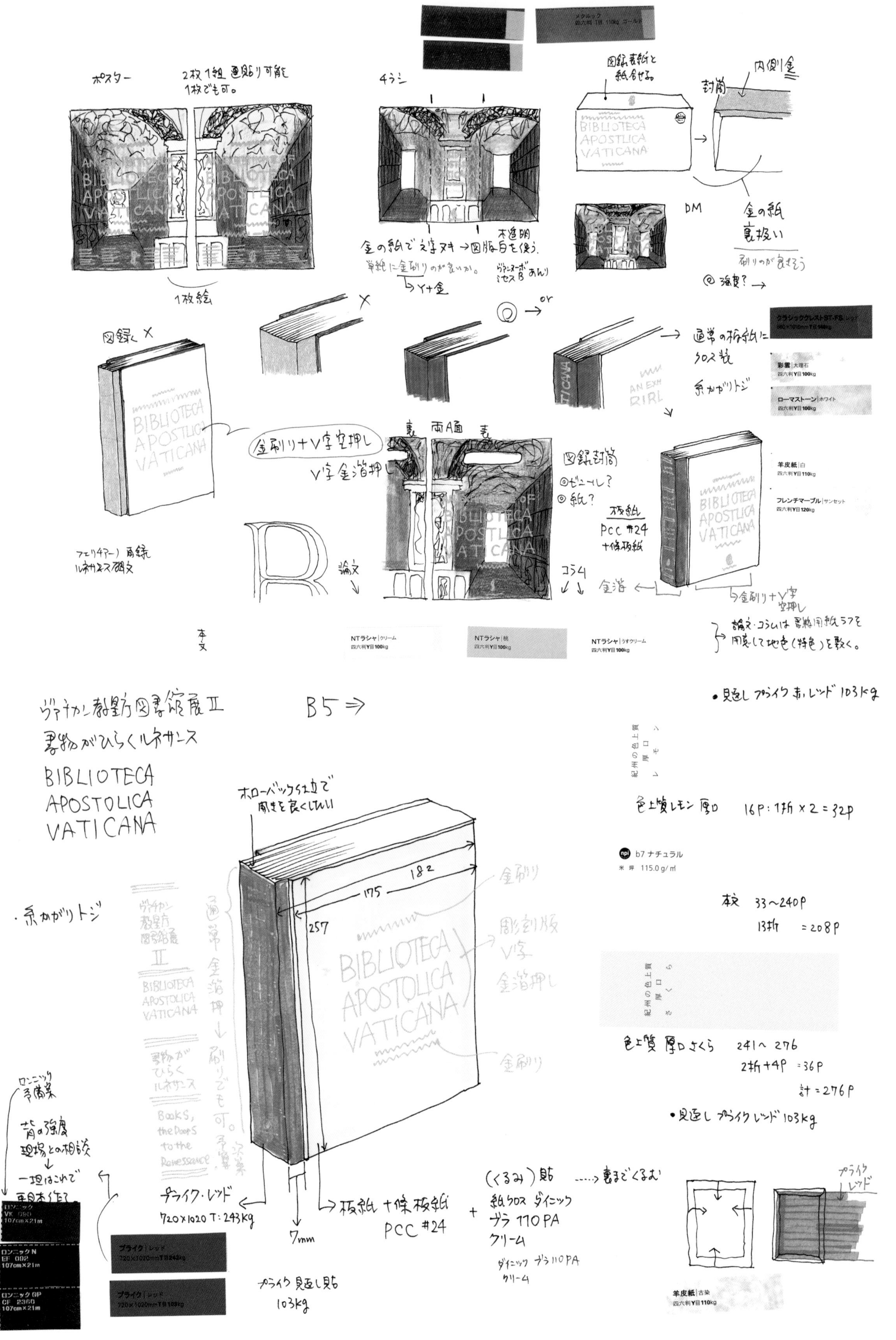
ポスター
2枚1組 連貼り可能
1枚でも可。
1枚絵
チラシ
DM
BIBLIOTECA
APOSTLICA
VATICANA
金の紙
図録 ×
金刷り＋V字空押し
V字金箔押し
図録封筒
論文
コラム
金箔
通常の板紙に
クロス巻
糸かがりトジ
クラシッククレストST-FS
彩雲｜大理石
四六判Y目100kg
ローマストーン｜ホワイト
四六判Y目100kg
羊皮紙｜白
四六判Y目110kg
フレンチマーブル｜サンセット
四六判Y目120kg
PCC #24
NTラシャ｜クリーム
四六判Y目100kg
NTラシャ｜桃
四六判Y目100kg
NTラシャ｜うすクリーム
四六判Y目100kg
本文
ヴァチカン教皇庁図書館展 II
書物がひらくルネサンス
BIBLIOTECA
APOSTOLICA
VATICANA
B5 ⇒
ホローバック仕立で
開きを良くしたい
182
175
257
金刷り
彫刻版
V字
金箔押し
・糸かがりトジ
プライク・レッド
720×1020 T:243kg
7mm
板紙 十條板紙
PCC #24
紙クロス ダイニック
プラ 110 PA
クリーム
プライク 見返し貼
103kg
・見返し プライク 赤レッド 103kg
紀州の色上質
厚口
レモン
色上質 レモン 厚口 16P：1折×2＝32P
b7 ナチュラル
米坪 115.0 g/㎡
本文 33〜240P
13折 ＝208P
紀州の色上質
厚口
さくら
色上質 厚口 さくら 241〜276
2折＋4P ＝36P
計＝276P
・見返し プライク レッド 103kg
プライク レッド
ロンニック 予備案
ロンニック
VK 050
107cm×21m
ロンニックN
EF 092
107cm×21m
ロンニック GP
CF 2360
107cm×21m
プライク｜レッド
720×1020mmT目243kg
プライク｜レッド
720×1020mmT目103kg
羊皮紙｜古染
四六判Y目110kg

《IMPRESSIONI & PRESSIONI
压力之美》图录

—

凸版印刷，印刷博物馆，2001年，A5
艺术指导：菊池巨
使用字体：本明朝、游筑五号假名、游筑36pt假名、花莲华（发布前的测试版），Bembo

—

这是介绍意大利印刷出版公司UNALUNA的图录，总数为80页的一本薄薄的小册子。标题居中对齐，正文两端对齐，行头配首字母等，采用的是非常保守的排版方式。在图片页中，图注左对齐，页码也是只在对页标注的非对称结构。

Catalogue for *IMPRESSIONI & PRESSIONI: Beauty of the Pressure*

—

Toppan Printing Co., Ltd., Printing Museum, Tokyo, 2001, A5
Art direction: Masami Kikuchi
Typefaces: Hon Mincho, Yu Tsuki 5-go Kana, Yu Tsuki 36 pt Kana, Hanarenge (test version before the release), Bembo

—

The catalogue introduced the Italian printer/publisher UNALUNA. This slim book consisted of merely 80 pages. I decided to use a conservative approach to the typography including centered head-lines, justified typesetting and drop caps. In the illustration section, I used an asymmetric compositional approach with unjustified texts for captions and inserted the page numbers only on one side of the spreads.

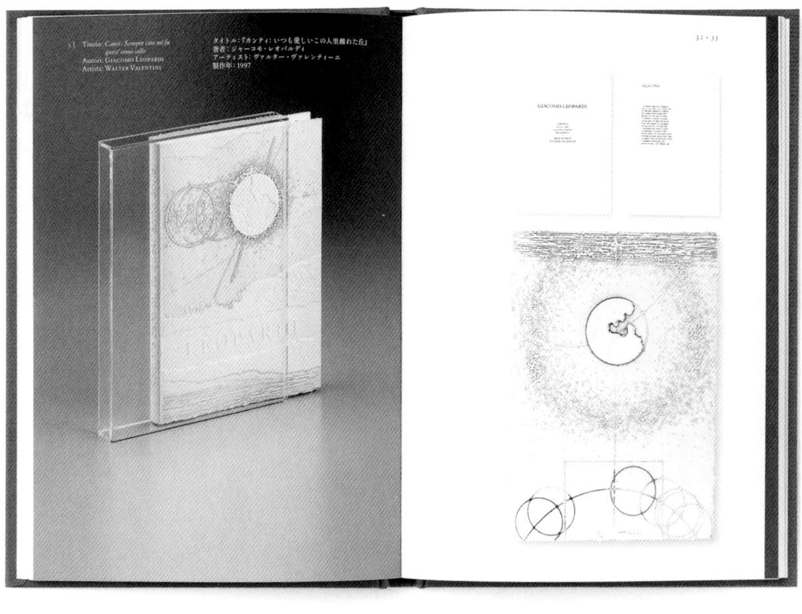

EXHIBITIONS
Graphic Messages from Ginza Graphic Gallery & DDD Gallery 1986–2006

—

大日本印刷ICC总部，2007年，
220mm×280mm
策划：ggg
监修：青叶益辉、柏木博、永井一正
制作：TransArt Inc.
流程控制：美术出版社
编辑：臼田捷治、藤崎圭一郎、平山好夫、尾泽梓、田边直子
印刷指导：渡边谨二
印刷、制本：大日本印刷
封面使用字体：Linotype Didot、Bickham Script
西文题字：采录自The House of Enschedé: 1703–1953

—

ggg开设二十周年策划的图录。我发觉要用一个单一的视觉来象征这二十年是不可能的，因此就尝试仅用文字进行平面设计的表现。

EXHIBITIONS
Graphic Messages from Ginza Graphic Gallery & DDD Gallery 1986–2006

—

Dai Nippon Printing ICC Division, 2007, 220mm×280mm
Planning: Ginza Graphic Gallery
Supervision: Masuteru Aoba, Hiroshi Kashiwagi, Kazumasa Nagai
Production: TransArt Inc.
Schedule Control: Bijutsu Shuppan-Sha Co., Ltd.
Editing: Shouji Usuda, Keiichiro Fujisaki, Yoshio Hirayama, Azusa Ozawa, Naoko Tanabe
Printing Direction: Kinji Watanabe
Printing & Binding: Dai Nippon Printing Co., Ltd.
Cover Typefaces: Linotype Didot, Bickham Script
Cover Typeface (Latin alphabet): Reproduction from The House of Enschedé: 1703–1953.

—

The catalogue for the 20th anniversary exhibition of the Ginza Graphic Gallery. As I thought that it might be impossible to symbolize the 20 years of ggg's activities using a single visual image, I decided to represent them through a typographic design.

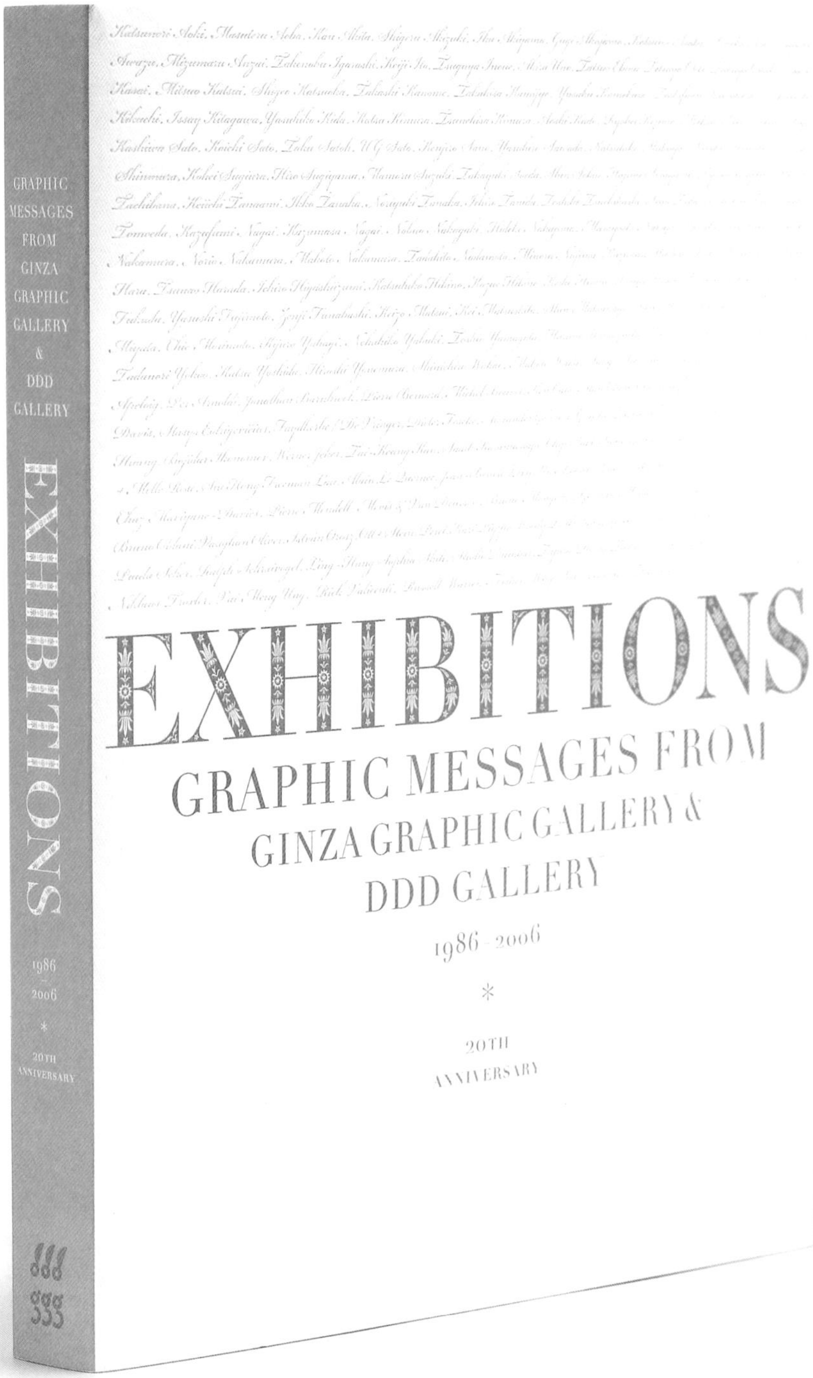

《秀英体研究》（装帧）

—

片盐二朗著，大日本印刷，2004年，B5，带函套

印刷、制本：大日本印刷

使用字体：秀英初号明朝（试作）

花型装饰活字：以《活版样本册 Type Specimens》（秀英舍铸造部制文堂）中刊载的花型活字第34号为中心，用数码技术复刻重构

—

这是片盐二朗先生早于秀英体平成大改刻的一部力作。对于装帧，作者的要求只是一句“大胆”。如何回应这个要求，我考虑了各种各样的方案，翻遍了秀英舍的样本册中刊载的花型装饰，费尽心思满足了作者的要求。

A Study for Shueitai
[Shueitai Kenkyu]
(Book Cover Design)

—

Jiro Katashio,
Dai Nippon Printing Co., Ltd.,
2004, B5, enclosed in a slipcase
Printing & Binding:
Dai Nippon Printing Co., Ltd.
Typefaces: Shuei Sho-go Mincho (prototype)
Printers Flowers: Digital type revival and reconstruction mainly from fleurons and ornaments No. 34 published in *Type Specimens* (Shueisha Chuzobu Seibundo).

—

This book, a fruit of many years' labor by Mr. Jiro Katashio, was published before the "Shueitai Heisei-era revival project" had been completed. The author's request as to the book design was to "be bold." I considered various options to fulfill this request and my solution was to make full use of the printers' flowers which were reproduced from the type specimens of Shueisha as best as I might.

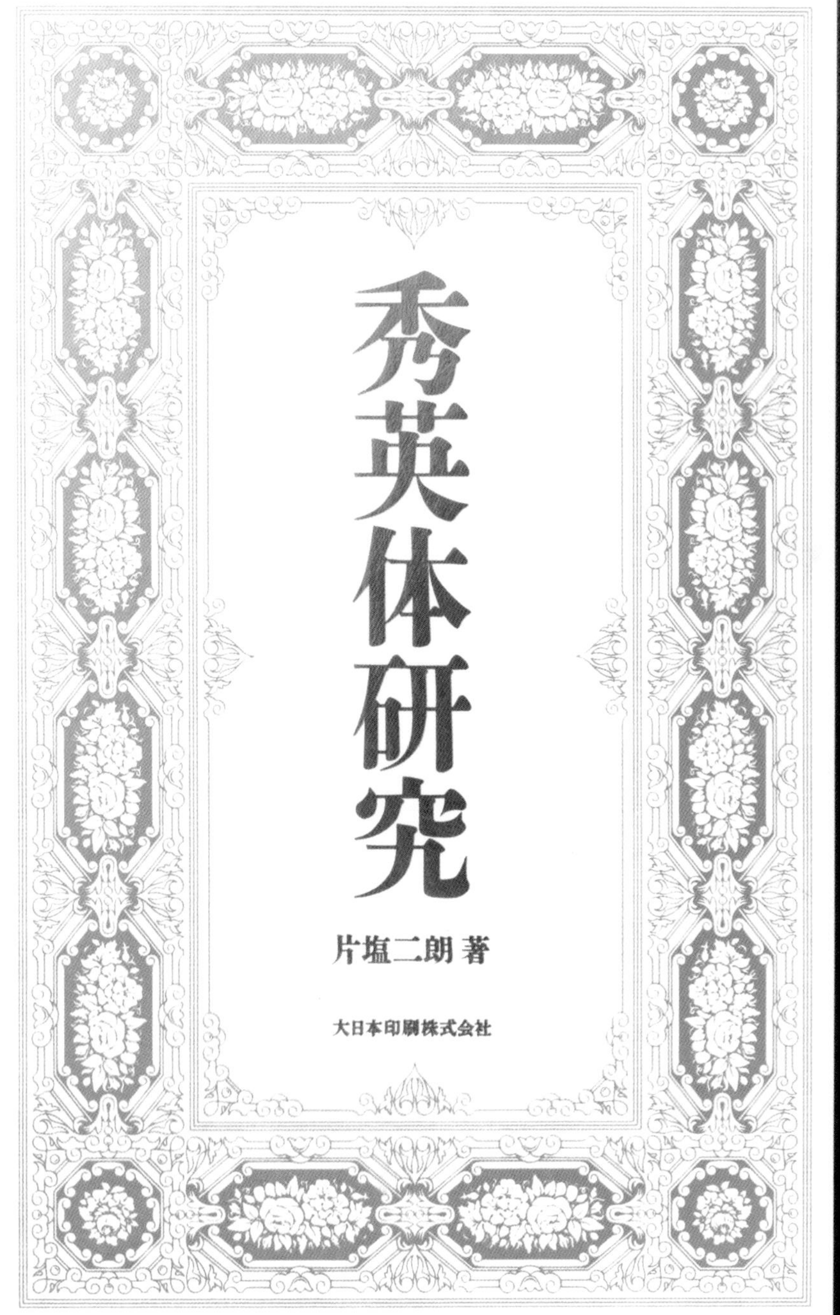

TOKYO TDC, VOL. 20
The Best in International
Typography & Design

—

东京TDC，DNP Art Communications，2009年，210 mm×282 mm
编辑、流程控制：照沼太佳子、川口美沙（东京TDC）
印刷、制本：大日本印刷
封面使用字体：Dante

—

这是TDC年鉴第20卷，我联想到了人的二十岁，所以在设计中尽量想回到一个直白的状态。尽管如此，说是直白，把其他东西削去之后反而令自己的偏好更为显眼，所以我觉得从最后的效果来看，还是坚持用了当时喜欢的字体、排版形式。

TOKYO TDC, VOL. 20
The Best in International
Typography & Design

—

Tokyo Type Directors Club (Ed.)
DNP Art Communications Co., Ltd., 2009, 210 mm x 282 mm
Editing and Process Control: Takako Terunuma, Misa Kawaguchi (Tokyo Type Directors Club)
Printing & Binding: Dai Nippon Printing Co., Ltd.
Cover Typefaces: Dante

—

My intention in designing the TDC Annual Vol. 20 was to try and return to the state of a 20-year old, therefore, my own preferences and tastes show through. However unintentionally, I used my favorite typefaces and my own subjective approach to typographic composition.

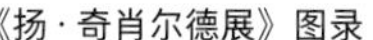

《扬·奇肖尔德展》图录

—

DNP文化振兴财团，2013年，
220mm×280mm
供稿：Christopher Burke、山本太郎
写真：山田能弘
策划、构成：尾泽梓
协助：Martijn F. Le Coultre、
Ernst Georg Kühle、麦仓圣子
印刷指导：渡边谨二
印刷、制本：大日本印刷
流程管理：多贺谷春生
使用字体：秀英黑体银、秀英明朝，
Tschichold、Sabon Next、
Iwan Reschniev、Waddem Choo NF

—

《扬·奇肖尔德展》宣传单

DNP文化振兴财团，2013年，A4

—

《扬·奇肖尔德展》DM

DNP文化振兴财团，2013年

—

展览以年轻的奇肖尔德被包豪斯感化、仰慕埃尔·利西茨基时候的设计为轴心。将姓名首字母的J和T的抽象形态作为时代象征的造型，作为设计的结构，赋予功能。也就是说，结构本身成为其识别自身身份的标志。书籍样式看起来大气粗犷，但我在设计时尽量让其显得锐利。日文字体的明朝体、黑体用的都是秀英家族。西文用的是借给我们奇肖尔德作品集的Ernst Georg所推荐的Iwan Reschniev和Tschichold，与秀英搭配。

Jan Tschichold Exhibition Catalogue

—

The DNP Foundation for Cultural Promotion, 2013, 220mm×280mm
Contributions: Christopher Burke, Taro Yamamoto
Photography: Yoshihiro Yamada
Concept and Planning: Azusa Ozawa
Cooperation: Martijn F. Le Coultre, Ernst Georg Kühle, Shoko Mugikura
Printing Direction: Kinji Watanabe
Printing & Binding:
Dai Nippon Printing Co., Ltd.
Process Control: Haruo Tagaya
Typefaces: Shuei Kaku-gothic Gin, Shuei Mincho, Tschichold, Sabon Next, Iwan Reschniev, Waddem Choo NF

—

Flyer for *Jan Tschichold Exhibition*

The DNP Foundation for Cultural Promotion, 2013, A4

—

Jan Tschichold Exhibition DM

The DNP Foundation for Cultural Promotion, 2013

—

When Jan Tschichold was young, he was fascinated by the Bauhaus and was strongly influenced by the artist and designer El Lissitzky. My approach to these designs was based on Tschichold's works during that early period when he was under the influence. I con sidered Tschichold's abbreviated initials—"J" and "T"—and adopted them as aspects of the design structure for the greater exhibition identity and the resultant printed works. By giving Tschichold's initials meaningful form, they became the structure upon which the identity was built.In regards to the format of the accompanying book, my intention was for the design to be rather sharp, despite the format of the book being quite big and rough-seeming. The Shuei family, both Mincho and Gothic, were put to use in the typesetting in conjunction with the Latin typefaces Iwan Reschniev and Tschichold, each recommended by Ernst Georg who had lent his private collection of Tschichold's works for the exhibition.

Jan
Tschichold

ギンザ・グラフィック・ギャラリー 第327回企画展
ヤン・チヒョルト展

Fri. 11. 1—Tues. 11. 26. 2013

監修：白井敬尚　副監修：マルチン・ド・ル クールトル
Design by Yoshihisa Shirai
Printed in Japan by Dai Nippon Printing Co.,Ltd.

ggg

Jan Tschichold: A Double Life

Christopher Burke (Typographer, Typeface Designer, Type Historian)

Jan Tschichold has endured as a figure of interest in the history of typography because he seems to have had two personas, each with views that apparently contradicted the other. The tensions between modern and traditional approaches to typography were played out through his work and writings during five decades of the twentieth century. Tschichold's journey – from craft tradition, through rationalist reform, and back to an intermediary position – was characterized by his colleague Paul Renner as a dialectical "hunt for knowledge," which is "best served by he who feels the conflict in his own being."

Tschichold had a double nature in several respects. He was not only a practising typographer but simultaneously a historian and theorist of typography. From 1925, for just over ten years, he was the principal evangelist for "New Typography," a functionalist movement that developed mainly in Central and Eastern Europe. As was customary for a cultural reformer during that era, he wrote a manifesto, titled "Elementare Typographie," and he further encapsulated the spirit of the movement in his book, *Die neue Typographie* (1928). This book attained a mythical status during the twentieth century, also in Anglo-Saxon culture, despite the fact that it was not published in English until almost seventy years later. In his dual role as theorist and practitioner, Tschichold's status in Western typography is comparable to that of Le Corbusier in architecture.

Tschichold was perhaps the first graphic design historian: from the beginning of his career he collected material and he started writing the history of New Typography as it happened. His version has become orthodox, to some extent: the importance he placed on the influence of the Futurists and Constructivists has been repeated by many subsequent historians. Tschichold's contact with the Russian Constructivist El Lissitzky was decisive: the young Johannes Tzschichhold (as he was born) was so inspired by Lissitzky's work that he briefly renamed himself Iwan. Soon after, he settled on the Czech & Polish version of his name, Jan, and remained so for the rest of his life.

While Tschichold had friendly contact with the Bauhaus, especially with Herbert Bayer and László Moholy-Nagy, he was never professionally connected with that school, and he did not consider the Bauhaus to be synonymous with New Typography. Unlike Lissitzky, Bayer and Moholy-Nagy, who all came to typography from art or architecture, Tschichold trained as a calligrapher and typographer,

3 / 1 column
2.75 / 2 column
2.5 / 3 column List
2 / 3 column Caption Long
2 / 3 column Caption
2 / 3 column Caption
2 / 4 column Caption
2 / 4 column Caption

New Typography: Book Design

新しいタイポグラフィ：ブックデザイン

1923年にワイマールで開催された第1回バウハウス展に足を運んだチヒョルトは、会場に展示された躍動感あふれる造形物に心を奪われた。それらはかつてチヒョルトが目にしたデザインとは何もかもが違っていた。

Upon visiting the first Bauhaus exhibition in Weimar in 1923, Tschichold was captivated by the dynamic designs on display. They were completely unlike anything the young man had seen before.

1 コリン・ロス『旅行と冒険の本』
COLIN ROSS, *Fahrten- und Abenteuerbuch* / Büchergilde Gutenberg, Leipzig / 1925

2 コリン・ロス『旅行と冒険の本』（第2版）
COLIN ROSS, *Fahrten- und Abenteuerbuch* (2nd edition) / Büchergilde Gutenberg, Berlin / 1928

3 コリン・ロス『旅行と冒険の本』（第3版）
COLIN ROSS, *Fahrten- und Abenteuerbuch* (3rd edition) / Büchergilde Gutenberg, Berlin / 1930

4 コリン・ロス『旅行と冒険の本』（第4版）
COLIN ROSS, *Fahrten- und Abenteuerbuch* (4th edition) / Büchergilde Gutenberg, Berlin / 1933

5 レクチャー告知リーフレット
Leaflet for a Lecture

New Typography: Book Design 009

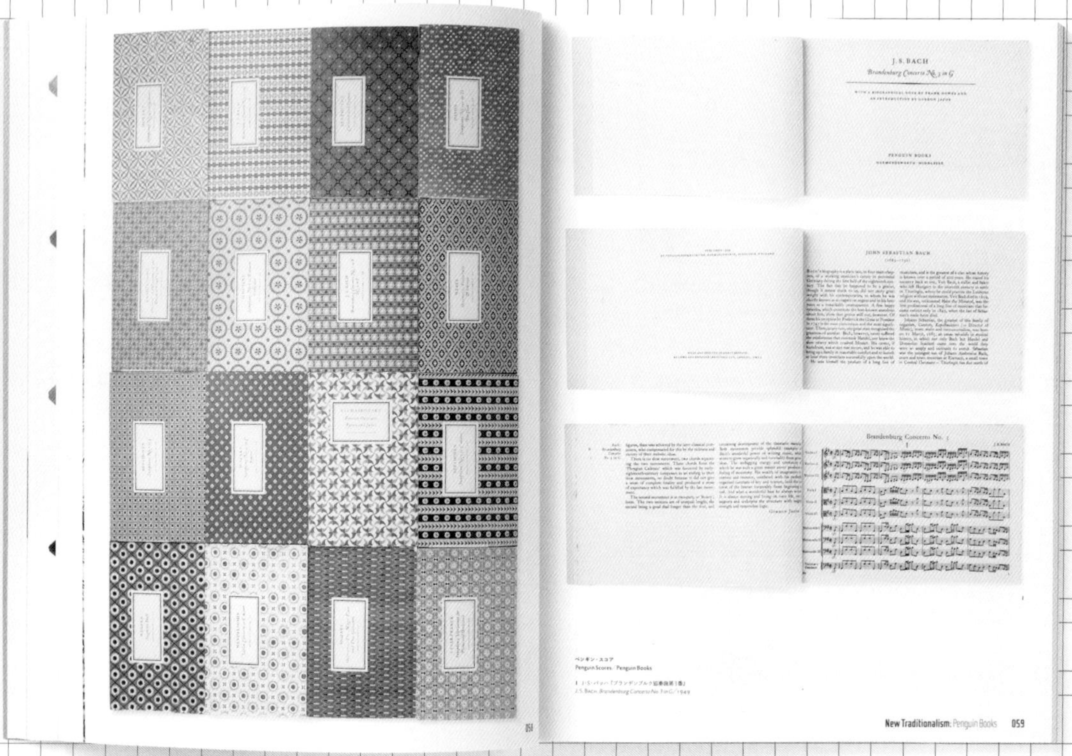

ペンギン・スコア
Penguin Scores / Penguin Books

1 J・S・バッハ『ブランデンブルク協奏曲第3番』
J. S. BACH, *Brandenburg Concerto No. 3 in G* / 1949

New Traditionalism: Penguin Books 059

2 / 3 Caption
2.5 / 4 List
2.75 / 4.5
2.75 / 4 E
3 / 5.075
3 / 4.94 E

Text Page ↑ Caption
↑ Photo Max

2 / 4 column Caption
2 / 4 column Caption
2 / 3 column Caption
2 / 3 column Caption
2 / 3 column Caption Long
2.5 / 3 column List
2.75 / 2 column
3 / 1 column

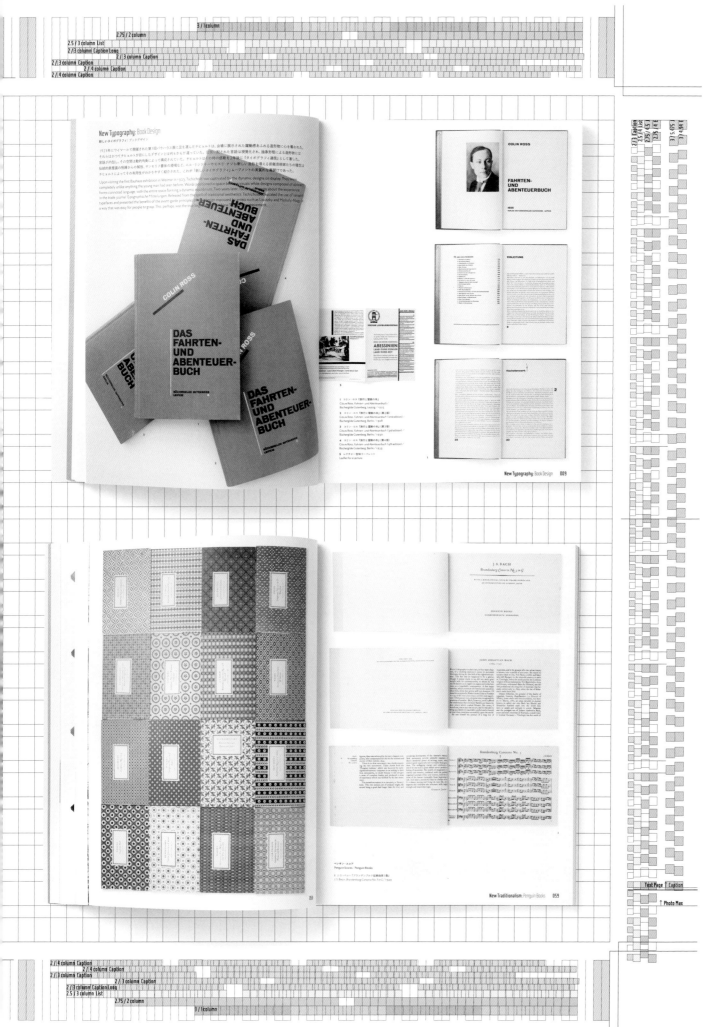

《企鹅图书的设计 1935—2005》
（日文版）

—

菲尔·贝恩斯著，山本太郎监修，
斋藤慎子翻译，
Blues Interactions, Inc.，2010年，A5
日本版制作编辑：岩崎梓
翻译协助：河野三男（企鹅排版规则）
使用字体：游明朝体、
游明朝体五号假名、Ryobi黑体新假名，
Monotype Baskerville、Gill Sans

—

原著本身已在日本上市并获得好评，因此制作日文版时的一个需求是要做得便宜廉价一些。以企鹅标志作为形象的封面设计、企鹅橙的文字页、书签和订阅卡片，都强调了企鹅的形象标识，我在设计时预设的定位是，让其超越书籍，成为一个企鹅产品。原著几近正方形，而日文版是竖长的A5。因此我做的正文样式，是以原著的页面结构为基础，把订口、切口及栏的左右都做得满满当当。

Penguin By Design: A Cover Story 1935–2005 (Japanese Translation)

—

Phil Baines, Taro Yamamoto (Supv.),
Noriko Saito (Tr.)
Blues Interactions, Inc., 2010, A5
Editing (Japanese Version):
Azusa Iwasaki
Cooperation (Translation): Mitsuo Kono (Penguin Composition Rules)
Typefaces: Yu Mincho, Yu Mincho 5-go Kana, Ryobi Gothic Shin Kana, Monotype Baskerville, Gill Sans

—

The original English-language version of this book had already been distributed in Japan and gained quite a bit of popularity before the publication of the Japanese version. Due to these circumstances, the publishing company's strategy was that the Japanese edition should be both more approachable and more affordable. My approach to the design of this book was to treat it not only as a book itself, but also as a compendium / catalog of Penguin Books. The Penguin Books identity was emphasized through the use of the Penguin logo on the book cover, Penguin orange on the text pages, and the inclusion of both a bookmark and an order sheet. With regard to the size, the original English-language edition uses a square format while the Japanese edition adopted an A5-size format. Therefore, when I designed the typographic format for the Japanese edition, I set the width between the inner and outside margins as wide as possible, composing the resultant pages based on the original square book format.

for TENTOU MISHIMA
(致三岛典东)
Performed for the private exhibition "LINE MAN" by Tentou Mishima at Nanzuka Agenda in Tokyo on August 7th, 2010
—
今井和雄（吉他），
Hitorri hitorri-991，2016年
Recorded and mastered by
Takeshi Yoshida
照片：Naoko Hinode
印刷：清文社
使用字体：Ryobi 黑体新假名M，
Gill Sans MT Book
—

这份专辑收录了在涩谷的画廊Nanzuka Agenda举办的三岛典东先生的个展"LINE MAN"最后一天吉他演奏家今井和雄先生的表演。为了盟友三岛，今井先生将视觉转换成听觉。CD盒作为物质突显出存在感，希望大家能感受到三岛、今井二位本人的肉身。

for TENTOU MISHIMA
Performed for the private exhibition *"LINE MAN"* by Tentou Mishima at Nanzuka Agenda in Tokyo on August 7th, 2010
—
Kazuo Imai (Guitar),
Hitorri hitorri-991, 2016
Recorded and mastered by
Takeshi Yoshida
Photograph: Naoko Hinode
Printing: Seibunsha Co., Ltd.
Typefaces: Ryobi Gothic Shin-Kana M, Gill Sans MT Book
—

This album is a recording of a live performance by a guitar player Kazuo Imai held on the last day of the private exhibition "LINE MAN" by Tentou Mishima at the gallery Nanzuka Agenda in Shibuya, Tokyo. Mr. Imai interpreted the visual line-work of his dear friend Mr. Mishima into a sound composition. My intent was to design the CD package as a conspicuous physical object in order to express the transubstantiate and resulting physicality of Mishima and Imai's actual body.

LINE STYLE

—

三岛典东著，Blues Interactions, Inc.，2009年，A4
作品图片、构成版式、文字：三岛典东
编辑：岩崎梓
印刷：日经印刷
制本：加藤制本
使用字体：本明朝、游明朝体36 pt假名，Linotype Didot、H&FJ Didot

—

三岛典东先生的文字无比细腻，仿佛用手一碰，字词、造型即会立刻崩塌。既然如此，我就尝试使用了极细衬线体排版，在保证其能印刷出来的基础上做到极限。样式上是与结构、造型都无关的诗的世界。一定是三岛典东的诗（线描）引导我做成这种效果的。我工作时听的背景音乐是德彪西的 *IMAGES II*。

LINE STYLE

—

Tentou Mishima,
Blues Interactions, Inc., 2009, A4
Illustration works, composition,
Layout and Text: Tentou Mishima
Editing: Azusa Iwasaki
Printing: Nikkei Printing Inc.
Binding: Kato Seihon
Typefaces: Hon Mincho,
Yu Mincho 36 pt Kana,
Linotype Didot, H&FJ Didot

—

Tentou Mishima's texts are incredibly sensitive, as if the words and forms might crumble when touched. To represent this fragility, I selected an exceedingly Thin Hairline-serif typeface for the typesetting. The book itself is composed as if it were poetic, as opposed to a work of structure. Something in his text led me to design in this manner—all the while with Debussy's IMAGES II playing in the background.

STYLE

MISHIMA
TENTOU
LINE
STYLE

Notes on
the creative process

MISHIMA TENTOU
LINE STYLE
P-Vine Books www.bls-art.co.jp
三嶋典東 アーティストブック
【初版限定1000部 2009年4月17日発売】

三岛典东断章

白井敬尚

《*PENish "Live" Line*　三岛典东的线次元》，预定刊载的未定稿，2011年8月执笔

我初次与三岛典东先生交谈，也就是在五年前左右，所以并不是什么陈年旧事。

当时我负责文艺杂志《尤里卡》的设计。总编辑是现在人称“活神仙”的郡淳一郎。

就是这位郡先生，给我打了电话。

“白井先生！”他总是这样的口气，“上次拜托你的那本书（*Eminent Maricones*，Jaime Manrique著，太田晋译作《優男たち》，青土社，2009年）的设计啊，你觉得封面图谁来做比较好？”这是他劈头盖脸的第一句。如此唐突地一问，我自己其实也只是刚看过一遍策划书而已，完全没有头绪。

“要不还是叫宇野先生？……不行，这个题材的话有点不大对。”他继续自言自语。

稍微沉默之后：“啊！三岛典东，怎么样？怎么样吗？可以哈？是吧！”

三岛典东与我的交情，就从这一刻开始了。

从那之后过了两年左右，三岛先生给我打来电话。

“这次是要做我自己的作品集，书籍设计我想能不能拜托给你。这么说吧，其实已经定下来要你做了。就这样，我想到你事务所具体谈一下，你什么时候有空啊？”

对于我来说，能参与三岛先生作品集可以算是梦想成真。我在脑海里浮想起了之前他送过我他出的著作《线条的礼物》（《線の贈り物》，岩崎美术社，1993年），于是我们定下了见面讨论的时间。

那天，他是和编辑岩崎梓一起过来的。他坐在椅子上，从包里拿出A4大小、大概有五厘米厚的一本纯白的书，特别珍爱的样子，静静地放在桌面上。

“我试着把图片和构成全部整理了一下。”

我以《线条的礼物》为线索在脑海里思考描绘的方案一瞬间就被打破了。这本册子里，理念已经非常明确，就像设计都已经做好了一样。我一边翻看这本用三岛典东的线描填满的页面，一边这么想着。一边这么想着，又被其中描绘的线条而吸引。

这个人到底想画的是什么呢？波浪、泡沫、沙子、光线还是风、雨？不，他并不是想在描绘什么东西，也并不是想传达什么信息。是线条，他只是想画线条而已。

结果我还是当场把整本册子都翻看完了。盖上最后一页时，他说：“对了，书的名字叫*LINE STYLE*，你只要帮我把护封和有文字的页面做一下就可以了，不用想得太复杂。做好之前我绝对不会看的。剩下的，你就和岩崎做就行了。我很期待哦，都交给你啦！”

LINE STYLE（Blues Interactions，2009年）完成之后过了一阵子，三岛给我打来电话。

“有两个年轻人，生西和庄野，平时都支持我的，他们问我要不要做一场‘现场描绘’，我想可以做。所以啊，反正你之前做都已经做了，宣传单你也帮我搞一下吧？”

说来惭愧，对于三岛先生提到的那两位很支持他的艺术家生西康典和庄野祐辅，我当时都不太清楚他们的来历。尽管不认识，但是知道他们两位都喜欢三岛典东的线条，那就够了。

所以对于单张A4宣传单的，设计应该怎么做，我觉得只要能突出三岛典东的线描，大家应该都不会有意见。而实际把样稿交过去的时候，也的确没有人提意见。

虽然没说出口，他们三人开始头疼如何挤出费用的问题。那也难怪，因为我把A4单张做成了B5的五联风琴折。

完全没有什么理由。但是，不对三岛先生的线描进行裁切，将定下的宣传单设计稿按照预计做出来，肯定不会不被采用。

完全是我自己在沾沾自喜。

最后，印刷费用都靠*LINE STYLE*的出版社，让纸张厂家大方地赞助了。我还觉得“你看吧，三岛典东出面的话肯定能成”，估计他们三人其实是一身冷汗。

那是一个仲夏之夜。那个能让人联想起70年代地下剧场的场地，被大群的年轻人挤得水泄不通。

三嶋典東の線次元

庄野祐輔［MASSAGE］

捉えられない未知の線と音を、驚掴みにする男達の話

生西康典

PENish"Live"Line
三嶋典東の線次元

2009年8月6日［THUR］スーパー・デラックス

「線を弾く」

「線が光る」

「線を握る」

19:00

20:00

《PENish "Live" Line
三岛典东的线次元》宣传单

—

2009年，B5，五折
策划：生西康典、庄野祐辅
使用字体：游筑标题明朝体、
游筑地初号假名、本明朝、
游明朝体36 pt假名，Didot Elder、
Linotype Didot

Flyer for *Tentou Mishima's PENish "Live" Line*

—

2009, B5, fold in five
Planning: Yasunori Ikunishi, Yusuke Shono
Typefaces: Yu Tsuki Midashi Mincho, Yu Tsuki Sho-go Kana, Hon Mincho, Yu Mincho 36 pt Kana, Didot Elder, Linotype Didot

《横尾忠则全装帧集》

—

PIE International，2013年，
188mm×245mm
编辑：中川千寻
印刷指导：浦有辉（iWORD）
印刷、制本：iWORD
使用字体：光朝体，Hiragino Kaku-Gothic、Narziss Swirls

—

此书总页数超过500页。这是横尾忠则作为设计前辈，也是作为作者制作的一份作品。关于图注的字号、水线的使用、页面构成的呼应等等，横尾先生都给了我许多建议。装帧也是一稿通过。真是非常难得。

Tadanori Yokoo: Complete Book Designs

—

PIE International, 2013,
188mm×245mm
Editing: Chihiro Nakagawa
Printing Direction: Yuki Ura (iWORD)
Printing & Binding: iWORD
Typefaces: Kochotai,
Hiragino Kaku-gothic, Narziss Swirls

—

The total number of pages for this book project exceeded 500. This work was a collaboration between myself and my design predecessor, Tadanori Yokoo. I received many great pieces of advice from Mr. Yokoo as to the size of caption texts, the use of ruled lines, the transition of assorted page compositions, and many other aspects that contributed to the design of the book. I was both surprised and grateful that Mr. Yokoo accepted my initial plan for the book in regards to its final form.

–2012
Complete Book Designs
全装幀集

Story

《GENKYO 横尾忠则 I A Visual Story 从原乡到幻境，而现状呢？》

—

横尾忠则画
国书刊行会，2021年，210mm×250mm
撰稿、构成：南雄介（爱知县美术馆）、藤井亚纪（东京都现代美术馆）
编辑：清水范之、川上贡
使用字体：冬青明朝＋游筑36pt假名（＋筑地体35pt假名）、游黑体，Didot Elder、Didot Elder 1812、Helvetica Now

—

世界著名艺术家、设计师横尾忠则的大型展览“GENKYO横尾忠则”的官方图录。这是继“兵库县立横尾急诊医院展”后，横尾先生再次指名让我设计。该展连续在爱知、东京和大分各地巡览，横尾先生对我说：“在我活着时候能举办这种规模的展览应该是最后一次了”，并要求说，“尽管大胆去做，不要被现代主义的逻辑所束缚。”设计的关键在于排版。我参考了他于1978年为四谷西蒙的著作《机械装置之神》制作的活字排版及其框线，还有栏间距不加空的设计。我以此为基础，应用扩展到页面排版中。所有文字均为朱红色。尽管主角当然是作品本身，但我的设计目标是不抗不从，也不被作品吞噬。

GENKYO, Tadanori Yokoo I, A Visual Story: From original town to illusion, how about the current situation?

—

Tadanori Yokoo
Kokushokankokai, 2021, 210 x 250 mm
Write & Planning: Yusuke Minami (Aichi Prefectural Museum of Art), Aki Fujii (Museum of Contemporary Art Tokyo)
Editing: Noriyuki Shimizu, Mitsugu Kawakami
Typefaces: Hiragino Mincho+Yu Tsuki 36 pt Kana (+Tsukiji 35 pt Kana), Yu Gothic; Didot Elder, Didot Elder 1812, Helvetica Now

—

The official catalog of the large-scale exhibition “GENKYO, Tadanori Yokoo” by Tadanori Yokoo, who is known as a world-famous artist and designer. I was nominated as designer by Mr. Yokoo again after “Hyogo Prefectural Yokoo Emergency Hospital Exhibition”. This is a traveling exhibition that continued to Aichi, Tokyo, and Oita. Mr. Yokoo told me that “This may be the last exhibition that can be held on this scale during my lifetime,” and requested “Anyway, just be bold. Don’t get caught up by the logic of modernism.” The key of the design is typesetting. My reference was *The God of Mechanical Equipment*, written by Simon Yotsuya, designed by Mr. Yokoo in 1978, including its typesetting, ruled lines and boarder, and a design that does not create space between columns. I applicated this style into page designs. All the text are set in color of vermilion. Of course, the protagonists are his works, but I aimed my design that do not snuggle or compete with them, but also not be swallowed.

042・043

氷屋の旗とアメリカ国旗が合体したような大衆演歌歌手・春日八郎のポスターは、クライアントのクレームと、タレントの嫌悪を引き起こした。人目を引き、感情を揺さぶる横尾デザインの幕開けである。

ポップコーンの心霊術——横尾忠則論　三島由紀夫

058・059

《兵库县立横尾急诊医院展》

—

横尾忠则画

横尾忠则现代美术馆，2020年，

225mm×297mm

撰稿：稻叶敏郎

撰稿、编辑：林优

（横尾忠则现代美术馆）

使用字体：Koburina 黑体，Astro

—

横尾忠则现代美术馆是位于兵库县神户市的一座县立美术馆，收藏横尾忠则的艺术作品。《兵库县立横尾急诊医院展》是对医院和疾病反应过度的横尾先生凭自己的兴趣而策划的一个展览。展品选择自不用说，他连展陈手法、图录的细节里都想淋漓尽致地表现出“医院”主题，将自己的医院病历和一捆内服药袋送到我的工作室。“个人信息保护法什么的和我不相干。”有了他这句话，我在设计里大量地使用了他的X光片和日记。而作品说明的图注、排版格式，以及整体色彩搭配都参照了病历和内服药袋重新设计。

Hyogo Prefectural Yokoo Emergency Hospital Exhibition

—

Yokoo Tadanori

The Yokoo Tadanori Museum of Contemporary Art, 2020,

225mm x 297mm

Text: Toshiro Inaba

Text and Editing: Yu Hayashi

(The Yokoo Tadanori Museum of Contemporary Art)

Typeface: Koburina Gothic, Astro

—

The Yokoo Tadanori Museum of Contemporary Art is a prefectural art museum located in Kobe City, Hyogo Prefecture, and houses the works of art by Tadanori Yokoo. *Hyogo Prefectural Yokoo Emergency Hospital Exhibition* is an exhibition planned by Mr. Yokoo, who reacts excessively to hospitals and diseases, with his own interest. He wanted to express "hospital" thoroughly, not only in the selection of exhibited works but also in the exhibition method and the catalog, so he sent his own medical record from his hospital and a bundle of internal medicine bags to my office. "I have nothing to do with the Personal Information Protection Law." Holding his words, I used plenty of his X-rays and diaries in my design. The captions, typesetting format and the color coordination are arranged with reference to the design of his medical records and the internal medicine bags.

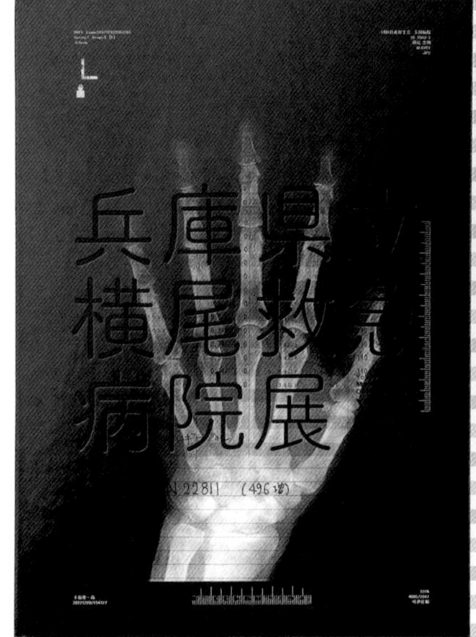

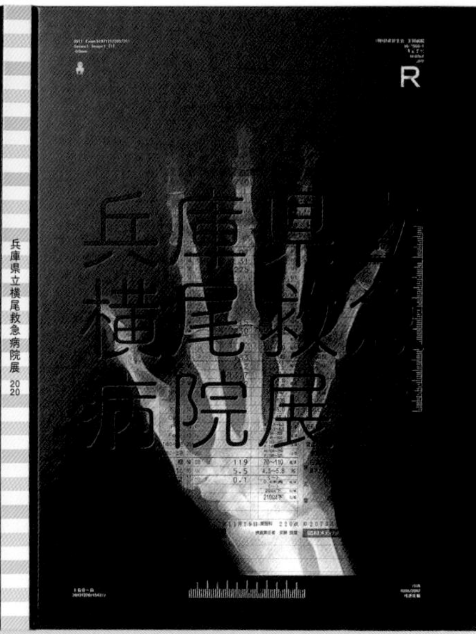

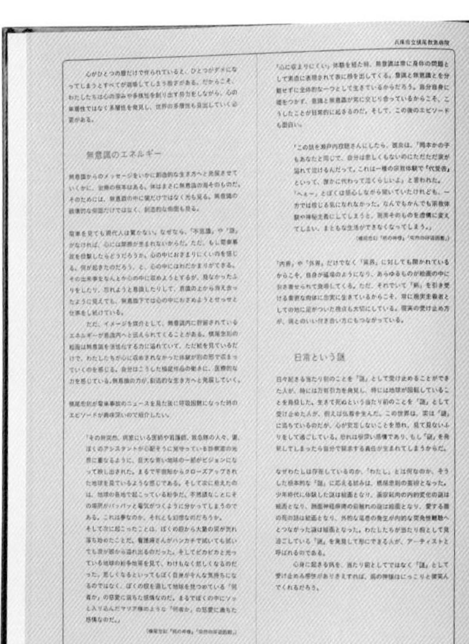

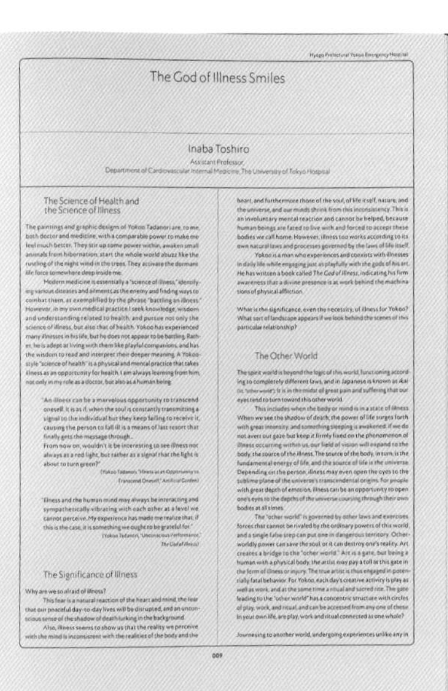

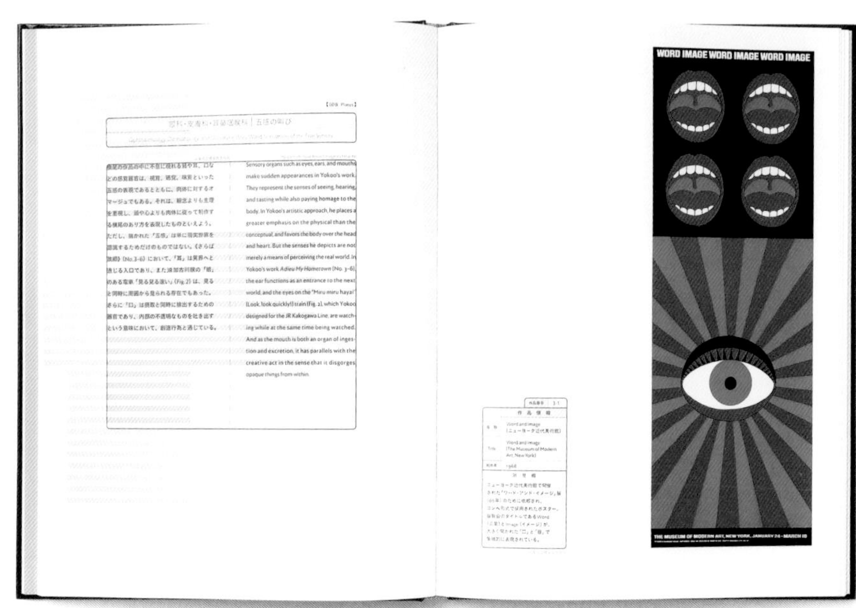

《狩日食——Blixa Bargeld 飞回双六》

—

武村知子著，青土社，2004年，
159 mm × 257 mm
编辑：郡淳一郎、冈本有希子
使用字体：岩田旧明朝体、岩田黑体，
Sabon Next、Neue Helvetica

—

这本书的文本结构极为复杂，现在想起来依旧会头晕。而且注释之多，似乎都超过了正文。我把正文版心放得高一些，让整体的色调密实。封面是光面纸上一片黑。经过物流之后再放到书架上，几次三番进进出出后满是伤痕。但这才最适合 Blixa Bargeld。

Eklipsenjagd – Blixa Bargeld Wuerfelspiel
[Nisshoku Gari – Blixa Bargeld Tobimawari Sugoroku]

—

Tomoko Takemura, Seidosha, 2004,
159 mm x 257 mm
Editing: Jun-Ichiro Khori,
Yukiko Okamoto
Typefaces: Iwata Mincho Old,
Iwata Gothic, Sabon Next,
Neue Helvetica

—

I vividly remember the vertiginously complex and convoluted structure of the text of this book. For instance, the amount of explanatory texts seemed larger than the main text. Consequently, the book format has a wide margin at the bottom of each text page. I tried to take the general tone of this book and make it into a solid finish. I selected a glossy paper, printed in a black ink for the book cover. After the book had been distributed, sold, and pushed in and pulled out from a book shelf several times, the book cover might become full of scratches. It seemed to me that this was perhaps the most appropriate way of designing a book about Blixa Bargeld.

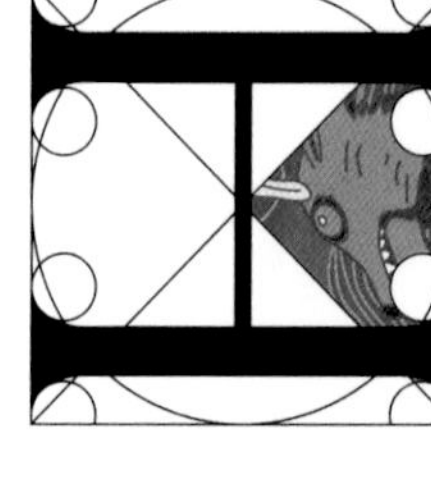
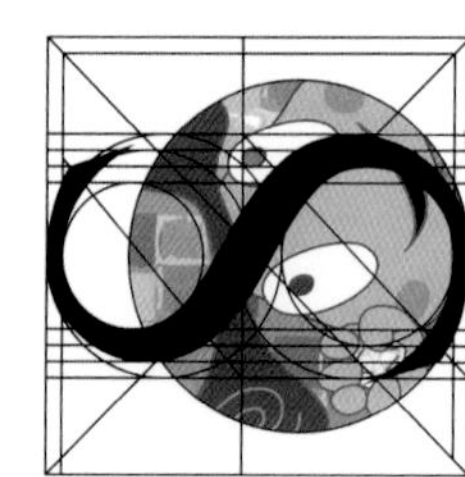

《记述下世界吧　然后了解自身》

—

一桥大学研究生院语言社会研究科，2009年，A4，纸盒包装
策划、编辑、文字：武村知子
插图：木原庸佐
使用字体：龙明、秀英五号明朝，Bembo
封套题字：Luca Pacioli 的大写罗马字的再现

—

语言社会研究科简称“言社”。标题字采录了文艺复兴时期的学者Luca Pacioli的大写罗马字母。配上设计了“言社”吉祥物“言社君”的木原庸佐先生绘制的出色插图，希望做成的设计成为一份非常另类的研究生院介绍。

Scribe Universitatem et SCI te Ipsum [Sekai wo Kijutsu seyo, soshite jishin wo shire]

—

Hitotsubashi University, Graduate School of Language and Society, 2009, A4, enclosed in a folding paper-case
Planning, Editing and Text: Tomoko Takemura
Illustration: Yōsuke Kihara
Typefaces: Ryumin, Shuei 5-go Mincho, Bembo
Cover Typefaces: Reproduction of Roman Square Capitals by Luca Pacioli

—

Hitotsubashi University's Graduate School of Language and Society is commonly referred to with the abbreviation "Gensha". This project features illustration works by Yōsuke Kihara, also as known as "KeroKeroKing", the creator of Gensha's original character "Gensha-kun". Roman square capitals by Luca Pacioli from the Renaissance era was reproduced for this work, as well. My intent for this project is that the design be seemingly unbecoming for a pamphlet for this particular graduate school.

《设计新闻报》两期
2013年3月20日（周三）
2013年10月24日（周四）

—

森山明子编著，风骨庵，
2013年，小报尺寸
印刷：朗文堂、理想社
使用字体：Line G、Ryobi黑体新假名、Koburina黑体、秀英明朝，Champion Script、Gotham、Didot Elder、H&FJ Didot、Linotype Didot

—

这份报纸是在银座松屋百货，日本设计社区主办，由平野敬子策划、构成的第693届设计画廊1953策划展“书的智慧与美的领域Vol. 2 森山明子作品”举办时，由森山明子本人策划、构成、编辑发行的报纸。最关键的向左翻、向右翻的结构，是在整理森山发过来的原稿、定下横排、竖排部分的时候就定好了。第二期则是在同年秋天，配合在东京中城的21_21 DESIGN SIGHT博物馆举办的“日本设计博物馆实现展”而发行的。

Design Journalism Paper Issue 1 & 2
Wednesday, March 20, 2013
Thursday, October 24, 2013

—

Akiko Moriyama (Author and editor), Bukotsuan, 2013, Tabloid edition
Printing: Robundo Publishing Inc., Risosha Co., Ltd.

Typefaces: Line G, Ryobi Gothic Shin Kana, Koburina Gothic, Shuei Mincho, Champion Script, Gotham, Didot Elder, H&FJ Didot, Linotype Didot

—

This paper was published on the occasion of the 693th Design Gallery 1953 Exhibition “Intellect and beauty in books Vol. 2 Works by Akiko Moriyama”. The exhibition was curated by Keiko Hirano at Matsuya Ginza. Moriyama herself was involved in the planning, conceptualization and editing of the paper. The core structure of the paper, bound both on the left and right side, was determined when we sorted Moriyama’s texts due to their orthographic direction.The second issue was published in the fall of the same year, in conjunction with the exhibition “Toward a Design Museum Japan” held at the museum 21_21 DESIGN SIGHT in Tokyo Midtown.

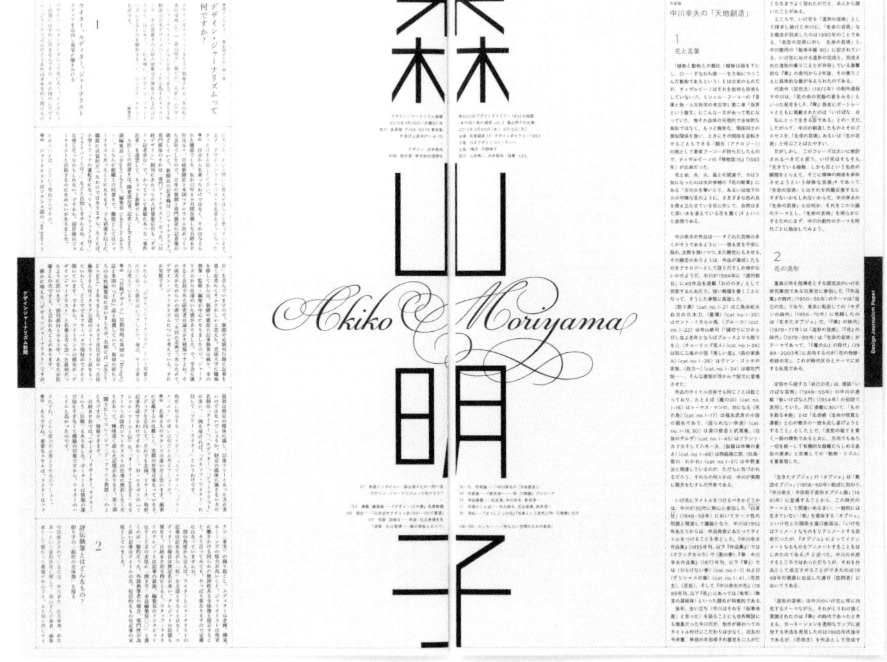
森山明子
Akiko Moriyama
デザイン・ジャーナリズムって何ですか？
中川幸夫の「天地創造」

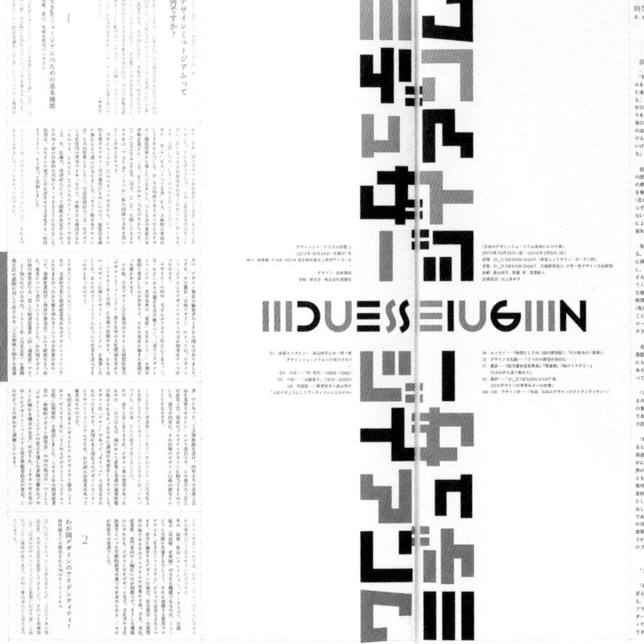
デザインミュージアムって何ですか？
時間としての「海の博物館」

“绵羊研究丛书　语言篇”系列

—

绵羊书房，2012年开始，A5
编辑：松本功、森胁尊志、板东诗织、海老泽绘莉
使用字体：秀英明朝、秀英三号、秀英横太明朝、秀英角银，Sabon、Linotype Univers

—

这是绵羊书房基础系列书籍。100期之前都是向井裕一先生担任书籍设计，排版几近完美，找不到缺陷。但由于要有新版的感觉，因此我将行长减少一个字，把整体比例做得稍微竖长一些。看起来基本是单栏的简单结构样式，但是标题层级很多，而且引用种类繁多，在决定最后设置之前，相应地花了很多时间。封面、函套等的设计样式则是以居中式为基准。

“Hituzi Language Studies”

—

Hituzi Syobo Publishing,
2012– , A5
Editing: Isao Matsumoto, Takashi Moriwaki, Shiori Bando, Eri Ebisawa
Typefaces: Shuei Mincho, Shuei 3-go, Shuei Bold Mincho, Shuei Kaku-gothic Gin, Sabon, Linotype Univers

—

This series of book forms the backbone of the output of the publisher Hituzi Syobo. Up until the 100th volume, the book design had been done by Mr. Hirokazu Mukai. I could barely find any faults in his approach to typography, yet the publisher requested that the series be revised. In response, I reduced the width of the format by the space of single character and made the proportion of the books somewhat vertically taller. The format looks like a simple structure with a single basic column, but in fact, it took a considerable amount of time to fix the typesetting format due to the deep hierarchy of headings and the various types of indentations for quotations. As for the design of the book cover and slipcase, the centered text was applied as a standard format for the series.

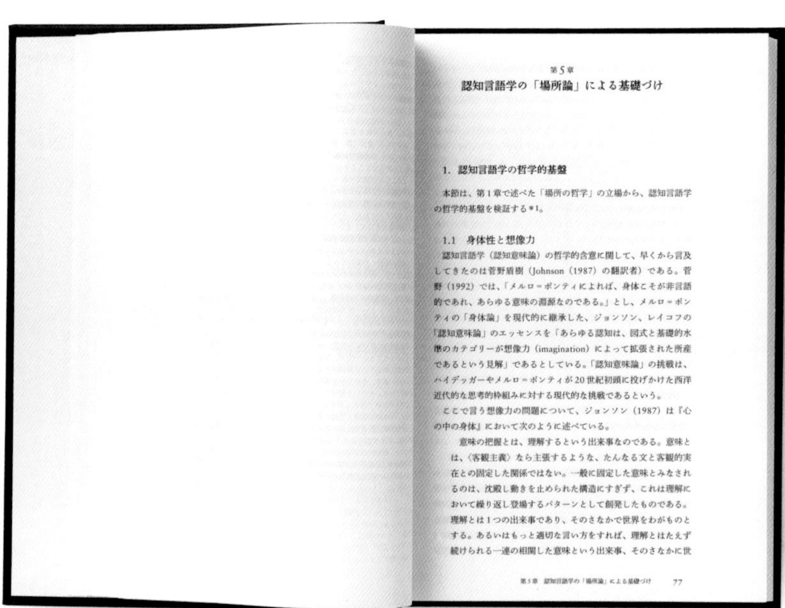

第5章

認知言語学の「場所論」による基礎づけ

1. 認知言語学の哲学的基盤

本節は、第1章で述べた「場所の哲学」の立場から、認知言語学の哲学的基盤を検証する＊1。

1.1　身体性と想像力

認知言語学（認知意味論）の哲学的含意に関して、早くから言及してきたのは菅野盾樹（Johnson（1987）の翻訳者）である。菅野（1992）では、「メルロ＝ポンティによれば、身体こそが非言語的であれ、あらゆる意味の淵源なのである。」とし、メルロ＝ポンティの「身体論」を現代的に継承した、ジョンソン、レイコフの「認知意味論」のエッセンスを「あらゆる認知は、図式と基礎的水準のカテゴリーが想像力（imagination）によって拡張された所産であるという見解」であるとしている。「認知意味論」の挑戦は、ハイデッガーやメルロ＝ポンティが20世紀初頭に投げかけた西洋近代的な思考的枠組みに対する現代的な挑戦であるという。

ここで言う想像力の問題について、ジョンソン（1987）は『心の中の身体』において次のように述べている。

意味の把握とは、理解するという出来事なのである。意味とは、〈客観主義〉なら主張するような、たんなる文と客観的実在との固定した関係ではない。一般に固定した意味とみなされるのは、沈殿し動きを止められた構造にすぎず、これは理解において繰り返し登場するパターンとして創発したものである。理解とは1つの出来事であり、そのさなかで世界をわがものとする。あるいはもっと適切な言い方をすれば、理解とはたえず続けられる一連の相関した意味という出来事、そのさなかに世

第5章　認知言語学の「場所論」による基礎づけ　77

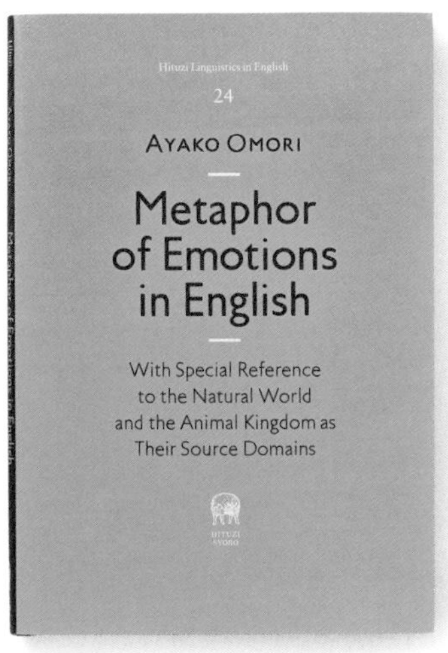

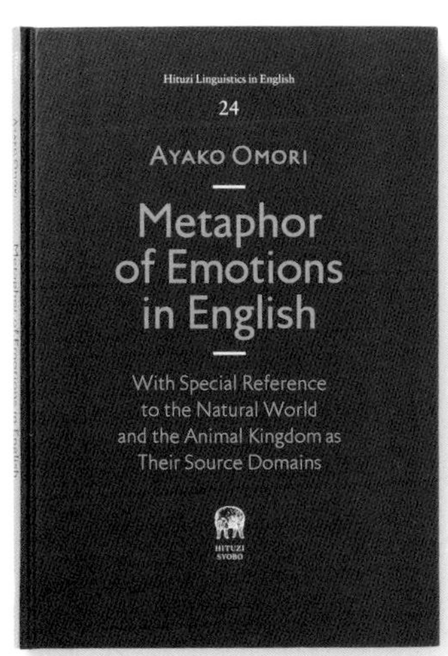

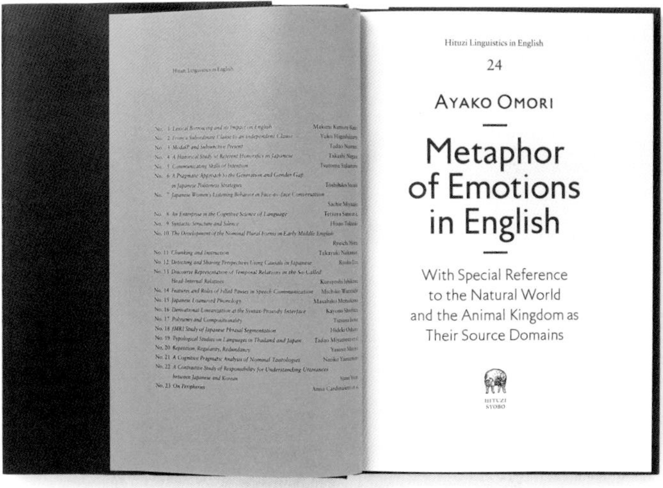

“绵羊书房英语语言论丛”系列
第24至33册

—

大森文子著，绵羊书房，2015年开始，150 mm × 220 mm
编辑：板东诗织、相川奈绪
使用字体：Sabon
24: Tschichold Book, Regular
25: Metro Nova Pro Medium
26: Knockout-HTF 31-Junior Middlewt
27: Mr Eaves ModAlt-R
28: Akkurat Regular, Light
29: Joanna Sans Nova, Book
30: Astro, 45
31: Koga Sans, Medium
32: Degular Display, Medium
33: Replica Std, Regular

—

这是绵羊书房一个新系列的书籍设计。字体为Sabon。能配备语言学各种字符的字体屈指可数。虽然用Times New Roman就万事不愁，不过Sabon这样字数比较齐全的，尽管多少有些风险，但是发挥空间一下子变得宽广。排版则是保守到极致。不勉强、易懂、易读。封面等的基本方针是采用高饱和度色相的双色补色，将护封、封面、环衬、扉页做成鲜艳的颜色交互展开。封面的字体每期都选用不同的无衬线字体，在容易固化的系列书籍的设计工作中也增加了一丝乐趣。

“Hituzi Linguistics in English”
No. 24–33

—

Ayako Omori, Hituzi Syobo Publishing,
2015–, 150 mm × 220 mm
Editing: Shiori Bando, Nao Aikawa
Typefaces: Sabon
24: Tschichold Book, Regular
25: Metro Nova Pro Medium
26: Knockout-HTF 31-Junior Middlewt
27: Mr Eaves ModAlt-R
28: Akkurat Regular, Light
29: Joanna Sans Nova, Book
30: Astro, 45
31: Koga Sans, Medium
32: Degular Display, Medium
33: Replica Std, Regular

—

Book design for a new series of books published by Hituzi Syobo. There are only a few typefaces that can deal with various characters which might appear within a linguistics thesis, so I chose the typeface Sabon. In regards to range, not many typefaces have the variety of characters that are in Times New Roman, yet it was worth the risk, as Sabon appeared to have a wide enough range of characters. The approach to composition and typesetting is very conservative, as I avoided doing unreasonable things and focused on the simplicity and readability of the text. Two complementary, high-saturation colors are repeated alternately in the order of the jacket, the cover, the endpaper, and the title page.

Hituzi Linguistics in English
24
AYAKO OMORI
Metaphor of Emotions in English
With Special Reference to the Natural World and the Animal Kingdom as Their Source Domains
HITUZI SYOBO

Hituzi Linguistics in English
26
MASAMI NAKAYAMA
Grammatical Variation of Pronouns in Nineteenth-Century English Novels

MIYUKI NAGATSUKA
The Pragmatics of Clausal Conjunction

Hituzi Linguistics in English
32
JOY TANIGUCHI
Biliteracy in Young Japanese Siblings
HITUZI SYOBO

The Diffusion of Western Loanwords in Contemporary Japanese
A Variationist Approach

MAKIKO MUKAI

Hituzi Linguistics in English
31
HIROMI NAKATANI
Tag Questions and Their Intersubjectivity
A Cognitive Linguistic Approach

Hituzi Linguistics in English
27
TAKASHI KOBAYASHI
I mean as a Marker of Intersubjective Adjustment
A Cognitive Linguistic Approach
HITUZI SYOBO

《讲座德语语言学》共三卷（装帧）

—

绵羊书房，2013—2014年，
150mm×220mm
编辑：板东诗织
使用字体：DIN Next Rounded（第1卷），Zapf Renaissance Antiqua（第2卷），Architype Renner（第3卷），Line G、Koburina黑体、Gotham（以上共通）

—

西文字体选择了源自德国的字体。并不是根据内容进行的特地选择，包括纸张的选择在内，都是源自书籍名称的一种心理暗示。日文标题的括号（圆括号、方括号、尖括号）也是。日文标题的汉字字体是Line G，搭配的假名是Koburina黑体。

Deutsche Sprachwissenschaft [Kouza Doitsu Gengo-gaku]
3 Volumes (Book Cover Design)

—

Hituzi Syobo Publishing, 2013–2014,
150 mm x 220 mm
Editing: Shiori Bando
Typefaces: DIN Next Rounded (Volume 1), Zapf Renaissance Antiqua (Volume 2), Architype Renner (Volume 3), Line G, Koburina Gothic, Gotham (commonly used in 3 volumes)

—

As this book is dedicated to the German language, I selected Latin typefaces originating from Germany, as well as typefaces from elsewhere suitable for the content. The selection of typefaces and the paper used arose from the mental image that the title of this book connoted. Punctuation marks (such as angle brackets, parentheses, and brackets) which were used for the Japanese title are the same, as well. I selected the typeface Line G for Kanji and combined it with the typeface Koburina Gothic for the katakana and hiragana.

《历史语用论的方法》

—

高田博行、小野寺典子、青木博史编，
绵羊书房，2018年，A5
编辑：海老泽绘莉
使用字体：游明朝体、游明朝体五号假名、游黑体，Sabon、Gill Sans MT Pro

—

章、节、条、项、目等这样深入细节的文本层级极多，引用说明结构极其复杂，导致排版难以进行。如果没有作者本人和将各项细节都仔细对应的编辑海老泽女士，以及负责排版的其他工作人员和江川，我是无法完成此书的排版的。我在设计时特别注意尽量让艰涩的内容不显得过于难懂。

Methods in Historical Pragmatics

—

Hiroyuki Takada, Noriko Onodera, Hirofumi Aoki (Ed.)
Hituzi Syobo Publishing, 2018, A5
Editing: Eri Ebisawa
Typefaces: Yu Mincho, Yu Mincho 5-go Kana, Sabon, Yu Gothic, Gill Sans MT Pro

—

It was a difficult task to typeset this book's body text, as it contains structurally complex quotations, descriptions and relies upon deep typographic hierarchies such as chapter, section, item, and clause. It might have been impossible for me to handle this complex typesetting without fine-tuned support from the editor and the rigorous efforts of my colleague Mr. Egawa. My intent was to make this particular book, a deep text, feel as if it might not be as profound and complex as it actually is.

Indonesian Cross-Gender Dancer Didik Nini Thowok

—

福冈圆著、古屋均摄影，
大阪大学出版会，2018年，
154 mm × 230 mm
编辑：板东诗织
使用字体：Mrs Eaves、Mr Eaves Sans

—

本书的日文版《超越性别的舞者 Didik Nini Thowok》（户田勉事务所设计）率先发行。与A5尺寸的日文版相比，这本英文版在尽可能范围内将版心的上下左右都扩大了。字体根据内容采用了 Mrs Eaves 和 Mr Eaves Sans。扩大版心是因为 Eaves 的x字高偏低，要放大字号。通常情况下，直接更换到其他x字高高一些的字体即可，但是我却宁可改变版心也不愿意变换字体。编辑是我在大学里的学生，非常感谢。

Indonesian Cross-Gender Dancer Didik Nini Thowok

—

Text: Madoka Fukuoka
Photograph: Hitoshi Furuya
Osaka University Press, 2018,
154 mm × 230 mm
Editing: Shiori Bando
Typefaces: Mrs Eaves,
Mr Eaves Sans

—

This is the English edition of the book *Indonesian Cross-Gender Dancer: Didik Nini Thowok*. The Japanese edition of this book was designed by Tztom Toda and was published prior to the English edition. Although the size of the Japanese edition was standard A5 format, I made the English edition's format both vertically taller and horizontally wider while considering the economical sheet size. Depending on the contents of the book, I selected either the typeface Mrs Eaves or Mr Eaves Sans. These typefaces' x-heights are rather low, so the point size of the body text and the size of the book format itself were enlarged somewhat compared to the Japanese edition. If I'd used typefaces with taller x-heights, the format change would not have been necessary, however the editor—a former student of mine—was considerate in allowing me to change the format in lieu of swapping out new typefaces.

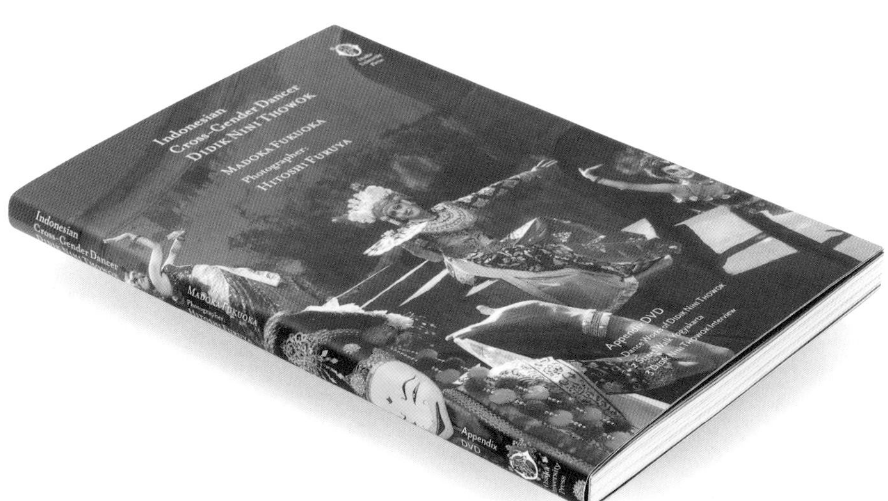

《另一个自然 × 活着的老松》

—

山本浩二画，羽鸟书店，
2015年，B5，带函套
编辑：矢吹有鼓
印刷：山田照片制版所
印刷指导：村田治作
流程控制：板仓利树
使用字体：Ryobi 黑体新假名、
秀英明朝，Alena、Ryobi Bodoni、
ITC Bodoni

—

这是活跃在米兰和日本的美术家山本浩二先生的第一部作品集。格式的比例基本是上下居中。作者用黑体（无衬线）、投稿者用明体类（罗马体）这样的日英并排版式。对于排版样式，我的目标是尽量不让读者觉得是“现代”或“古典”等某种固定样式。图注在易读的范围内用了专色灰，并注意尽量不与图片冲突。

Another Nature & A Living Old Pine

—

Painting: Koji Yamamoto,
Hatori Press, Inc., 2015, B5,
enclosed in a slipcase
Editing: Yuko Yabuki
Printing:
Yamada Photo Process Co., Ltd.
Printing Direction: Jisaku Murata
Progress Control: Toshiki Itakura
Typefaces: Ryobi Gothic Shin Kana,
Shuei Mincho, Alena, Ryobi Bodoni,
ITC Bodoni

—

The first art monograph for Milan and Japan-based artist Koji Yamamoto. The book's format is vertically centered and for the bilingual typesetting, I selected Gothic (Sans-serif) typefaces for the author's text and Mincho (Roman) typefaces for the contributors' texts. My intention was that the typography be neither modern nor classical. The color of the caption text, created by using special inks, was as light a grey as one might still find readable. By doing so, I intended to avoid any interference between the artist's paintings and the accompanying caption texts.

《山口蓝作品集：爽爽朗朗》

—

山口蓝作，羽鸟书店，
2010年，210 mm × 257 mm
编辑：矢吹有鼓、吉田理佳
编辑协助：ninyu works
协助：Mizuma Art Gallery
印刷：Sun M Color Co., Ltd.
制本：牧制本印刷
使用字体：岩田正楷字体、Bateren、本明朝、游筑五号假名、筱，Naniwa、Centaur、Jenson Classico

—

日本画家山口蓝的第一本作品集。本书的骨架是我2002年做的EVE丛书VIII《扇面后朝抄》的设计。虽然是以此为基础，但我的设计理念是，这本作品集本身也应是山口的作品。因此除了护封、封面，连正文里的背景、花纹我都让她重新绘制过。文本页用了东方装帧版式的蝴蝶装，使用的字体也是以毛笔字体为主。这里展示的函套是限量特装本。

First Light: Ai Yamaguchi Art works [Hogarahogara]

—

Ai Yamaguchi, Hatori Press, Inc., 2010, 210 mm × 257 mm
Editing: Yuko Yabuki, Rika Yoshida
Cooperation (Editing): ninyu works
Cooperation: Mizuma Art Gallery
Printing: Sun M Color Co., Ltd.
Binding: Maki Bookbinding & Printing Co., Ltd.
Typefaces: Iwata Sei-Kaisho, Bateren, Hon Mincho, Yu Tsuki 5-go Kana, Shino, Naniwa, Centaur, Jenson Classico

—

This is the first monograph for the painter Ai Yamaguchi. The underlying structure of this book was based on a book that I designed in 2002, EVE Collection Vol. VIII *Excerpt from Kinuginu (Dawn Song) Written on a Fan*. By following that specific structure, I intended that this book become a visual equivalent to one of Mrs. Yamaguchi's painted works. With this in mind, I requested that Mrs. Yamaguchi create new paintings and ornaments for the jacket, book cover and the text pages' background images. I selected the Eastern bookbinding method known as kochousou (butterfly book) and largely used calligraphic-style typefaces. The book shown here is a special edition which is in a limited-edition folding case.

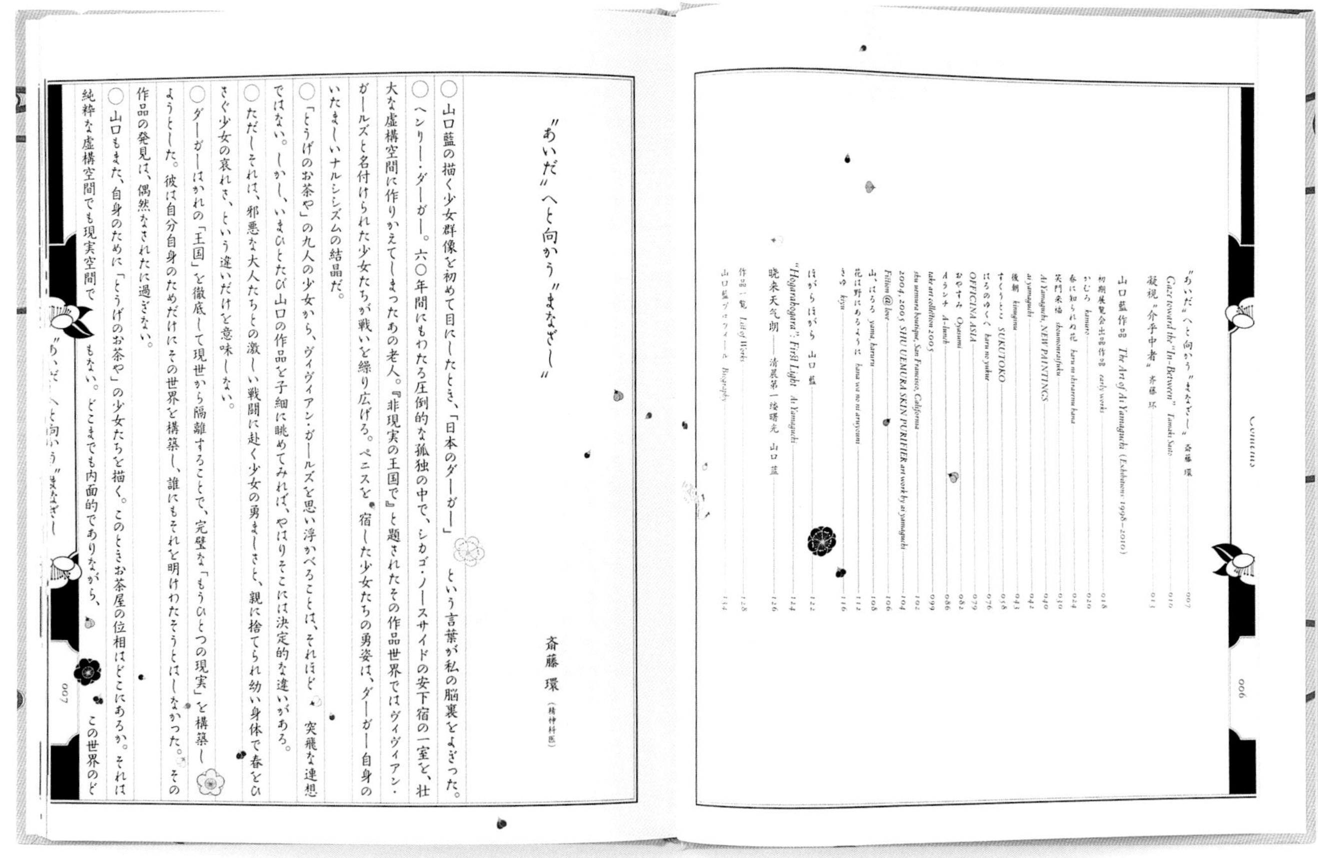

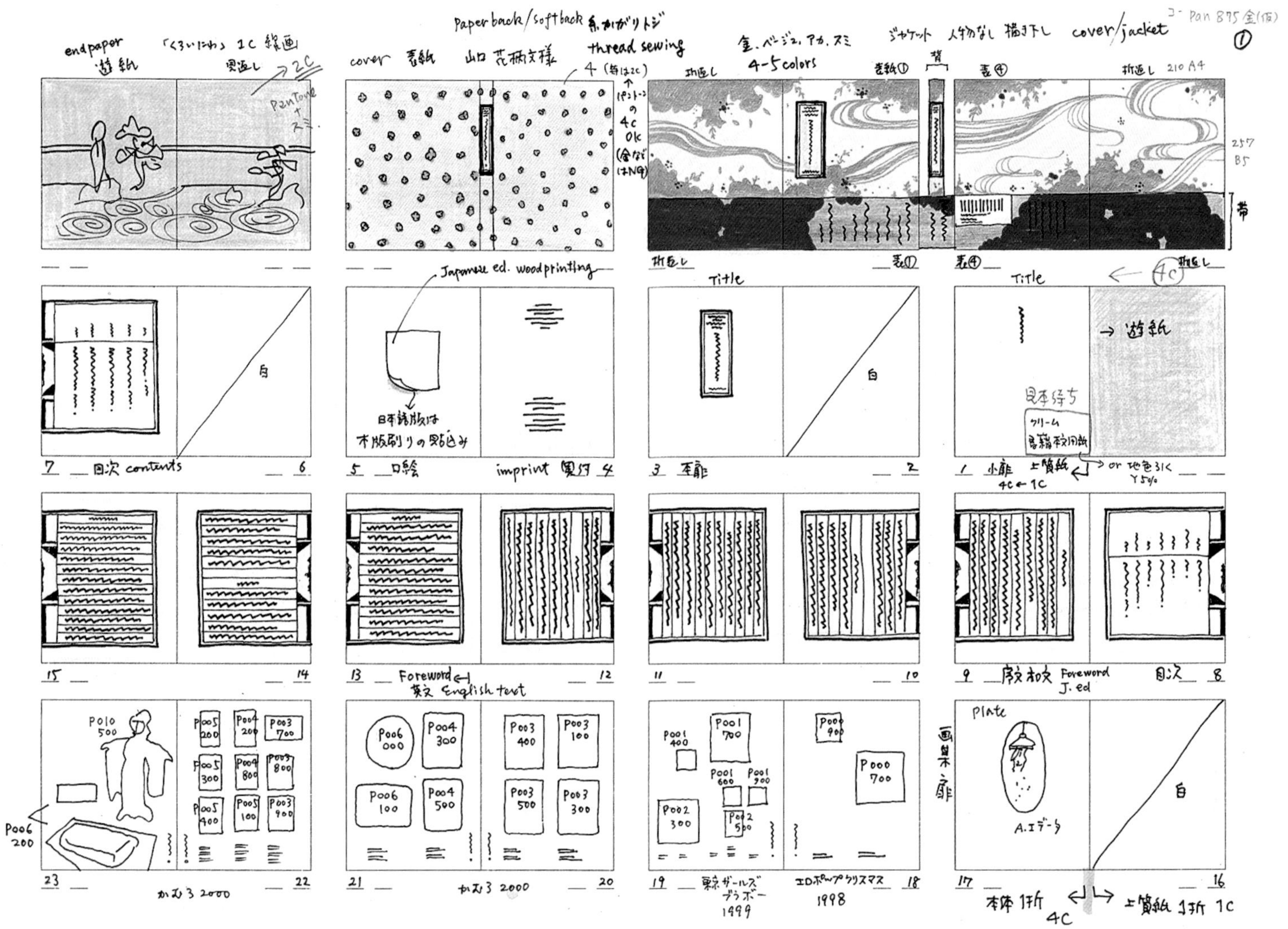

endpaper 遊紙 「くろいにわ」1C 線画 見返し → 2C Pantone + スミ

Paperback/softback 糸かがりトジ thread sewing

cover 表紙 山口 花柄文様 4（背は2C） ↑ パントーンの4C OK（金などはNG）

金、ベージュ、アカ、スミ 4-5 colors ジャケット 人物なし 描き下し cover/jacket

コ- Pan 875 金(仮) ①

折返し 表紙① 背 表④ 折返し 210 A4 257 B5 帯

折返し 表① 表④ 折返し

Title ← 4C → 遊紙

Japanese ed. woodprinting 日本語版は木版刷りの要込み 白

7 目次 contents 6 5 口絵 imprint 奥付 4 3 本扉 2 1 小扉 見本待ち クリーム 高級和紙 上質紙 4C ← 1C → or 地色うすく Y5%

15 14 13 Foreword ← 英文 English text 12 11 10 9 序文 Foreword J. ed 目次 8

P010 500 P004 200 P004 200 P003 700 P005 200 P004 800 P003 800 P005 300 P005 100 P003 900 P005 400 P006 200

23 かむろ 2000 22

P006 000 P004 300 P003 400 P003 100 P006 100 P004 500 P003 500 P003 300

21 かむろ 2000 20

P001 400 P001 700 P001 600 P001 900 P002 300 P002 500 P000 900 P000 700

19 東京ガールズブラボー 1999 エロポップクリスマス 1998 18

画集扉 Plate A.エデータ 白

17 本体 1折 4C ← → 上質紙 1折 1C 16

在做平面设计相关的书籍时，设计师算是视觉性的编辑，所以有时会侵入编辑工作的领域。反过来，视觉要素越多，编辑也越会侵入设计师工作的领域，会说："这件作品很重要，把照片放大一些。"（笑）因此，谁能更好地理解内容本身，谁就能让自己占据更多的领域。这不是互相斗气比输赢的问题，而更像是一个乐队。

贝斯手如果不认真弹，主吉他手也没办法尽兴发挥。就是要以这样的关系来做书。

我是在做《山口蓝作品集：爽爽朗朗》这本书的时候感到这一重要性的。作者直接说了："所有东西，包括页面构成都交给白井先生了。"

实际上几乎全部页面的构造也都是我做的，但是中途让编辑参与进来之后，果然一本书就像是有了脊梁骨，都给贯穿起来了。由我一个人包揽工作，虽然可能做出造型上满意的东西，但往往会将造型过分强加给读者。

非常不可思议的是，与编辑谈过之后，虽然可能会导致设计本身变得遍体鳞伤，但我觉得时间过得越长，就越能积累各种想法，成果也就越能保留下来。

——《访谈：社会中的造型》，
《武藏美通信》，武藏野美术大学造型系通信教育课程，2013年10月

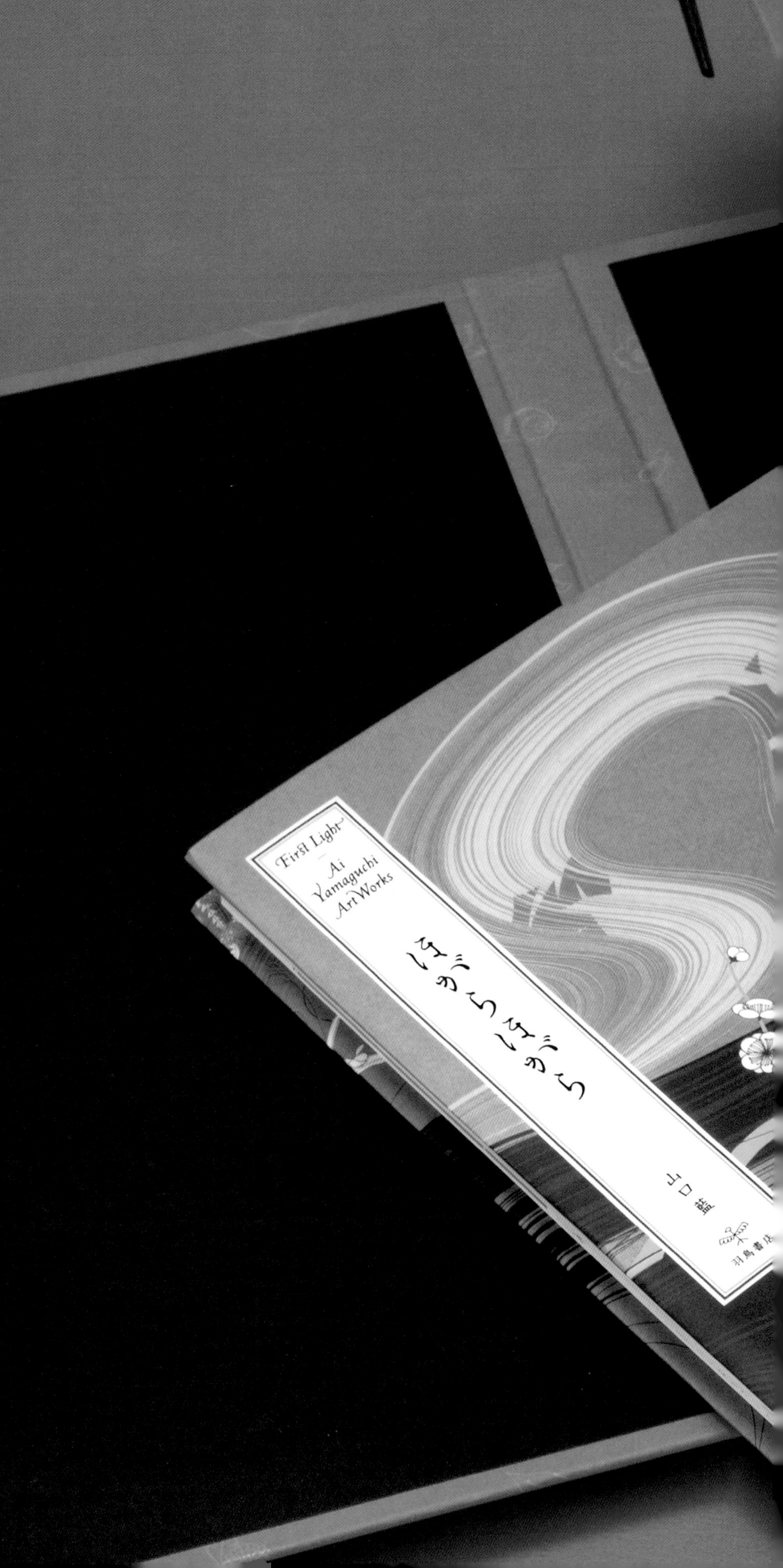

《绘画会自己开始说话吗
创造日本美术史》

—

佐藤康宏著，羽鸟书店，2018年，A5
编辑：矢吹有鼓
使用字体：秀英明朝L、
秀英三号L＋RO-Garamond、
游黑体R＋Gill Sans MT Pro-L

—

本书是对日本美术进行了重新调查、分析的佐藤康宏先生撰写总页数达960页的倾力之作。这些文字是对以往的日本美术史的挑衅与挑战。对于正文字体，我选择了硬质却又有一定温度感的秀英体。在排版设计上，偏重易读性和稳定性行长的页面。图片尺寸和位置是几经测试的结果。无论如何，设计的要点是，尽量排除造型的做作感。

《日本美术的创作方法
佐藤康宏先生退休纪念》

—

板仓圣哲、高岸辉编，羽鸟书店，
2020年，A5
编辑：矢吹有鼓
使用字体：游明朝体＋游筑五号假名、
游黑体＋NPG Kunado、
黑体 MB101＋游筑初号黑体假名，
Ro-Bodoni、Joanna Sans Nova

—

本书以与佐藤康宏先生之前出版的《绘画会自己开始说话吗　创造日本美术史》（以下简称《绘画会自己开始说话吗》）一书相呼应的形式制作出版，由他学生们的论文组成。我的设计也基本上沿袭了《绘画会自己开始说话吗》一书，总页数为800页，书脊上与佐藤先生的著作一样放置了伊藤若冲的作品。书名字体为黑体，烫金为白金色。正文排版格式也是以《绘画会自己开始说话吗》为基础，正文字体从秀英明朝换成了后期筑地明朝体，小标题采用了偏细一些的黑体，希望能给人以轻松柔和的印象。

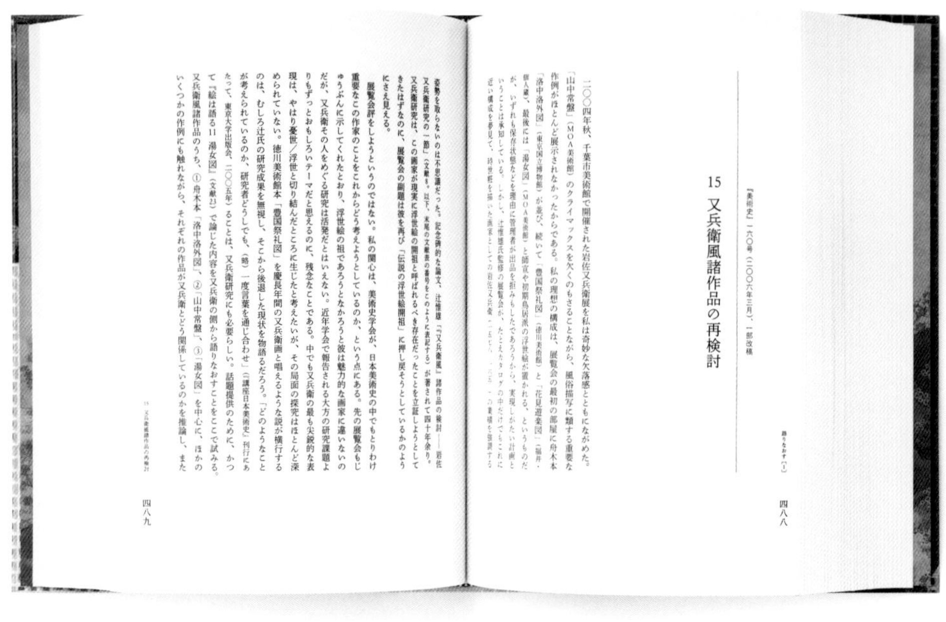

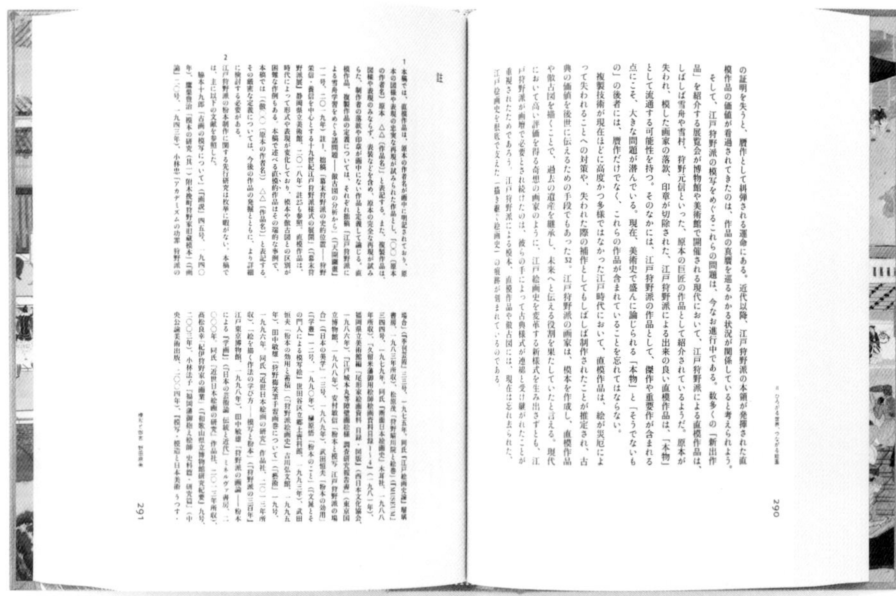

A Painting that Might Begin Speaking for Itself: Making Japanese Art History [E ha Katarihajimerudarouka: Nihon Bijyutsushi wo Tsukuru]

—

Yasuhiro Sato, Hatori Press, Inc., 2018, A5
Editing: Yuko Yabuki
Typefaces: Shuei Mincho L + Shuei 3-go L + RO-Garamond, Yu Gothic R + Gill Sans MT Pro-L

—

This book is a collection of writings by Professor Yasuhiro Sato which strongly focuses on re-surveying, analyzing and reinterpreting Japanese art history. It is a rather thick book, as the page count is 960 pages. The text was written with a rather provocative and defiant attitude toward conventional Japanese art history. For the text typeface, I selected the typeface Shueitai which has a sense of solidity and moderate humidity. I designed the typographic format while considering the legibility and stability of the line-length of the body text for enhanced readability. The size and position of each illustration took much consideration. The most important aspect of designing this book was to try to remove any deliberation in regards to the typographic composition.

The Making of Japanese Art, Contribute to Retirement of Mr. Yasuhiro Sato

—

(Ed.) Masaaki Itakura, Akira Takagishi et al.
Hatori Press, Inc., 2020, A5
Editing: Yuko Yabuki
Typefaces: Yu Mincho + Yu Tsuki 5-go Kana, Yu Gothic + NPG Kunado, Gothic MB101 + Yu Tsuki Sho-go Gothic Kana; Ro-Bodoni, Joanna Sans Nova

—

This book is a collection of articles written by Mr. Yasuhiro Sato's students, as a response to *A Painting that Might Begin Speaking for Itself*, the creation of Japanese art history, previously published by him. My design is basically compliant with the previous work, with a total page number of 800. As Mr. Yasuhiro Sato's work, I also put a work of Jakuchu Ito on the spine. The typeface of the title is in Gothic, and the foil samping is in platinum. The typesetting format is also basically compliant with *A Painting that Might Begin Speaking for Itself*, but the typeface is changed into Koki Tsukiji Mincho, instead of Shuei Mincho for the body text, and light Gothic type for the subheading, giving a light and soft impression.

《迷宫与宇宙》(装帧)

—

安藤礼二著，羽鸟书店，2019年，
127mm×188mm
编辑：矢吹有鼓
使用字体：秀英晕润圆体、秀英圆体

—

迷宫与宇宙，二者都是具有向心力的词，我觉得不能只专注于其中的任何一个。于是我得出的结论是，只能用建构主义的抽象形态来描述这两个词。主视觉是从《构图2》[1974年，凤山社，高桥正人（1912—2000，原东京教育大学教育系艺术专业构成专攻教授，也是清原悦志的老师）]的“图形”部分摘录后调整而成。这些图形在二十世纪六十年代到七十年代初被大量地用于设计中。而对于本书，我则尝试让此设计不至于联想到那个时代，而是成为安藤礼二先生最新著作的最独特的一部分。考虑到与图形的对比，书名字体则采用了秀英圆体。

Labyrinth and Universe
(Book Cover Design)

—

Reiji Ando, Hatori Press, Inc., 2019,
127 mm x 188 mm
Editing: Yuko Yabuki
Typefaces: Shuei Nijimi Maru Gothic, Shuei Maru Gothic

—

Both labyrinth and universe are centripetal words, I felt that I shouldn't focus only one of them. As a result, I come to the conclusion that only a constructivist abstract form can describe these two words. The main visual was taken and adjusted from the "Form" part of *Composition 2* (1974, Hozansha) by Masato Takahashi (1912–2000, a professor of the Department of Arts, Faculty of Education in former Tokyo University of Education, also was the tutor of Etsushi Kiyohara). These graphics were actively used as design elements in the 1960s and early 1970s. This book attempts a design that does not remind us of that era, but stands up as the most unique part of the latest work of Reiji Ando. Shuei Maru Gothic is used for title in consideration of the contrast with the graphics.

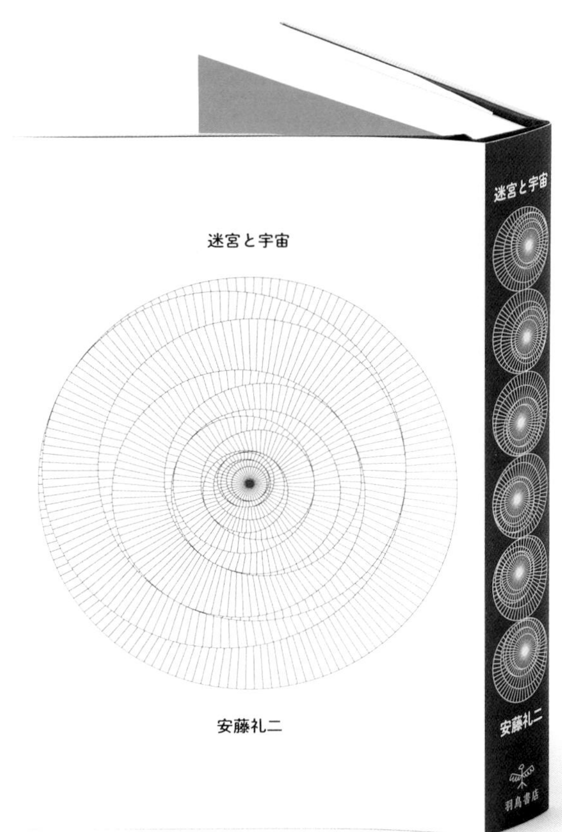

《逆反的图像　摄影理论教程　理论篇》(装帧、2019年)、
《图像的本土化　摄影理论教程　实例篇》(装帧、2020年)

—

前川修著，东京大学出版会，
127mm×188mm
编辑：木村素明
使用字体：冬青黑旧体，
Helvetica Now

—

这两本书都是前川修先生以图像科学、媒体理论和复制理论为轴心展开的最新的摄影理论著作。主视觉采用了以日常素材、无人风景、突出物品形象作品出名的摄影师泷泽广先生的照片。字体上，日文西文都用了较粗的黑体。排版方向上，采用了从左（天头）到右（地脚）的“横排”非对称单方向，将本书厚实的文本视觉化。

Photography Theory Against the Grain (Book Cover Design, 2019), *Remediating Vernacular Photographies* (Book Cover Design, 2020)

—

Osamu Makegawa
University of Tokyo Press,
127 mm x 188 mm
Editing: Motoaki Kimura
Typefaces: Hiragino Kaku-Gothic Old; Helvetica Now

—

These two books are on the latest photography theory that based and developed from image science, media theory, and duplication theory by Osamu Maekawa. Photography works by Mr. Hiroshi Takizawa, a photographer who is known for attracted works of everyday materials, scenes without human, touch of objects, are used for the main visuals. And heavy weight of Gothic style typefaces are used both for Japanese and Latin. The typesetting direction is combining the "horizontal" asymmetric one direction of the left (top) to the right (bottom), visualizing the thick and sturdy main text.

《图像学的现在
从瓦尔堡到神经图像学》(装帧)

—

坂本泰宏、田中纯、竹峰义和编,
东京大学出版会,2019年,A5
编辑:木村素明
使用字体:游黑体,Alena

—

本书是由行业先驱和最新锐的学者记述的以德语圈为中心的最新图像学研究成果,是一部总页数超过500页的大作。近年来,我接手制作这种大部头书籍的机会逐渐增多。主视觉放到书脊上的这一想法,不是现在才开始的。包括制作本书在内这一时期,我偏好把书脊单做主要表现舞台加以活用,本书则放置了瓦尔堡的肖像。而封面的视觉里则使用了南方熊楠、莱布尼茨、保罗·克利、歌德等的书信、手稿。由于有内容的支撑,视觉表现上也就像是将二十世纪八十年代的后现代风格推到无尽的天边,书脊和封面都用了纤细的黑体和无衬线体,居中对齐排版。

Image Studies Today: From Aby Warburg's Mnemosyne Atlas to neurological Bildwissenshaft
(Book Cover Design)

—

(Ed.) Yasuhiro Sakamoto,
Jun Tanaka, Yoshikazu Takemine
University of Tokyo Press, 2019, A5
Editing: Motoaki Kimura
Typefaces: Yu Gothic, Alena

—

The book described lastest image studies today mainly in German-speaking countries by the pioneers and spirited researchers in that field in a great volume of more than 500 pages in total. I got many opportunities to handle books of such big volume in recent years. The idea of putting main visual onto spine was not born recently, but this time, including the period of designing this book , it was my preference to use it as a main stage for expression. In this book, I used the Aby Warburg's portrait for the spine, and hand-written letters and sketches such as Kumagusu Minakata, Leibniz, Paul Klee, Goethe, etc. in the cover. Pushing back by the contents, so the visual expression is also pushing the postmodern in 1980s far away. Thin Gothic and Sans Serif types are used and set by centre-aligning in the spine and cover.

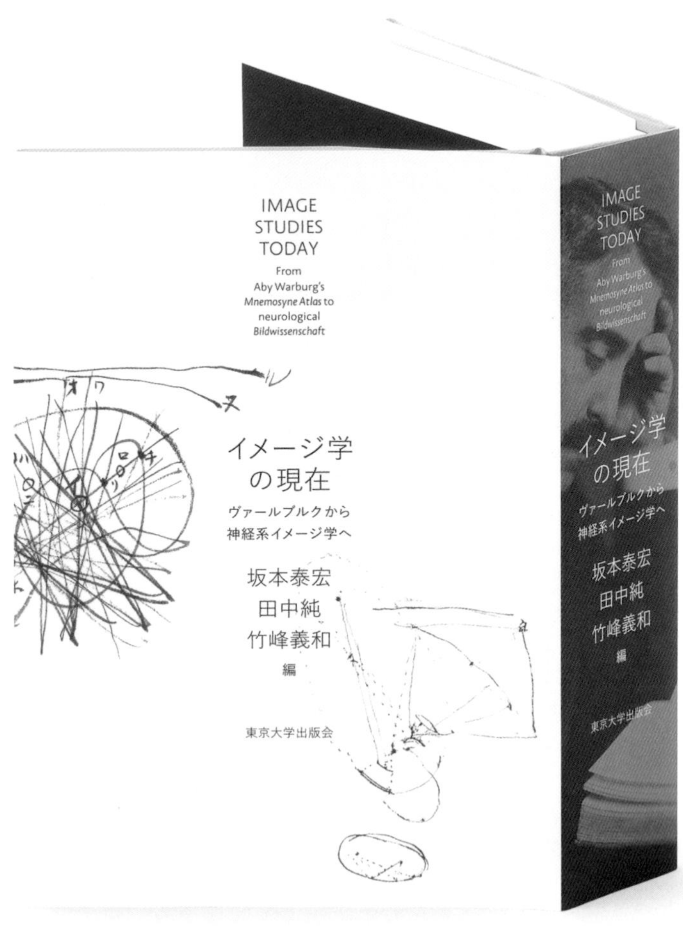

《文体的科学》

—

山本贵光著，新潮社，2014年，
131 mm × 191 mm
编辑：畴津真砂子
使用字体：秀英明朝、龙明、秀英三号、秀英五号、游黑体、秀英初号明朝，Jannon Antiqua、Tschichold、Iwan Reschniev

—

我是通过郡淳一郎先生认识的山本贵光先生。从2011年开始新潮社发给我《思考者》，里面刊载了山本先生撰写的《文体百般　语言的样式才是思考的样式》，本书是其单行本。排版是这种开本的标准样式。我特别注意不让读者看出来其被做过多少设计，而是要突出内容。而在封面设计上，我更是有一种向更多人展示作者才能的使命感，试着大胆地做。

La Biblioteca de Babel
[Buntai no Kagaku]

—

Takamitsu Yamamoto,
Shinchosha Publishing Co., Ltd.,
2014, 131 mm x 191 mm
Editing: Masako Azetsu
Typefaces: Shuei Mincho, Ryumin, Shuei 3-go, Shuei 5-go, Yu Gothic, Shuei Sho-go Mincho, Jannon Antiqua, Tschichold, Iwan Reschniev

—

I met Mr. Takamitsu Yamamoto through Mr. Jun-ichiro Khori. Since 2011, Shinchosha Publishing has sent me promotional copies of their magazine *Kangaeru Hito (The Thinker)* which published Yamamoto's series of articles called *Whole Art of Style: the Style of Writing is Equal to the Style of Thinking*. This series of articles were included in this book. I selected the standard format of literary books, notably the Shiroku-ban paper size (127 mm x 188 mm) and used vertical typesetting. My intent was to avoid any forms of typographic affectation and as shown in the design for the cover, to demonstrate courage with a sense of purpose.

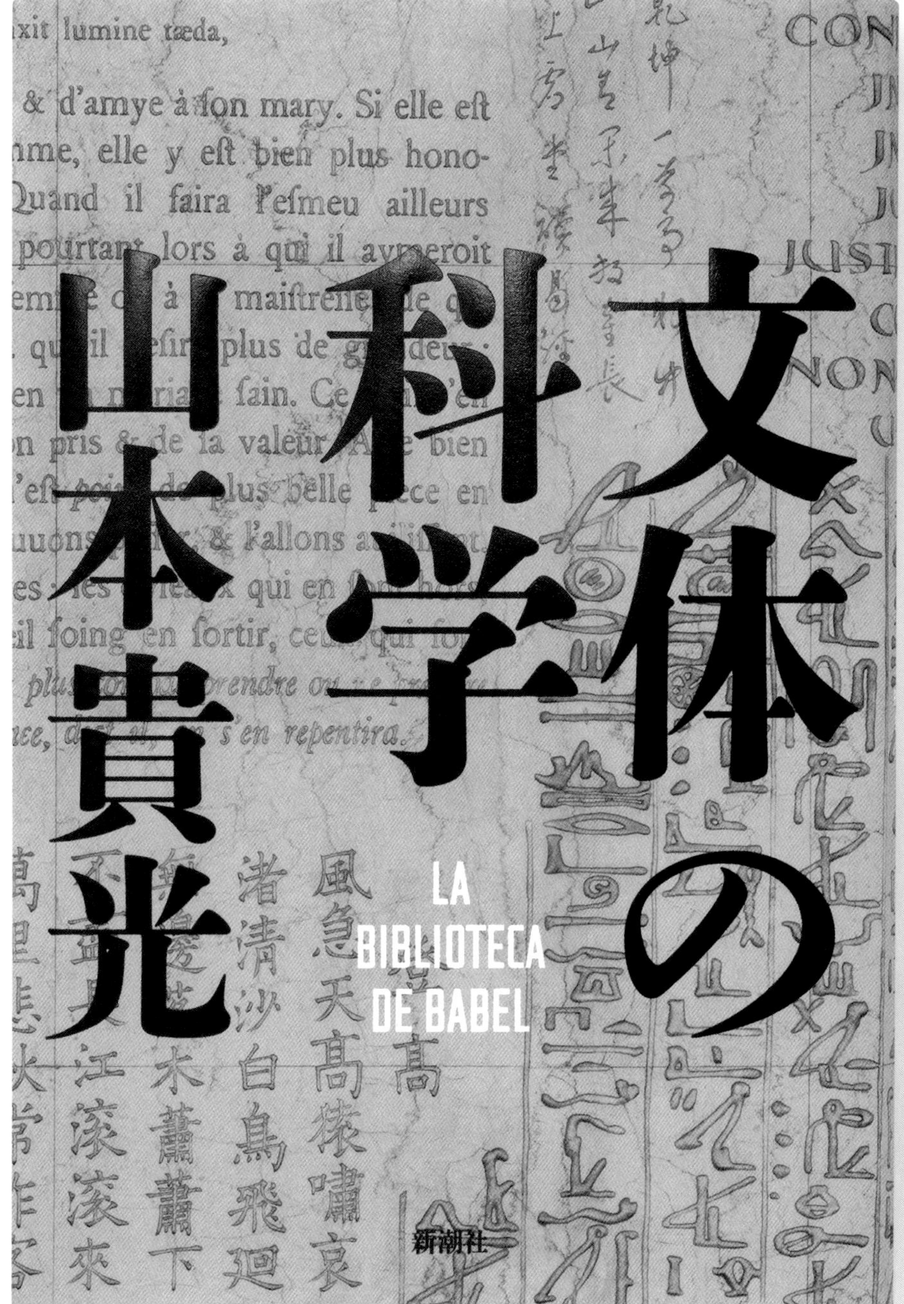

目次

個性としてのスタイル

ことばの迷宮

文章は「線」である

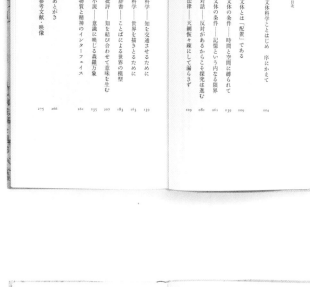

2.25 / 3.5
2.5 / 3.77
3.25 / 5.5

2.25
2.25
2.5

255

意識の流れの捉え方

作家の中には、そうした人間の意識のありさまそのものに迫ろうとした者もいる。例えば、ジェイムズ・ジョイスやヴァージニア・ウルフ、ウィリアム・フォークナー、あるいはフランスのヌーヴォーロマンの作家たちが試みたことの一つは、こうした人間の意識の移ろう様をこそ、小説の中に描いてみせることだった。

例えば、ウルフの『ダロウェイ夫人』（一九二五）を覗いてみよう。クラリッサという人物が朝のロンドンの通りを歩いていると、ヒュー・ウィットブレッドなる知人と出会ってことばを交わす。ウィットブレッドは妻のイブリンと共にロンドンに滞在している。彼女を医者に診せるのが目的だという（文例4）。

ここには、クラリッサの意識に浮かんでは消えてゆくことがことばにされている。訳文では丁寧に句点を入れているが、原文は意識の移ろう様を表すかのように、文章自体があまり区切られていない。説明の便宜上、文章を一三の部分に区別してみた。①はヒューの話を聞いたクラリッサが思い出したこと（記憶）。②⑨はクラリッサの発言（運動・聴覚）。③⑧はヒ

文例4

①クラリッサ自身、これまでにいくどとなくイブリンを病院に見舞ったことがある。②またお悪いの？　③このところ体調が思わしくなくてね、とヒューは言った。④男らしい体格で、とても見栄えがするヒュー。⑤完璧な装いで隙間なく覆ったその体を（⑥いつもやや装いすぎ。⑦でも、宮中の仕事ではしかたがないのかしら）少し膨らませるようにして、しかめ面を表した。⑧その意味するところは、ちょっとした体調不良、心配は無用、古い知合いの君にはとくに説明もいらない……な？　⑨ええ、もちろん。でも困ったことね。⑩クラリッサは肉親のような同情を寄せながら、⑪同時になぜか自分の帽子が気になった。⑫早朝にはふさわしくない帽子……そういうこと？　⑬ヒューの前ではいつもそうだ。自分が半人前、学校に通う小娘みたいに思える。

（ヴァージニア・ウルフ『ダロウェイ夫人』土屋政雄訳、光文社古典新訳文庫、一六ページ）

同時に現れることもある。また、実際には、意識に浮かぶものごとを、いま述べたようにきちんと区別したり、整理してことばにすることはできない相談だ。漱石もその難しさをこう述べている。

254

> 走馬燈の如くに廻転推移して、非常の速度中に吾人意識の連鎖を構成する成分を一々遺漏なく書き出さんことは決して人間業（わざ）にあらず。仮令数分間たりとも汝が意識の内容に漠然と起り来るものを悉（ことごと）く記載せんと試みよ。汝は遂に筆を抛（なげう）つに至るべし。
>
> （『文学論』岩波文庫版、上巻二九〇ページ）

そう、たとえそうしたいと願ったとしても、私たちは自分の意識の状態ひとつでさえ、まともに記述することはできない。複雑過ぎるし、ジェイムズが譬えたように川のごとく絶えず流れており、移ろう。それに対して、ことばというものは、あまりに粗雑過ぎるかもしれない。

だが、ことばという既成（レディメイド）の鋳型を使うことで、私たちは、そうした変化し続ける波の連続から、なんとかそのいくばくかをすくい取り、固定して、他の人に伝えられるのだ。

そして、文学作品では、人の意識の波の一部、意識に浮かぶもの、その波の「焦点」を、ことばで縫い取っている。これが漱石の言う「F」である。先ほど私が書いたカフェでの一幕は、そうした意識の流れ、意識の波のなかでも、ことばですくい取りやすい焦点という次第。

《保田龙门 · 保田春彦
往复书简　1958—1965》

—

武藏野美术大学出版局，2013年，A4
编辑：木村公子
印刷、制本：图书印刷
使用字体：Ryobi黑体新假名、
本明朝小假名，Gill Sans、Joanna

—

这是雕刻家父子的书信集。儿子春彦用黑体，上方双栏排版，而父亲龙门则用明朝体，放在下方双栏排版，这样的设计可以让读者看到二者的书信依照时间轴的交叉。正文本来只是平淡的书信往来，但是加上了编辑部准备的照片后，页面变得有生气。混排用的西文自然要用同为雕刻家埃里克 · 吉尔设计的Gill Sans和Joanna。

Ryūmon Yasuda & Haruhiko Yasuda Selected Correspondences 1958–1965
[Yasuda Ryūmon, Yasuda Haruhiko ōfuku shokan 1958–1965]

—

Musashino Art University Press, 2013, A4
Editing: Kimiko Kimura
Printing and Binding: Tosho Printing Co., Ltd.
Typefaces: Ryobi Gothic Shin Kana, Hon Mincho Small Kana, Gill Sans, Joanna

—

This project is devoted to selected correspondences between parent and child, both sculpture artists. For the letters written by the father, Ryūmon Yasuda, I selected the typeface Mincho and typeset them in two columns at the bottom of each page. For the letters written by the son, Haruhiko Yasuda, I selected the Gothic typeface and typeset them in two columns at the top of each page. By doing so, my intent was that the reader might comprehend the time passing between their correspondences. At first, this book was planned to consist only of their letters. By adding the pictures provided by the editorial team, the pages became increasingly more vivid. As both father and son are sculptors, the Latin typefaces Gill Sans and Joanna, each designed by Eric Gill—himself a sculptor—were used.

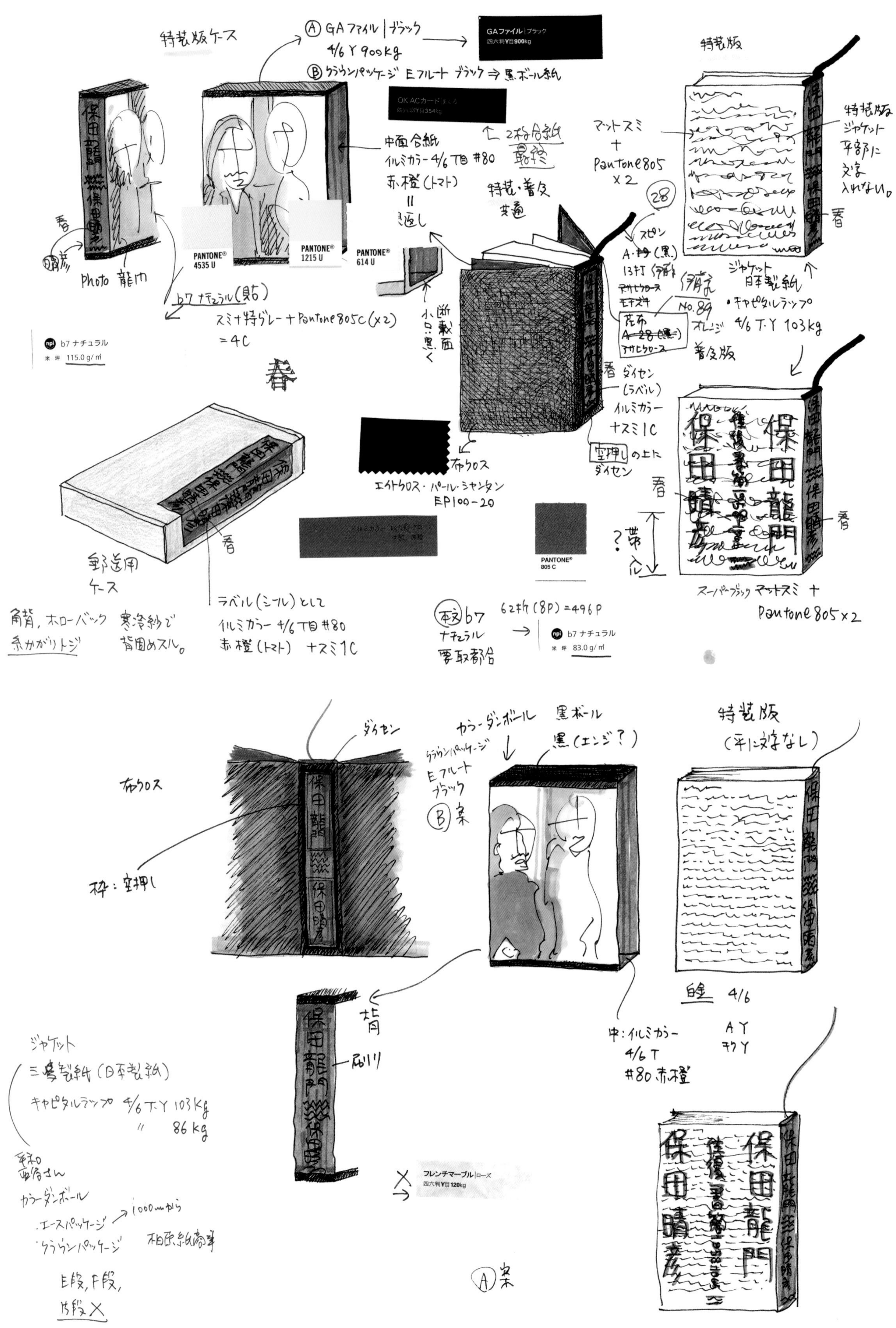

特装版ケース
Ⓐ GAファイル｜ブラック
4/6 Y 900kg
GAファイル｜ブラック
四六判Y目900kg
Ⓑ クラウンパッケージ Eフルート ブラック ⇒ 黒ボール紙
OK ACカード
四六判Y目354kg
2枚合紙
中面合紙
イルミカラー 4/6 T目 #80
赤橙（トマト）
特装・普及
共通
特装版
マットスミ
+
Pantone805
×2
特装版
ジャケット
平部に
文字
入れない。
PANTONE® 4535 U
PANTONE® 1215 U
PANTONE® 614 U
Photo 龍門
b7 ナチュラル（貼）
スミ+特グレー+Pantone805C（×2）
=4C
b7 ナチュラル
米 坪 115.0 g/㎡
断裁面
小口：黒く
28
スピン
13打
ジャケット
日本製紙
・キャピタルラップ
4/6 T・Y 103kg
普及版
背 ダイセン
（ラベル）
イルミカラー
+スミ1C
空押しの上に
ダイセン
布クロス
エイトクロス・パール・シャンタン
EP100-20
郵送用
ケース
PANTONE® 805 C
帯
スーパーブラック マットスミ +
Pantone805×2
角背，ホローバック
糸かがりトジ
寒冷紗で
背固めスル。
ラベル（シール）として
イルミカラー 4/6 T目 #80
赤橙（トマト） +スミ1C
本文 b7
ナチュラル
62折（8P）=496P
b7 ナチュラル
米 坪 83.0 g/㎡
ダイセン
布クロス
枠：空押し
カラーダンボール
黒ボール
黒（エンジ？）
クラウンパッケージ
Eフルート
ブラック
Ⓑ案
特装版
（平に文字なし）
背
刷り
中：イルミカラー
4/6 T
#80 赤橙
4/6
ジャケット
キャピタルラップ 4/6 T・Y 103kg
〃 86kg
カラーダンボール
・エースパッケージ
・クラウンパッケージ
E段，F段，
フレンチマーブル｜ローズ
四六判Y目120kg
Ⓐ案

保田春彦様 皆々様　　1958.1.17 印度洋も終りに近い頃

第1章　一九五八年一月から四月

春彦1　一九五八年一月一一日

春彦1

一九五八年一月一一日　ペナン消印、絵葉書

今晩マレー連邦のペナンにつきました。英人の経営の行届いた美しい街です。中国人・マレー人・印度人・白人といったさまざまな人種がいます。船でもらったマレー金をつかって街はずれの寺をみてきました。カラー写真を大分とりましたが、いいものができているかどうか？

真夏の太陽はギラギラとしています。気温三三～三四度で、ほとんど無風といった、たまらないあつさでした。先にキールンでは春のようないい気候ですが、矢張り赤道まぢかになると、陽光がすざましいです。

今日一一日午後五時、アデンにむけて、一〇日間の海の上のたいくつが始まります。船酔をしらず、食欲旺盛です。キールン、ペナンともに日本金を使えました。キールンやペナンの印象くわしくは、アデン迄の船中にて。penangにて。

龍門1

一九五八年一月一七日　夜九時

Cairoにて春彦君

基隆からの無電1、彼南からの絵葉書Air-mail正に落手。航路平安、船酔いもせず食欲旺盛との事、安心した。何とかして印度洋の暑熱を無事突破を祈る。今日あたりはアデンへ向け航行中だと思ふ。今後の海路の一番永い退屈なコースだ。紅海へ入れば、待望のエヂプトも近く、既に欧羅巴だから、一日一日マルセーユも近くなり、緊張もしてくる事と思ふ。

一ヶ月の航海で相当船ボケした後で、ヨーロッパの土を踏むことだから、眼に入るものも清新であらう。ただ巴里はまだ二月の極寒で、十分注意して異った風土に身体をこわさぬように頼む。水井氏2や皆吉氏3も迎へてくれるだらうが、ガールドリオンへ着けばタキシーで日本会館4へ乗りつける事だね。日本会館へ行けばすべての点の不自由さがなくなると共に、一方では余り日本人の中では欧州へ来たあのうれしい孤独感が迫って来ぬかも知れぬ。あちこちのミウゼー見物してゐる中に今後の旅の方針もついてくるだらう。そして仕事をしない日が続くことのやりきれない気持に襲はれるだらう。せめて半日は適当な研究所で仕事が早く出来るようにすると、落付きも早くくることと思ふ。何れにせよ、余り無理に神経や身体を使ひすぎて、折角の旅が苦しみに終るようでは勿体ない事だ。

こちらも君が立ってから風が二、三日続いたが、其後春のような陽気だった。一昨日あたりから冬らしい激しい季節風が吹いてゐる。地中海のあの激しいミストラルを思い出す。

僕の成田山の仕事5を一六日から始めた。今日は二日目だ。三間に一二間のすばらしいアトリエが出来、準備万端OK、金野助手6は一三日から来て、家で一泊、今寺で宿泊、君の意見もあり、偶然明日成田山へ行くといふ前の日に松岡君7が来訪、今度の事件からでも手伝ひたいと言って来てくれたので、これも好都合で、寺へも事情を話して紹介、一昨日から一生懸命にやってくれてゐる。自然こちらの収入が減ったが、名古屋の方9もてくれてゐる。外に例の福岡君8はよく気がついて手伝ってくれてゐる。自然こちらの収入が減ったが、名古屋の方9もあるし、僕としては気持が非常に楽になったので喜んでゐる。何とかして来る四月一五日頃迄に完成したいと願ってゐる。

家の方も皆元気だ。出発の時の写真、あちこちから送ってくれたので、そのうち数葉封入するA。僕は見送れなかったが、この写真で出発の光景がよく解る。同船の他の方々も、老人達らしいから、その中で独り身の気軽さで、若さの有難さを一層痛感する事だらう。

取敢えずこの手紙は明日Air-mailでCairo宛で出す事にする。十分万般に注意して健康唯一を祈ってゐる。　龍門

——

元気に旅をつゞけてゐる様子で喜んで居ます。昨日からこちらは急に冬らしくなって雪花もちらついて居るのに御地は三三度の暑さとは一寸考へられない程です。十分身体に気をつけて下さい。注意がましいが何事も不自然でない様にして下さい。無理に力を用ひすぎて病気をしない様にたのみます。こちらの方は心配せずに心のこりのない様に過して来て下さい。

押方さん10七日に立ちました。三月頃会えるとか言って居ました。見送りの時船の中へ夏樹11の玩具（ねん土細工と汽車遊び、明比さん12からもらった分）忘れて来ました。

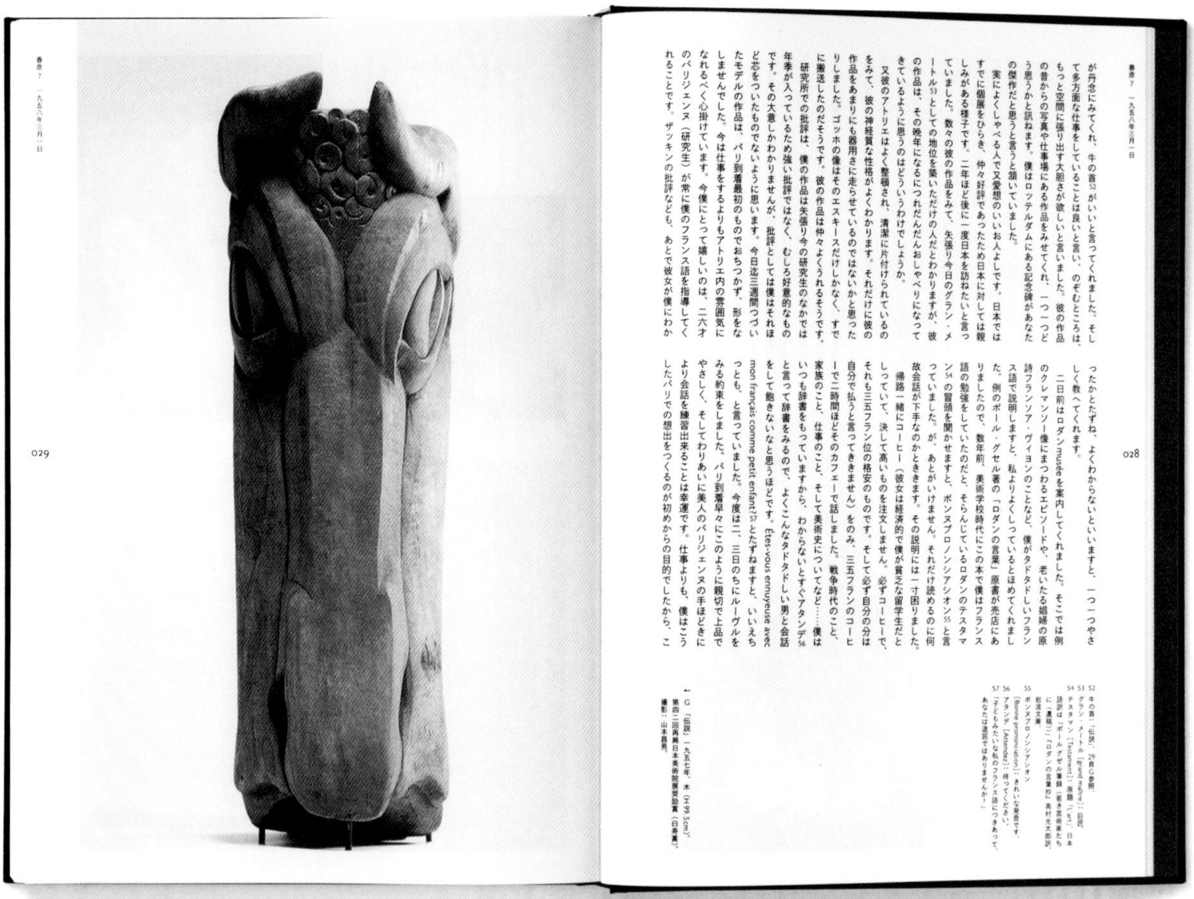

が丹念にみてくれ、牛の首[52]がいいと言ってくれました。そして多方面な仕事をしていることは良いと言い、のぞむところは、もっと空間に張り出す大胆さが欲しいと言いました。彼の作品の昔からの写真や仕事場にある作品をみせてくれ、一つ一つどう思うかと訊ねます。僕はロッテルダムにある記念碑があなたの傑作だと思うと言うと頷いていました。

実によくしゃべる人で又愛想のいいお人よしです。日本ではすでに個展をひらき、仲々好評であったため日本に対しては親しみがある様子です。二年ほど後に一度日本を訪ねたいと言っていました。数々の彼の作品をみて、矢張り今日のグラン・メートル[53]としての地位を築いただけの人だとわかりますが、彼の作品は、その晩年になるにつれだんだんおしゃべりになってきているように思うのはどういうわけでしょうか。

又彼のアトリエはよく整頓され、清潔に片付けられているのをみて、彼の神経質な性格がよくわかります。それだけに彼の作品をあまりにも器用さに走らせているのではないかと思ったりしました。ゴッホの像はそのエスキースだけしかなく、すでに搬送したのだそうです。彼の作品は仲々よくうれるそうです。

研究所での批評は、僕の作品は矢張り今の研究生のなかでは年季が入っているため強い批評ではなく、むしろ好意的なものです。その大意しかわかりませんが、批評としては僕はそれほど芯をついたものでないように思います。今日迄三週間つづいたモデルの作品は、パリ到着最初のものでおちつかず、形をなしませんでした。今は仕事をするよりもアトリエ内の雰囲気になれるべく心掛けています。今僕にとって嬉しいのは、二六才のパリジェンヌ（研究生）が常に僕のフランス語を指導してくれることです。ザッキンの批評なども、あとで彼女が僕にわかったかとたずね、よくわからないといいますと、一つ一つやさしく教へてくれます。

二日前はロダンmuséeを案内してくれました。そこでは例のクレマンソー像にまつわるエピソードや、老いたる娼婦の原詩フランソア・ヴィヨンのことなど、僕がタドタドしいフランス語で説明しますと、私よりよくしっているとほめてくれました。例のポール・グセル著の「ロダンの言葉」原書が売店にありましたので、数年前、美術学校時代にこの本で僕はフランス語の勉強をしていたのだと、そらんじているロダンのテスタマン[54]の冒頭を聞かせますと、ボンヌプロノンシアシオン[55]と言っていました。が、あとがいけません。それだけ読めるのに何故会話が下手なのかとききます。その説明には一寸困りました。

帰路一緒にコーヒー（彼女は経済的で僕が貧乏な留学生だとしっていて、決して高いものを注文しません。必ずコーヒーで、それも三五フラン位の格安のものです。そして必ず自分の分は自分で払うと言ってききません）をのみ、三五フランのコーヒーで二時間ほどそのカフェーで話しました。戦争時代のこと、家族のこと、仕事のこと、そして美術史についてなど……僕はいつも辞書をもっていますから、わからないとすぐアタンデ[56]と言って辞書をみるので、よくこんなタドタドしい男と会話をして飽きないなと思うほどです。Êtes-vous ennuyeuse avec mon français comme petit enfant?[57]とたずねますと、いいえちっとも、と言っていました。今度は二、三日のちにルーヴルをみる約束をしました。パリ到着早々にこのように親切で上品でやさしく、そしてわりあいに美人のパリジェンヌの手ほどきにより会話を練習出来ることは幸運です。仕事よりも、僕はこうしたパリでの想出をつくるのが初めからの目的でしたから、こ

52　牛の首：「伝説」、29頁G参照。
53　グラン・メートル［grand maître］：巨匠。
54　テスタマン［Testament］：原題『L'art』、日本語訳は『ポール グゼル筆録（若き芸術家たちに（遺稿））』『ロダンの言葉抄』高村光太郎訳、岩波文庫。
55　ボンヌプロノンシアシオン［Bonne prononciation］：きれいな発音です。
56　アタンデ［Attendez］：待ってください。
57　「子どもみたいな私のフランス語につきあって、あなたは退屈ではありませんか？」

← G「伝説」一九五七年、木（H99.5cm）。
第四二回再興日本美術院展奨励賞（白寿賞）。
撮影：山本昌男。

七〇万フランで買った。フジタにしてはめずらしい風景画であるが、何とも下らぬ絵である。同じ買うなら、その時、画廊の主人のみせてくれた人物をなぜ買わなかったか。俺は何とかねぎろうとしたが仲々ダメで、ついにそれでは日本への航空便使用料としてやっと一割の七万をまけさせるのに骨がおれた。ちなみにその日の俺が彼等からもらった通訳料は三〇〇〇フランである、ままならぬものよ。俺はその時、この目で七〇万の大金が一枚の何とも薄汚れた絵のために人手から人手へ動くのをみた。いつかの材木屋のオヤジ、宝石や香水のために一日一〇万の金を投げ捨てていたのと大差ない。何とかならぬか。

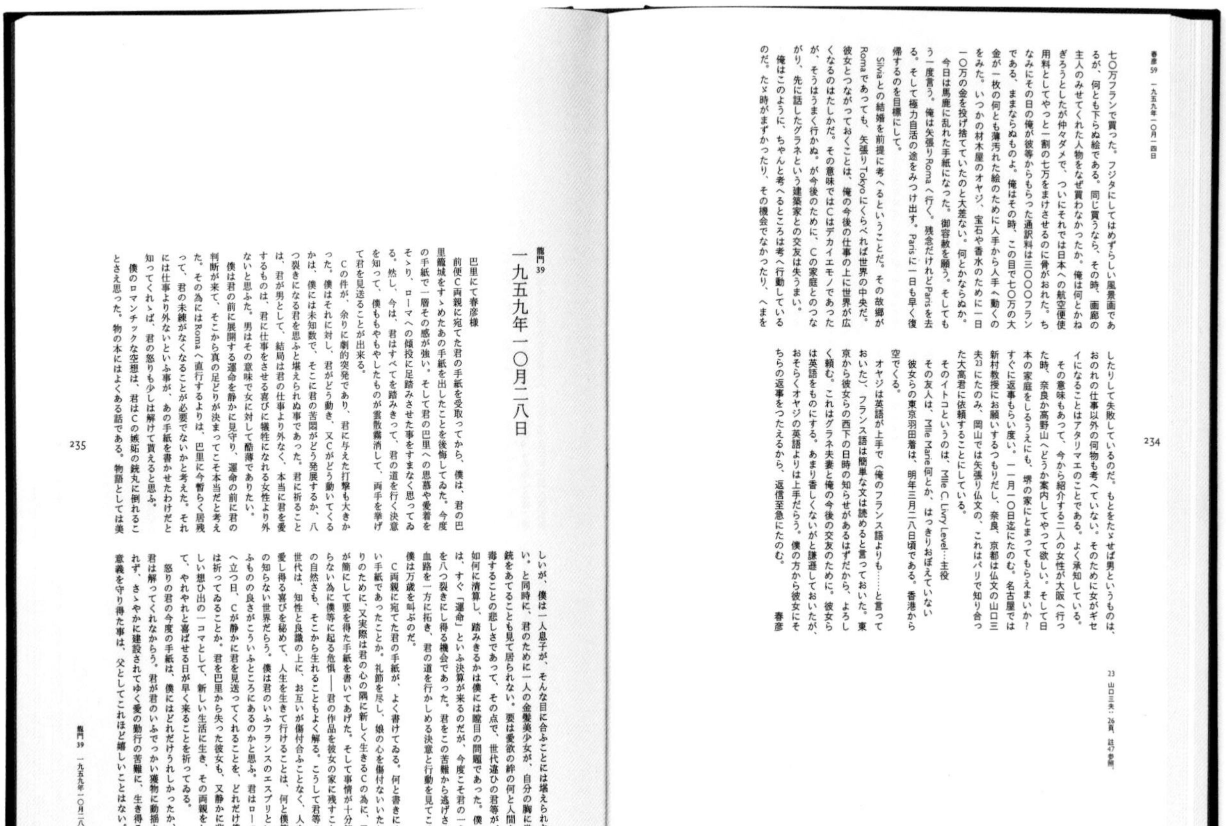

今日は馬鹿に乱れた手紙になった。御容赦を願う。そしてもう一度言う。俺は矢張りRomaへ行く。残念だけれどParisを去る。そして極力自活の途をみつけ出す。Parisに一日も早く復帰するのを目標にして。

Silviaとの結婚を前提に考へるということだ。その故郷がRomaであっても、矢張りTokyoにくらべれば世界の中央だ。彼女とつながっておくことは、俺の今後の仕事の上に世界が広くなるのはたしかだ。その意味ではCはデカイエモノであったが、そうはうまく行かぬ。が今後のために、Cの家庭とのつながり、先に話したグラネという建築家との交友は失うまい。

俺はこのように、ちゃんと考へるところは考へ行動しているのだ。たゞ時がまずかったり、その機会でなかったり、へまをしたりして失敗しているのだ。もとをたゞせば男というものは、おのれの仕事以外の何物も考へていない。そのために女がギセイになることはアタリマエのことである。よく承知している。

その意味もあって、今から紹介する二人の女性が大阪へ行った時、奈良か高野山へどうか案内してやって欲しい。そして日本の家庭をしるうえにも、堺の家にとまってもらえまいか？すぐに返事もらい度い。一一月一〇日迄にたのむ。名古屋では新村教授にお願いするつもりだし、奈良、京都は仏文の山口三夫[23]にたのみ、岡山では矢張り仏文の、これはパリで知り合った大高君に依頼することにしている。

そのイトコというのは、Mlle C. Livry Level…主役

その友人は、Mlle Marie何とか、はっきりおぼえていない

彼女らの東京羽田着は、明年三月二八日頃である。香港から空でくる。

オヤジは英語が上手で（俺のフランス語よりも……と言っておいた）、フランス語は簡単な文は読めると言っておいた。東京から彼女らの西下の日時の知らせがあるはずだから、よろしく頼む。これはグラネ夫妻と俺の今後の交友のために。彼女らは英語をものにする。あまり香しくないがと謙遜しておいたが、おそらくオヤジの英語よりは上手だらう。僕の方から彼女にそちらの返事をつたえるから、返信至急にたのむ。

春彦

23　山口三夫：26頁、註47参照。

龍門39

一九五九年一〇月二八日

巴里にて春彦様

前便C両親に宛てた君の手紙を受取ってから、僕は、君の巴里籠城をすゝめたあの手紙を出したことを後悔してゐた。今度の手紙で一層その感が強い。そして君の巴里への思慕や愛着をそゝり、ローマへの傾投に足踏みさせた事をすまなく思ってゐる。然し、今は、君はすべてを踏みきって、君の道を行く決意を知って、僕ももやもやしたものが雲散霧消して、両手を挙げて君を見送ることが出来る。

Cの件が、余りに劇的突発であり、君に与えた打撃も大きかった。僕はそれに対し、君がどう動き、又Cがどう動いてくるかは、僕には未知数で、そこに君の苦悶がどう発展するか、八つ裂きになる君を思ふと堪えられぬ事であった。君に祈ることは、君が男として、結局は君の仕事より外なく、本当に君を愛するものは、君に仕事をさせる喜びに犠牲になれる女性より外ないと思ふた。男はその意味で女に対して酷薄でありたい。

僕は君の前に展開する運命を静かに見守り、運命の前に君の判断が来て、そこから真の足どりが決まってこそ本当だと考えた。その為にはRomaへ直行するよりは、巴里に今暫らく居残って、君の未練がなくなることが必要でないかと考えた。それには仕事より外ないといふ事が、あの手紙を書かせたわけだと知ってくれゝば、君の怒りも少しは解けて貰えると思ふ。

僕のロマンチックな空想は、君はCの嫉妬の銃丸に倒れることさえ思った。物の本にはよくある話である。物語としては美しいが、僕は一人息子が、そんな目に合ふことには堪えられない。と同時に、君のために一人の金髪美少女が、自分の胸に拳銃をあてることも見て居られない。要は愛欲の絆の何と人間を毒することの悲しさであって、その点で、世代違ひの君等が、如何に清算し、踏みきるかは僕には瞠目の問題であった。僕には、すぐ「運命」といふ決算が来るのだが、今度こそ君の一身を八つ裂きにし得る機会であった。君をこの苦難から逃げさせ、血路を一方に拓き、君の道を行かしめる決意と行動を見てこそ、僕は万歳を叫ぶのだ。

C両親に宛てた君の手紙が、よく書けてゐる。何と書きにくい手紙であったことか。礼節を尽し、娘の心を傷付けないいたわりのために、又実際は君の心の隅に新しく生きるCの為に、君が簡にして要を得た手紙を書いてあげた。そして事情が十分解らない為に僕等に起る危惧——君の作品を彼女の家に残すことの自然さも、そこから生れることもよく解る。こうして君等の世代は、知性と良識の上に、お互いが傷付合ふことなく、人を愛し得る喜びを秘めて、人生を生きて行けることは、何と僕等の知らない世界だらう。僕は君のいふフランスのエスプリといふものの良さがこういふところにあるのかと思ふ。君はローマへ立つ日、Cが静かに君を見送ってくれることを、どれだけ僕は祈ってゐることか。君を巴里から失った彼女も、又静かに悲しい想ひ出の一コマとして、新しい生活に生き、その両親をして、やれやれと喜ばせる日が早く来ることを祈ってゐる。

怒りの君の今度の手紙は、僕にはどれだけうれしかったか、君は解ってくれなからう。君が君のいふでっかい獲物に動揺されず、さゝやかに建設されてゆく愛の勤行の苦難に、生き得る意義を守り得た事は、父としてこれほど嬉しいことはない。

《建筑》

—

板垣鹰穗著，武藏野美术大学出版局，2008年，152 mm×218 mm
编辑：木村公子
印刷、制本：精兴社
题字：采录自原著（育生社弘道阁版、1942年）
使用字体：本明朝、Taoyame、游筑标题明朝体，Dante

—

《建筑》这本书险些被埋没在历史中，依靠编辑木村女士的手腕而得以重生。为了能读，必须要有照片和注释——我的设计就是依照这样的编辑意图而进行的。字体模仿原著采用了今田欣一先生设计的Taoyame，书名标题也采录自原著。护封上的肖像则来自作者的家人。这本书从内容上、视觉上都称得上一种再生。

Architecture [Kenchiku]

—

Takao Itagaki, Musashino Art University Press, 2008, 152 mm x 218 mm
Editing: Kimiko Kimura
Printing and Binding: Seikosha Printing
Title Lettering: Traced from original book cover (published by Ikuseisha Kodokaku, 1942)
Typefaces: Hon Mincho, Taoyame, Yu Tsuki Midashi Mincho, Dante

—

This historical examination and revival of *Architecture* [Kenchiku] was brought to life by the editor, Ms. Kimiko Kimura. Additional imagery and explanatory notes were included to help generate a new audience, and the final book was designed with the intention of attracting a renewed readership. Akin to the original book, the typeface Taoyame, developed by Mr. Kinichi Imada, was used for the typesetting and the title typeface was traced from the original book cover. The author's portrait photograph was borrowed from his family and included, helping to make the book an archive, as well as both a textual and visual revival.

《反字冲——十六世纪活字制作与现代的字体设计》(日文版)

—

弗雷德·斯迈耶尔斯著、山本太郎监修、大曲都市翻译，武藏野美术大学出版局，2014年，A5

编辑：木村公子

使用字体：秀英明朝、秀英五号，Haultin、Renard

—

这是弗雷德·斯迈耶尔斯的名著的日文版，译者是大曲都市。他是我十多年前在武藏美的学生，现在是英国的蒙纳字体公司活跃在最前沿的字体设计师。据说，我曾经向学生时代的他介绍过这本书的原著。使用的字体是弗雷德·斯迈耶尔斯设计的Haultin。为了与其搭配，我选择的日文字体是秀英明朝。包括样式、颜色等在内的基本设计都以原著为基础。

Counterpunch: Making Type in the Sixteenth Century, Designing Typefaces Now (Japanese Translation)

—

Fred Smeijers, Taro Yamamoto (Supv.), Toshi Omagari (Tr.), Musashino Art University Press, 2014, A5

Editing: Kimiko Kimura

Typefaces: Shuei Mincho, Shuei 5-go, Haultin, Renard

—

Japanese edition of the historical type design book written by Fred Smeijers. Toshi Omagari, translator of this book, was a former student of mine at Musashino Art University a decade or so ago, and is an active typeface designer at Monotype in London. It seems that I recommended the original book to him in his school days. I used the Latin typeface Haultin designed by Mr. Smeijers and selected the Japanese typeface Shuei Mincho which works well in conjunction. Basically, I followed the original book's design, including its format and color selection.

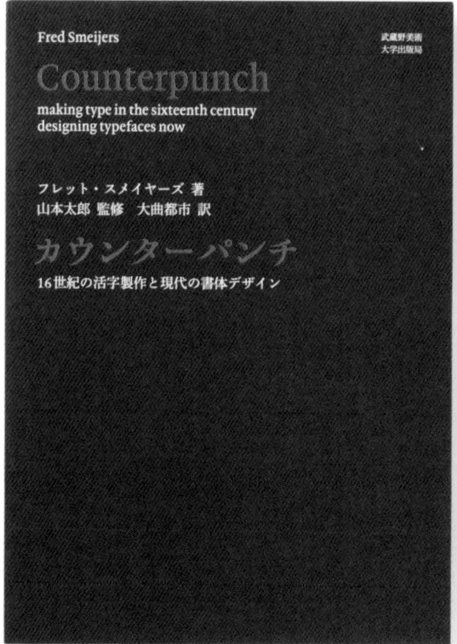

《在罗马是条狗》

—

石井辰彦（短歌），书肆山田，
2013年，B5，带函套
编辑：大泉史世
使用字体：秀英明朝，Sabon

—

基本是以作者本身的排版样式（排版造型）为基础。收到文本文件，设计几乎已经定型，我只是稍微加工将其直接做成书而已。活字字号，从函套到版权页全部都是12级（8.5pt），这不是为了优先设计，而是优先内容的结果。

I Was a Dog in Rome
[Rome de Inu datta]

—

Tatsuhiko Ishii (Tanka),
Shoshi Yamada, 2013, B5,
enclosed in a slipcase
Editing: Fumiyo Oizumi
Typefaces: Shuei Mincho, Sabon

—

The typographic composition of this book is completely based on the typesetting format used by the author himself. The text data provided by the author was the same as the finished product of the design. The only thing I could do was to offer a little help translating his text into a book format. The type size is 12Q (8.5pt) from the slipcase to the colophon. The use of 12Q type size imparts priority to the text itself rather than to the design.

ローマで
犬だった
—
石井辰彦
書肆山田

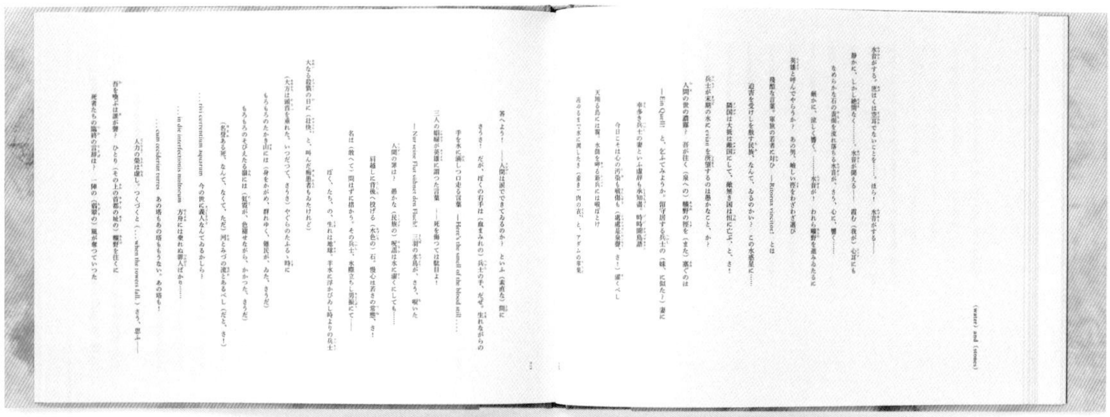

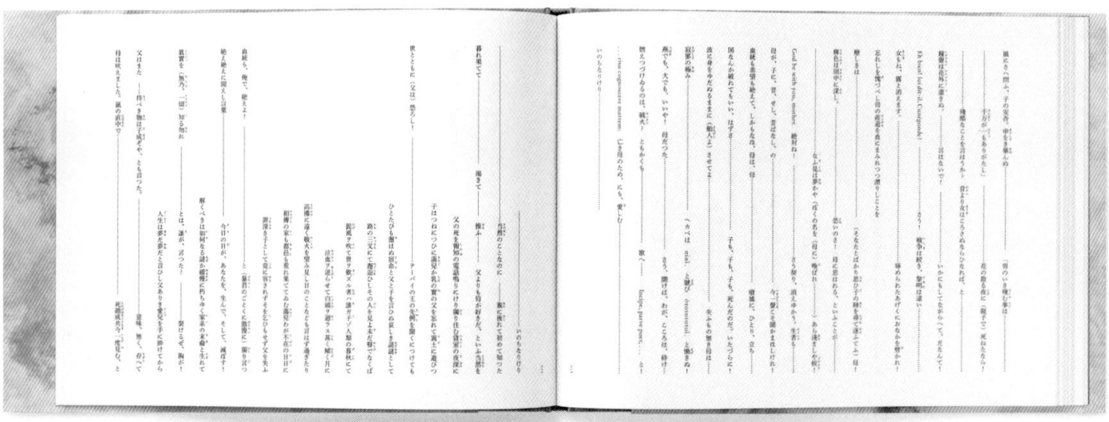

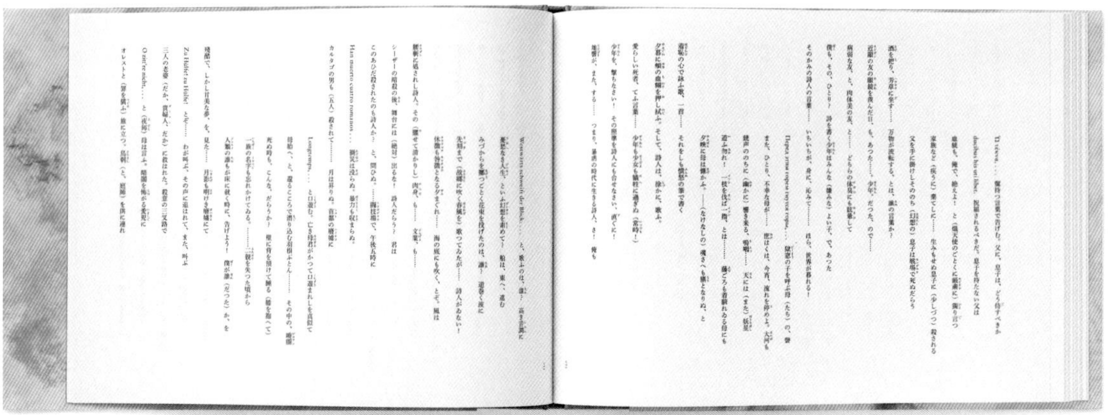

SD 2012

—

鹿岛出版会，2012年，
222 mm × 294 mm
编辑：川尻大介
封面碑文文字雕刻：伊藤嘉津郎
封面照片：山田能弘
正文使用字体：游明朝体、游明朝体36pt假名、游明朝体五号假名、Koburina Gothic、秀英角哥特体银、秀英明朝、秀英五号，Garamond FB、Unica、Swiss721、Linotype Univers、Centaur

—

我把意大利文艺复兴时期人文主义者、建筑理论家、建筑家莱昂·巴蒂斯塔·阿尔伯蒂的罗马大写字母作为封面的视觉主要素。从切分成正方形的几何形态到导出的图纸，逐渐地形成碑文的整个过程，用广告、宣传单、建筑杂志*SD*这样三阶段展开。原本计划第二年、第三年继续做Peter Behrens、Max Bill等建筑与字体相关人物主题的视觉计划，但是很遗憾没能继续。书籍样式为横向6/3mm间距、纵向5mm，包括五种字号的网格，能对应各样的文字。

SD 2012

—

Kajima Institute Publishing Co., Ltd., 2012, 222 mm × 294 mm
Editing: Daisuke Kawajiri
Cover Inscription Letter Curving: Kazuo Ito
Cover Photography: Yoshihiro Yamada
Text Typefaces: Yu Mincho, Yu Mincho 36 pt Kana, Yu Mincho 5-go Kana, Koburina Gothic, Shuei Kaku-gothic Gin, Shuei Mincho, Shuei 5-go, Garamond FB, Unica, Swiss721, Linotype Univers, Centaur

—

Roman square capitals drawn by Leon Battista Alberti—humanist, architect and architectural theorist in the Italian Renaissance—were used as the main visual components for this initiative. This visual material was used in much the same way across all aspects of *SD*, including the piece of direct mail, the flyer and the actual architectural journal. Each featured a gradual evolution of imagery exploring a square and a Roman inscription. The initial plan was to make a series of visual images annully which focused on figures who were involved in both architecture and typeface design, such as Peter Behrens and Max Bill. Unfortunately, that plan came to a standstill. The grid used consists of a variable 6/3 mm pitch and 5 mm vertical cells, with five assorted type sizes used to handle different texts.

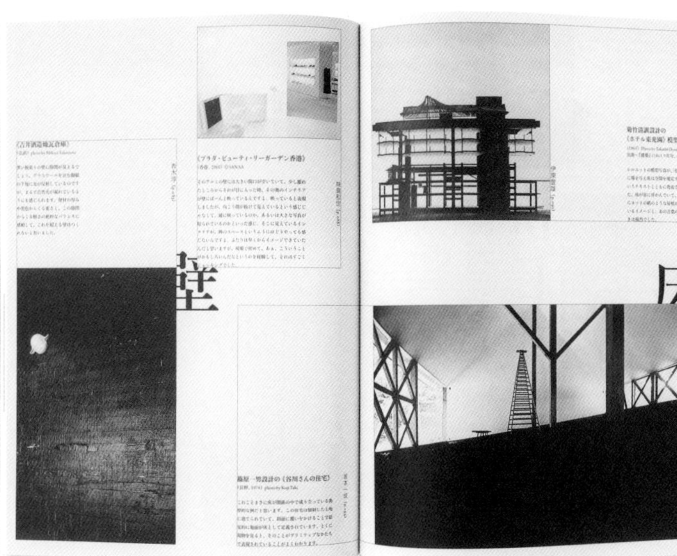

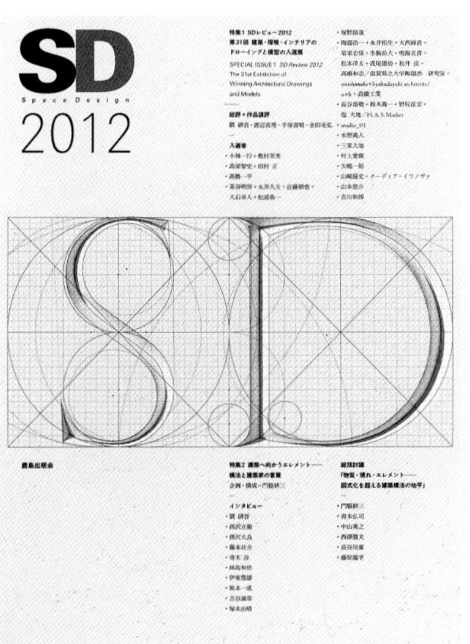

“*SD* REVIEW 2013”海报

—

鹿岛出版会，294 mm × 444 mm
使用字体：汉字Typos 410，
Behrens Antiqua

—

继“SD REVIEW 2012”之后本应该发行的2013年版“SD REVIEW 2013”的广告海报。继莱昂·巴蒂斯塔·阿尔伯蒂之后的这个建筑家、作家、字体设计师系列，我准备了彼得·贝伦斯的方案，但被甲方的一句“鹿岛做的是现代设计”枪毙了。贝伦斯活跃的时代，其实是从新艺术运动向现代主义转变的过渡期，是一个非常有意思的时代。我的这份设计采用了他所做的装饰以及他制作的字体Behrens Antiqua，已经进行到了最后校色阶段。

“*SD* REVIEW 2013” Poster

—

Kajima Institute Publishing Co., Ltd.,
294 mm × 444 mm
Typefaces: Kanji Typos 410,
Behrens Antiqua

—

The poster was made as a notification for “*SD* REVIEW 2013” that was supposed to follow “*SD* REVIEW 2012”. I made the plan with Peter Behrens, as a series of architects, writers, and type designers following Leon Battista Alberti, but it was refused by the client’s one sentence: “What Kashima do is modern design.” The period when Behrens was active was a truly fascinating perid, it is the transitional era from Art Nouveau to Modernism. I used Behrens’ decorations and the typeface Behrens Antiqua for the poster, but it is stopped at the stage of final color proofing.

THE 32ND EXHIBITION OF
WINNING ARCHITECTURAL
DRAWINGS AND MODELS

REVIEW 2013

SDレビュー 2013 第32回 建築・環境・インテリアのドローイングと模型の入選展

SDレビューは、実際に「建てる」という厳しい現実の中で、設計者がひとつの明確なコンセプトを導き出す思考の過程を、ドローイングと模型によって示そうというものです。実施見込みのないイメージやアイデアではなく実現作を募集します。

作品募集要項

募集対象
実施を前提とした設計中ないしは施工中の建築、屋外空間、インテリア。国外に建つものも含める。
応募作品数は1組1点とする。
グループの場合も、メンバーもしくは代表者が同じであれば1点のみとし、応募後の名前の変更は認めない。
また次のいずれかに該当するものは募集対象外とする。
・応募の時点ですでに完成しているもの
・雑誌などに発表されたもの
・実現の見込みが全くないもの
・コンペ等の応募作品
（公開、指名、入選、落選を問わない）

応募資格
特になし。

提出物
プレゼンテーション（2、3については日本語又は英語での表記を原則とする）：
1 設計意図を説明するために必要と思われる図面、写真等特に制約はなく、各自選択すること。表現方法は自由であるが、プレゼンテーションそれ自体の技術や密度は、審査にあたっての主要な評価対象とはされない。
2 プロジェクト名、建築用途、施主名（事業主体名）、工事予定期間、主体構造、主要仕上材料、建築面積、延床面積。
3 400字以内の設計主旨文（省略可）。
以上をA3判用紙（420×297mm、縦横自由）4枚以内にまとめたもの。パネル化は不可（クリアファイル等に入っている場合は審査時に取り外す）。
用紙に設計者氏名、組織名は一切記入しないこと。2、3は後述の添付書類に含めず、1と共にA3判用紙に記載することに注意。

添付書類
（日本語又は英語での表記を原則とする）：
プロジェクト名、応募者（＝設計者）名・フリガナ、応募者の年齢、職業、所属あるいは勤務先とその住所（以上、組織の場合は担当者について明記）、応募者への連絡先（郵便番号・住所、Eメールアドレス、電話・FAX番号）、共同設計者名、設計者略歴（入選の際、展覧会パンフレットに掲載）、募集情報の入手先。以上の事項をA4判用紙に記載したもの。

応募受付
・開始：2013年6月24日［月］
・締切：2013年6月28日［金］
当日17時までに必着（宅急便・郵便等にて送付のこと、持込み不可）
・2013年7月9日［火］までに受領通知が届かない場合は、事務局までお問い合わせ下さい。

審査員
隈研吾　手塚貴晴　塚本由晴　佐藤淳

アドバイザー
槇文彦　鹿島昭一

結果通知
審査員により15点前後が選抜された後、入選者のみに7月下旬までに書類にて通知する（入選者には審査後ただちに実施案であることを確認する）。

入選者の出展
入選者は通知後、指定期間（約40日間）内に展覧会に出展するための図面、模型、その他のプレゼンテーションを作成し、後日指定の日時、場所に搬入する。
入選者には、制作費用として一律5万円が支給される。
またこれら入選作は、展覧会後に刊行予定の書籍『SD2013』に収録される。

提出先
〒104-0028 東京都中央区八重洲2-5-14
鹿島出版会 SDレビュー2013事務局宛て
Telephone: 03-6202-5202
Facsimile: 03-6202-5205

SDレビュー2013入選展
東京展会期：
2013年9月11日［水］—22日［日］を予定
東京展会場：
代官山ヒルサイドテラスF棟
ヒルサイドフォーラム
—
京都展会期：
2013年9月28日［土］—10月14日［月・祝］を予定
京都展会場：
京都工芸繊維大学 美術工芸資料館

主催
鹿島出版会
—
京都展共催
京都工芸繊維大学
—
後援
朝倉不動産株式会社
—
協賛
鹿島

問い合わせ
御質問は鹿島出版会
SDレビュー2013事務局まで、
E-mail: info@kajima-publishing.co.jp
もしくは
Facsimile: 03-6202-5205
にてお問い合わせ下さい。
—
鹿島出版会ウェブサイト：
http://www.kajima-publishing.co.jp/sd2013

**“重要文化财
八幡浜市立日土小学校”小册子**

—

八幡浜市教育委员会，
2013年，210mm×200mm
监修、文：花田佳明
编辑：川尻大介
使用字体：游明朝体、
游明朝体36pt假名，Mrs Eaves

—

日土小学校是一座木构造的现代主义建筑的小学校，由建筑家松村正恒设计，于1956年和1958年分别建成两栋校舍。1999年被旨在保存和记录近代建筑的DOCOMOMO选为“日本近代建筑二十选”。另外，2007年被指定为八幡浜市重要文化财。小册子的设计理念是展现其本身，体现其作为小学生学习校舍的一面。可爱的一面靠Mrs Eaves字体的风格展现，而温柔的一面则靠校舍的配色来实现。

“Important Cultural Properties: Yawatahama City Hizuchi Elementary School” Pamphlet

—

Yawatahama City Board of Education, 2013, 210 mm × 200 mm
Supervision and Text: Yoshiaki Hanada
Editing: Daisuke Kawajiri
Typefaces: Yu Mincho, Yu Mincho 36 pt Kana, Mrs Eaves

—

Hizuchi Elementary School is a pair of Modernist wooden buildings constructed from 1956 to 1958 which were designed by the architect Masatsune Matsumura. In 1999, the site was selected as “One of Twenty Representative Modern Buildings in Japan” by DOCOMOMO, the organization for the conservation and archival documentation of Japan’s modern architectural heritage. In 2007, the site was designated a cultural property by Yawatahama City. I designed this pamphlet using the concept of it being a book about an elementary school building. I relied on the lovely and quaint typeface Mrs. Eaves and depended on the color arrangement of the school buildings to imply both tenderness and a sense of gentleness.

→ 《日土小学校的保存与再生》

—

八幡浜市教育委员会监修、“日土小学校的保存与再生”编纂委员会编，
鹿岛出版会，2016年，B5
策划、构成：花田佳明
编辑：川尻大介
封面照片：山岸刚
使用字体：游明朝体、游筑五号假名、Ryobi黑体新假名，
Century Schoolbook、Gotham Narrow

—

这是继前面展示的“日土小学校”小册子之后接手的工作。我的主题是通过正文和封面，如何才能更好地接近松村正恒先生所构建的木造现代主义。正文样式为可变的双栏，以放置花田先生的论文和施工记录等两部分共九章的文字。封面是摄影家山岸刚先生拍摄的照片。标题则是直接放到照片中该有的位置。

→ *Conservation and Revitalization of Hizuchi Elementary School [Hizuchi Shogakko no Hozon to Saisei]*

—

Supervision: Yawatahama City Board of Education,
Editing: Editorial Committee for “Conservation and Revitalization of Hizuchi Elementary School”, Kajima Institute Publishing Co., Ltd., 2016, B5
Concept and Planning: Yoshiaki Hanada
Editing: Daisuke Kawajiri
Cover Photpgraphy: Takeshi Yamagishi
Typefaces: Yu Mincho, Yu Tsuki 5-go Kana, Ryobi Gothic Shin Kana, Century Schoolbook, Gotham Narrow

—

This work has been undertaken with the “Hizuchi Elementary School” pamphlet, which is shown on the right. While I was designing the book cover and text pages, my chosen theme was to make this book closer to the sophisticated modernism of Masatsune Matsumura’s wooden buildings. I prepared a flexible page-format with two-columns to deal with the varied content included in the two parts and nine chapters of the book, including a paper written by Professor Yoshiaki Hanada and the archival documents of the buildings’ restor-ation. I included a cover photograph taken by the architectural photographer Takeshi Yamagishi and placed it in counterpoint to the title text.

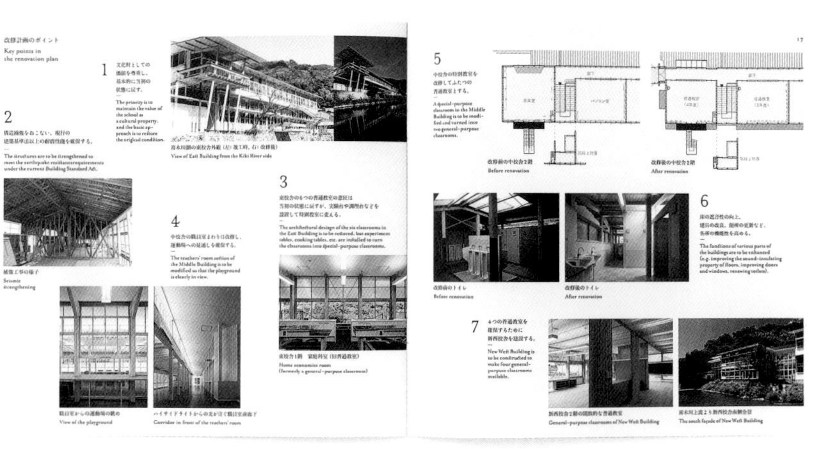

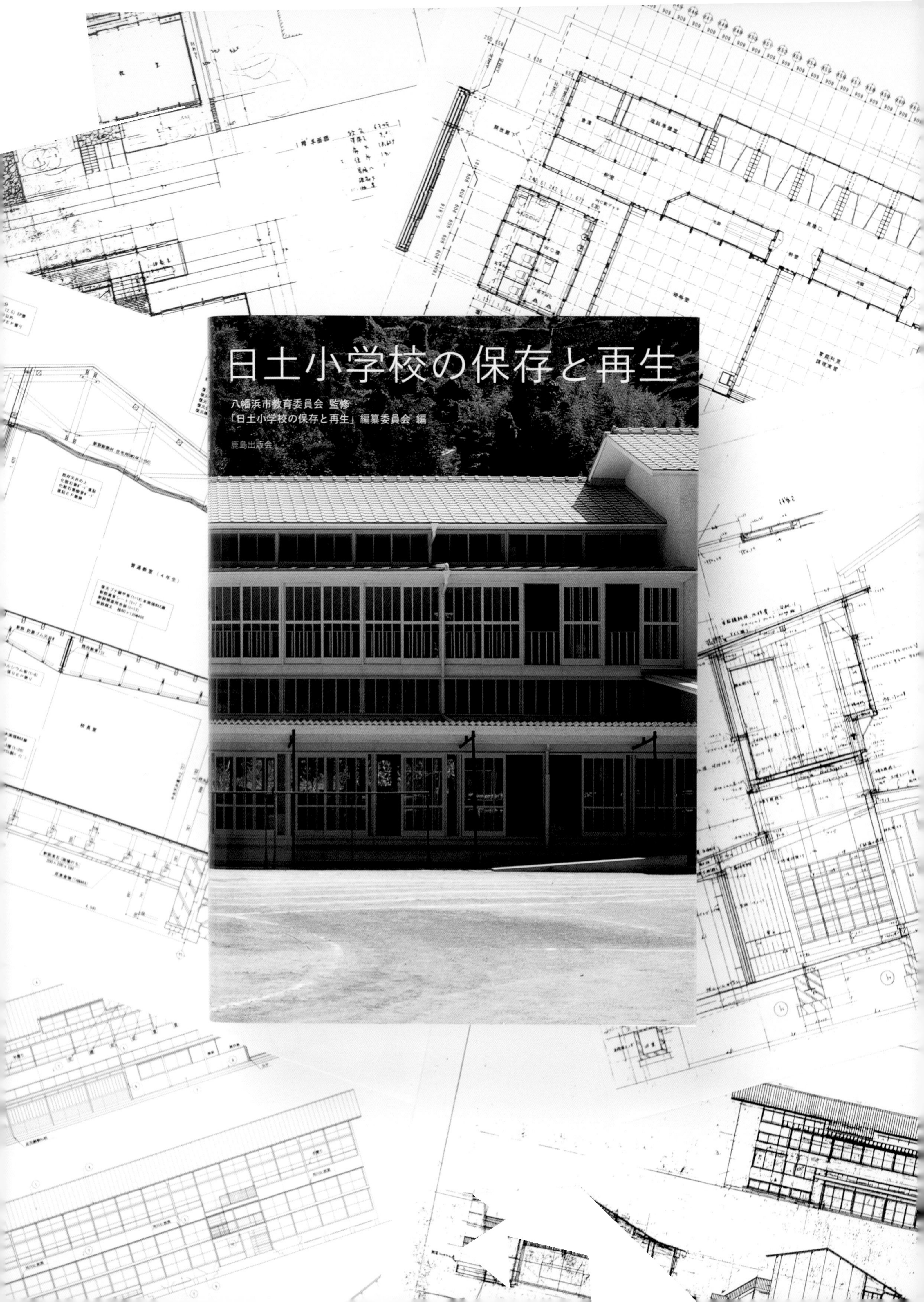
日土小学校の保存と再生
八幡浜市教育委員会 監修
「日土小学校の保存と再生」編纂委員会 編
鹿島出版会

《老建筑家走过的路　松村正恒著作集》

—

松村正恒著、花田佳明编，鹿岛出版会，2018年，A5

编辑：川尻大介、渡边奈美

使用字体：本明朝M＋味明秀、味明筑、味明民、Ro-Bodoni Book、味明Modern秀/EB、Ryobi 黑体L/M/B、Ryobi筑地GM/GB、Tschichold Regular/Book、Iwan Reschniev

—

这是花田佳明先生编的一本松村正恒著作集，也是我与花田老师合作的第三部作品。之前做的“日土小学校”相关的印刷品大部分用的是游筑家族。但是，我想通过这本书让大家感受一下松村的声音、手势、笔迹等这些具有身体性的片段。设计之初由于找不到合适的字体，我一筹莫展。但是非常凑巧，味冈伸太郎先生的明朝体系列恰好完成，我认定这是最理想的字体，于是在书中全面采用。主要文字采用的正文字体“味明秀M”是本书的关键。

The Selected Writings of Masatsune Matsumura: Life-long Footprints of a Modernist Architect

—

Masatsune Matsumura,
Yoshiaki Hanada (Ed.)
Kajima Institute Publishing Co., Ltd.,
2018, A5
Editing: Daisuke Kawajiri,
Nami Watanabe
Typefaces: Hon Mincho M+Ajimin Shu, Ajimin Tsuki, Ajimin Min, Ro-Bodoni Book, Ajimin Modern Shu/EB, Ryobi Gothic L/M/B, Ryobi Tsukiji GM/GB, Tschichold Regular/Book, Iwan Reschniev

—

This book consists of collected writings of Masatsune Matsumura. It was edited by Professor Yoshiaki Hanada and is the third collaborative project involving Prof. Hanada and Mr. Matsumura. For their previous collaborative works related to the "Hizuchi Elementary School", I primarily used the typeface family Yu Tsuki. However, in this book's case, I wanted readers to sense Matsumura's identity, notably his voice, gesture and handwriting. It was difficult to find an appropriate typeface for this purpose at first. Finally, at the last moment, I heard news about the completion of a Mincho typeface designed by Mr. Shintaro Ajioka, after examining it, I concluded that this was the appropriate typeface for this project. Mr. Ajioka's text typeface "Ajimin Shu M" is the core typographic component in regard to how this book was designed.

《石头般柔软》

—

Andrea Bocco, Gianfranco Cavaglià 著，
多木阳介编译，鹿岛出版会，
2015年，A5
编辑：川尻大介
使用字体：Ryobi 黑体新假名M/B，
Gill Sans MT Book/Bold

—

本书是 *flessibile come di pietra* 的日文版。虽说“字体要按内容选择”，我还这样那样地各种讲评分析，结果才注意到无论是Ryobi黑体还是Gill Sans，最终选来选去还是用了自己喜欢的字体。正文竖排使用黑体，对于我来说是第一次尝试。

Flessibile Come di Pietra

—

Andrea Bocco, Gianfranco Cavaglià,
Yosuke Taki (Ed. / Tr.)
Kajima Institute Publishing Co., Ltd.,
2015, A5
Editing: Daisuke Kawajiri
Typefaces: Ryobi Gothic Shin Kana M/B, Gill Sans MT Book/Bold

—

This is the Japanese translation of the book *flessibile come di pietra*. Although I largely talk about "content-appropriate typefaces", I tend to habitually rely upon some of my favored typefaces such as Ryobi Gothic and Gill Sans. This book was my first try at using a Gothic typeface within Japanese vertical typesetting.

《内田祥哉　窗与建筑讲座》

—

内田祥哉著，门胁耕三、藤原彻平、
户田让、YKK AP窗研究所编，
鹿岛出版会，2017年，
148 mm×239 mm
编辑：渡边奈美、川尻大介
使用字体：游明朝体、游筑五号假名、
游黑体，Ro-Baskerville、Alena

—

这是建筑施工大师内田祥哉先生的讲座记录全集。听讲者也都是活跃在最前沿的年轻建筑师。还有门胁耕三、藤原彻平、户田让这样的豪华阵容来帮忙。设计上，从装帧、腰封到环衬、扉页图，以及正文的整体，能给读者一种实际参加了内田讲座的感觉。安静却带着热度的讲座，建设性的交谈和答疑——那样一个良好的教室氛围就是我设计的理念。

Yoshichika Uchida: Window and Architecture Seminars

—

Yoshichika Uchida
Editing: Kozo Kadowaki,
Teppei Fujiwara, Jo Toda,
YKK AP Window Research Institute,
Kajima Institute Publishing Co., Ltd.,
2017, 148 mm x 239 mm
Editing: Nami Watanabe,
Daisuke Kawajiri
Typefaces: Yu Mincho,
Yu Tsuki 5-go Kana,
Ro-Baskerville, Yu Gothic, Alena

—

Complete records of a seminar by Professor Yoshichika Uchida, a leading figure in the field of building construction. The seminar's participants were largely cuttingedge young architects and architectural historians, including the editors of this book: Kozo Kadowaki, Teppei Fujiwara, and Jo Toda. I approached the design of the book's structure—notably the cover, the obi/belt, the frontispiece, and the body text—with the intention of making the reader feel as if they had participated in the seminar. The concept behind the design is the promulgation of a culture of openness in the classroom, reflecting the calm but heated lecture and the constructive dialogue between the lecturer and the seminar participants.

《宇野亚喜良　AQUIRAX WORKS》（玄光社MOOK）

—

宇野亚喜良画，玄光社，2014年，210 mm×280 mm
编辑：本吉康成
使用字体：游明朝体＋游筑36 pt假名，Jannon Antiqua

—

这是画家宇野亚喜良直接指名让我制作的作品集。他的要求与往常一样，总是说“你自由地放开做就好”。整体构成上，读者从封面逐渐翻到正文就能渐渐被引入宇野的世界。而页面结构设计则是根据内容，通过横竖插图以及单色页面自由组合，以项目为单位，让舞台逐项变化。设计基调则是尽量展现出唯美的设计和空间。尽管出版社提出了诸多条件和限制，但最后宇野先生还是对作品很满意。

Aquirax Works

—

Aquirax Uno, Genkosha, 2014,
210 mm × 280 mm
Editing: Yoshinari Motokichi
Typefaces: Yu Mincho + Yu Tsuki 36 pt Kana, Jannon Antiqua

—

This is a collection of works, I was directly nominated by the painter Aquirax Uno, whose request is “Please do it freely” as usual. As the sequence, readers can be gradually led to Mr. Uno’s world when turning the pages from the cover to the text. The page structure is designed so that the stage changes item-by-item, by freely combining vertical and horizontal illustrations and monochrome pages according to the content.
I tried to make the tone of the design to become a aesthetically pleasing design and space. Although there were many conditions and restrictions from the publisher, Mr. Uno is very happy with the final work.

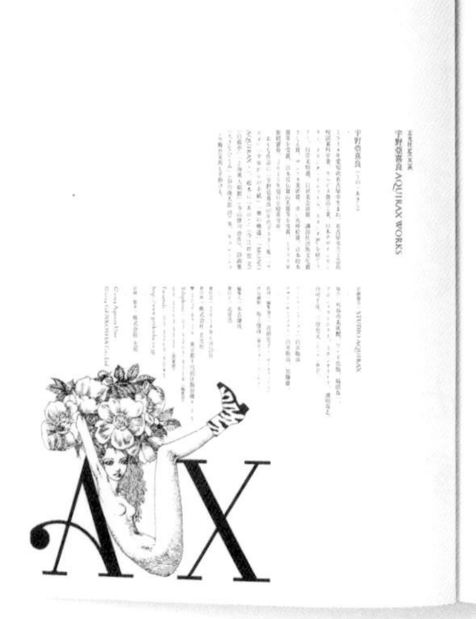

子どもの本の海で泳いで
今江祥智

《在儿童书籍的海洋里畅游》

—

今江祥智著，BL出版，2013年，
182 mm×206 mm
编辑：辻美千代
画：宇野亚喜良
使用字体：游明朝体、游筑五号假名、游明朝体36pt假名、游教科字体、Ryobi黑体新假名，Bauer Bodoni、Filosofia、ITC Bodoni、Bodoni Classic

—

今江祥智先生晚年的著作里有写下的手稿、未收录的原稿，还有来自诸位好友的投稿、对谈、鼎谈等堆积如山的内容。这些各种各样无法进行层级构建的文字，应该如何处理呢——我在设计时注重的是将其做成语言的百宝箱。

Swimming in the Pool Full of Children Books [Kodomo no Hon no Umi de Oyoide]

—

Yoshitomo Imae, BL Publishers, 2013, 182 mm × 206 mm
Editing: Michiyo Tsuji
Illustration: Aquirax Uno
Typefaces: Yu Mincho, Yu Tsuki 5-go Kana, Yu Mincho 36 pt Kana, Yu Kyokashotai, Ryobi Gothic Shin Kana, Bauer Bodoni, Filosofia, ITC Bodoni, Bodoni Classic

—

This book, the final work of the late Yoshitomo Imae, contains various texts including a newly written piece by the author, unreleased manuscripts, texts contributed by people intimate with the author, dialogue, group discussions, and other texts. As a number of the texts seemingly had no hierarchical relation, it was often difficult to construct an appropriate design. I resolved to make the book appear as if it were a jewelry box comprised of words as a result.

し、同じモランディさんの絵を眺め直していた。画集にはなかった風景画の中に、入れそうな気もちになる。モランディさんの絵に惹かれて好きになったあとで、そんなふうに本物を眺められて倖せであった。そしてそれが短篇『オリーヴの小道で』を書くきっかけにもなってくれた。書きながら、あのひっそりと静かで贅沢な空間と、思いもかけず何枚も見た風景画の——しんと静かで贅沢な小世界を思い浮かべていた……。

2002年春、マッジョーレ広場にて。モランディ美術館は広場に面した市庁舎の中にある。

美術館へとつづく美しい階段。

美術館の入り口。

*作品の舞台を振り返る

039

038

ボローニャ

＊作品の舞台を振り返る

贅沢な町、贅沢な時

毎年国際児童図書フェアが開かれているイタリアのボローニャに行ったのは、もう十年も前だから、京都でモランディの展覧会を見たのは、それよりもう少し前のことになる。たまたま小さな広告の絵に惹かれて見に行ったその展覧会で、すっかりモランディのファンになった。

そして、ボローニャ――。そこにモランディの美術館があると知っては、訪ねないわけにはいかない。わたしは人気（ひとけ）のないその場所に立っていた。

モランディの本物を本場で見たいがためにイタリアへ行ったような気がしていた。そんな気もちにさせてくれる美術館であった。

それは市役所の中にあった。もっとも、建物の中も外も市役所らしくない（もともと宮殿）――というか、造りがちがっていた。歴史と時間が静かにひろがる空間に、ひっそりとモランディを存在させている――という雰囲気があった。

その作品がつくりだす空間を、そのままゆるりとひきのばしたような空間のなかで、モランディさんは、ひっそりとやすんではるように思えた。ご本人が、そっと入ってきはっても何の違和感もない、上質でゆったりひっそりした空間――であった。

ルーヴルには、たしかに名画が目白押しであった。その広大な空間でも物足りないくらいのひろがりを見せる大作がどっさりと並んでいた。

もっとも、それらはみんな名画すぎて、こちらはもうさまざまな（複製）画集で繰返し眺めやったものが多くて、新鮮味に欠ける――という贅沢な不満をもった。

そこのところがモランディさんの作品はちがっていた。そしてそれは正に、その市役所のワンフロアに収まって正解――というか、落ち着いた存在感にしんと輝いて見えた。

二度と来られないかも――という気もちから、わたしは同じ部屋に何度か出入り

『オリーヴの小道で』
BL出版　２００５年

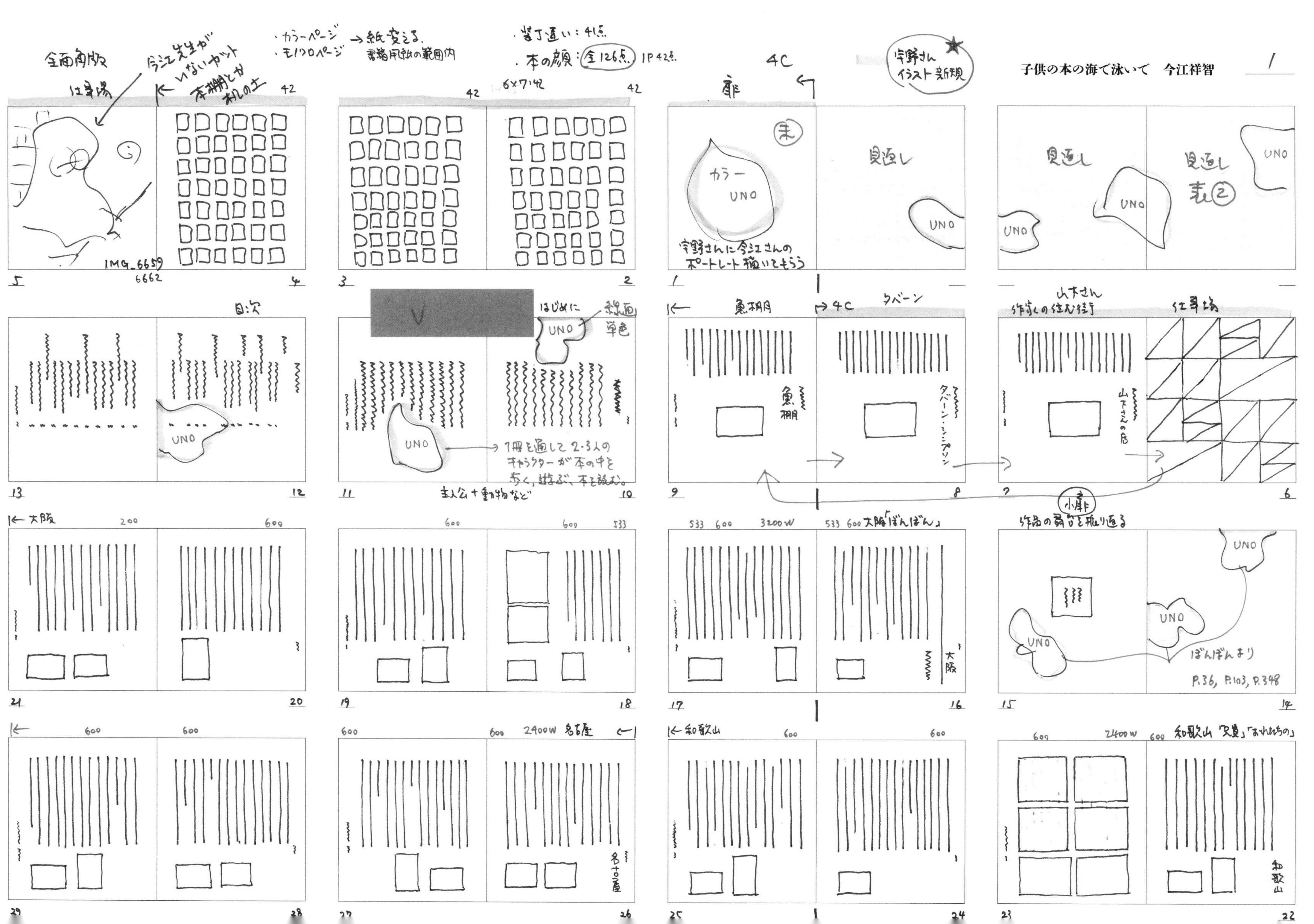
子供の本の海で泳いで　今江祥智
1
宇野さん
イラスト新規
4C
扉
・カラーページ → 紙変える
・モノクロページ
・装丁違い：41点
・本の顔：全126点 1P 42点
全面角版
仕事場
今江先生がいないカット
本棚とか机の上
IMG_6659
6662
カラー
UNO
宇野さんに今江さんのポートレート描いてもらう
見返し
見返し
表2
目次
はじめに
線画
単色
1冊を通して 2-3人のキャラクターが本の中を歩く、遊ぶ、本を読む。
主人公＋動物など
魚棚
タベーン
山下さん
作家の住む街
仕事場
作品の舞台を振り返る
大阪「ぼんぼん」
ぼんぼんより
P.36, P.103, P.348
大阪
名古屋
和歌山
和歌山「兄貴」「おれたちの」

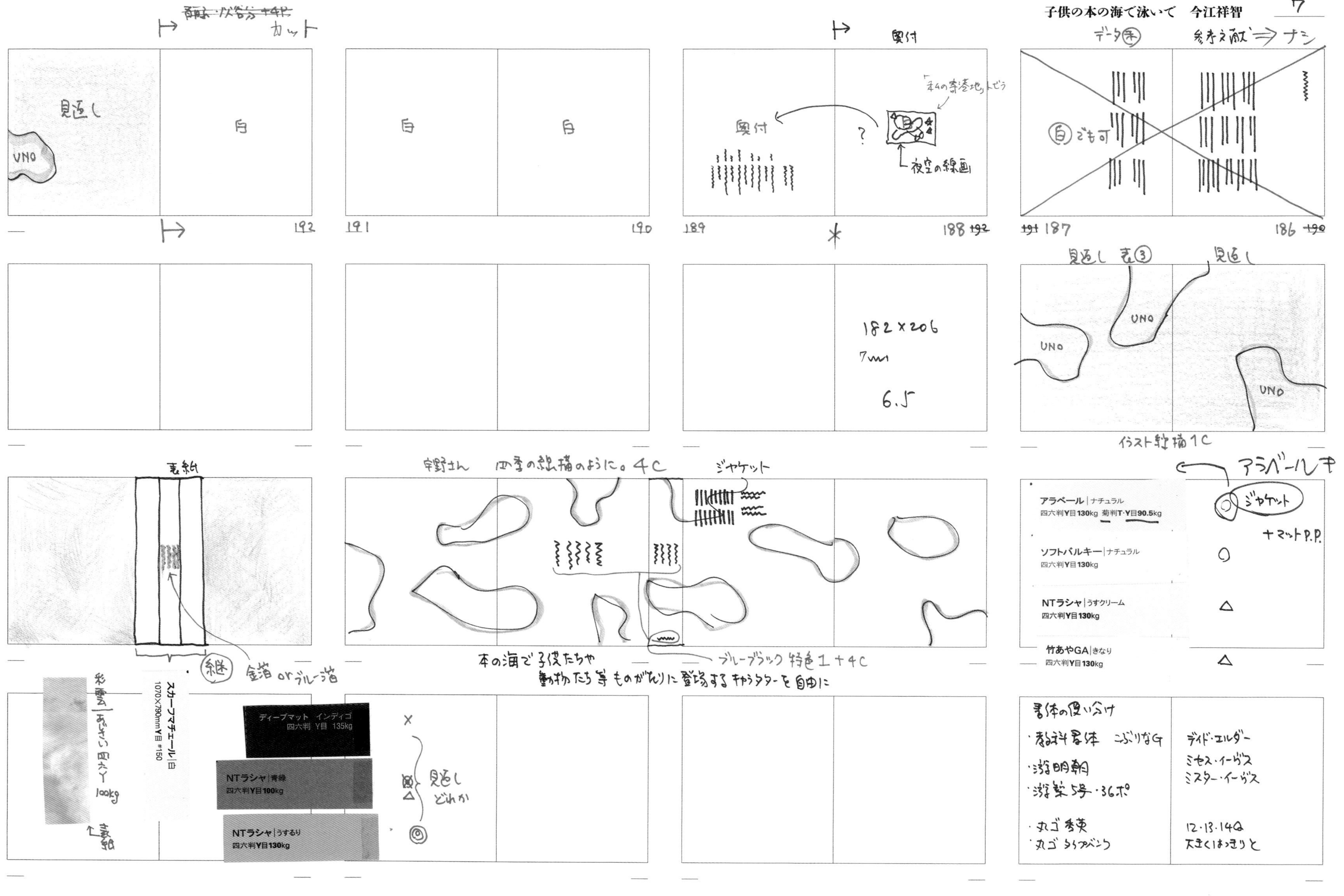
子供の本の海で泳いで　今江祥智
7
データ
参考文献 ⇒ ナシ
カット
見返し
白
白
白
奥付
奥付
夜空の線画
ごも可
192
191
190
189
188
187
186
見返し
見返し
UNO
UNO
UNO
UNO
182×206
7mm
6.5
イラスト線描1C
表紙
宇野さん　四季の線描のように。4C
ジャケット
本の海で子供たちや
動物たち等ものがたりに登場するキャラクターを自由に
ブルーブラック特色1+4C
アラベール
ジャケット
+マットP.P.
アラベール｜ナチュラル
四六判Y目130kg 菊判T·Y目90.5kg
ソフトバルキー｜ナチュラル
四六判Y目130kg
NTラシャ｜うすクリーム
四六判Y目130kg
竹あやGA｜きなり
四六判Y目130kg
金箔 or ブルー箔
スカーフマチェール｜白
1070×790mm Y目 #150
ディープマット　インディゴ
四六判 Y目 135kg
NTラシャ｜青緑
四六判Y目100kg
NTラシャ｜うするり
四六判Y目130kg
見返し
どれか
書体の使い分け
·教科書体
·游明朝
·游築5号·36ポ
·丸ゴ秀英
12·13·14Q
大きくはっきりと

《高见顺奖　五十年记录
一九七一—二〇二〇》

—

公益财团法人高见顺文学振兴会编，港之人，2020年，A5
编辑：公益财团法人高见顺文学振兴会、上野勇治
使用字体：游明朝体、游明朝体五号假名、游黑体，Ro-Bodoni、Gotham、Filosofia

—

这是在高见顺奖完结时制作的一本纪念册，分发给历届高见顺奖获奖诗人及相关人士。主办方要求不要用夸张的形式，只是当做记录集、资料集朴素地制作即可。由于不公开发售，封面也没有过分张扬，而是在书脊上以高见顺的肖像为背景，书名烫金，注重其在书架上的效果。由于疫情，而且又是最后的纪念仪式，我是一边努力想象如何才能让参与者将此书拿到手中会获得欣喜，一边投入制作的。

Jun Takami Prize,
A Record of 50 Years, 1971–2020

—

Edit by P.I.I.F. Jun Takami Promotion Association of Literature
Minatonohito, 2020, A5
Editing: P.I.I.F. Jun Takami Promotion Association of Literature, Yuji Ueno
Typefaces: Yu Mincho, Yu Mincho 5-go Kana, Yu Gothic, Ro-Bodoni, Gotham, Filosofia

—

This is a memorial book that summarized Jun Takami Prize marking the close of the Prize, and it was distributed to winner poets and related parties of Jun Takami Prize. I was requested to make it by a simple finishing as a record and a collection, instead of the exaggerated appearance. Since it was not for sale, I didn't make a tensioned cover design but put emphasis on the spine design, which make the apperance on the bookshelf, by positionning the portrait of Jun Takami with the foil-pressed book title. It was done for the last commemorative ceremony during COVID-19, with my imagination of the all the pleased faces who involved when taking the book by hands.

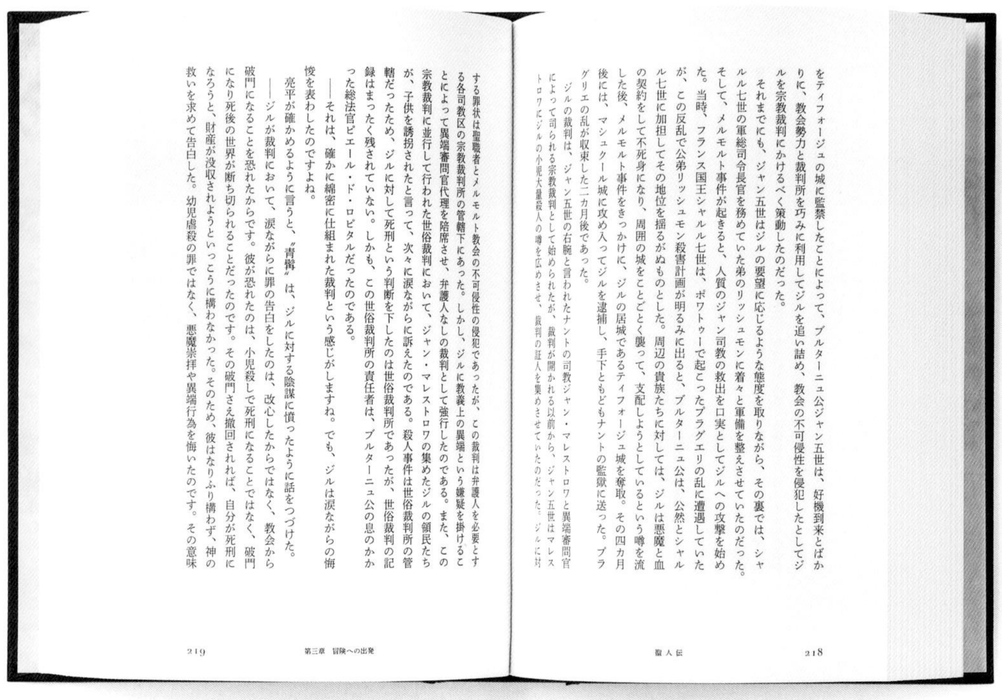
をティフォージュの城に監禁したことによって、ブルターニュ公ジャン五世は、好機到来とばかりに、教会勢力と裁判所を巧みに利用してジルを追い詰め、教会の不可侵性を侵犯したとしてジルを宗教裁判にかけるべく策動したのだった。

それまでにも、ジャン五世はジルの要望に応じるような態度を取りながら、その裏では、シャルル七世の軍総司令長官を務めていた弟のリッシュモンに着々と軍備を整えさせていたのだった。そして、メルモルト事件が起きると、人質のジャン司教の救出を口実としてジルへの攻撃を始めた。当時、フランス国王シャルル七世は、ポワトゥーで起こったプラグエリの乱に遭遇していたが、この反乱で公弟リッシュモン殺害計画が明るみに出ると、ブルターニュ公は、公然とシャルル七世に加担してその地位を揺るがぬものとした。周辺の貴族たちに対しては、ジルは悪魔と血の契約をして不死身になり、周囲の城をことごとく襲って、支配しようとしているという噂を流した後、メルモルト事件をきっかけに、ジルの居城であるティフォージュ城を奪取。その四カ月後には、マシュクール城に攻め入ってジルを逮捕し、手下ともどもナントの監獄に送った。プラグリエの乱が収束した二カ月後であった。

ジルの裁判は、ジャン五世の右腕と言われたナントの司教ジャン・マレストロワと異端審問官によって司られる宗教裁判として始められたが、裁判が開かれる以前から、ジャン五世はマレストロワにジルの小児大量殺人の噂を広めさせ、裁判の証人を集めさせていたのだった。ジルに対

聖人伝　218

する罪状は聖職者とメルモルト教会の不可侵性の侵犯であったが、この裁判は弁護人を必要とする各司教区の宗教裁判所の管轄下にあった。しかし、ジルに教養上の異端という嫌疑を掛けることによって異端審問官代理を陪席させ、弁護人なしの裁判として強行したのである。また、この宗教裁判に並行して行われた世俗裁判において、ジャン・マレストロワの集めたジルの領民たちが、子供を誘拐されたと言って、次々に涙ながらに訴えたのである。殺人事件は世俗裁判所の管轄だったため、ジルに対して死刑という判断を下したのは世俗裁判所であったが、世俗裁判の記録はまったく残されていない。しかも、この世俗裁判所の責任者は、ブルターニュ公の息のかかった総法官ピエール・ド・ロピタルだったのである。

――それは、確かに綿密に仕組まれた裁判という感じがしますね。でも、ジルは涙ながらの悔悛を表わしたのですよね。

亮平が確かめるように言うと、〝青髯〟は、ジルに対する陰謀に憤ったように話をつづけた。

――ジルが裁判において、涙ながらに罪の告白をしたのは、改心したからではなく、教会から破門になることを恐れたからです。彼が恐れたのは、小児殺しで死刑になることではなく、破門になり死後の世界が断ち切られることだったのです。その破門さえ撤回されれば、自分が死刑になろうと、財産が没収されようといっこうに構わなかった。そのため、彼はなりふり構わず、神の救いを求めて告白した。幼児虐殺の罪ではなく、悪魔崇拝や異端行為を悔いたのです。その意味

219　第三章　冒険への出発

《圣人传　超越柏罗丁》

—

立木鹰志著，港之人，2021年，A5
编辑：上野勇治
使用字体：秀英明朝、秀英横粗明朝，Ro-Garamond、Didot Elder 1812

—

埴谷雄高是一位通过意识形态讨论形而上学的推想小说家，此书则是继承其衣钵的立木鹰志先生的最后一本著作。立木先生尽管身卧病榻，还是坚持把编辑上野先生不断发来的稿件逐一校对。而我的排版也是尽可能简朴，唯一多下功夫的就是页码。为了与内容呼应，并能稍微触动读者的感觉、情感，我使用了略有魅力的、具有不等高数字的Didot Elder字体。我在装帧时使用了一些素材和加工方式，能让读者略微感受到埴谷先生的著作《死灵》的形象及其引以为豪的“昭和文士”气概。港之人出版社的作品，无论是我来做还是请别人来做，最终结果让人一看就能知道这是“港之人”的书。这点正是这家出版社的魅力所在，非常不可思议。

The Saints

—

Takashi Tachiki, Minatonohito, 2021, A5
Editing: Yuji Ueno
Typefaces: Shuei Mincho, Shuei Yoko-futo Mincho, Ro-Garamond, Didot Elder 1812

—

This is the last work of Takashi Tachiki, who succeeds Mr. Yutaka Haniya, a speculative fiction writer famous for his metaphysically idealogical discussion. The editor Yuji Ueno continued delivering the reading proof to Mr. Tachiki when he was ill in bed. I made the typesetting as simple as possible, but only for the page numbers, I used non-lining figures of Didot Elder to respond to the content so that they could slightly touch with the feeling and sensibility of the reader. For book binding, I used materials and processing with the image of Mr. Haniya's *Death Spirits (Shirei)* and also the high proud of "Showa Novelist". Works from Minatonohito, no matter done by me or others, will always be finished as a Minatonohito's book. That is the attractive side and wonders of this publisher.

《*idea* 设计师访谈选集：
构建了平面设计文化的13人》

—

idea 编辑部编，诚文堂新光社，
2014年，106mm×174mm
编辑：久保万纪惠
使用字体：龙明KO、游黑体、
Koburina黑体，Sabon Next、
Tschichold

—

此书采用竖长开本，有400多页。在排版上，我用了易读范围内尽可能长的行长，版心偏上的样式。放进包里、单手拿着也不会太重，躺着看时砸到脸上也不会痛。而且这样的设计，随意塞进包里也不会觉得不顺手。

An Anthology of idea's Interviews: 13 Designers Who Built a Graphic Design Culture

—

Edited by *idea* Magazine,
Seibundo Shinkosha Publishing
Co.,Ltd., 2014, 106mm×174mm
Editing: Makie Kubo
Typefaces: Ryumin KO, Yu Gothic,
Koburina Gothic, Sabon Next,
Tschichold

—

This book's format is vertically oblong and the total page count reaches more than 400 pages. The body text's line-length is within the scope of legibility, with the bottom margin being wider and the text being aligned at the top. The book is light, whether you carry it in a bag or hold it in your hand. It won't hurt you if you drop it on your face while reading it in bed. This is all intentional, plus you shouldn't feel reluctant to drop it roughly into your bag.

《资料集　日本商标和字标新装复刻版》（装帧）

—

序文：亀仓雄策
监修：神田昭夫，
Graphic社，2019年，B5
编辑：Graphic社编辑部（室贺清德）
使用字体：Koburina 黑体，
Founders Grotesk

—

此书原版是A4开本，1973年发行。而这次新装复刻版改成B5开本，因此需要在原著版式的基础上对版面比例进行调整。原著的封面设计者是此书的监修，展现了昭和现代主义设计的平面设计师、教育家神田昭夫。我觉得在继承其形象的基础上，更应当将现代与当时联系起来，所以我采用了当时设计标准的分割构成参考线作为封面和函套的主视觉元素。

Reference Material: Japanese Trade Marks and Logo Types New Revival Edition (Book Cover Design)

—

Introduction: Yusaku Kamekura
Supervision: Akio Kanda,
Graphic-Sha Publishing, 2019, B5
Editing: Graphic Editorial Department (Kiyonori Muroga)
Typefaces: Koburina Gothic, Founders Grotesk

—

The orignal version was published in 1973 in A4 size, but this revical version is resized into B5, so I decided to adjust the page proportion while taking advantage of orignal format. The designer of the original cover is also the supervisor, Mr. Akio Kanda. He is a graphic designer and also an educator, who embodied modernism design of Showa Era. While inheriting his image, I think I should link it to nowadays, so I used the guideline in a division structure which was a design standard at that time, as a main visual of the cover and box.

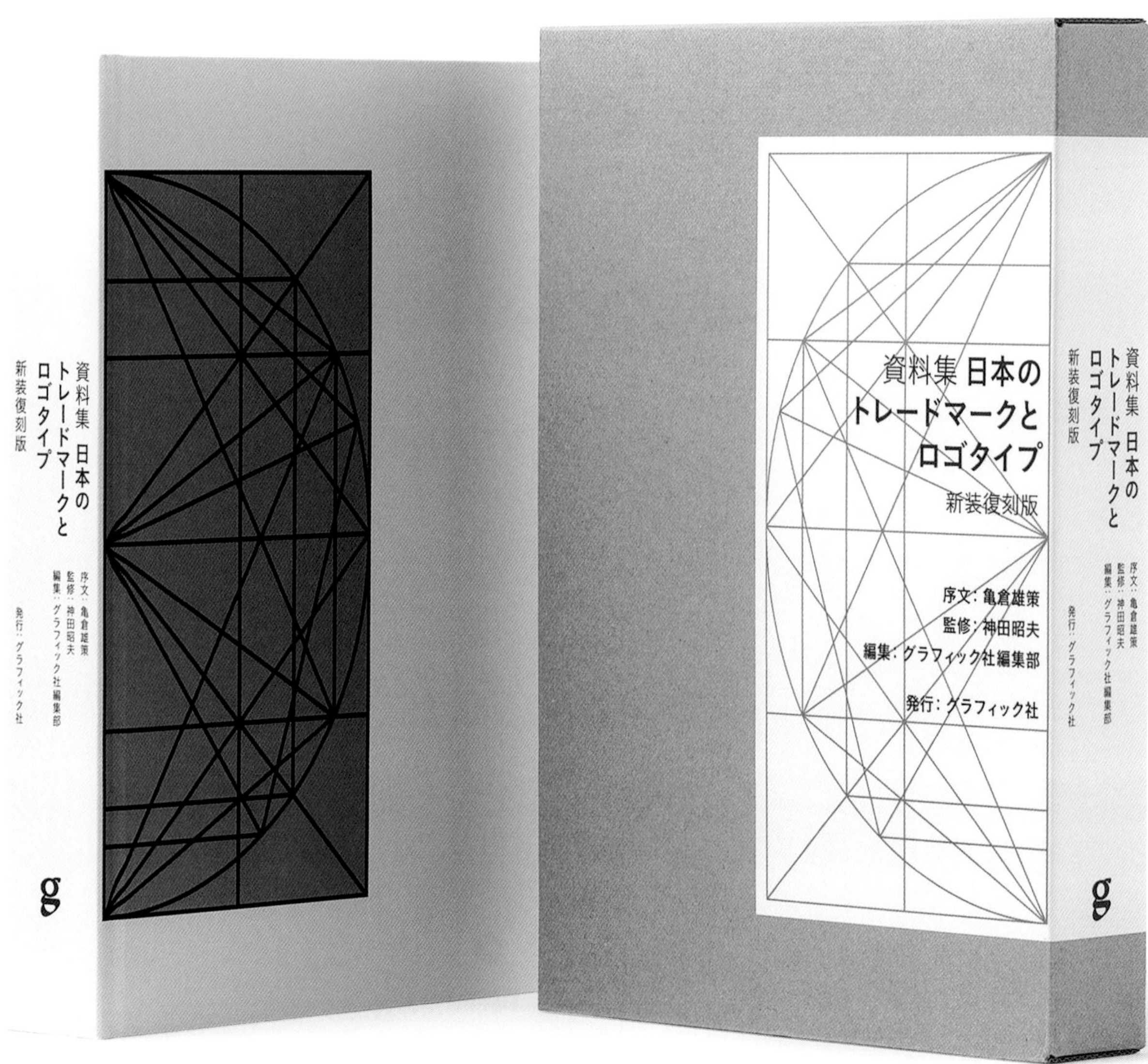

《现代字体排印　批评史论文》

—

罗宾 · 金罗斯著，山本太郎译，
Graphic社，2020年，A5
编辑：室贺清德
翻译、编辑协助：古贺稔章
使用字体：秀英明朝、秀英横粗明朝，
Arnhem Fine Normal、Arnhem Blond

—

我是2003年与*idea*总编室贺清德一起到欧洲采访旅行时，在其伦敦郊外的工作室里见到作者罗宾 · 金罗斯的。室贺先生当场提出*Modern Typography: An Essay in Critical History*（1992）一书日文版的出版许可，随即获得了罗宾的同意。之后我们找到山本太郎先生作为译者，终于在十六年后出版发行。日文版的排版依照原版朴素、简洁的风格，排除做作感，目标是将页面做成无法捕捉到任何情感和感觉的质朴。装帧则是模仿第二版（2004年）封面，函套、腰封、封底，除正文用纸外的所有纸张均统一为柠檬黄。

Modern Typography:
An Essay in Critical History

—

Robin Kinross
Japanese Translation:
Taro Yamamoto
Graphic-Sha Publishing, 2020, A5
Editing: Kiyonori Muroga
Cooperation in Translation and Editing: Toshiaki Koga
Typefaces: Shuei Mincho, Shuei Yokofuto Mincho, Arnhem Fine Normal, Arnhem Blond

—

It was 2003 at his office in the suburbs of London that I met the author Robin Kinross, during a trip to Europe with Kiyonori Muroga, Editor-in-Chief of *idea*. On the spot, Mr. Muroga asked for permission to publish the Japanese version of *Modern Typography: An Essay in Critical History* (1992) and obtained his consent. Mr. Taro Yamamoto was appointed as the translator and it became the publication sixteen years after that. The typesetting of Japanese version conforms to the plain and simple original work, avoiding any pretentiousness, aiming to make the page view so simple that no emotion or sensation could be captured. The bookmaking style is based on the cover of the 2nd edition (2004), and the paper used, including the box, obi/belt, cover, back cover, and all the other paper except body, are unified with lemon yellow.

モダン・タイポグラフィ 176

として存在しなければならないのであって、我々の目に適合させて、健全な状態を維持しなければならない」と主張した（「現在のタイポグラフィについて」、p.257）。サンセリフは現代に由来するというよりは19世紀の産物であり、もともとは「グロテスク」と呼ばれた（ドイツ語では現在でもそう呼ばれる）ものであった。「それはまさに怪物である」（前掲論文、p.257）。ローマン体（Antiqua）こそが永遠不変な文字の形であり、何世紀にもわたる時の試練に耐え、今でもその手書きの筆法に基づく伝統を保っている。チヒョルトはスイス・タイポグラフィのその他の重要な特性についても攻撃した。たとえば、段落最初の行の字下げを拒否すること（これもまた、内容の読解を犠牲にする形式主義の一例であった）、書籍のデザインでテクストを非対称に配置すること、DINの用紙サイズの使用（非実用的であるだけでなく審美的な質を損ねる）、単一の活字サイズへの限定（テクストの要素をうまく区別して表現できない）、ベタな色面や白色度の高い用紙を偏愛すること。チヒョルトはさらに、この新しいタイポグラフィがとくに優美さ（Anmut）に欠けていることを指摘した。俗悪さは問題外だが、きれいかどうかという以前に、愛情をもって細部にまで目を行き届かせた仕事にある品質に欠けるとしたのである。

『タイポグラフィ月報』誌の「統合的タイポグラフィ」特別号における寄稿者のなかで、そのような非難に直接応答する役割を担ったのがエミール・ルーダーであった（チヒョルトの攻撃の真の標的はおそらくルーダーであった）。★4　ルーダーの記事では、批判されているそれぞれの点について反論するという形をとったが、批判内容それ自体を論じて直接反駁するというよりも、むしろ論点を切り替えようとした。そこで、ルーダーは植字工とデザイナーとの関係という問題を論じた。彼が植字工からデザイナーになったこともあって、ルーダーにとっては身近で重要な問題であった。しかし、それについてはチヒョルトは本題から外れたところで論じていたにすぎなかった（テクストを濃淡あるいは階調をもつ平面領域としてしか見ない形式主義を批判した箇所）。シンメトリーの問題に関しては、ルーダーはジャスティファイしないラギッドの組み方を正しいテクストの組み方としてはっきりと擁護した（これについてはチヒョルトは何も述べていなかった）。たしかに、異なる種類のサンセリフ書体の識別は容易でないかもしれないが（そして、サンセリフ書体にも良いものもあれば、悪いものもある）、ルーダーは、どんな種類のテクストにもサンセリフ書体は適合し、デザイン上の近親関係にあるバリエーションを包含する「書体ファミリー」

12 スイス・タイポグラフィ 177

の発展がもたらす大きな可能性においてローマン体よりも優位性があるとして、サンセリフという書体カテゴリーをはっきり擁護した。結論として、ルーダーは次のような点を指摘してチヒョルトの議論の無意味さを示そうとした。すなわち、スイス・タイポグラフィは質的に十分卓越したものである。たとえその名前のもとに悪い品質のものが作られているからといって、いまさらモダニズムを拒否したいとは誰も思わない。主義主張を宣言する時代は終わったのであり、これまでの成果をさらに洗練させて、そのうえに新たなものを構築することが喫緊の課題なのである、と。

ユニバースとヘルベティカ

サンセリフ書体を支持するうえで、ルーダーはユニバース（Univers）を使うことができた。彼はこの書体を論争上の切り札として考えていたように見受けられる。同時期にデザインされたフォリオ（Folio、ドイツのバウアー活字鋳造所からリリース）とヘルベティカ（Helvetica、スイスのハース社［Haas］製）と並んで、ユニバースは19世紀のグロテスク書体と両大戦間のより幾何学的にデザインされたサンセリフ書体（フトゥーラやエルバール）という両者を踏まえて改良した、新しいサンセリフ書体の試みを代表するものであった。前者の範疇のものでは、ベルトールト社のアクツィデンツ・グロテスク（Akzidenz Grotesk）の手組み用とラインキャスター［行単位の活字鋳造植字機］用のものがドイツ語圏諸国ではまだ標準的に使われていた（それは英語圏の市場では「スタンダード」という書体名で呼ばれていた）。ギルサンはモノタイプ機でしか利用できなかったので、ヨーロッパ大陸での利用は限られた。もっとも影響力のあったスイスのタイポグラファたち（マックス・ビルと『ノイエ・グラーフィク』のグループ）はギルサンを好まなかった。スイスのモダニストたちはモノタイプ機が利用可能な場面では、ギルサンよりもモノタイプ・グロット215（Monotype Grot 215）好んで用いた。そこにアクツィデンツ・グロテスクと同じような匿名性と土着性に基づく真正さを見出したのかもしれない。カリグラフィックなルネサンス期人文主義の伝統をはっきりと残したギルサンは、（モノタイプ社が容認した小文字の「a」と「g」の異体を有していたにもかかわらず）先鋭的なスイスのタイポグラファたちが好むところではなかったのだ。

ユニバースは、当初はルミタイプ（Lumitype）写真植字機用にパリで生産が開始されたが、その起源はスイスにあるといえよう。ユニバースをデザイ

38
Erhöhung der ornamentalen Reizfähigkeit von heute konventionell erscheinenden Buchstabenformen durch Gruppierung. Abdruck der eingefärbten Papierschnittpatrone
Wirkliche Größe

10. ラリッシュの「装飾的レタリング」
ルドルフ・フォン・ラリッシュ
『装飾的レタリング解説』
Rudolf Larisch, *Unterricht in ornamentaler Schrift*, Vienna: K.K.Hof-und Staatsdruckerei, [1905], 11th edn, 1934
236×150mm、122ページ、活版印刷
この著作でラリッシュは、彼のレタリングに対する取り組み方を詳細に記述している。1930年代までのドイツ語におけるレタリングの実践は、おおむね彼の教えに基づいていた。その方法は多様性を尊重するリベラルなものであった。ラリッシュがレタリングで用いる基本的な筆記具（クヴェレシュティフト［Quellstift］）はその筆画に力強い様式性を発揮するものではなく、むしろ文字と文字のあいだの間隔と全体的なパターンに重点が置かれた。ラリッシュは複製印刷されることを念頭に作業を行ったので、ここに紹介したページでも実物大（Wirkliche Größe）かどうかなど、掲載図版の縮尺率を丁寧に記している。

234

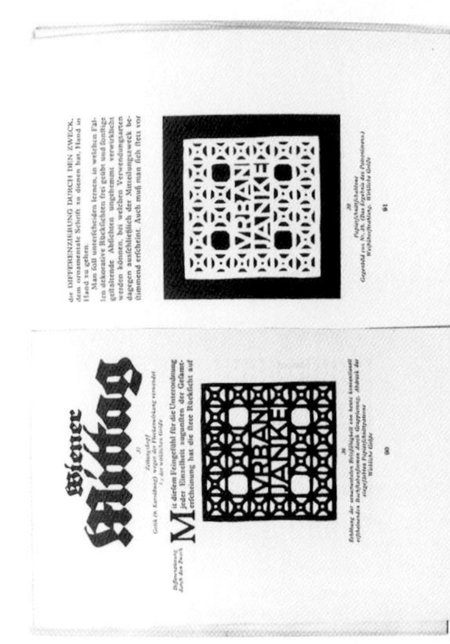

235

《在复复制中前进
栗津洁60年的轨迹》

—

川崎市市民博物馆，2009年，A4
使用字体：游筑标题黑体、游明朝体＋游明朝体36pt假名、Ryobi黑体新假名，Bauer Bodoni、Linotype Univers

—

从2009年1月至3月举办的栗津洁展览会图录。栗津洁是引导战后日本平面设计的一位巨星。在那之前，我对他了解并不多，这次制作到博物馆看了他的作品，同时也阅读了几本著作，完全是临阵磨枪的状态。也是出于这项工作的缘分，后来他儿子栗津健让我设计了栗津洁墓碑。而且栗津洁的弟子三岛典东的作品集*LINE STYLE*的设计也是与本书同时进行的。

Re-reproduction, Kiyoshi Awazu Retrospective

—

Kawasaki City Museum, 2009, A4
Typefaces: Yu Tsuki Midashi Gothic, Yu Mincho + Yu Mincho 36 pt Kana, Ryobi Gothic Shin Kana, Bauer Bodoni, Linotype Univers

—

This is an exhibition catalog of Kiyoshi Awazu, one of the leading stars in postwar Japanese graphic design, held from January to March 2009. I didn't have much insight into Mr. Awazu at that time, so I crammed for this production, by checking the works of Mr. Awazu in the museum's collection, and also reading several books. Because of this work, I was later asked to design Mr. Awazu's tombstone of by his son, Ken. The production of *LINE STYLE,* a collection of works by Mr. Awazu's disciple Mr. Tentou Mishima, was also proceeding in parallel with this book.

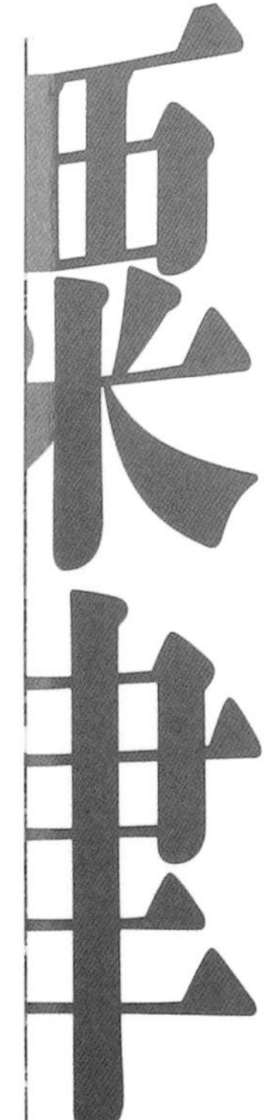

粟津洁　造型再考笔记

白井敬尚

从去年到今年我制作了两本书。一本是今年春天川崎市市民博物馆举办的“在复复制中前进　粟津洁60年的轨迹”展册，另一本是平面艺术家三岛典东的作品集*LINE STYLE*。

乍一看，大家可能会觉得这两本书没有什么联系。但是粟津与三岛的交情前后也有四十多年，他们两位的互动虽然不算多，但我觉得在稍作了解之后，能感受到二战后平面设计的一个侧面及其反映的当今的状况。

因此在本文里，我就将在制作这两本书过程中必须要考虑的东西以及由此引发的思考等这些随想直接记下来。

断章[1]　连锁的设计

正如大家所知，粟津洁于4月28日去世，结束了他八十年的生涯。报刊等各种媒体都回顾怀念了这位引导了二战后日本平面设计的巨人在半个多世纪中涉及多个领域的设计活动。

除平面设计、书籍设计、装帧、绘画、版画、影像、摄影、雕刻、环境、编辑、教育以外，还有评论、论文、随笔等著作，粟津留下了非常大量的作品。

而且，他本身如此全方位的造型活动，有电影、戏剧、美术、文学、音乐、建筑等广泛领域的人脉和密切交流的支持，在他精力充沛活跃的二战后平面设计启蒙期里，这也是其他人所无法比拟的，而且之后的时代里也没有产生像他这样的人物。

对于二十世纪八十年代开始做设计的我们这一代人来说，粟津洁成为设计界的大家已有很长时间，但对其的主要印象，还是一位用干粉彩、油画颜料画鸟、牛、人造型的插画家，以及他的写作活动。无论是针对什么对象、目的，只要拿出“大设计师”这块大招牌就能自由自在地画自己想画的东西，感觉他就像是设计师人生“终极目标”般的一个象征。

只是如此浅薄地抓住这么表层性的东西，暴露出了我自己的不才，实在是羞愧难耐。但是，从不了解二十世纪六七十年代设计潮流的一代的角度来看，产生这样的感觉也不能一概而论地说是个人资质的问题，毕竟我也的确不太清楚当时社会风潮的背景，权且让我当个借口辩解一下吧。

这是因为，设计的“地位”已经不用自己去开创，成了一个理所当然的存在。连这一点都没有搞清楚，却能将明星设计师的存在当做梦想、希望的对象，其实也算是一个很幸福的时代了。

*

而且毋庸冗述，二十世纪九十年代以后的设计制作环境，因个人电脑的出现而发生了巨变。而在这个环境完整配备起来的十年内，围绕平面设计的状况也在不知不觉中发生了很大变化。

就我个人的感想来说，当时的实际状况是，由于要不断地装备制作环境，待稍微告一段落时再扫视四周，才发现二战后打好的平面设计基础都已经看不见，设计师的立场简直沦落到像社会难民一样。

idea 杂志在其创刊五十周年的2003年9月的第300期的开篇里，总编辑室贺清德针对这种状况，做了以下记述：

> 当那些伟大的存在，即先驱者们都逝去之后，我们感到非常不安，像突然被扔到了一个什么都没有的地方。我们不是应该有业已积累起来的传统吗？虽然是这么想，但是放眼望去，却到处都找不到所谓像样的东西。如果要说战后日本的“平面设计”也算在其中的话，那么那是以第一代为中心的设计师们亲自创造出来的一片禁区，靠一定的秩序维持着。而我们的不安，则是因为自己身在一种失去秩序的自然状态，这是一种本能性的不安。
>
> 我们应该回想到，其实日本的平面设计就是从那个出发点开始从西方传入的。先驱者们一面将欧美的成果按日本风格进行改造，吸取海外的流行潮流，一面推动平面设计不断发展。当时他们只是将西洋设计传统的那些关联都抽掉，直接引入了容易上手的方法论。当然也有设计师自觉地意识到“设计渊源于西方的传统”，但是与发展的经济一起联动的“平面设计”，在很多东西还没有来得及认真分析的状态下就径直向前走了。暂时看起来

一切顺利。而那些能意识到根基过于薄弱的人们中，有一部分人还试图从江户时代、亚洲去挖掘幻想般的根基。

正如前所述，“平面设计”是靠二战后设计师们的强大力量而构建出的一个特殊领域。但当其解体之后，留下的却是这样一个现实：能支撑西欧平面设计那样的传统和扎实的知识，能作为基础的东西，几乎都没有。

禁区一旦瓦解，外界激烈的潮流则顺势涌进。在信息的海洋中，真的有可能实现不断深化的、超越个人的传达沟通吗？以目前来看，我们有可能创造出底层基础吗？眼前的问题尚未着手，新的问题又层出不穷。在沟通的问题不断尖锐化的进程中，我们正面临一个新时期，必须要以包括电子世界在内的世界各种表层为前提，从头开始重新讨论平面设计。

面对这段针对设计业界的激昂文字，不知道有多少读者能感受到其中的紧迫感。但是对于这种漠然和被置身于此状况的事实，想必只要是从事设计工作的人都会有切身体会。

我觉得，粟津洁的再次浮现与这种状况也不无关系。

他在金泽二十一世纪美术馆以“荒野的平面主义 粟津洁”为题的大规模展览[1]、在川崎市市民博物馆举办“在复复制中前进 粟津洁60年的轨迹”展[2]的目的，应该就是要在这样的状况下进行重新发现。

对粟津洁功绩的评价，已经有针生一郎等评论家的定论。但是，重新将视线转向他，并不是说他以往的设计本身发生了变化，也不是要对那些评价质疑。而是因为，要找到后世前进方向的根基，自然就要将光亮聚焦在对粟津洁这样一个过去上。俯瞰今日状况，协助展望未来，他是一个为数不多的人才。

*

在粟津洁最活跃的二十世纪六七十年代里，他原本性格中“对一切都感兴趣、用贪欲不断吸收，并将其作为肉眼可见的东西表现出来”的部分，与他为了确认“设计”这个词所涵盖领域的范围而做出的行为一致，并且这二者是同时进行的。

正如他自己也点明的，那种设计“并不是一次性完结的，其各自创造过程是一个连锁变化的过程，或者也可以称为‘过程的联合’。要重视的是这一点”。根据这种方法论，从作品到作品，再进一步到音乐、电影、戏剧、文学、建筑等不同领域，他在进行连锁反应的同时，尝试不断地扩展设计的领域。不，这里可能应该说是在扩展他自己的领域才更正确。

*

在所有的社会活动都可以附加上设计这个词的当下，粟津的这些活动可能会被当做是理所当然的。

但是在当年那个时代，大家都在寻找设计的更多可能性，在摸索与不同领域的接触。而且那是从设计内部开始的一种自发性的举动。特别是1960年在东京召开的世界设计大会上提出“视觉传达”这一概念，更是加速了这一趋势。

但是逐渐地，平面设计这一职业被植入到高度制度化的产业构造中并被不断分工，很多设计师也开始转向不断深化自己的设计。

对，就只有粟津洁他本人除外。

但是，出于电子媒体与通信环境这些外界因素，粟津所述的“过程的联合”，对于当今的设计来说已经成为不言而喻的一种必然。声音、图像、动画、文字与各种视听觉信息都已经等价，领域、媒体不断连锁，更新和变化不断反复，连时间、地点都没有限制。而这不正可以说是“过程的联合”的一种扩展形态吗？

早在1970年，粟津洁就已经敲响过警钟：“陷入固化矫饰主义的平面设计，在多层次的今日信息社会里，迟早会成为一个无力的存在。”这简直就像是一个预言家的发言。

与同时代设计师那些无懈可击的设计相比，粟津洁的设计看似笨拙，不少地方都可以看出其勉强而为的痕迹。估计肯定有一些设计的精度跟不上他自己的兴趣变化的速度以及他自己投身到其他领域的进展速度。但是反过来看，那都是他对自身内部耿直诚实的一种表现。进一步说，我想这也可能是包含上述意义在内的一种有意为之。

不是沿袭自己的风格、提高精度，而是追求“进行连锁加以变化的过程”的设计；不是外部因素而是自发性的“连锁”这一层意义上的设计。粟津洁不拘泥于“个体”而是自身坚持向众人展示着“连接”的设计。这是他在与时间与人进行连锁的同时，编织而成的一个宏大而未完成的项目。

粟津设计背后看不见的“连接”虽然看似平常，但是人们可以在他的设计中找到对于当下的意义。

断章[2] 不变的造型原理

粟津洁留下的文字里，并没有很多关于字体排印的内容。尽管如此，他在《设计巡游》[3]中以“感到文字美之时”为题，留下了相对字数较多的文章。

本·尚把字和图放到同一个世界里，或者更可能是把文字所具有的强烈的传达方式的意义当做绘画、插图的源流。他所描绘的拉丁字母、希伯来字母里不仅出色地体现了“富有人情”的心境，文字本身也有强烈的象征性。也就是说，文字的表意性中蕴含着温情、歌唱，或者呐喊、悲欢。这一点对于做文字工作的写字师傅、排版师来说尤其重要。

无论是美术字或者印刷字体，都有其各自的表情。重视功能性设计的Futura、Neue Haas、Univers虽然很硬朗，但也都具有各自的文字表情。依照不同的使用方法、文字的色彩，可以让其变得温柔，甚至有时候还可以用来歌唱。本·尚从最初开始就对文字的表意性有很大兴趣，并将其与平面设计、绘画关联起来。不知道文字本身所具有的美，是无法获得这种技能的。

做字体排印、美术字，必须要充分地了解文字本身所具有的美的这一面，而精通文字的美学，也是设计之前所必须做到的。不懂这些就没有所谓字体排印。甚至可以说，设计不仅是一种表现技术，它更与对文字的兴趣、喜爱的深度有关。（中略）

我经常被文字所具有的这种美所吸引而开始思考设计。当然，有时是设计文字本身，有时是对设计好的文字进行再设计，孕育出新的变化。这一切，都是出自对日本文字的喜爱，因为文字具有不可思议的魅力，就像金丝雀不会忘记歌唱那样。

平面设计师虽然做的是视觉性的工作，但是如果不会美术字、字体排印，那什么都做不成。要先有字体排印、美术字的基础，然后才能开始做

事。但是，字体排印工作本身看起来很枯燥。似乎有很多年轻人都是被照片、插画的魅力所吸引，但支持设计的很大一部分却都是字体排印。我们不能忘记这一点。

这段文字，是我在纵观粟津洁留下的作品过程中感受到了一些东西，特引用于此。因为尽管粟津洁的设计经历了多样的变迁，但其中可以说是唯一不变的，也是他的设计基本原理之一，就隐藏在此。

粟津洁使用的活字字体，种类并没有那么多。他使用的主要字体，在金属活字方面有从岩田、日活、凸版印刷、大日本印刷等的活字清样里拿出来的初号标题明朝体和黑体。照排则是从金属活字复刻而来的读卖新闻特粗明朝、民友社假名字体等等。

据长年在粟津洁事务所工作的涩川育由所说，在事务所里有从"新宿活字"那里要的初号平假名、片假名全套，然后和一定程度的汉字一起，放到字盘里，做书名和标题时经常拿出这些活字一个一个地上墨，像印章一样印出来用。

事务所里还有一个用来盛放各个活字厂商清样的专用盒子。涩川的同学榎本了壹当时参与了粟津洁担任指导的《季刊胶片》，他回忆到当时的情况说："标题要用'初号清样'，就把在美工纸上印好的活版初号活字一个一个地用剪刀剪开，用镊子将字距挤到最紧，用这样的剪贴法做成底版。虽然当时照排已经普及，但是粟津老师却坚持用铅字的字体。而且不用普通的纸胶而一定要用'施敏打硬'牌胶水[译注1]，那才是他的风格。"[4]

而且，无论什么时代，无论平面视觉如何变化，这些东西几乎都没有变化，其排版也一直都保持着相当正统的面貌。

他对活字有绝对的信赖。

这可以是一句定论。我想也正是因为有这种信赖，粟津洁才可以放心地对其他的平面视觉加以变化。

而且如果他觉得用活字无法完全表达"温情、歌唱，或者呐喊、悲欢"时，就会使用压印擦碰的铅字、中国的雕版字、他自己用竹笔描绘的文字作为对非语言领域的补偿。

尽管如此，他制作的各种书籍设计，都是严格遵守字体排印基本原理而制作的。以他绘制的小小的手稿为基础，通过涩川等工作人员之手，对正文排版施以细致的设计。

对于二战后欧美的"现代设计"，虽然在1960年的世界设计大会上具体地提出了其思想和方法论，但粟津洁则在相对早的阶段就开始指出了它的局限。

尽管如此，至少在字体排印最根本的"正文排版"方面，并没有摆脱"型""复制""单位""数值化""规范""均质""量产"这些现代设计的原理。或者说，在实际的物理实物层面是无法摆脱的。正因如此，其实我们可以认为，粟津洁对于支撑设计的字体排印的重要性，有着比他人更深的认识。

*

活字是靠人绘制而成的。对写下的字进行雕刻，"写出的字"变成了"刻出的字"。活字的刚硬特性就来自这种雕刻感。照相排版用的是照相出来的字，而活字是雕刻，是小至8或9pt的雕刻作品。这种活字文字可不用读。不用去读，而是来看。当你开始看、对其进行观察时，活字就只是一个物品。一个一个的正方形的面。一个一个的字形，都是从叫做"字模"的模具里诞生出来的。一个字模能产出成百上千的活字，就像母生子，来到世间进入社会。[5]

粟津洁非常准确地指出了字体排印的原理：活字本来是以"字模"这一模具为基础复制而成。

有了模具就可以让造型不断增殖、培养——其根本就是一种复制。基于这个原理，似乎就可以理解几分粟津洁经常提及却令人难以理解的"复制论"。

这是一种复制再复制、应用再应用的集合艺术。

活字的历史正是这种重复。

同时，"活字是雕刻"的这一观点也体现了活字的另一个本质。印刷出的活字的刚硬特性，其背后的这种雕刻感，正是"要留下痕迹"的意识与身体的一种表露。

翻开粟津洁留下的著作，立刻就能知道他毕生对这种"雕刻感"的执着追求。无论是金属活字，还是北斋的版画，话题的论点必定会指向这点。

雕刻是用刻刀在描绘。雕刻行为在技术上必须要有不停息且等质的紧张感。不允许添油加醋，只能不停地雕琢刻画，逼近几近切断的极限……粟津洁从金属活字中看出了雕刻诞生出的"硬质感"和"紧张感"。

在粟津洁对活字绝对信赖的背后，其实延绵着长达五百五十年活版印刷术所具有的"复制""雕刻"的历史。

断章[3] 被继承下来的线描

粟津洁所执着的对"雕刻成的线条"的兴趣、好奇心、研究、探求，贯穿一生无止境。

在研究"甲骨文"之后，他又一股脑儿地开始探求石刻艺术"岩刻"。

甲骨文是在龟甲、牛骨上雕刻的文字。

岩刻是在洞窟、石壁、巨石上"雕刻而成"的绘画性图像。

这些都是人类最早期的图像语言、视觉语言"描刻"而成的"线条"。

针对粟津洁线描中的"雕刻感"，三岛典东在其自著中做了如此叙述。线描即是雕刻——这种思考方法，也是连接粟津洁与三岛典东的一个结点。

*

三岛典东在二十世纪七十年代主要是书籍设计师，二十世纪八十年代之后则是以画线描画为主的平面艺术家。

1967年，三岛从函馆的高中毕业后，为了备考大学来东京一年，不经意间在书店里遇到了粟津洁的著作《设计的发现》[6]，当场就决定要报考武藏野美术大学，因为粟津洁在那里执教。粟津洁对当时年轻人的影响竟然如此之大。

第二年，三岛考上了该大学的商业设计专业，而粟津洁本人却于同年六月声明要辞职，三岛就不知该如何是好了。

当时正值学生运动最鼎盛的时期。

而这个浪潮也吞并了三岛。

三岛和粟津失之交臂。在"日宣美解散"这一战后平面设计的路口上，两个人分别站到了反体制方和体制方这一对立的立场上。

但是不久三岛就从学生运动的快车上中途下车，决意要去见粟津洁。之后，两人的交流虽然中断过，但前后持续了四十年，直到粟津洁逝世。

两人距离最近是在二十世纪七十年代初期。当时的粟津洁负责"天井栈敷"剧

团[译注2]的舞台美术工作，与寺山修司进入了蜜月时代。

自然而然地，三岛就进到这个圈子中。他与榎本了壹、涩川育由等受到粟津洁熏陶的同窗前辈们一起，在懵懂时期就去帮忙制作《粟津洁设计图绘》，并开始参与寺山的舞美工作。

后来寺山修司也居然把《续·扔掉书本到城市里去》的设计交给这个来帮忙的懵懂学生来做。

从那之后，他就决定在大学毕业之后做书籍设计，并参与了诗集、评论集等大量文艺书籍的设计制作。

*

"我的设计表现主体里非常重视'线能画到何处'这一单纯的行为。"粟津洁在1970年刊行的《粟津洁设计图绘》中这样写道。在他全方位的不断重复变迁活动中，"线描"是他保持一贯不变的连续性并不断展开的为数不多的一个题材。

其中，他相对长期的题材是指纹、地图、等高线及其延长线，这些作品视觉上不仅各自具有含义，本身也都是线描对象的合适题材。

《出云大社宝物殿厅社》、*4th International Biennial Exhibition of Prints in Tokyo*、*METABOLISM*、《心中天网岛》、*ANTI-WAR*、*POSTER NIPPON*、《粟津洁全版画展》等等，这些都是粟津洁壮年期的代表性作品成果。

*

也许是被粟津制作的这一连串线描作品所触动，也许是与其原本创作就自由的体质很符合，作为书籍设计师的三岛在1979年突然将工作的中心开始转向以线描为主的插画。

三岛并没有向由插画家出道的公众募集展投稿，也没有隶属于任何设计组织，而是通过自己每个月举办展览会，自主制作一些小作品集来开拓自己的道路。这是作为"日宣美解散"煽动者的宿命，也可能是一种固执。但这也是一种不依靠他人、认清自己立足点的做法，也证明了他的觉悟。他从1979年开始了自主创作，以Tentou's为题，制作了一份骑马钉24页的小作品集。

作品集第一期里是点描和线描的具象画，用铅笔和钢笔绘制。而第二年即1980年出版的第二期则以"In the rain"为副标题，稍微可以看到现在三岛风格的一些萌芽，但其线描依旧没到上手的境界。

而后来以"雨"为题材直接发行的第三期里，三岛发生了令人惊异的变化。

我们并不知道在1980年到1981年间，三岛发生了什么。但是，以这段时间为界，三岛的线描变成了用刻挖桌面般的笔压划破纸张的画法。他用笔这个工具，实现了粟津洁所说用刀描绘而产生的雕刻感。

"不仅使用手和眼睛，而是动用身体本身所蕴藏的记忆力一起进行线描。"

"想象力要动用全身来启发。"

"兴奋起来后，我独自将形象通过一定程度的物质化做出来给大家看。"不怕折断笔芯，三岛的线描就这样不厌其烦一直持续描绘着。

三岛的线在具象和抽象的境界飘移，但有时候却会突然采取无限的抽象形态。但这些却不是那种作为理性的或者是近代造型的这一语境下的动作喷涂（action painting）般的抽象。

看物、画线。眼和手在瞬间内直接连接，而似乎原理却跟不上这个速度，成为身体的幻影被架空。

身体的轨迹都集中到笔尖上。这里没有意外和偶然。全部都是三岛自己身体的必然。

*

三岛的线条是雕、刻、划、凿、挖出来的，变成纸面上的雕刻。这也是粟津洁毕生追求线描的理想。

1988年，以《线生活》为题的三岛典东作品集里有粟津洁写的一篇《充满诗情的线描》：

> 他是从雨水般抒情、激情出发的，但也可以认为，他是从一个不满的、空腹状态开始的。单纯描绘雨水，对于填满空腹是一种合适的修行。通过一连串的雨水系列，在不断吟唱这一诗篇之后，他获得了这种"表达"。
>
> （中略）
>
> 几年前，三岛在银座的画廊里以雨水为主题举办了个展。作为一个不从属于任何机构的插画家，这可能是理所当然的。在其作品中，相对一个比较大幅面的作品里有对风雨的描绘。这幅作品是几乎不能称得上是插画的一幅画，其中充满了诗情。现代插画，要完全脱离图版，不要仅限于进行广告表现，更应该不断地展示个性。可以说，艺术与插画的界线已经消失。
>
> 三岛典东的作品，可能之后会逐渐增加色彩，再变成浮雕、题材艺术品。但我想，即使到那时，三岛的作品也不会失去这种诗情。

4月底，堪称三岛线描的集大成，或者也可说是出发点的作品集*LINE STYLE*正式出版。

作品集送到了病床前，但不知道粟津洁有没有翻阅。

注释：

1."荒野的平面主义　粟津洁"展，金泽二十一世纪美术馆，2007年11月23日—2008年3月20日。

2."在复复制中前进　粟津洁60年的轨迹"展，川崎市市民博物馆，2009年1月24日—3月29日。

3.粟津洁《设计巡游》，现代企画室，1982。

4.榎本了壹《东京怪物国》，晶文社，2008。

5."活字的房间"《粟津洁 造型思考笔记》，河出书房新社，1975；最早出自《粟津洁设计图绘》，田畑书店，1970。

6.粟津洁《设计的发现》，三一书房，1966。

译注1."施敏打硬"牌胶水，即日本セメダイン株式会社（Cemedine）公司旗下的胶黏剂产品。

译注2."天井桟敷"，意为"楼座"。

原载于《图书设计》第77期"特辑　本宇宙11"，日本图书设计家协会，2009年9月

围绕字体的三个问题

白井敬尚

1. 您有喜欢的字体吗？您喜欢这些字体的什么方面呢？

相对来说，西文字体更容易客观评价，比如Dante、Arrighi、Sabon、Classic Bodoni、Filosofia、Gill Sans、Uhertype、Alena 等等，可以轻松地列举很多。不仅是这些字体“造型”，还包括制作者等这些背景（一些知识和简单解释）。一样的，如果列举一些日文字体的话，倒不是那么简单了。

选字体时，虽然平时也会说“字体没有好坏。不是按自己的喜好而是根据每份工作分别选择合适的字体”这样的话，但是把自己以往使用过的正文字体排列开来看的话就可以知道，首先离不开筑地体和秀英体这两大铸造活字体系，其次杉本幸治先生（本明朝）、米田隆先生（本明朝、秀英黑体）、鸟海修先生（游筑、游明朝、游黑体、秀英明朝），然后还有味冈伸太郎先生（味明系列）等等，这几位参与制作的字体，我用的频率比较高。

也就是说，说来说去偏好还是很明显的。如果说这是喜好的话，我想我的选项与其说是字体，还不如说我是在选择字体制作者。从字体形态来讲，无论是西文还是日文，想弄却无法完全弄平整的造型、不要弄得太平整的造型、能依稀保留最后一点（书写时）身体性而做成的字体，反过来，能将身体轨迹的曲线放到字体这一框架内还原出来的字体，无论哪个，只要能在一定程度上感受到身体性，我就会很喜欢。除此之外，在选择字体的时候，从感觉上我还会注重“有魅力”“很风骚”这几个关键词。

虽说如此，字体单靠其本身的话是无法起作用的，要提供用法（排版者的角度）、字号、字距、行距、行长、版式、版心、配置、构成、空间、油墨、支持体，并且靠读者的经验与感觉之间的关系才能发挥作用。所以，不管是什么字体，用不同排法都能做成自己偏好的东西，所有字体都蕴藏着这种可能性。

2. 您从字体里追寻的东西是什么？

字体在满足共享功能同时，字体造型里能蕴含人类（而非个人）所拥有的最根本的身体性。并且，其造型和日本的自然风土能有相当的匹配。

3. 您有想尝试制作的字体吗？

扬·奇肖尔德Uhertype的升级版。弗雷德里克·沃德的仿尚书院体Vicentino、Vicenza的数码字体。1600年初，法国卢卡·马特罗优雅手写体的数码字体。十九世纪精致的现代罗马体的电子版复刻。仅仅这些还不够，还有1882年版的布鲁斯铸字厂（Bruce Type Foundry）字体样本里的所有字体的电子版也要加进去。还有纪贯之华丽的连绵草书的电子复刻版。然后历代秀英明朝体系中的电子版复刻和改刻。石井中粗黑体（MG-/DG-KS版）的电子版复刻。早期Typos（写研黑体版）数码版。我所提的这些字体，与其说是自己想做，还不如说是想有谁能来做做看。顺便也说一下，希望能够尽快对Koburina、秀英黑体、秀英圆体、Ryobi 黑体进行新字扩展。无论怎么说，字体不是做完了就结束了，要有足够耐用地传给下一代、再传给下一代的设计理念，以及能培养这个循环的土壤。

原载于《尤里卡》杂志问卷调查，2020年2月

另一个故事

白井敬尚

说作者本应从读者的立场出发也好，说文本仅仅为文本本身、别无他物也罢，字体、字号、字距、行长、余白等这些与造型相关的要素，与文本的本质（即内容）可以说并没有关系。不仅如此，有些时候还可能会妨碍文本。但实际上，文本要通过这些与其本质无关的二次元素，即文字排版和承印物才能被视觉化。也就是说，作为书面语言的文本，是不可能单靠其本身而存在的。

我以设计为生，因此对造型进行思考也是理所当然。我认为应该被塑形的是文字本身内在的东西，因此要将其以某种形态反映出来。我也是以这个思路在不断实践。但如果要问：实际在做设计的时候只会考虑这一点吗？我想似乎也并不是这样。

比如，对方会发过来书名、作者名、出版社名、要求等基本信息数据。这些基本信息，对于设计来说是必要元素，没有这些则无法创作出造型。但是，如果仅靠这些来设计，我就会说："打住！这是什么情况？"

编辑、作者们在进行讨论的时候是什么样的表情呢？把策划书、草稿放到台面上来时那些无意中的动作和措辞，讨论结束后道别的表情，还有打电话时的声色……我在一边画手稿时，会一边回想这些微不足道的东西。正如文本不能单靠文本而独立，我隐约觉得，设计也与文本本身没有直接关系，而是需要靠一些其他的东西才能成立。

我有位当旧书店老板的朋友，他曾在其散文里写道："书籍（纸张容器）其本身就是故事。"

如果能与参与制作书籍的人们一起，在不知不觉中编织着另一个故事，那会是多么美好的事情啊！

原载于《大学出版》第88期"特辑　书籍产生的力量"，问卷调查"您认为产生书籍时的'力量'是什么？"，大学出版部协会，2001年11月

设计师的话

白井敬尚

在描述语言传达的本质里，在纸面上将活字排列、印刷的行为及其要素的很大部分，可能都是无用的东西，如活字的形状、字号、行距、行长、排版体裁、边距设置、油墨、纸张，以及印刷、书籍制作……但是，在这些"无用"的东西里，却存在着历史记忆和身体所能感知到的、具有压倒性信息量的"非语言"。换而言之，描述语言是非语言的累积＝通过由字体排印支撑而成的一种存在。

自十五世纪中叶德国美因茨的约翰内斯·古登堡始创活版印刷术，五百五十多年以来，字体排印师的前辈们孜孜不倦地重复着这一行为。尽管他们会觉得这一行为对于语言传达的本质来说，是消耗精力却又不甚有用的一种努力。而无论是哪个时代，使用什么器材，只要是用活字进行排版，这一切都是在同一起点上。

"活字真美啊！就像人们会觉得花朵很美一样，我也会觉得活字很美。"说这句话的，是我的恩师清原悦志。"美"对于描述语言传达的本质来说可能也是无用的。但是，在这"无用"里我却能感到无限魅力。

第673届设计画廊1953策划展　"书的智慧与美的领域 Vol.1 白井敬尚作品"展中的"设计师的话"，日本设计社区主办，举办于2011年2月24日—3月21日

白井敬尚访谈

采 访 人：张弥迪

现场翻译：杨 晶

采访地点：北京敬人纸语

采访时间：2019年7月19日15:00—17:00

张：您是如何进入设计这个行业的？有哪些对您影响比较大的人和事？

白井：我从小喜欢画画，后来进了设计学校，因为要工作，然后进入一家设计公司，当时的直属上司是宫崎利一先生，他是字体设计研究家佐藤敬之辅先生晚年的助手，他对字体设计的关注影响了我。

我进入这家公司的第一天，宫崎先生就问我："你知道什么是字体排印吗？你要先了解什么是字体排印。"第二天我就开始练习字体设计，先写假名，熟悉字的框架结构，然后写明朝体（宋体），大概这样做了一年。有一天，宫崎先生问我："看样子你对字体很感兴趣，你知道这本《今日文字设计》吗？"就在这个时候，我看了施密德的这本书。看了这本书之后，发现只用文字本身（依靠调整字距、行距等）就可以做出这么好的设计，当时很感动。我看到这本书里简直是名家云集，谁的设计怎么个好法我不知道，但是我想做他们这样的设计。书中好多单词我也不理解，就只能靠查字典。知道了字体排印，但其中很多专业名词不理解，见到作者本人也问过他这个词的具体意思。到了清原悦志的事务所之后又向他请教了这个问题。

这是1978年我17岁的时候，与高中同学组队的乐队成员在一起。（可能）是在音乐会的等候室里。乐队的名字叫Nantucket Sleighride，取自美国硬摇滚乐队Mountain 1971年发行的第二张录音室专辑，是主音吉他手太田保治命名。我是鼓手（基本成员有主吉他、副吉他、贝斯、鼓、主唱，还有一个主唱候补）。主要是唱滚石、桑塔纳等的歌曲，我们是一个不分流派的翻唱乐队。

总之，是通过这本书，见了人、读了书，吸收了很多东西，这可以说是我的一个积淀。现在一些年轻设计师想要我推荐一本书，因为他们也想学字体排印，我就告诉他们没有一本书可以做到这件事，这需要你多读书，在读书过程中慢慢吸收消化内容。当时我也不懂，就是随便读书，能多读就多读，在读书这个过程中，不懂的知识就需要自己来进行重新构建。

张：您提到赫尔穆特·施密德的《今日文字设计》对您有很大影响，能否谈谈瑞士的字体排印对您在设计生涯中的影响以及对日本设计的影响？

白井：可以说我了解字体排印的契机，就是读这本书，之后也一直受它影响。但在最开始的十年，我是一直在用瑞士的设计并把它转换成日文设计的这个方法过程中摸索，发现并不适用。为什么会这样？我就在想这个问题。可能是这十年我把它当作一个方法来看待，看得太重了。"必须去做"的强制观念使我把它当作一个教条去执行。这个做法不好、不顺利时我就会去看前辈的做法。本意是学习前辈，但不知不觉就变成一种模仿，做出与前辈设计样式很像的设计。十年来一直走的这样的路。

之后我遇上了河野三男。补充一下，工作第六年的时候我换到了第二个地方，那时候我特别想做书籍设计，那么能做书一定要去的地方是哪里呢？这时候遇见了清原悦志先生，于是便去了那里。之前我把工作中的这些

我的老师清原悦志先生成立的设计事务所“正方形”全体员工。前排左为清原悦志，最右为白井敬尚（1988年10月）

工具看作一种式样，就是我不管做什么设计当时都是用Helvetica、Univers，用了横排，而且是齐头不齐尾，一定要用网格系统。不是说这样做不好，但我在探索怎么样能够更突出。我发现清原悦志先生他的设计是用竖排，并未运用西文，只是用日文就已经做得非常简洁而且表现力很强，当时我就想一定要到他那里去。进入清原事务所之后，我会问清原先生：“你觉得瑞士的字体排印怎么样？你觉得维姆·克劳韦尔怎么样？你有受过欧洲这些字体排印的影响吗？”清原先生对我说：“我这是日本设计，跟他们没关系。”他不肯承认（笑）。在我进入事务所两年后，清原先生去世了。他从没说过设计你要这么做那么做，他都是以身作则，“你看着我的样子看着我的背影”，是这样一个态度。你给他看草图，他根本不说话，看了半天，你只好拿回去自己想。但当你做得好了一点的时候，他又会站起来，“哎呀，这个是二分之一吗”，然后拿尺子量，“你做的东西不能靠感觉，一定要给它说明”。他是这样一位先生。对我来讲这个过程是非常有教育性的。因为我当时还很崇尚瑞士的字体排印，总想做成动态的，清原先生就跟我说：“你做动态也不错，但实际上我们做的东西是要讲究功能的。你要把这个文本在这个点上靠实，而不是去让它动。”所有这些对我而言都是非常有教诲意义的。

瑞士字体排印对日本的影响，或者说海外信息与日本、中国的大概时间差是半年左右，随后就都会普及过来。当时关于瑞士的字体排印我曾经问过胜井三雄先生，他说几乎是同时的，那边出了新的设计杂志，日本这边也会很快引进。杉浦康平可以说是尝试将西文字体排印转换成日文版的第一人，因为他当时去了乌尔姆大学，直接了解学习了瑞士的字体排印、网格系统等，回到日本之后就用在了设计上。1960年在东京举行的世界设计大会，世界上有名的建筑师、平面设计师云集于此，开展了一些研究会等。布罗克曼来到日本之后就传达了网格系统，苏黎世系统流派里的网格系统也就传入进来，但是人们在使用这个网格系统时发现做不出让人十分满意的效果。换句话说，不是谁都可以用好网格系统的。

龟仓雄策甚至说网格系统不行，大家做出来都是一个模样。而杉浦康平和清原悦志两位先生就有天才的眼力，他们可以把网格系统中生硬的部分去掉，靠着自己的手和眼做出非常漂亮、具有动感并且平衡很好的设计。同时期的其他设计师就做不出来。可以说人们都跨不过方法论的这条线，都被网格系统给网进去了。如果论功和罪的话，当时的印象是“罪”更大一些。杉浦康平先生在六十年代了解瑞士设计思想的同时也了解了欧洲与日本的排版，所以他能够运用眼力克服网格系统的弱点。另外，八十年代以后他又跨越了欧、日，开始关注东亚，受到印度、中国的影响，做着和日本不同的设计。而清

原先生更有意思，他是个不爱说话的人，他的态度是："你看这不就知道了吗？还用说？"

等于说这两个前辈都没有把瑞士的思想与实际操作解释出来，他们事务所的人可能会了解一些，但社会上的人还是不知如何去做。

大概在1982、1983年遇见了新岛实先生，他是从耶鲁大学毕业的。受到阿明·霍夫曼等人的影响，他对字体排印的理解可以通过日语解释出来，并且回到日本之后他给社会大众传递了这些思想。通过他，大家对原来所不理解的施密德的设计与视觉控制也有了很深的理解。当时正方形的板东孝明以及片盐二朗开始解读和更进一步地理解了瑞士的设计。那个时候我跟新岛实走得很近，可以说是"听来的学问"，他说哪本书好，我就去买来读。当时就是一心想做瑞士的字体排印，所以就学着他们的样子去做。日本也正处于一个荒漠时代，实际上瑞士的字体排印更多体现在了CI、VI、广告、标识这些企业视觉设计上面，还有大量的年鉴、杂志也在用这样的设计，可以说当时日本很多设计师都在模仿、跟风这种做法。

清原先生在我进入事务所两年后去世了，作为我做字体排印的一个指针型的人突然没有了，我仿佛失去了方向，有一段时期我陷入了迷茫。

重新开始学习设计后，对我来说，视野一下子变大了，在这个过程中见到了河野三男，他当时在日本牛津大学出版社工作，主要做字典。他对我说日本的字体排印和我理解的是两码事，因为当时日本的字体排印设计师们都去做海报、广告，而没有人去做文字的东西，没有文本的设计力。日本当时的设计师们却把日本字体排印偷梁换柱成平面设计。

之后我就和河野三男熟悉起来，同时还有片盐二朗，是做编辑出版的。他也开始从瑞士设计转入日文排版（和文组版）的研究。我也是渐渐通过这个过程认识了更

朗文堂"周五会"上。左前方为河野三男，其左为白井，中间靠里正面为片盐二朗（此照片刊载于1997年6月的《设计的现场》）

每周五晚上，对字体排印感兴趣的年轻人们聚集到朗文堂一起聊字体排印，称做"周五会"。"周五会"从1993年左右开始持续了大约十年（此照片刊载于1997年6月的《设计的现场》）

20世纪80年代到21世纪前十年，当时日本唯一一家字体排印相关的出版社——朗文堂的社长片盐二朗先生、《字体排印的领域》《活字与埃里克·吉尔》的作者河野三男先生和白井敬尚三人于1996年到法国、瑞士、意大利等字体排印圣地出访巡游。在法国探访了德贝尔尼和佩尼奥铸字厂所在地，在瑞士访问了正在制作新版Univers的阿德里安·弗鲁提格先生工作室，在意大利访问了阿尔杜斯·马努提乌斯工房所在地，并访问了乔万尼·马尔德施泰格（及其子马尔蒂诺）的博多尼印刷所。这张照片拍摄于瑞士伯尔尼弗鲁提格工作室前，从左至右为河野三男、白井敬尚、弗鲁提格、片盐二朗

多的字体，原来我是只知道Univers的。可选择的字体这么多，我非常希望把它们掌握在自己手里应用，想去做不是段首对齐而是居中对齐的版面，而且日文这样排，也有很大的魅力。这些我开始认识并去想象。我在收获这些知识的时候感到世界都拓宽了，如果清原先生在该有多好，我们可以交流学习、更深入地认识，但是无奈他人已经走了。这时候，朗文堂的片盐二朗先生找到我，问我能否做扬·奇肖尔德的《书籍与活字》（见本书014页）。当时如果我想用我一直习惯的Univers、网格系统也不是不可以，但是我在这个过程中觉得扬·奇肖尔德所要的追求目标完全不一样，他是很传统（古典）的排版方法。分析之后发现我的力量可能也不够。那么怎么样把他的想法和这本书体现成日本版的呢？当时我自己意识到应该去做这件事。一般来说，书籍设计归我负责，而正文由编辑负责，但突破这个界限这件事的人是杉浦康平。所以我觉得也该去介入正文的设计编辑，人们往往觉得传统保守没有参与进来，我越分析越觉得可以做的事情太多了，高兴得不得了。一方面考虑可不可以用小型大写字母呀，意大利体呀，把它再转换成日文版又该怎么做，各种角度足足思考了半年。这半年对我要做的这个事像是增加体力、补充营养。

我在做这本书期间成立了自己的工作室。其中有些细节是当时清原先生已经去世了，对方说你可以代表正方形（事务所）来做这本书，我心想这哪行呢，这个事务所毕竟是清原先生的事务所，那考虑既然你承认我的能力，可以完成这本书，我应该要试着去独立看看。所以在这个过程中我慢慢也成立了自己的事务所。

张：您认为字体排印在平面设计中的作用是什么？日文的字体排印与西文的字体排印最大区别是什么呢？

白井：日本没有自己的记述语言，不像其他国家有字母、汉字。日本人当时只要能说话交流口语就够了。可能是因为日本风土人情的关系，春夏秋冬很平和，有山有水

idea 杂志第337期特辑“Tomato：Underworld 项目赋形”出版后，与Tomato成员约翰·沃里克在新宿的工作室交流（图中人物为：室贺清德、白井敬尚、吉川徹、约翰·沃里克，2009年10月）

idea 杂志第368期特辑“日本另类精神谱 1970—1994　否定形的书籍设计”的摄影场景。摄影师山田能弘先生从清原悦志的作品开始，就一直负责*idea* 杂志等白井作品的绝大部分照片工作（在郡淳一郎先生的书房，2014年11月）

2011年在韩国首尔举行了中日韩字体排印活动“TYPOJANCHI 2011”，并举办了连续数日盛大的研讨会。日本有三十多位设计师参加。图为白井与字体设计师鸟海修先生、平面设计师浅叶克己先生在小憩（2011年9月）

idea 杂志第367期特辑“日本另类文学志 1945—1969　战后·活字·韵律”的制作成员在轻松氛围里进行碰头会的场景（在吉祥寺最初的工作室，左起：郡淳一郎、室贺清德、白井敬尚，2014年9月）

有海，也不需要走太远，孩子也不用担心太多安全问题。中国不一样，孩子走远了，会担心生命安全，要占卜预测，因此后来慢慢有了宗教文化。我个人认为语言非常重要，必须要重视起来。中国和欧洲的语言都是要刻下来，刻到碑上，留给后代。在日本找不到像这样的碑，有的话也是从外面引进来的别人刻的。中国书法家一般都是站着写字，用身体去写。日本人一般是拿在手上写，就好像飘走了也没关系。中国人用全身的力去写是为留下来，所以在中国的字体排印里能够体会到这样的意识。日本人呢，是重视语言，觉得知识也很重要，应该眼睛多去关注知识。这应该也是他们在学习中国的过程中引进的一种想法。这个只是我个人的认识，也许其他人不这么认为。

张：您的简介中写道“以字体排印为核心的平面设计”。您如何定义自己的身份和职业？您认为自己是一个平面设计师还是字体排印师？

白井：我觉得这两种身份是随时都可以互相转换的，既可以是平面设计师又可以是字体排印师。

张：在您负责设计*idea*的十年中，最大的体会是什么？可以简单聊一下设计*idea*一期的基本流程吗？

白井：因为*idea*杂志是双月刊，通常总编策划专题需要一个月，比如需要采访谁，谁来写文章，联系作者……剩下设计的时间只有一个月，第一周是告诉我选题，给我那一张纸，如果是我熟悉的内容还好办，如果是不熟悉的，还要去了解相关资料。

第三周开始会陆续收到从各个地方寄来的箱子（资料），打开寄来的箱子，边听总编给我解说专题的内容，边做摄影用的草图，第二天摄影师来拍摄；在这个过程中确定版式，对我来说，这个版式很费时间。因为做版式需要样本，什么样的文本用在这一期上，哪怕假设的文本也可以，我会让室贺给我提供，比如八个或十六个

在横尾忠则工作室向横尾先生汇报《横尾忠则全装帧集》制作完成（左起：白井敬尚、横尾忠则、中川千寻［编辑］，2013年4月）

与编辑川尻大介先生讨论《日土小学校的保存与再生》（2015年6月）

为《在儿童书籍的海洋里畅游》一书出差到京都，与神户的BL出版社进行碰头会（左起：加藤雄一、白井敬尚、辻美千代［编辑］，2013年6月）

与羽岛书店编辑矢吹有鼓女士讨论《山本浩二画集》（2015年7月）

为东京ggg画廊"扬·奇肖尔德"展宣传物料的校色，与负责人一起（左起：多贺谷春生［印刷业务］、尾泽梓［策划、编辑］、白井、渡边谨二［Ektar、印刷指导］2013年10月）

在东京ggg画廊的个展"排版造型　白井敬尚"展上进行展示作品解说，白井右侧是平面设计师美登英利先生（2017年10月）

在奈良县立图书信息馆，与瑞士设计师罗兰·施蒂格尔一起介绍各自的作品并对谈。主持：古贺稔章（2013年11月）

在老乡、也是前辈的味冈伸太郎先生新字体"味明"发布纪念活动上。大阪展·平和纸业展览厅（前排左二起 白井、成泽正信、味冈伸太郎、祖父江慎、樱井拓；后排左三为花田佳明教授，2018年3月）

在"排版造型　白井敬尚"展开幕招待会后的聚会上历代工作人员（左起：伊藤嘉津郎、冈安昭、小川顺子、永野有纪、加藤雄一、江川拓未、白井敬尚，资生堂Parlour大楼，2017年9月）

京都ddd画廊"排版造型　白井敬尚"展上与Adobe日文字体排印经理山本太郎先生、平面设计师妮科尔·施密德一起鉴赏山本先生所藏皮埃尔-西蒙·富尼耶的著作《字体排印手册》（*Manuel Typographique*）（2019年2月）

东京ggg画廊"排版造型　白井敬尚"展开幕招待会后的聚会。与武藏野美术大学视觉传达设计学科的同事们（后排中央：胜井三雄名誉教授，后排右：石塚秀树教授，中间排左：杉下城司讲师，中间排左二：古坚真彦教授）、助手以及学生们一起（2017年9月）

在平面设计师中垣信夫主办的设计学校MeMe Design School举办的工作坊讲评会（2019年5月）

在敬爱的平面设计师、字体排印师赫尔穆特·施密德的工作室与施密德先生讨论埃米尔·鲁德《文字设计》(*Typographie*)一书的日文版(2018年2月)

京都ddd画廊“排版造型　白井敬尚”展(巡回展)上与带领我进入字体排印世界最初的老师宫崎利一先生一起(2019年1月)

对页，成为这一期的核心部分，我会根据这个来做版式设计。

一开始画*idea*杂志版式的草图，插图式的那种(彩色)，都是我自己来画。大概过了五年的时间(约2010年)，助手们都成长起来了，在我有初步想法的时候，内容的草稿他们会帮我准备好，我就轻松多了，剩下的就是版面的排版，这个方面我是很快的，二十分钟就可以做一页，一周就可以做两百多页，然后就不断地送给主编室贺，室贺同事就负责文字的校对。

封面一般在接到主题之后就开始构思，有时候一稿就通过，有时候会改很多次。通常室贺不会直接跟我说，他会写一封长长的邮件，然后说一堆感谢啊一类的话，最后提出修改意见，有时我看了也很生气，但是第二天会冷静下来，跟他沟通修改。

他的要求很有意思，他不会说这个局部放大或者缩小，他会说你按照这样的氛围给我做一下，为了这个氛围他给我另外完全不同的图片，让我有更多的想象的空间，但是这个空间太大了，我说看不懂，你再具体点，这种情况比较多。

张：哪几期*idea*是您印象特别深刻或比较满意的？

白井：我自己直接参与策划的那几期都觉得非常充实，因为自己很感兴趣所以跟编辑去一起完成，包括扬·奇肖尔德特辑(第321期)，花形装饰的博物志(第325期)，当代中国的书籍设计(第327期)那期也很好，有很多我不知道的东西，感到很新鲜。而且怎么样去解读也是一边请教一边做版。从国外借的图像我只不过是去排一下版，这样的话这些期就没有太多印象，反而是自己参与的那些期更加令自己充实。像羽良多平吉特辑(第346期)、清原悦志特辑(第364期)等这几期是有自己的念想在里面，有自己喜欢的地方，所以现在也觉得是非常好的。

张：如果还有机会参与策划一期*idea*的话，您想做什么主题的呢？

白井：那我可能会跟室贺先生做一期关于日本设计师的特辑，或“日本的设计”。我们在第310期做了“日本的字体排印”专题，从那个时候开始进行日本设计师的遴选，可以对之后的日本字体排印、日本的文字和“什么叫日本”这样的题目再去专注。因为有很多著者、编辑、设计师在之后很多年都参与其中，所以可以对他们进行一个系统的梳理。

张：如何思考日本文化与设计的关系？您在设计中有意识地结合日本文化吗？

白井：几乎没有考虑过，原来也有人说过别总搞西文也多学学日文。我也想过，可能因为我身处日本没有特别去想过这个必要性。因为自己做出来的东西有的时候别人觉得很“日本”，有的时候又会觉得很“洋气”。这些评价我觉得都是无所谓的。就像刚刚说的日本最开始没有文字，日本的风土和对文字的态度，这些可能就会在设计中体现出来。

“敬人纸语”展厅里与吕敬人先生一起（北京，2019年7月）

中国展和作品集的碰头会（左起：刘庆、张弥迪、白井敬尚、江川拓未，在吉祥寺的新工作室，2020年1月）

吕敬人先生举办的“敬人书籍设计研究班”白井敬尚工作坊的场景（北京，2019年7月）

“排版造型　白井敬尚”中国展在中国国际设计博物馆开幕（杭州，2021年9月）

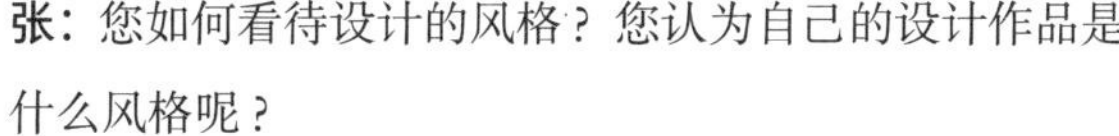

张： 您如何看待设计的风格？您认为自己的设计作品是什么风格呢？

白井： 我在做第一本扬·奇肖尔德的书时，做了居中对齐，就好像自己的“专利”一样，又持续做了一段时间，因为好像没怎么看到别人做这个，感觉是自己才有的风格。但在做的过程中觉得自己好像在重复自己，不应该一直持续这种风格，还是要去尝试那些没做过的东西，去向外拓展。那个时候曾经遇到过宫崎利一先生，他说：“最近你做的东西很学者味，没劲吧？”我当时非常受打击。我在独立了以后受到*idea*杂志的委托，去做这个杂志。其中第一期是309期，我用居中对齐排了一大堆目录。紧接着下一期是“日本的字体排印1995—2005”，就不可能再用这样的设计了，于是我就动脑子想了很多办法。结论是必须根据这个内容去做设计，而且*idea*本身是有很多完全不同内容的，按照自己的风格不去转换是完全做不下去的，如果不按照内容需要完全按照自己的风格去做的话大概两三年就被炒鱿鱼了。那么从第二期开始我就去尝试着接受内容，按照内容去转换风格，而不是一味按照自己的风格去做。根据每一期的内容发挥自己的能量做出转换。

张： 您在从事设计工作的同时，也在大学任教，并且撰写了很多设计文章，您如何看待设计的实践与理论的关系？可以分享一些在学习和研究的过程中的心得吗？

白井： 在大学教书要做很多事情，自己的事情相应减少很多，但好的一点是可以和学生交流想法，学生们会有很多很好的想法，我反而向他们学习到很多。有时候你要对学生的问题进行解答，可能会回答不上来，自己也要学习。像我给学生布置一个课题，可能第一二周我们还是平等的，到第三周他们还是一直在研究这个课题，会比你的研究还要深。在这个过程中可以说是教学相长，和学生们一起探讨怎么样把这个课题做好。另外一方面是你要和学生进行交流就要有一个传达的方式，或说话的方法，包括从哪个角度说，所以这个问题也会回馈到设计风格上。你怎样去传达，怎样发出信息，这也是一个教学相长的过程。

《ggg Books 124　白井敬尚》
（白井敬尚　世界的平面设计124）
—
DNP文化振兴财团（DNP Art Communications），2017年，B6
策划、制作：公益财团法人DNP文化振兴财团（北泽永志、尾泽梓：ggg）
使用字体：森泽新黑体，Linotype Helvetica
—
这是与2017年在ggg画廊举办的"排版造型　白井敬尚"展共同发行的一份64页的作品集。虽然是根据展陈内容制作的作品集，但并不是只刊载了排版造型的展品，而是囊括了包括装帧在内的字体排印、平面设计的首发阵容作品。由室贺清德作序。封面和正文格式是田中一光先生设计，但随着册数增多逐渐走样，因此我将样式重新改回原样进行排版。这部作品集所有的照片都是请摄影师山田能弘先生拍摄的。ggg和ddd的"排版造型　白井敬尚"展所有的制版、印刷都是大日本印刷的多贺谷春生、印刷指导渡边谨二（Ektar公司）两位先生帮我把关。

ggg Books 124 Yoshihisa Shirai (Yoshihisa Shirai, Graphic Design of the World 124)
—
DNP Foundation for Cultural Promotion (DNP Art Communications), 2017, B6
Planning & Production: DNP Foundation for Cultural Promotion (Eiji Kitazawa, Azusa Ozawa: ggg)
Typefaces: Morisawa Shin Gothic, Linotype Helvetica
—
This 64-page collection of works published in conjunction with the "Typographic Composition, Yoshihisa Shirai" Exhibition held at ggg in 2017. Although it is a collection of works tailored to the contents of the exhibition, besides the exhibited works of typography, it also contained my front works of typography, graphic design and book design as well. The preface is written by Mr. Kiyonori Muroga. The cover and text formats are made by Mr. Ikko Tanaka, but the format that was collapsing during more volumes published, so I restored it back to the original design and made the layout. All the photos are taken by cameraman Yoshihiro Yamada for this collection of works. For both ggg and ddd, all printing plate making and printing process of "Typographic Composition, Yoshihisa Shirai" Exhibition are done by combination of Mr. Haruo Tagaya of DNP and Mr. Kinji Watanabe (Ektar), the Printing Director.

《TYPOGRAPHIC SUITE
白井敬尚形成事务所　字体排印选集》
—
白井敬尚形成事务所，2011年，210mm×130mm
使用字体：本明朝小假名，Monotype Centaur、Monotype Felix Titling
—
此书是2011年我举办首次个展"书的智慧与美的领域 Vol.1 白井敬尚作品"（松屋银座，第673届设计画廊1953策划展）时一起制作的作品集。本书共32页，32件作品，采用双色印刷朴素地制作而成。印刷由当时白井事务所成立时的工作人员伊藤嘉津郎所在的印刷所清文社完成。锁线装订和封套都是白井事务所的工作人员手工制作的。整个制作过程，从字体的选择、页面构成、排版到装帧，都尽量仔细地完成。

Typographic Suite Shirai Design Studio Typographic Design Works 1998–2011
—
Shirai Design Studio, 2011, 210 mm x 130 mm
Typefaces: Hon Mincho Small Kana, Monotype Centaur, Monotype Felix Titling
—
This is a collection of works produced together with my first solo exhibition "Knowledge of Book and Domain of Beauty, Vol.1 Yoshihisa Shirai's Work" (Matsuya Ginza, the 673rd Design Gallery 1953 Special Exhibition) in 2011. There are 32 pages of text in total, with 32 works, simply finished by 2-color printing. Printing was done by Seibunsha, in which Mr. Kazuo Ito works. He was a staff member when the Shirai office was established. Thread stitching and jackets are all handmade by Shirai office staff. From the selection of typefaces, the page composition, typesetting, to bookmaking, all processes were done as carefully as possible.

YOSHIHISA SHIRAI
白井敬尚
—
ggg Books–124

白井敬尚形成事務所 タイポグラフィック選集
TYPOGRAPHIC SUITE
Shirai Design Studio Typographic Design Works 1998–2011

SHIRAI DESIGN STUDIO
白井敬尚形成事務所
GRAPHIC DESIGN & TYPOGRAPHY
グラフィックデザイン&タイポグラフィ
yskeisei@apricot.ocn.ne.jp
yskeisei@apricot.ocn.ne.jp

西方人名译名表

阿道夫·洛斯	Adolf Loos
阿德里安·弗鲁提格	Adrian Frutiger
阿尔布雷希特·丢勒	Albrecht Dürer
阿尔杜斯·马努提乌斯	Aldus Manutius
阿明·霍夫曼	Armin Hofmann
阿普里尔·格莱曼	April Greiman
埃尔·利西茨基	Эль Лисицкий
埃里克·范布洛克兰	Erik van Blokland
埃里克·吉尔	Eric Gill
埃米尔·鲁德	Emil Ruder
爱德华·约翰斯顿	Edward Johnston
奥利弗·西蒙	Oliver Simon
奥特尔·艾歇尔	Otl Aicher
奥特马尔·默根塔勒	Ottmar Mergenthaler
本·尚	Ben Shahn
本杰明·富兰克林	Benjamin Franklin
布鲁诺·蒙古齐	Bruno Monguzzi
布鲁斯·罗杰斯	Bruce Rogers
达弥阿努斯·摩宇路斯	Damianus Moyllus
达米亚诺·达·莫伊莱	Damiano da Moile
戴维·卡森	David Carson
戴维·皮尔逊	David Pearson
范德格拉夫	Van de Graaf
菲利普·格朗容	Phillippe Grandjean
费利切·费利恰诺	Felice Feliciano
弗拉·卢卡·德·帕乔利	Fra Luca Bartolomeo de Pacioli
弗朗切斯科·托尔涅洛	Francesco Torniello
弗朗索瓦-安布鲁瓦兹·迪多	François-Ambroise Didot
弗雷德里克·沃德	Frederick Warde
罗兰·施蒂格尔	Roland Stieger
汉斯·诺伊堡	Hans Neuburg
赫伯特·拜尔	Herbert Bayer
赫尔曼·察普夫	Hermann Zapf
赫尔穆特·施密德	Helmut Schmid
卡尔·格斯特纳	Karl Gerstner
卡洛·维瓦莱利	Carlo Vivarelli
肯尼斯·菲茨杰拉德	Kenneth Fitzgerald
莱奥纳多·达·芬奇	Leonardo da Vinci
莱翁·巴蒂斯塔·阿尔贝蒂	Leon Battista Alberti
劳尔·罗萨里沃	Raúl Rosarivo
黎塞留公爵阿尔芒·让·迪·普莱西	Armand Jean du Plessis de Richelieu
里夏德·保罗·洛泽	Richard Paul Lohse
卢多维科·得利·阿里吉	Ludovico Degli Arrighi
卢卡·奥尔费伊	Luca Orfei
卢卡·马特罗	Lucas Materot
鲁迪·范德兰斯	Rudy Vanderlans
路易·西蒙诺	Louis Simonneau
马丁·路德	Martin Luther
莫霍利-瑙吉·拉斯洛	Moholy-Nagy László
内维尔·布罗迪	Neville Brody
尼古拉·让松	Nicolas Jenson
妮科尔·施密德	Nicole Schmid
皮埃尔-西蒙·富尼耶	Pierre-Simon Fournier
皮科·德拉·米兰多拉	Giovanni Pico della Mirandola
皮特·茨瓦特	Piet Zwart
奇克·柯瑞亚	Chick Corea
乔万尼·弗朗切斯科·科雷西	Giovanni Francesco Cresci
乔万尼·马尔德施泰格	Giovanni Mardesteig
若弗鲁瓦·托里	Geoffroy Tory
斯坦利·莫里森	Stanley Morison
图拉真	Trajan
托伯特·兰斯顿	Tolbert Lanston
威廉·莫里斯	William Morris
韦斯帕夏诺·安菲亚雷奥	Vespasiano Amphiareo
维拉尔·德·奥纳库尔	Villard de Honnecourt
维姆·克劳韦尔	Wim Crouwel
沃尔夫冈·魏因加特	Wolfgang Weingart
西吉斯蒙多·凡蒂	Sigismondo Fanti
西斯笃五世	Sixtus V
小戴维·布鲁斯	David Bruce Jr.
雅克·若容	Jacques Jaugeon
扬·范克林彭	Jan van Krimpen
扬·奇肖尔德	Jan Tschichold
于斯特·范罗叙姆	Just van Rossum
约翰内斯·古登堡	Johannes Gutenberg
约翰·沃里克	John Warwicker
约瑟夫·米勒-布罗克曼	Josef Müller-Brockmann
约斯特·施密德	Joost Schmidt
詹巴蒂斯塔·帕拉蒂诺	Giambattista Palatino
詹巴蒂斯塔·韦里尼	Giambattista Verini
祖扎娜·利奇科	Zuzana Ličko
E. P. 戈德施米特	Ernst Philip Goldschmidt

译后记

刘 庆

在讨论日本设计师对字体排印、网格系统的实践时，不可能避开白井敬尚这个名字。长年以来，他设计的*idea*杂志也一直伴随着我的学习与研究，因此当弥迪兄与我商讨在国内策划展览和出版事宜时，我欣然决定加入。我也深感在中文环境下，无论是字体排印还是网格系统，这些概念的具体内涵和实践方法，都缺乏实质性的讨论。而白井先生的作品，无论是其理论深度还是实践广度，都非常值得中国设计师学习，这次能译介到国内，堪称一大好事。

当然，也正如白井先生提到的，正文排版里其实并没有太多设计师可介入的余地，而我理想中的译文，也不应该有太多译者可介入诠释的余地。特别是白井本人在日本也是以“学者型设计师”闻名，作品集里既有思维缜密的学术论文，也有轻松聊天的访谈记录。我作为译者，只是应该把白井先生深邃思考结晶而成的文字完整地、毫无添油加醋地转换成中文，仅此而已，至于诠释和理解的权利，全部交付给读者就好。只有极个别的地方，估计中文读者理解会有困难才加上了译注。

在整个项目翻译开始之前，工作是从《白井系列文章翻译风格》这一内部文档开始的，其中包括了中文行文风格、术语、译名等诸多事项。而术语也是和弥迪讨论最多的部分。原文中的一些排版术语，我力求准确地翻译成了中文的术语（比如中文排版里的“密排”）而没有加以更多的解释，这就要求读者有一定的设计基础和字体排印知识，否则依旧无法理解白井先生精密细致的方法论。如有需要，读者可参照本人在 The Type 编撰的相关内容。

本书日文原名为“組版造形”，在与作者本人商讨之后，中文译作《排版造型》。中文并非没有“组版”一词，但在排版印刷长年技术演变过程中，中文里的“组版”含义日渐含糊，既可能是“页内排版”（composition），也可能是“多页拼版”（imposition），所以选择中文常用词“排版”而非“组版”；另外也采用中文常用词“造型”而非日文汉字词“造形”。这类日文汉字词有很多陷阱，似是而非，比如日文的“近代”多数情况下应该是中文语境里的“现代”，而日文的“版面”并非中文的“版面”而是“版心”。目前网络上一些译本多有讹误，我在此译本中特别对这类词进行了整理和校对。

正如白井先生在文中屡次提到的，理解网格系统需要理解字体排印的原理。而“タイポグラフィ”（typography）一词的译法，俨然已成为每本相关中文译作的“老大难”，专家学者也都有各自的见解，我也不想在此深入讨论这一长年困扰中国学术界的问题。但我与弥迪的共识是，至少在本书的语境里，白井先生的论述中不仅有对“（语言文）字”“（字）体（设计）”的探讨，也同等关注“排（版）”与“印”（纸面与屏幕呈现），因此本书采用“字体排印”要比“文字设计”好得多。用这个词的另一个好处是，可以做到全书一致，即与原文中“タイポグラフィ”一一对应、完美替换，而不必像其他译作那样要依照上下文语境再去更换其他变通译法，这样既有利于读者理解文章本身的内容，也有利于理解这一重要术语的内涵和外延。

为结合中国读者的阅读习惯，在与弥迪商量之后，部分用语沿用了传统说法，比如汉字金属活字的“全身”，而不用日文的“全角”，因为后者在中文语境里有至少三种歧义；有些译名从俗处理，比如将日文字体大类的“ゴシック体”意译成中文的“黑体”，但保留另一类日文字体“明朝体”的称呼，毕竟这与中文的“宋体”有质的不同。这些都是在易于理解和保持准确之间的取舍问题，望读者谅解。

最后需要谈的一点，是关于研究中引用二手资料的问题。日本学者做学问相对严谨，但也难免有所瑕疵。特别是在日本流传的一些关于西文的资料，就是典型的“二手资料”，存在“传话游戏”的尴尬。事实上，本书中提到的一些作品，其翻译内容在日本国内也有很大的批判的声音（指的是文字内容本身，与白井先生的设计无关）。因此，在本项目的翻译中，凡是涉及引用西文资料的地方，我都尽量找到德文、英文、拉丁文等原文直接汉译，而不通过日译本转译。在这过程中发现的日文原文笔误，都已经与作者本人进行了确认修改，并加上了少量译注，请读者留意。说来也巧，本书校对工作进行时正值我在对米勒-布罗克曼著《平面设计中的网格系统》进行中文修订，因此本书中对《平面设计中的网格系统》的引用部分，也都根据我修订后的版本统一进行了修改。希望读者将这两本书互相参照，一定会有事半功倍之效。

放开视野来看，我们通过白井先生的文章学习网格系统，与直接阅读米勒-布罗克曼原著学习网格系统不同，这也是一个间接过程。能直接学习固然最好，但通过日文的间接学习，亦有益处。毕竟日文和中文同属汉字文化圈，都有方块字造型这一天生的网格性质。白井先生传承了日本设计师将西文网格和东亚方块字紧密结合的优良传统，并积累了大量的实践经验，这对当下许多中国设计师都应该会有极大的启发。

最后，要感谢白井先生本人对我翻译过程中提出的问题给予的耐心细致的解答，也感谢弥迪兄对我的充分信任。毕竟时间所迫，译文难免留有疏漏，恳请读者海涵并指正，也相信读者能一如既往地采取批判性精神加以阅读，并能有所收获。

2021年8月于东京四谷文瀛居

编后记

张弥迪

2008年暑假，刚结束大二课程的我，来到王戈设计事务所实习。实习的第一个任务是设计一张招聘广告，没有一张图片，只用文字编排一个表格。从字体的选择，到字号、字重、字距、行距、线框粗细的调整，反反复复地做了一个星期，这种对文字编排的训练深深地影响了我，也给我指引了专业上的方向。也正是这个暑假，在工作室第一次看到了*idea*杂志，当时就被这本精美的杂志深深地震撼，从每一页的文字编排到印刷工艺、纸张材料都极为考究，而负责设计这本杂志的就是白井敬尚先生。后来我一直关注*idea*杂志，但是关于白井先生的资料很少。

2017年秋，东京银座ggg画廊举办“排版造型　白井敬尚”展览，我慕名前去参观。与一般展览不同的是，这场展览除了展示白井先生的作品以外，还有一部分设计时的“参考资料”。我对此印象深刻。观展回来，根据展品目录，陆续搜集到更多的资料，渐渐对白井先生的设计有了更多的了解。

2018年7月，在学习组分享会上，我对白井敬尚的设计作品作了一个简单介绍。后来逐渐产生了策展的想法，希望以展览与出版结合的方式，一方面可以深入学习，一方面也可以将“第一手资料”带给中国设计师和设计专业的学生，从而促进大家的交流。这个想法马上得到了学习组同仁的支持，之后又得到了中国国际设计博物馆馆长袁由敏先生的支持，鼓励我起草了策展和出版方案。经戴勇强先生的帮助，我向白井先生写信告诉了我的想法，很快收到答复，得到了认可和支持。

2019年春节刚过，与王戈老师相约一起去京都参观了“排版造型　白井敬尚”在ddd的巡展，再次认真参观了一遍展品。而后拜访白井先生事务所，当面介绍了展览和出版计划并征求了他的意见，将展览时间初步定在来年4月。这一年夏天，吕敬人先生邀请白井先生来敬人纸语授课，我有幸聆听了白井先生对书籍设计、网格系统的全面而详细的讲解。在此期间，经吕敬人先生的帮助，我对白井先生进行了采访，由杨晶老师现场翻译，这篇采访稿也收入了书中。

2020年春节，再次拜访白井先生，商议展览和出版的具体方案。而突如其来的新冠肺炎疫情将计划打乱，不得不延期，不过倒是有了更多的准备时间。

本书的特别之处在于并非直接翻译引进，而是编者在日本展的基础上，搜集白井先生发表的文章，并请其审订、修改、补写而成。全书的编辑是学着白井先生为扬·奇肖尔德、清原悦志做专辑的思路，将其作品按照时间顺序和类别进行了梳理，将其分为四个章节：一、排版造型，主要收录早期作品以及与字体排印相关的设计和论文；二、网格构造，收录其论述网格系统历史的论文及详解其设计方法的《网格系统活用法》；三、*idea*的十年，收录部分*idea*杂志；四、装帧意匠，收录以装帧设计为主的作品及相关文章。本书的书名除了参照日本展的名称“排版造型”以外，还增加了一个副标题“从国际风格到古典样式再到*idea*”，即是为了体现白井敬尚在不同阶段的风格。

在设计上，因为并没有原版样式可以直接参照，但是我希望参照其相似或相关的设计，尽量做到“有

所出处”，当然如此“照葫芦画瓢”，难免有些走样。但是这样参照其设计方法和作品为其设计，不正是学习的初衷吗？所以在这个过程中，也是收获颇丰，也解决了以往很多疑问。

白井先生在收到设计初稿后，将全书的大部分作品照片进行了重新拍摄，并增补了一些作品和文章。在编辑和设计上，对我表示了极大的尊重，我深受感动。

尤其是在封面的设计上，我是参照日本展海报的版式修改完成。在文字内容上，除了将原有的日文翻译成中文，并节选了吕敬人、臼田捷治、室贺清德、郡淳一郎的评论文字。标题“排版造型”四个字，设计了多个版本请白井先生挑选，他鼓励我来写写看，起初我想：用我的字怎么合适呢？我尝试写了一些方案之后，发给白井先生看，他回复说：“我还是觉得弥迪‘侠客体’的字最合适。以中国杭州的一个成熟形象来介绍一位日本人，这样一个姿态表达得非常清晰。而且从情感方面说最重要的一点是，这可以让我觉得，‘侠客体’是你我之间友情的一种证明。尽管这一点对于观众来说没多大关系，但我觉得其中一定会有人能感受到这一点。从造型上说，也能与扁平的排版形成鲜明的对比。”看到回信，我深受鼓舞，在此之前，总还缺少信心。之后对这个方案进行了逐步修改，最终就是呈献给大家的这个版本。

从计划出版到现在得以付梓，若不是诸师友的无私帮助，是不可能完成的。在此要特别感谢白井敬尚先生的信任和支持，使我有机会出版此书。感谢吕敬人先生的指导并撰写序言。感谢杨晶女士、王瑞智先生、王子源先生、袁由敏先生、仇寅先生、向帆女士、尾泽梓女士、高原先生、王柳润女士、戴勇强先生、王昊圣先生、许梦蕾女士以及学习组同仁的鼎力相助。感谢中国国际设计博物馆、湖南美术出版社、方正字库、CYP艺术纸、美升纸业等机构的大力支持。

本书由刘庆先生负责翻译，他是专业的日语翻译，也是字体排印方面的专家。除了翻译书稿以外，在与白井先生的联络、采访及设计此书的过程中他都给予了很大的帮助，在此表示衷心的感谢。

还记得在最初面对大量的作品资料和论文时，犹如跳进一片汪洋大海，有种不知所措之感，书稿即将付梓，仿佛终于停靠岸边。在这一场旅行中，风景自不必再说，其中艰难和乐趣，唯有自己体会最深。由于编者水平有限，书中错漏难免，还请读者不吝赐教。

2021年8月于杭州白马湖

白井敬尚形成事务所
1998年—2021年
—
伊藤嘉津郎
前田育江
冈安昭
小川顺子
永野有纪
加藤雄一
汤川亮子
樋笠彰子
江川拓未
冈本铃子
—
三桥光太郎
道川雄介
—
山田能弘
杉下城司
白井至子

协力

大日本印刷株式会社
DNP Art Communications
(ggg, ddd)
北泽永志
尾泽梓
柳本英纪
久保昭子
大日本印刷　秀英体开发组
凸版印刷　印刷博物馆
株式会社朗文堂
片盐二朗
株式会社诚文堂新光社
idea 编辑部
株式会社Graphic社
室贺清德
古贺稔章
久保万纪惠
西圆
武藏野美术大学
视觉传达设计学科
武藏野美术大学出版局
木村公子
鹿岛出版会
川尻大介
花田佳明
BL出版
绵羊书房
大阪大学出版会
板东诗织
书肆山田
羽鸟书店
港之人
东京大学出版会
横尾忠则现代美术馆
Yokoo's Circus Co., Ltd
郡淳一郎
武村知子
山本贵光
胜本充
山口蓝、新田优子
美登英利、堀内文
妮科尔·施密德
河野三男
山本太郎
米田隆

排版造型　白井敬尚
从国际风格到古典样式再到 *idea*

—

組版造形　白井敬尚
国際様式から古典様式へそしてアイデアへ

—

Typographic Composition Yoshihisa Shirai
from International Style to Classic Style and to *idea*

主编
张弥迪

翻译
刘　庆
（日译中、日译英）
室生寺玲、古贺稔章
（日译英）
伊恩·莱纳姆
（英文校正）

摄影
山田能弘、冈田邦明

协力
江川拓未、三桥光太郎、道川雄介
（白井敬尚形成事务所）
许梦蕾、刘婉婷

设计
张弥迪

出版
湖南美术出版社

研究支持
学习组、The Type

字体支持
方正字库
（方正悠黑体、方正书宋、方正新书宋、方正楷体）

纸张支持
CYP 艺术纸、和纸乐活、美升纸业、MUNKEN
（白纸系列、蒙肯系列）

印刷装订
浙江海虹彩色印务有限公司

图书在版编目（CIP）数据

排版造型·白井敬尚：从国际风格到古典样式再到*idea* /（日）白井敬尚著；张弥迪编；刘庆译. -- 长沙：湖南美术出版社，2021.11（2023.5重印）
ISBN 978-7-5356-9635-9

Ⅰ.①排… Ⅱ.①白… ②张… ③刘… Ⅲ.①排版
Ⅳ.①TS812

中国版本图书馆CIP数据核字（2021）第203299号

排版造型　白井敬尚
从国际风格到古典样式再到*idea*
PAIBAN ZAOXING　BAIJING JINGSHANG
CONG GUOJI FENGGE DAO
GUDIAN YANGSHI ZAI DAO *idea*

出 版 人：黄　啸
策 划 人：王瑞智
著　　者：[日]白井敬尚
编　　者：张弥迪
译　　者：刘　庆
责任编辑：王柳润　曾凡杜聪
书籍设计：张弥迪
责任校对：伍　兰　汤兴艳　彭　慧
制　　版：杭州聿书堂文化艺术有限公司
出版发行：湖南美术出版社
（长沙市东二环一段622号）
经　　销：湖南省新华书店
印　　刷：浙江海虹彩色印务有限公司
开　　本：635 mm × 965 mm　1/8
印　　张：36
版　　次：2021年11月第1版
印　　次：2023年5月第3次印刷
定　　价：228.00元

邮购联系：0731-84787105
邮　　编：410016
电子邮箱：market@arts-press.com/
如有倒装、破损、少页等印装质量问题，
请与印刷单位联系调换。
联系电话：0571-85095376